机载探测与电子对抗原理

主编　符小卫　陈　军
编者　符小卫　陈　军
　　　高晓光　李　波

西北工業大學出版社

【内容简介】 本书从系统工程的角度完整地阐述了作战飞机及机载武器的雷达、光电、制导系统、电子对抗系统探测与对抗的原理。本书分8章：第1章主要介绍机载雷达系统工作原理；第2章介绍机载光电系统原理；第3章介绍空空导弹红外导引系统工作原理；第4章介绍空空导弹雷达导引系统原理；第5章介绍电子对抗的基本概念；第6章介绍电子侦察原理；第7章介绍电子攻击原理；第8章介绍电子防护原理。

在编写上，本书采用了原理与某些工程实践相结合的方法，力求使学生对飞机及机载武器有源探测、无源探测以及电子对抗系统有较系统、全面的认识。

本书可作为探测制导与控制技术专业本科生教材，参考教学时数为40～60学时。

图书在版编目(CIP)数据

机载探测与电子对抗原理/符小卫，陈军主编.—西安：西北工业大学出版社，2013.12
ISBN 978-7-5612-3877-6

Ⅰ.①机…　Ⅱ.①符…　②陈…　Ⅲ.①机载电子对抗系统　Ⅳ.①TN97

中国版本图书馆CIP数据核字(2013)第315293号

出版发行：西北工业大学出版社
通信地址：西安市友谊西路127号　　邮编：710072
电　　话：(029)88493844　88491757
网　　址：www.nwpup.com
印 刷 者：兴平市博闻印务有限公司
开　　本：787 mm×1 092 mm　　1/16
印　　张：14.5
字　　数：353千字
版　　次：2013年12月第1版　　2013年12月第1次印刷
定　　价：29.00元

前　言

战斗机主要依靠机载雷达发现目标，现代化机载雷达能全天候使用，不仅探测距离远，而且具备多目标发现、识别、跟踪和攻击的能力。但由于雷达采用有源探测方式，工作时需要主动发射电磁波，所以易被敌方发现和干扰。特别是随着现代科技的不断发展，飞机隐身技术和电子对抗技术的进步，使得机载雷达的探测距离急剧下降，本身隐蔽性差、抗干扰能力弱的缺点也越来越明显地暴露出来。同时，随着科技的进步，为了对抗雷达而发展的新武器和新战术也层出不穷，例如对雷达实施压制或欺骗的电子干扰，可对雷达进行直接攻击的反辐射导弹等。因此，亟须要研制一种新型的探测设备，在正常情况下可辅助雷达工作。

机载红外搜索跟踪系统是利用目标与背景之间的温差形成热点或图像来探测、跟踪目标的光电系统，是机载武器火控系统的一个重要组成部分。系统本身既能独立对目标进行探测和跟踪，为武器火控系统提供精确的目标方位，也可与雷达互相随动执行对目标的搜索和跟踪。机载红外搜索跟踪系统适用于空域监视、威胁判断、抗电子干扰、对空导弹探测、自动搜索和跟踪目标等作战任务。与其他机载电子设备配合使用可大大提高飞机在全波段、全天候、多方位、大纵深环境下的作战生存能力。

随着各种高新技术的不断发展，在现代战争中，机载雷达与目标直接的对抗也就变得越来越激烈了。电子对抗的目的是在作战中获取战场上的电磁优势和信息优势，追求制电磁权和制信息权，从而引导战斗取得胜利。从目标方面来讲，千方百计地削弱雷达的效能乃至使其完全丧失作用，是电子战中电子干扰的根本目的。在雷达方面，为了有效地对付各种电子干扰，就必须考虑相应的电子反对抗措施。雷达与电子对抗的斗争，直接关系到雷达和目标的生存与否。

本书由符小卫、陈军主编。第 1～3 章由符小卫编写；第 4 章由符小卫、高晓光编写；第 5 章由陈军、李波编写；第 6～8 章由陈军编写。

本书在编写上采用了原理与某些工程实践相结合的方法，力求使本科生对飞机及机载武器有源探测、无源探测以及电子对抗系统有较系统、全面的认识。

由于水平有限，书中的错误和不足之处在所难免，欢迎读者批评指正。

编　者

2013 年 5 月

目　录

第1章 机载雷达原理

盲人通过手杖不断地轻叩人行道就可以沿着繁忙的街道行走，并可与其右侧建筑物的墙体保持一定的距离，也能与左侧的路边和呼啸而过的车辆之间保持一定的距离。蝙蝠通过发射一连串尖锐的鸣叫，就可以灵巧地避开行进路途上的障碍物并准确地追踪那些成为其口中美餐的昼伏夜行的小昆虫群落。与盲人和蝙蝠一样，驾驶超音速歼击机的飞行员可以准确地逼近那些远在 150 km 以外且隐藏在云层中可能入侵的敌机。他们是怎样做到这一点呢？

其实上述的每一种非凡的本领后面所蕴含的原理却非常简单，即利用物体的回波来探测物体的存在与物体之间的距离。这些现象之间的主要差别在于：盲人与蝙蝠使用的回波是声波，而在歼击机中，其雷达使用的回波是无线电波（见图 1.1）。

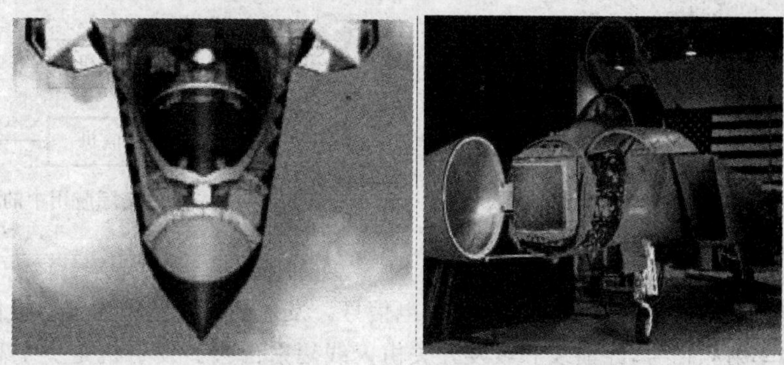

图 1.1　超声速歼击机的机头流线型前端有一部雷达，可使飞行员跟踪远在 150 km 以外的目标

1.1 雷达的基本概念

1.1.1 雷达的定义

（1）雷达（英文 Radar，是 Radio Detection and Ranging 的缩写，原意是"无线电探测和距离测量"）是通过无线电技术对目标的探测和定位。

（2）无线电探测。诸如飞机、舰船、车辆、建筑物、地貌等许多物体都可以反射无线电波，这与它们对光的反射很像。事实上，无线电波和光一样，都是电磁能量的流动，唯一的差异是光的频率要高得多。反射的能量是在各个方向上散射的，但是其可探测部分的散射能量从其原先入射方向散射回去。在舰船和地基雷达所用的长波（频率较低）段，大气几乎是完全透明的。对于大多数机载雷达所用的短波段也几乎是同样的。因此，通过探测反射的无线电波，就可以不分昼夜地"看见"物体，甚至可透过阴霾、尘雾和烟云"看见"物体。

（3）雷达以辐射电磁能量并检测反射体（目标）反射的回波的方式工作。回波信号的特性可以提供有关目标的信息。通过测量辐射能量传播到目标并返回的时间可得到雷达与目标之间的距离。目标的方位通过方向性天线(具有窄波束的天线)测量回波信号的到达角来确定。对于动目标,雷达通过多普勒效应探测出运动的速度并能推导出目标的运动轨迹或航迹,并能预测它未来的位置。雷达可在距离上、角度上或这两方面都获得分辨率。

(4)“雷达”出现于第二次世界大战中,是名副其实的“千里眼”。随着各部分参数性能的提高(例如,波束方向性、接收机灵敏度、发射机相参性等),雷达已经成为人类探测不同性质目标的强大工具。现在的雷达除了探测和定位飞机外,在军事、气象、交通、航空、遥感遥测、勘探等领域也发挥着重大作用。

1.1.2 雷达的基本组成部分

从雷达的最基本形式上讲,一部雷达由5部分组成:一部发射机、一部对发射频率调谐的接收机、两副天线和一台显示器(见图1.2)。为了探测物体的存在,发射机产生无线电波并由两副天线中的一副天线来进行辐射。同时,接收机接收无线电波的回波,回波用另一副天线检测。如果探测到一个目标,出现在显示屏上的光点就指示目标的位置。

在实际设计中,发射机与接收机通常共用一副天线,如图1.3所示。

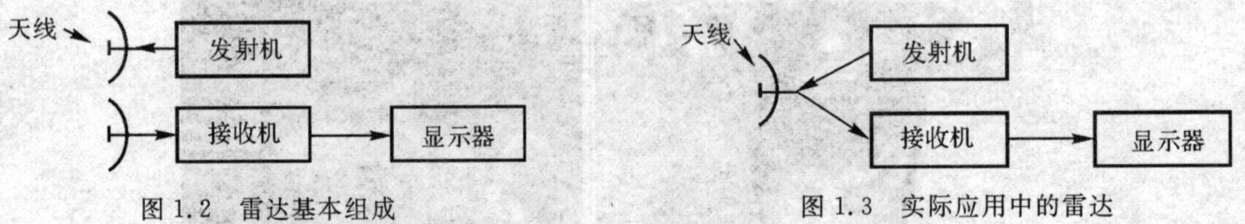

图1.2 雷达基本组成　　图1.3 实际应用中的雷达

1.发射机

雷达工作时要求发射特定的大功率无线电信号。发射机在雷达中为雷达提供一个载波受到调制的大功率射频信号,经馈线和收发开关由天线辐射出去。发射机是一个高功率的振荡器,通常是磁控管,如图1.4所示。

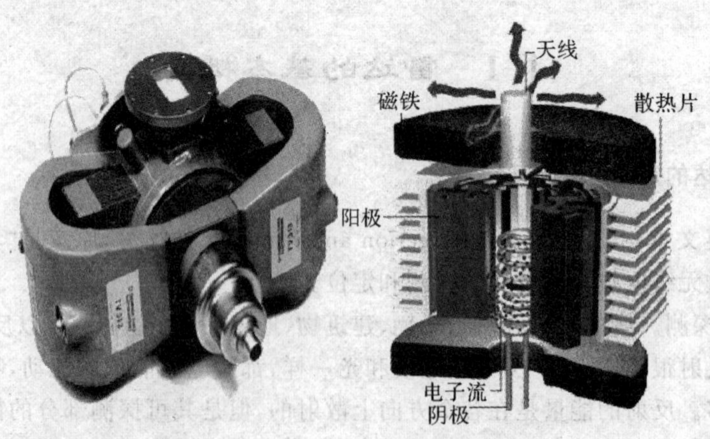

图1.4 磁控管

(1)磁控管。磁控管是一种特殊的真空二极管,同时又是一个完整的振荡器,只要供给适当的电源电压及灯丝电压,就可以产生所需的高功率微波振荡,因此又称磁控管振荡器。磁控管主要由阴极、阳极、磁路和调谐装置等部件构成,剖面图如图1.5所示。

(2)磁控管的构造。

1)真空二极管；

2)永久磁铁；

3)阳极散热片、波导输出装置、灯丝接头；

4)金属阳极形成了密封的真空空间，内部安装着它的阴极部分，阴极与阳极均为圆柱形，两者同轴安装(同轴磁控管)。

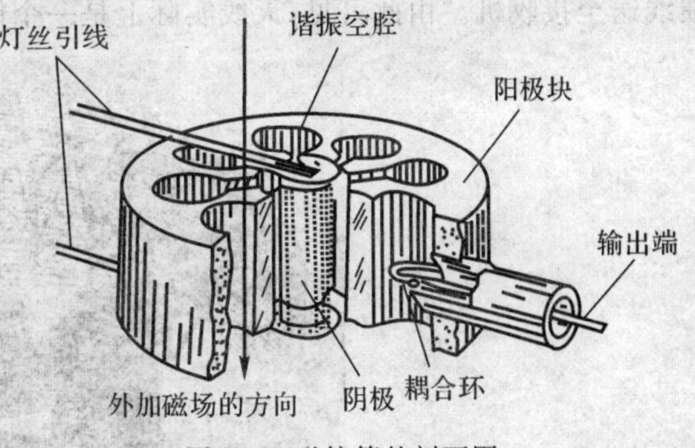

图 1.5　磁控管的剖面图

(3)磁控管的工作过程。

1)灯丝通电后阴极被加热，使其可以发射电子。同时，安装在阴极外面的永磁体会产生一个强磁场，磁场方向和电极的轴向正交。从阴极发出的电子一方面受到电场力的作用向阳极运动，一方面又受到磁场力的作用向右偏转。因此，电子在作用空间作摆线运动。

2)当电子飞近开口左侧时，会感应出正电荷，继续飞越开口，吸引正电荷沿腔壁向右运动，形成电流，相当于由电感向电容充电。磁控管中电子的运动如图 1.6 所示。

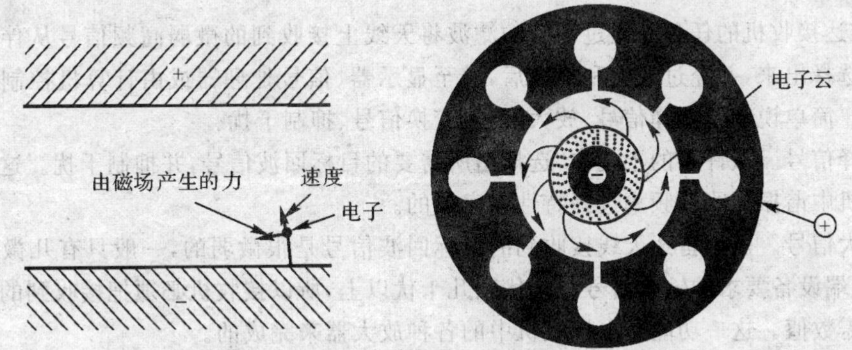

图 1.6　磁控管中电子的运动

3)当电子继续向前运动时，此时原来的开口的电荷性质发生变化，形成电容通过电感的反向放电。如此反复，形成空腔中的高频振荡(见图 1.7)。

4)与在瓶口吹气，将在瓶中产生声波非常相似，电子通过谐振腔的开口就导致振荡电磁场(无线电波)的产生。与声波的产生一样，所产生的无线电波的频率就是谐振腔的谐振频率。值得注意的是，此时的振荡很弱，若不及时补充能量，振荡将停止。

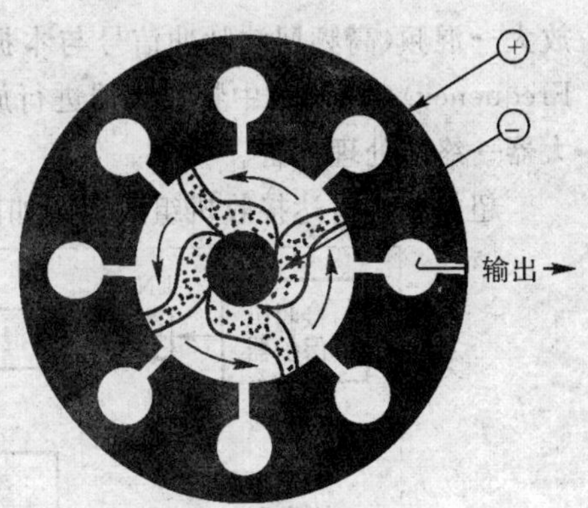

图 1.7　磁控管振荡产生

2. 天线

(1)天线分为发射天线和接收天线，作用是辐射或接收电磁波，或者定向发射或接收电磁波。对于发射天线，它将来自发射机的高频电振荡能量转换为向自由空间辐射的“自由”电磁波。反之，接收天线则将在空间“自由”传播的电磁波转换为高频电振荡能量，经馈线送至接收机。由此可见，天线实际上是一个能量转换装置(见图 1.8)。

图 1.8 雷达天线

(2)为获取目标的角信息或为了集中辐射能量获得较大的探测距离，必须具有很强的方向性。大多数雷达天线所特有的定向窄波束不仅能将能量集中到目标上，而且能测量目标的方位。天线波束宽度的典型值约为 1°或 2°。

3.雷达接收机

(1)雷达接收机的任务。通过适当的滤波将天线上接收到的微弱高频信号从伴随的噪声和干扰中选择出来，并经过放大和检波后，送至显示器、信号处理器或由计算机控制的雷达终端设备中。简单说就是选择信号、放大信号、变换信号、抑制干扰。

1)选择信号。从许多的干扰中，选择出所需要的目标回波信号，并抑制干扰。这一功能是利用接收机中谐振回路的频率选择特性来完成的。

2)放大信号。由于雷达天线接收到的目标回波信号是很微弱的，一般只有几微伏或十几微伏，而终端设备要求的输入信号在几伏到几十伏以上，所以接收机必须把接收到的微弱信号放大到所需数值。这一功能是由接收机中的各种放大器来完成的。

3)变换信号。雷达天线所接收到的回波信号是脉冲调制的高频信号，而后续终端设备要求输入是视频脉冲。因此，接收机采用变频器将高频脉冲变换为中频脉冲，采用检波器提取中频脉冲信号的包络，从而得到视频脉冲信号。

(2)接收机工作过程。天线接收的调频回波信号→收发开关→接收机保护器→低噪高频放大→混频(高频回波脉冲信号与本振的等幅高频电压混频，得到中频信号 IF(Intermediate Frequency))→多级中频放大器进行放大和匹配滤波获得最大的输出 SNR→检波器→视频放大器→终端处理设备。

超外差式雷达接收机组成框图如图 1.9 所示。

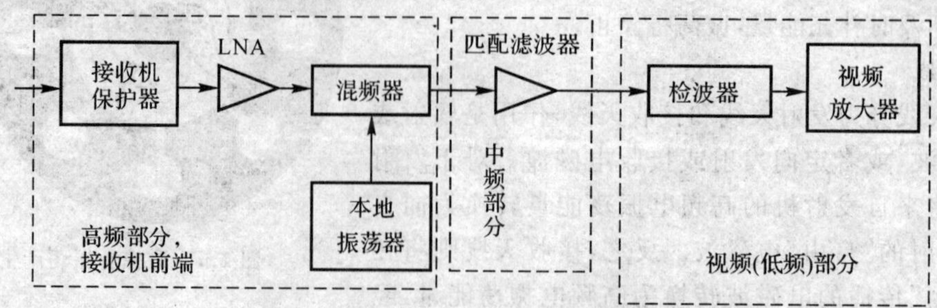

图 1.9 超外差式雷达接收机组成框图

超外差式雷达接收机具有灵敏度高、增益高、选择性好和适用性广等优点，在所有的雷达系统中都获得了实际应用。

1.1.3　基本原理

(1)为了避免发射对接收的干扰，雷达通常以脉冲形式发射无线电波，在两个脉冲间接收回波。发射脉冲的速率称为重复频率(PRF)。由于天线可以将能量聚集在一个窄波束中，所以雷达可以区分来自不同方位的目标，并能探测到很远距离的目标(见图 1.10)。

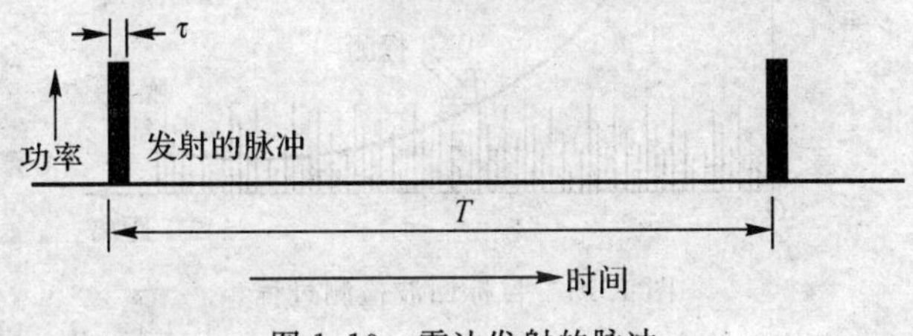

图 1.10　雷达发射的脉冲

(2)为了找到目标，波束在目标可能出现的区域系统地扫描。波束的路径称为搜索扫描图，扫描所覆盖的区域称为扫描量或扫描帧。波束扫描一帧所用的时间称为帧周期，如图1.11所示。

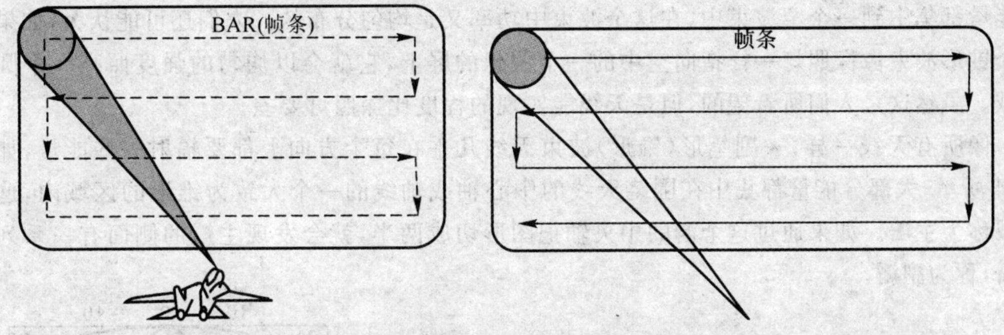

图 1.11　战斗机运用的典型搜索扫描图(扫描的条数和帧的宽度及位置可由操作员控制)

(3)与光一样，大多数机载雷达所用频率的无线电波本质上以直线方式传播。因此，雷达要收到从目标的回波，目标必须在直线距离内，如图 1.12 所示。

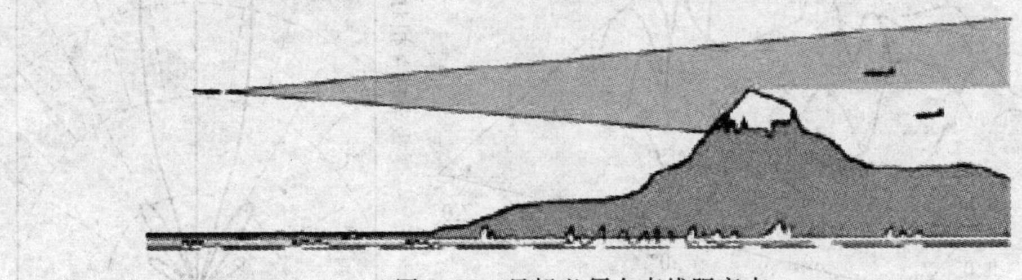

图 1.12　目标必须在直线距离内

即便如此，要探测到某一个物体，还要求物体的回波足够强，要高出接收机输出端的背景电子噪声并可辨别；或者物体的回波要高于同时收到的来自地面的背景回波(称为地面杂波)·

而被识别。在有些情况下，地面杂波比噪声要大得多。如图 1.13 所示，当远方的目标接近雷达时，其回波的强度迅速增加。但只有当回波信号从背景噪声和(或)地面杂波中显现时，回波信号才能被检测到。

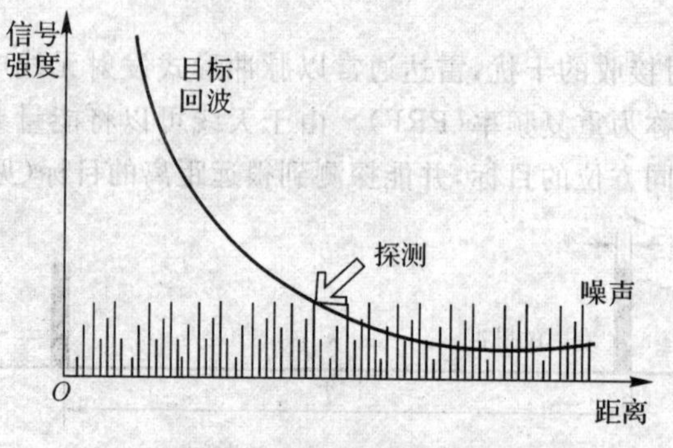

图 1.13　目标回波检测过程

(4)方向性。一副天线把辐射的能量集中在某一方向上的程度通常称为方向性。方向性几乎是每一部机载雷达的关键特征，它除了能决定雷达对目标的测角能力外，还对处理地面杂波的能力有十分重大的影响。

(5)辐射能量在角度上的分布。人们可能会简单地认为，一副雷达天线能把所有发射出去的能量都集中到一个窄波束中，在这个波束中功率又是均匀分布的。人们还可能认为，如果把一个锥形波束像探照灯一样指向空中的一个假想的屏上，它就会以均匀的强度照亮一个圆形区域。虽然这是人们所希望的，但是天线能实现的程度比探照灯要差。

像所有天线一样，一副笔形(锥形)波束天线几乎在每个方向上都要辐射一些能量，如图 1.14 所示，大部分能量都集中在围绕天线的中心轴或轴线的一个大致为锥形的区域内，这个区域称为主瓣。如果通过这个瓣的中央轴把图形切成两半，就会发现主瓣的侧面有一系列的弱瓣，称为副瓣。

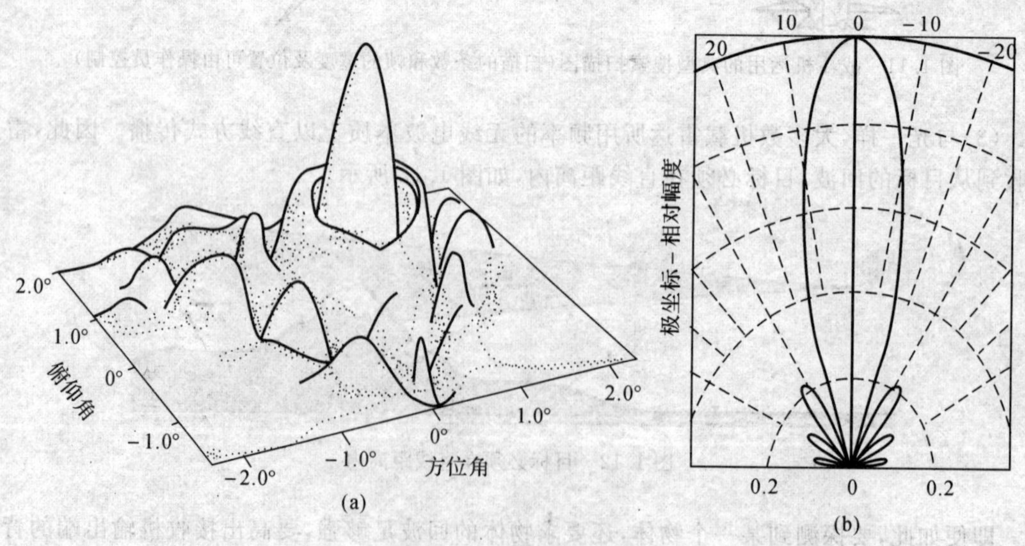

图 1.14　辐射能量分布

(6)波束宽度。主瓣的宽度称为波束宽度,它是波束相对的边缘之间的角度。波束通常不是对称的,因此通常要区分方位波束宽度和垂直波束宽度。

随着偏离波束中心角度的增加,主瓣值越来越低,为了使波束宽度的任何值都有意义,必须规定什么是波束的边缘。

从雷达工作的角度看,波束边缘可定义为功率下降到波束中央功率某任意选定的分数值的点。最常用的分数值是 1/2,用 dB(分贝)表示:1/2 分数值对应的分贝数为 −3 dB,即波束宽度通常是在功率降到最大值一半(−3 dB)的点之间测量的。3 dB 波束宽度(θ_{3dB}),大致上是零至零之间的波束宽度 θ 的一半。因此,在这些点之间测出的波束宽度称为 3 dB 宽度,波束边缘示意图如图 1.15 所示。

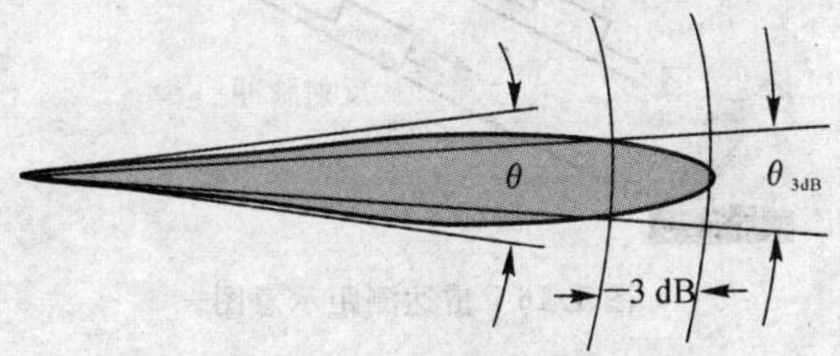

图 1.15　波束边缘示意图

1.1.4　探测目标

目标回波的强度与目标距雷达距离的四次方成反比,因此,当远方的目标接近雷达时,其回波的强度将迅速增强。回波信号增强到足可被检测的距离取决于诸多因素,其中最重要的因素有以下几个:

1)发射波的功率;

2)时间比:t/T,其中 t 为在周期 T 中的发射时间;

3)天线的尺寸;

4)目标的反射特性;

5)在每个扫描周期中,目标位于天线波束内的时间;

6)目标出现在扫描中的次数;

7)无线电波的波长;

8)背景噪声与杂波的强度。

与高速公路远处从一辆卡车反射回的闪烁并衰减的太阳光很相像,在雷达方向上散射的回波强度也或多或少地随机变化着。由于回波信号这一特性以及背景噪声的随机性,某给定目标能被雷达探测的距离不是固定不变的。然而,在任何特定距离上目标可被探测的概率(或目标到达某给定距离的时间)可以被准确地预测出来。

通过对上述参数中可控部分的优化,可以将雷达做得足够小,使其能安装在战斗机的前端,同时可探测到上百千米外的小目标。安装在大型飞行器上的雷达可探测的距离更远。

1.1.5　测定目标位置

在许多应用中,仅仅知道目标的存在是不够的,还需要知道目标的位置,即目标的距离(范围）和方位（角度）。

（1）测距。通过测量无线电波从到达目标再从目标返回所经历的时间就可测定距离。无线电波的传播速度本质上是恒定的，就是光速。因此，目标的距离就是无线电波往返传输时间的一半乘以光速，即目标距离$=\frac{1}{2}\times$往返时间$\times$光速。雷达测距示意图如图 1.16 所示。

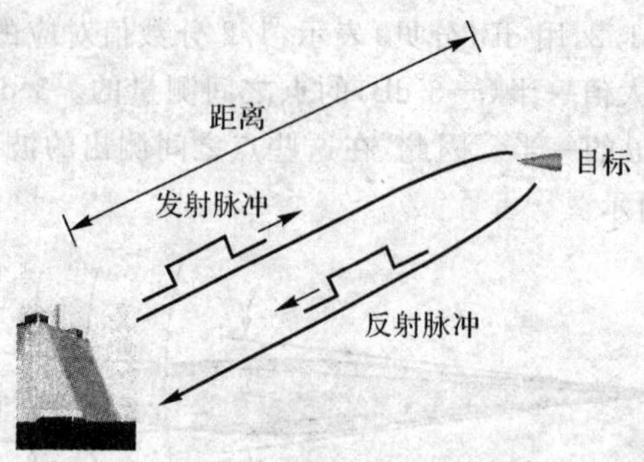

图 1.16　雷达测距示意图

（2）测角。在雷达技术中，角位置的测量是利用天线的方向性来实现的。雷达天线将电磁能量汇集在窄波束内，当天线波束轴对准目标时，回波信号最强。根据接收回波最强时的天线波束指向，就可以确定目标方向。雷达测角示意图如图 1.17 所示。

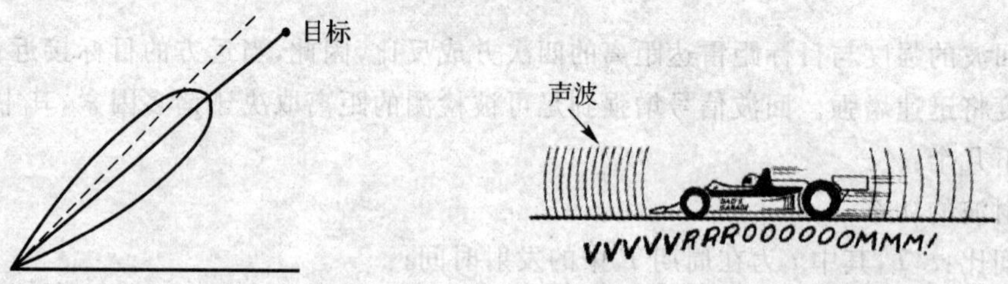

图 1.17　雷达测角示意图

图 1.18　多普勒频移的例子

（3）测速。生活中经常会遇到这种情况，当疾驰的车辆向我们驶来时，车辆产生的噪声非常刺耳，而当它驶过我们离我们远去时，噪声变得低沉很多，这就是多普勒效应，也称多普勒频移（见图 1.18）。

多普勒频移：当目标物与雷达之间存在相对运动时，接收到回波信号的载波频率相对于原来发射的载波频率产生一个频率偏移，这个频率偏移在物理学上称之为多普勒频移。

同样在雷达测距时，如果雷达和目标之间存在相对运动，那么雷达波也会产生多普勒频移。它的数值为

$$f_{\mathrm{d}}=-\frac{2\dot{R}}{\lambda} \tag{1.1.1}$$

式中，f_{d} 为多普勒频移，也称多普勒频率；$\dot{R}$ 为雷达和目标之间距离变化率；λ 为发射雷达波的波长。

因此，雷达只要能够检测回波信号的多普勒频移，就可以确定目标和雷达之间的相对速度。

1.1.6　机载火控雷达

机载火控雷达作为航空综合火控系统的目标探测子系统，它的主要任务是在各种条件下，在其作用范围内，探测和跟踪空中或地面(海面)目标，测定目标参数。它一般具有多种工作状态。

(1) 空-空状态。空-空作战时，雷达具有上视/下视搜索功能，自动或手动截获目标，进行单目标跟踪或多目标边扫边跟的功能。空战格斗时，雷达具有以目标瞄准线定轴或最佳扫描、垂直扫描、可偏移扫描等方式探测目标，自动截获后进入跟踪，并将目标参数送入火控计算机进行火控计算，引导导弹和机炮攻击目标等功能。

(2) 空-面状态。空-面状态是为战斗机有效搜索和攻击海上或地面目标而设计的。为了获得良好的空-面能力，火控雷达通常应该具有以下几种能力：① 空-地测距能力；② 真波束地图测绘能力；③ 对海搜索能力；④ 地面动目标检测和跟踪能力。

(3) 辅助导航状态。为了使飞机能掠地飞行，避开敌方的探测和攻击，雷达具有地形跟随、地形回避和等高线测绘 3 种辅助导航功能。

(4) 电子反干扰状态。由于恶劣的电子环境及电子战要求，所以机载火控雷达必须具有专门的电子反干扰措施，例如能抑制同频异步脉冲干扰、距离欺骗干扰、角度欺骗干扰等。

(5) 敌我识别功能。IFF(敌我识别) 系统发出询问脉冲，友机上的应答机用编码回答。

(6) 制导功能。当制导半主动寻的导弹时，机载火控雷达必须加一部连续波照射器。

1.1.7　机载雷达战技指标

雷达的战术参数是雷达完成作战战术任务所具备的功能和性能。雷达的技术参数是描述雷达技术性能的量化指标。雷达的战术参数是设计雷达的依据，反之，雷达的技术参数决定了雷达的战术性能。

1. 雷达战术指标

(1) 探测空域。探测空域是雷达能以一定的检测概率和虚警概率、一定的目标起伏模型和一定的目标雷达截面积进行探测的空间区域，是由雷达的最大探测距离、最小探测距离、方位与俯仰扫描角所构成的空间。

(2) 目标参数测量。目标参数测量包括距离、方位、高度、速度、批次、机型和敌我识别等。

(3) 分辨率。雷达的分辨率是指雷达能分辨空间两个目标靠近的能力，包括速度分辨率、距离分辨率与角度分辨率。

1) 速度分辨率。速度分辨率是指能够区分同一目标不同运动速度的最小速度间隔，即

$$\Delta f_{\mathrm{d}} = 2\Delta v / \lambda$$

2) 距离分辨率。距离分辨率是指同一方向(角度) 上能够区分两个目标的最小距离，即

$$\Delta R = c\tau / 2$$

式中，τ 为雷达发射脉冲宽度。

3) 角度分辨率。角度分辨率是指在同一距离上能够区分两个目标的最小角度 $\Delta\theta$，$\Delta\theta$ 为雷达天线半功率点波束角。

(4) 目标参数测量精度。目标参数测量精度是指雷达测量目标坐标参数的误差，通常用

均方根值来表示。它主要由以下参数组成：$\sigma_{速度}$，$\sigma_{方位}$，$\sigma_{俯仰}$，$\sigma_{距离}$。

(5) 目标参数录取能力。目标参数录取能力是指雷达完成一次全空域探测后，能够录取多少批目标参数的能力。

(6) 雷达抗干扰能力。雷达抗干扰能力是指雷达在电子战环境中采取各种对抗措施后，雷达生存或自卫距离改善的能力。抗干扰措施包括波形设计、空间对抗、极化对抗、频域对抗、杂波抑制和战术配合等。

(7) 可靠性、可维护性。

(8) 体积、质量、功耗。

(9) 工作环境、机动性。

2. 雷达技术指标

(1) 雷达工作频率。雷达工作频率 f_0 与波长 λ 之间的关系为 $f_0=c/\lambda$。

(2) 雷达发射脉冲功率。雷达发射脉冲功率 P_t 与平均功率 P_{av}、脉冲重复周期(PRT)T_r 以及脉冲宽度 τ 之间的关系为 $P_t=(T_r P_{av})/\tau$。

(3) 脉冲信号参数。脉冲信号参数包括发射脉冲宽度 τ，PRT T_r，PRF f_r。雷达的最大不模糊距离为 $R_{max}=0.8T_r c/2$。

(4) 雷达天线参数。雷达天线参数包括天线形式(线、面、平板隙缝、阵列等)、反射(阵)面尺寸、天线增益、第一幅瓣电平、波束形状、主波束宽度、扫描方式、扫描周期等。

(5) 接收机灵敏度。接收机灵敏度是指雷达以一定检测概率和虚警概率所能探测到目标的最小回波信号功率。

(6) 雷达抗干扰技术。雷达抗干扰技术是指应用于雷达的抵抗外部环境干扰的技术。

(7) 目标参数录取方式和能力。

(8) 雷达显示能力。雷达显示能力包括探测到的各个技术参数与二次产品的显示能力。

(9) 系统设计技术。系统设计技术包括模块化、标准化、系列化。

(10) 故障检测能力、维护能力。

(11) 功耗、工作环境适应能。

1.2 雷达的基本原理

1.2.1 无线电波的本质与特性

1. 无线电波的本质

(1) 无线电波可以设想为发射到空中的能量。这种能量部分以电场形式存在，部分以磁场形式存在。因此，无线电波又称为电磁波。

电场和磁场是相互关联，彼此难分的。必须有电场才会有电流，而无论何时有电流的流动，都会产生磁场。

如果这些场随时间而变化，其相互间的关系就得到了进一步的延伸。磁场的任何变化，无论幅度被增强或减弱，或对观察者的相对移动，都会产生电场。同样，电场的任何变化都会产生磁场(见图 1.19)。

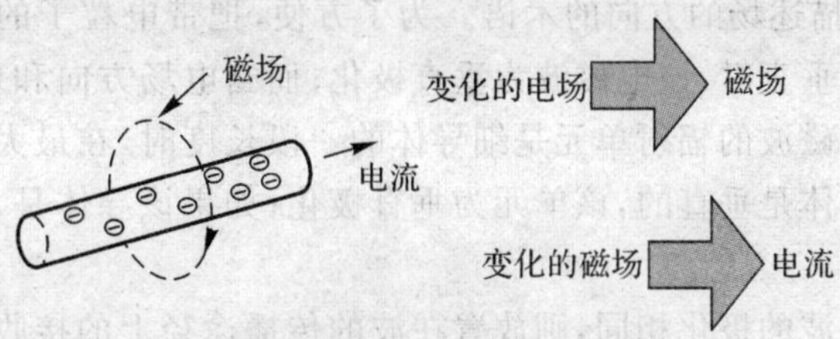

图 1.19 磁场和电场之间的关系

(2) 电磁辐射。电场与磁场之间的动态关系，即变化的电场产生磁场，变化的磁场产生电场，从而产生电磁波。由于这种变化关系，当带电粒子，比如电子，在运动方向或运动速度上发生变化，即产生加速度时，周围场也因此产生变化，即电磁波的能量就被辐射(见图 1.20)。电荷粒子运动的变化会引起由该粒子运动产生的周围磁场的变化。该变化会产生稍远处电场的改变，反过来又产生稍远处磁场的变化，这样的变化就会不断地推进。

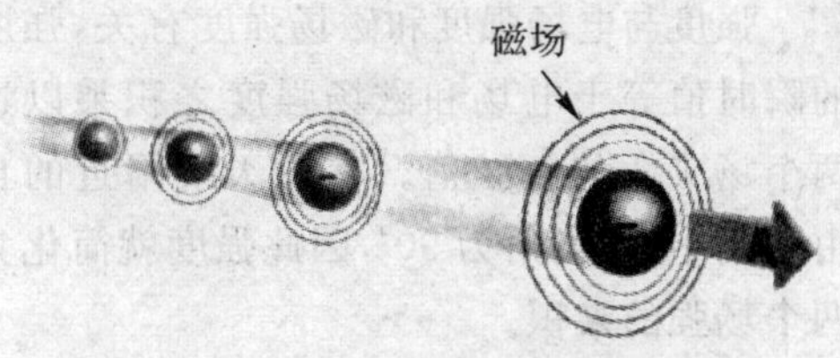

图 1.20 带电粒子的电磁场

(3) 辐射源是无穷无尽的。由于有热扰动，所以所有物质中的电子都处于不停的随机运动中，因此，周围的每件物体都辐射电磁能量。大部分能量呈热辐射形式，但总有很小一部分能量呈无线电波的形式。热辐射、光辐射和无线电辐射其实是一回事，即电磁辐射，它们的区别就在波长上。

与自然辐射形成对照的是，雷达所发射的波是用强电流激励调谐电路产生的。因此，产生的波具有相同的波长，包含的能量要远远大于相同波长的自然辐射的能量。

2. 无线电波的特性

无线电波具有如下几个基本特性：速度、方向、极化、强度、波长、频率和相位。

(1) 速度。在真空中，无线电波以恒定的速度传播，即光速，用字母 c 表示。在对流层中，无线电波传播得略慢一些。另外，传播速度不仅因大气组成的不同而略微变化，还会因大气的温度与压强不同而略微变化。但是这些变化及其微小，大多数情况下可认为无线电波是以恒定的速度传播的，速度与在真空中一样，即 3×10^8 m/s。

(2) 方向。方向是波的传播方向，称为传播方向。波的传播方向既垂直于电场的方向又垂直于磁场的方向，这些方向(电场和磁场) 总是离开辐射源向外传播的(见图 1.21)。

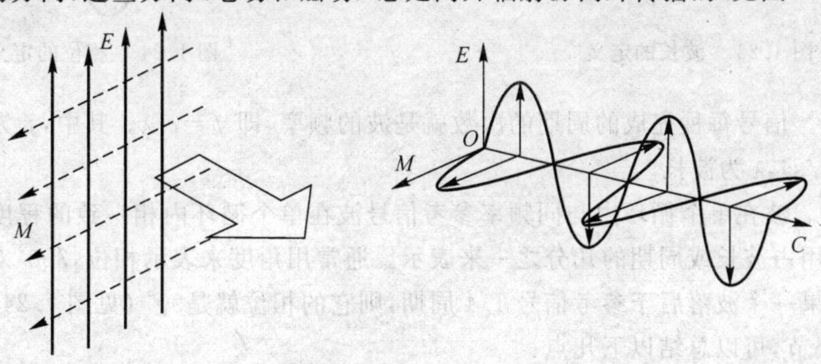

图 1.21 电磁场的方向

(3) 极化。极化是描述场的方向的术语。为了方便，把带电粒子的电场方向作为极化方向。当电场方向和地面垂直时，该电磁波为垂直极化；而当电场方向和地面水平时，该电磁波为水平极化。当辐射电磁波的辐射单元是细导体的一段长度时，在最大辐射方向的电场将平行于该导体。如果该导体是垂直的，该单元为垂直极化；如果该导体是水平的，该单元为水平极化。

如果天线的极化与波的极化相同，则放置在波的传播途径上的接收天线就可以从波中取出最大的能量。

(4) 强度。强度是指在垂直于传播方向的平面内每秒通过单位面积的总能量，如图 1.22 所示。

强度与电场强度和磁场强度有关，强度的瞬时值等于电场和磁场强度之积乘以这两个场夹角的正弦值。在除天线附近的自由空间中，该夹角为 90°，因此强度就简化为两个场强的乘积。

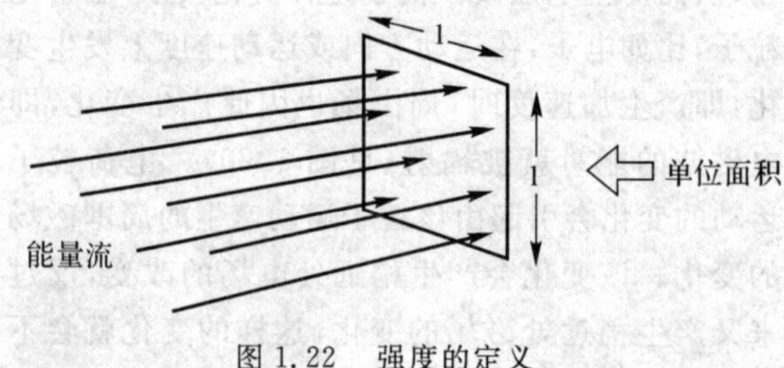

图 1.22　强度的定义

通常人们感兴趣的不是强度的瞬时值而是它的平均值。例如，如果将天线插在波传播途径的某一点上，将波在该点的平均强度乘以天线面积就可得到每秒钟天线截获的能量。

在电路中，描述能量流动速率的术语是功率。因此，考虑到无线电波的接收与发射，常用“功率密度”这个术语来代替“强度”。于是，所接收的信号的功率就是所截获波的功率密度乘以天线的面积。

(5) 波长。无线电波两个场的强度在波的传播方向上周期性的变化。场强从零逐渐地达到最大值，然后又逐渐回到零，依次无限循环。每当场的强度穿过零点时，两个场的方向就翻转。在传播方向上场的强度在变化，两个顶峰间的距离就是波长，如图 1.23 所示。

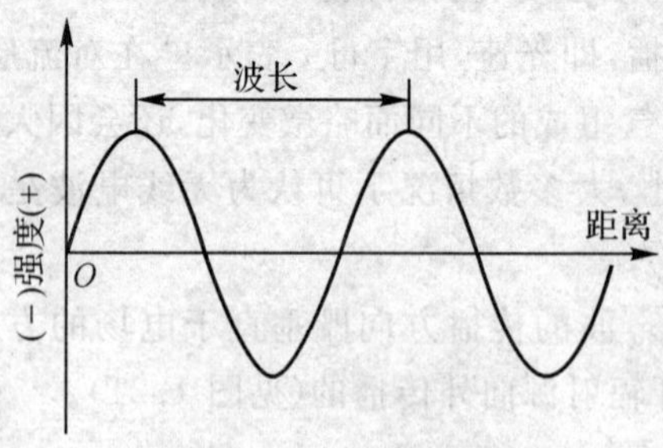

图 1.23　波长的定义

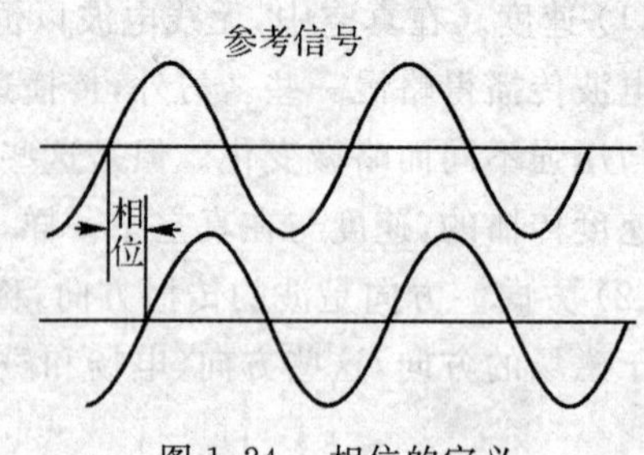

图 1.24　相位的定义

(6) 频率。信号每秒完成的周期的次数就是波的频率，即 $f=c/\lambda$。其中，f 为频率，c 为波速(3×10^{8} m/s)，λ 为波长。

(7) 相位。波在单个循环内与同频率参考信号波在单个循环内相一致的程度。最简单的表示方式，即用占波长或周期的几分之一来表示。通常用角度来表示相位，360° 对应于一个周期。例如，如果一个波落后于参考信号 1/4 周期，则它的相位就是90°（见图 1.24 ）。

对于本小节，可以总结以下几点：

• 无论何时，只要带电粒子加速，无线电波就被发射，无论这种加速是由于物质中的热扰动所致的，还是因为导体中通有往返涌动的电流所造成的。

• 无线电波的能量一部分包含在电场内，另一部分包含在磁场内。

• 波的极化就是电场方向，传播方向总是垂直于两个场的方向。

• 在一个未调制波中，场强随波发生正弦变化，两个相邻波峰之间的距离是波长。

1.2.2　雷达基本原理

1. 无线电频率的选择

实际设计每一部雷达时，首先要考虑的因素是雷达发射信号的频率，即雷达的工作频率。一部雷达如何满足对它提出的许多要求，如检测距离、角度分辨率、多普勒特性、尺寸、质量、成本等，经常取决于对无线电频率的选择，而频率的选择反过来又对雷达设计和现实中的许多方面产生重要的影响。因此，本小节主要分析雷达所用的无线电频率范围，并分析对一些特殊应用时确定最佳频率选择的各种因素。

(1) 雷达所使用的各种频率。目前，各种雷达的工作频率低至几兆赫，高至 3×10^8 MHz。在频率的低端是几种非常专用的雷达，例如用于测量电离层高度的探测器，以及利用电离层反射来进行超视距观察并且检测几千千米以外的目标的雷达。在频率的高端是激光雷达，它们在频谱的可见光区域内工作，此类雷达为测量战场上单个目标距离提供所需的角分辨率。但是，大部分雷达所使用的频率都处在从几百兆赫至 100 000 MHz 的范围内。为了使如此大的频率数值更便于处理，习惯上将它们用 GHz 来表示。雷达的工作频率经常是通过波长来表示的，波长等于光速除以频率。频率换算成波长的心算规则：以 cm 表示的波长等于 30 除以用 GHz 表示的频率。例如，10 GHz 波的波长是 30/10＝3 cm。

通常使用的无线电波的波长范围从几毫米到几千米，根据波长或频率把无线电波分成几个波段，见表 1.1。

表 1.1　几种波长的电磁波

<table>
<tr><th colspan="2">波　段</th><th>波　长</th><th>频　率</th><th>传播方式</th><th>主要用途</th></tr>
<tr><td colspan="2">长波</td><td>30 000 ～ 3 000 m</td><td>10 ～ 100 kHz</td><td>地波</td><td>超远程无线电通信和导航</td></tr>
<tr><td colspan="2">中波</td><td>3 000 ～ 200 m</td><td>100 ～ 1 500 kHz</td><td rowspan="2">地波和天波</td><td rowspan="3">调幅（AM）无线电广播、电报、通信</td></tr>
<tr><td colspan="2">中短波</td><td>200 ～ 50 m</td><td>1 500 ～ 6 000 kHz</td></tr>
<tr><td colspan="2">短波</td><td>50 ～ 10 m</td><td>6 ～ 30 MHz</td><td>天波</td></tr>
<tr><td rowspan="4">微波</td><td>米波(VHF)</td><td>10 ～ 1 m</td><td>30 ～ 300 MHz</td><td>近似直线传播</td><td>调频（FM）无线电广播、电视、导航</td></tr>
<tr><td>分米波(UHF)</td><td>1 ～ 0.1 m</td><td>300 ～ 3 000 MHz</td><td rowspan="3">直线传播</td><td rowspan="3">电视、雷达、导航</td></tr>
<tr><td>厘米波</td><td>10 ～ 1 cm</td><td>3 000 ～ 30 000 MHz</td></tr>
<tr><td>毫米波</td><td>10 ～ 1 mm</td><td>30 000 ～ 300 000 MHz</td></tr>
</table>

(2) 不同波段雷达的特点。

1) 米波段。早期雷达多工作在这一频段，主要优点：体系简单可靠，辐射功率高，造价低，动目标显示性能好，受气象因素影响小，应用在对空警戒引导雷达、电离层探测、超视距雷达中。缺点：目标的角分辨率低，体积大。

2）分米波段。分米波段具有较好的角度分辨率，外部噪声干扰小，天线和设备适中，应用于对空监视雷达。此波段是介于厘米波与分米波段之间的一种折中方案，可以完成对目标的监视和跟踪，广泛使用于舰载雷达。

3）厘米波段。优点：体积小，精度高，可以得到足够的信号带宽，主要用于机载火控雷达、机载气象雷达、机载多普勒导航雷达、地面炮瞄雷达等。缺点：功率小，探测距离近，气象因素影响大，外部噪声（大气噪声）干扰大。

4）毫米波段。优点：天线尺寸小，目标定位精度高，分辨率高，信号频带宽，抗电磁波干扰性能好。缺点：比厘米波段辐射功率更小，机内噪声高，外部噪声干扰影响很大，受大气衰减影响显著。

5）激光波段。优点：具有良好的距离与角度分辨率，在测距和测绘系统中被选用。缺点：功率小，波束窄，探测周期长，不能在复杂气象条件下使用。

2.频率对雷达性能的影响

雷达使用的最佳频率取决于它想要完成的任务。频率的选择意味着对几项因素进行权衡，包括物理尺寸、发射功率、波束宽度、大气衰减等。

（1）物理尺寸。用来产生和发射功率的硬件尺寸一般和波长成正比。在较低频率上，硬件通常又大又重（见图1.25）。

图1.25　发射30 cm波和发射0.8 cm波的发射管

（2）发射功率。由于波长对硬件尺寸的影响，变成间接地影响雷达发射大功率的能力。硬件尺寸越大，可以发射的雷达波功率越大。米波雷达大而重，可以发射兆瓦级的平均功率；毫米波雷达只能发射几百瓦的平均功率。

（3）波束宽度。雷达天线波束的宽度正比于波长与天线宽度之比。为了得到给定的波束宽度，波长越长，天线就必须越宽（见图1.26）。在低频上，为了得到可以使用的窄波束，一般必须使用非常大的天线。在高频上，比较小的天线就足够了。当然，波束越窄，任一时刻集

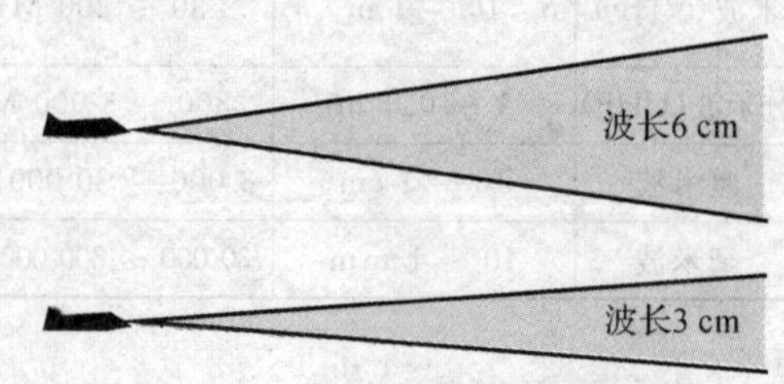

图1.26　对于同样尺寸的天线，波束宽度和波长成正比

中在特定方向上的功率就越大，并且角分辨率越好。

(4) 大气衰减。当无线电波通过大气时，无线电波会由于两种基本机理而衰减：吸收与散射(由氧气和水蒸气引起)。吸收和散射都随着频率的增加而增加。0.1 GHz以下，大气衰减可以忽略；10 GHz以上，大气衰减变得越来越严重。

(5) 环境噪声。在高频段，来自雷达外部的电噪声是很大的，但是它随着频率的升高而减小，在0.3～10 GHz之间的某个地方达到最小值。

在使用低噪声接收机以达到远距离的要求时，噪声对频率的选择是一项重要的考虑因素。

(6) 多普勒频移。多普勒频移和目标接近速率以及雷达工作频率成正比。工作频率越高，一个给定接近速度的目标所产生的多普勒频移就越大。通过选择适当高的频率，可以区别接近速度差别较小的不同目标，增加多普勒灵敏度。

3.飞机上最佳频率的选择

如前所述，无线电频率的选择受到几种因素的影响：雷达想要完成的任务、雷达的使用环境、雷达工作平台物理条件的限制以及成本等。

大部分战斗机、攻击机和侦察机雷达工作在X和Ku波段内，很多雷达工作在X波段的3 cm波长的区域内。

3 cm区域有3个方面的优点：① 大气衰减低；② 小天线能提供窄波束，以获得极好的角分辨率；③3 cm的微波元器件很容易买到。

4.脉冲雷达原理

雷达一般分为连续波形(CW)和脉冲波形。

(1) 连续波雷达。连续波雷达连续发射无线电波，同时接收反射回波。

(2) 脉冲波雷达。脉冲波雷达以窄脉冲形式间断地发射无线电波，而在两次发射间隔接收回波。脉冲波雷达可分为脉冲多普勒雷达和简单脉冲雷达。这里将介绍脉冲发射的优点和脉冲波形的特性，以及脉冲发射对输出功率和发射能量的影响。

1) 脉冲发射的优点。除了多普勒导航仪、高度计和定时近爆引信以外，大多数机载雷达都是脉冲波雷达。其主要原因是脉冲工作方式可以避免发射机干扰接收机。

机载雷达上由于空间的限制，通常发射和接收必须共用一副天线。这时，要避免发射机输出噪声通过天线漏进接收机是极其困难的，如果是脉冲式发射，无论发射信号还是发射机噪声都不成问题，因为发射和接收不是在同一时刻进行的。

此外，脉冲工作有简化距离测量的优点。如果有足够的脉冲间隔，只要测出发射脉冲和接收到该脉冲的回波之间的经过时间，就能精确测出距离。

2) 脉冲波形特征。脉冲雷达辐射的无线电波的形状(发射信号)称为发射波形，如图1.27所示。它有4个基本特征：载频、脉冲宽度、脉冲调制、脉冲重复频率(PRF)。

① 载频。载频并不总是固定不变的，可以用不同的方法改变载频以满足特定系统或特定工作方式的需要。从一个脉冲到下一个脉冲，载频可以增加或减小。载频变化可以是随机的，或者按某种特定规律，甚至可以在每一个脉冲期间以某种特定规律增加或者减小。

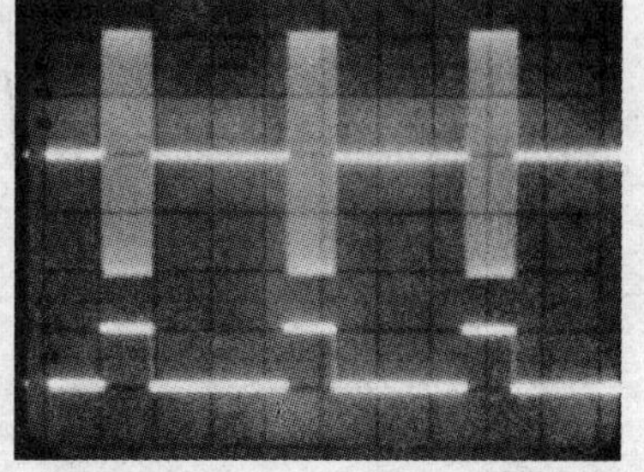

图1.27　脉冲波形

② 脉冲宽度。脉冲持续时间、脉冲宽度可以从几分之一微秒到几毫秒，也可以用物理长度表示，即用任一瞬间脉冲在空间传播时从其前沿到后沿的距离来表示（见图 1.28）。

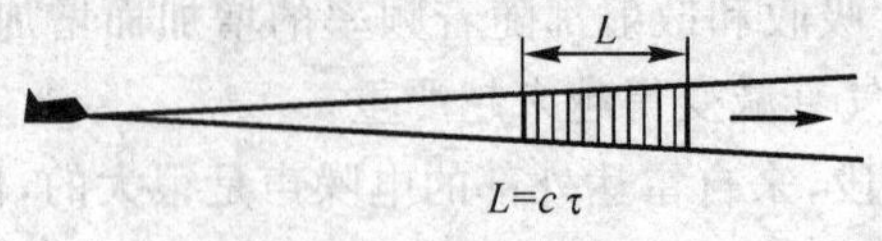

图 1.28　脉冲宽度

脉冲宽度很重要，因为脉冲内没有调制，脉冲宽度就决定雷达分辨距离很近的目标的能力。脉冲越短，距离分辨率越高。

采用非调制脉冲的雷达，若要在距离上将两个目标分辨开，脉冲间拉开的距离应该满足以下条件：在远目标回波的前沿到达较近目标之前，发射脉冲的后沿已通过近目标；目标的距离间隔必须大于脉冲长度的一半（见图 1.29）。

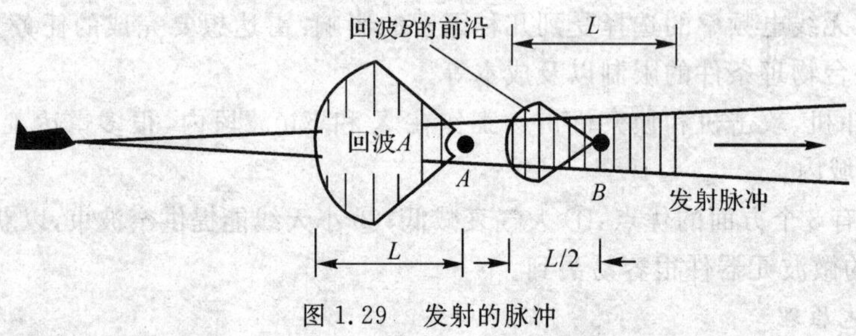

图 1.29　发射的脉冲

脉冲长度减小，单个脉冲内的总能量也减小。当减小到不允许再减小的程度时，脉冲宽度也就不能再减小了。这个限制似乎就是雷达距离分辨率的极限了，但是，实际上并非如此。

③ 脉冲调制。最小脉冲长度要求对距离分辨率的限制可以克服。如果既需要获得较大的探测距离，又需要获得较高的距离分辨率，那么就必须发射高峰值功率的脉冲。但实际上所能使用的峰值概率是有限制的，因此，对于脉冲延迟法测距来说，为了获得较大的探测距离，就必须发射相当宽的脉冲。

一种解决方法就是脉冲压缩，也就是说，主观地发射足够宽的调制脉冲，保证在一定峰值功率上提供必需的平均功率。然后，通过解码，“压缩”所接收的回波为窄脉冲。

对于线性调频信号，在脉冲期间发射机的频率线性地递增。回波通过一个滤波器，该滤波器引入与频率成反比的时间滞后。由于回波的尾部通过滤波器所经过的时间较短，所以回波相继的部分趋于聚成一团，脉冲的幅度被增大，脉冲的宽度被减小（见图 1.30）。

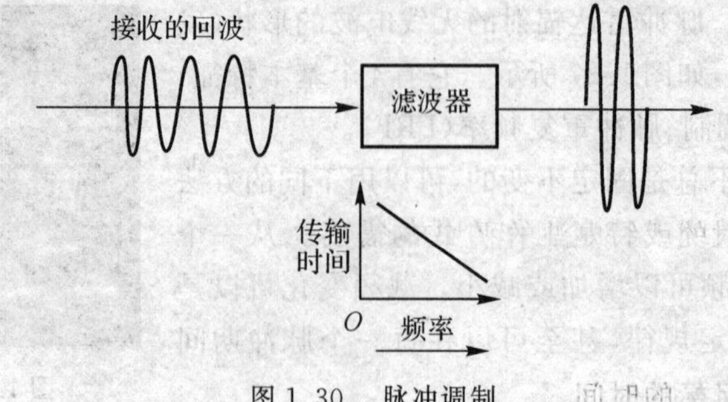

图 1.30　脉冲调制

线性调频脉冲可被认为是由一些频率递增的片段组成的（见图 1.31）。在通过滤波器后，第二段赶上第一段，第三段赶上第二段，以此类推。

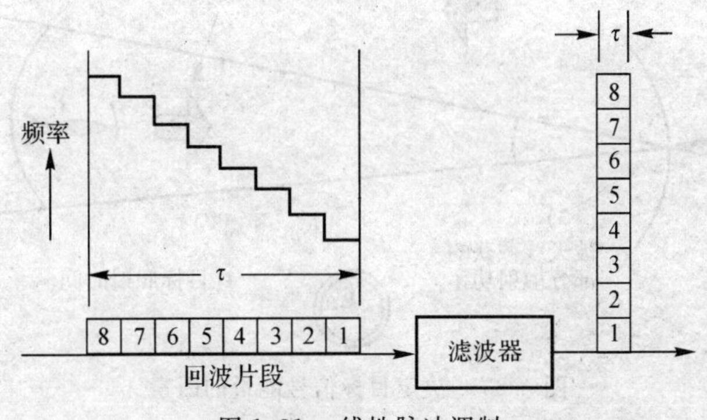

图 1.31　线性脉冲调制

由间距很近的目标 A 和 B 来的回波被混叠，由于编码，在滤波器的输出端被分开，所以脉冲压缩既可以极大地改善距离分辨率，也可极大地加强信号功率，因而增强了目标检测能力（见图 1.32）。

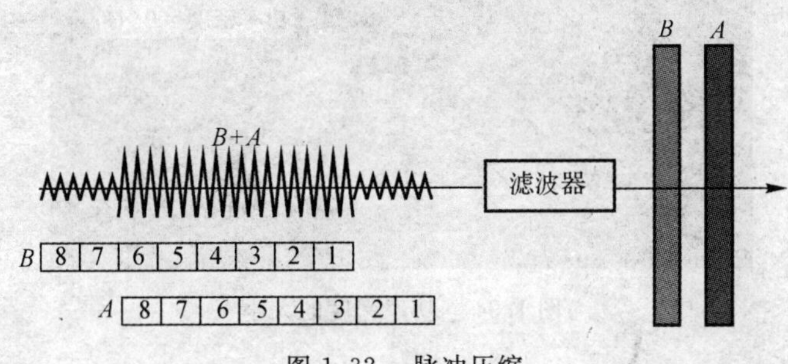

图 1.32　脉冲压缩

④ 脉冲重复频率。雷达发射脉冲的速率，即每秒钟发射的脉冲个数，简写为“PRF”。PRF 的选择非常重要，因为它决定了雷达观察到的距离和多普勒频率是否模糊，以及模糊的程度。

1.3　雷达的作用距离

1.3.1　雷达基本方程

(1) 通常设计者和用户最关心的就是雷达能够探测目标的最大距离。要检测一个目标，就必须从该目标接收到足够大的能量而使得滤波器的输出明显高于噪声电平。

随之而来的问题：哪些因素决定了从目标所接收能量的大小？

在天线波束照射目标的时间内，4 个因素决定雷达接收到目标回波的能量（见图 1.33）：

1) 向目标方向辐射的无线电波的平均功率，即能量流动速率；

2) 被目标截获并向雷达方向散射的能量大小；

3) 被雷达天线捕获的能量的多少；

4) 天线波束照射目标的时间。

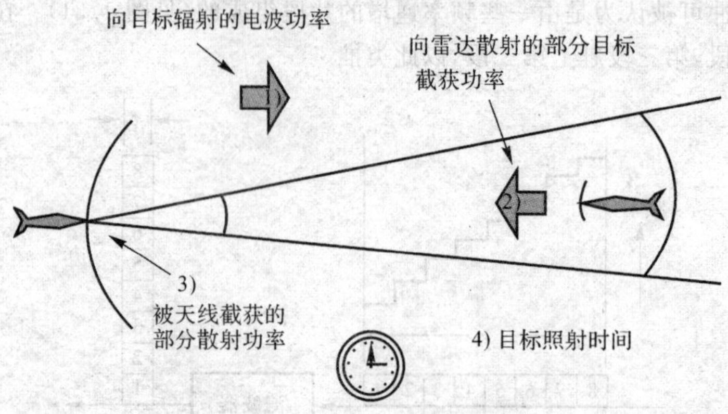

图 1.33　决定目标信号能量的因素

当天线波束照射一个目标时，目标所在方向辐射的无线电波的功率密度与发射机的平均输出功率和天线主瓣增益的乘积成正比（功率密度就是与电波传播方向垂直的平面上的每单位面积的能量流速率），如图 1.34 所示。

图 1.34　功率密度的大小

在无线电波向目标传播的过程中，其能量扩散到一个不断扩大的区域中去，就像一个不断扩大的肥皂泡一样（见图 1.35）。这个区域的大小正比于离开雷达的距离的二次方。例如，在目标距离为 R 的地方，功率密度仅为距离为 1 的地方的 $1/R^2$。

图 1.35　电波能量扩散

目标所截获的功率等于目标距离上的功率密度乘以雷达看到的几何截面积（投影面积）。

目标截获的功率有多少散射回雷达取决于目标的反射率和方向性。反射率就是总散射功率与总截获功率之比。方向性与天线增益相似，是向雷达散射的功率与各方向均匀散射时在同一方向散射的功率之比。

习惯上，把目标几何截面积、反射率和方向性归纳为一个因素，称为 RCS，即雷达散射面积，用希腊字母 σ 表示，单位为 m^2。

(2) 雷达散射面积(RCS)。目标的 RCS 可视为 3 个因素的乘积：

$$\sigma = \text{几何截面积} \times \text{反射系数} \times \text{方向系数}$$

1) 几何截面积。几何截面积是从雷达方向看到的目标横截面积，用 A 表示(见图1.36)。这一面积决定目标截获多少功率。

$$P_{\text{截获}} = AP_{\text{入射}} \tag{1.3.1}$$

式中，$P_{\text{入射}}$ 为雷达波的功率密度。

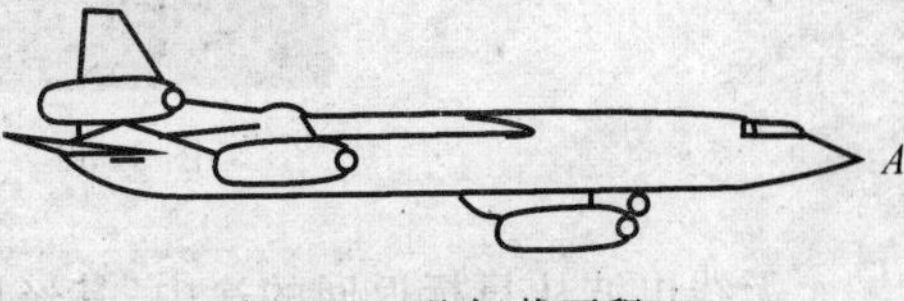

图 1.36　几何截面积

2) 反射系数。反射系数表示目标截获雷达波后再辐射出去的能量比例。

$$\text{反射系数} = \frac{P_{\text{散射}}}{P_{\text{截获}}} = \frac{P_{\text{散射}}}{AP_{\text{入射}}} \tag{1.3.2}$$

散射出去的能量等于目标所截获的雷达波能量减去其所吸收的能量。目标散射的示意图如图 1.37 所示。

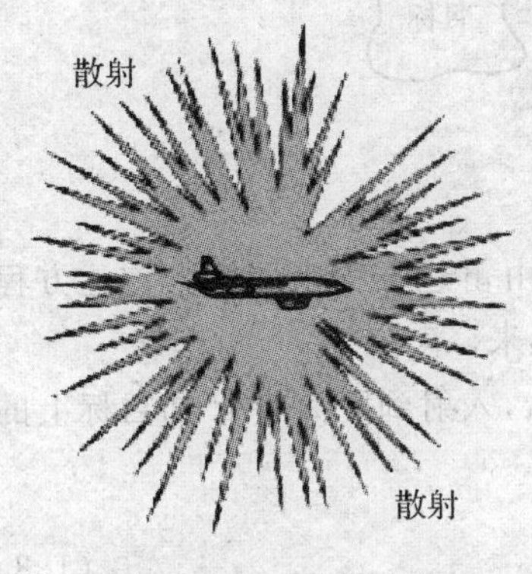

图 1.37　目标的散射

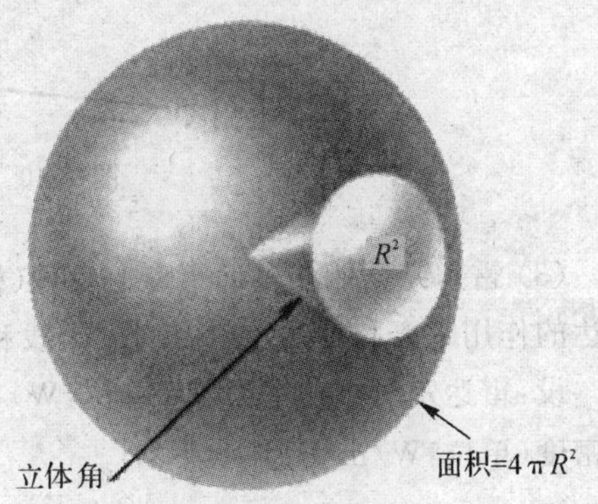

图 1.38　立体角

3) 方向系数。方向系数是目标实际上向雷达方向散射的能量与目标向各个方向均匀散射时的能量之比。

$$\text{方向系数} = \frac{P_{\text{反射}}}{P_{\text{各向同性}}} \tag{1.3.3}$$

一般，这两者都用单位立体角上的功率来表示，$P_{\text{各向同性}}$ 为 $P_{\text{散射}}$ 除以单位立体角的数量。立体角的单位是球面度，即面积为半径二次方的球面对应的球心角(见图 1.38)。因为球的表面积是 4π 乘以半径的二次方，所以一个球包含 4π 球面度。因此，得

$$\text{方向系数} = \frac{P_{\text{反射}}}{(1/4\pi)P_{\text{散射}}} \tag{1.3.4}$$

如前所述，RCS 可表示为

$$\sigma = A\frac{P_{\text{散射}}}{AP_{\text{入射}}}\frac{P_{\text{反射}}}{(1/4\pi)P_{\text{散射}}} \tag{1.3.5}$$

经简化，得

$$\sigma = 4\pi\frac{\text{单位立体角的反射波}}{\text{入射雷达波的功率密度}}$$

因此，雷达方向散射的电波功率密度可以用到达目标处的发射波的功率密度乘以该目标的截面积来计算(见图1.39)。

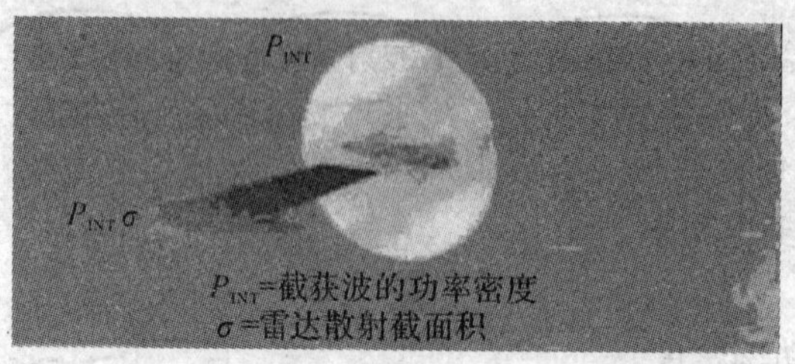

图1.39　反射到雷达方向的功率密度

无线电波从目标返回的途中，其经历的几何扩散过程与电波向目标传播的过程是相同的(见图1.40)。它的功率密度在原先已降低$1/R^2$倍的基础上再降低$1/R^2$倍。这样使得电波返回雷达时的功率密度只有单位目标距离时的$1/R^4$。

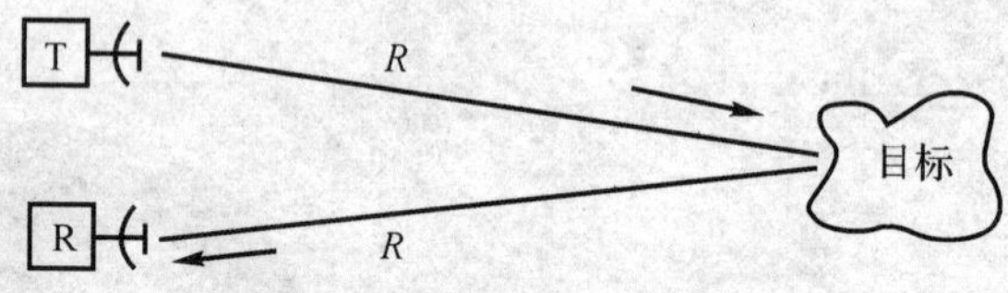

图1.40　雷达发射与接收电波

(3) 雷达究竟能在多远距离上发现(检测到)目标，这要由雷达方程来回答。雷达方程将雷达的作用距离和雷达发射、接收、天线和环境等因素联系起来。

设：雷达发射机功率为P_t(单位：W)，发射天线增益为G_t，入射到距离为R的目标上的功率密度(单位：W/m^2)为

$$S_1 = \frac{P_t G_t}{4\pi R^2} \tag{1.3.6}$$

用目标雷达截面积来表示被目标截获入射功率后再次辐射回雷达处的功率大小，则接收天线上获得的回波功率密度(单位：W/m^2)为

$$S_2 = S_1 \sigma \frac{1}{4\pi R^2} = \frac{P_t G_t}{4\pi R^2}\sigma \frac{1}{4\pi R^2} \tag{1.3.7}$$

雷达接收天线只收集了回波功率的一部分，设天线的有效接收面积为A，则雷达接收到的回波功率为

$$P_\tau = S_2 A = \frac{P_t G_t A\sigma}{(4\pi)^2 R^4} \tag{1.3.8}$$

由天线理论知道，天线增益和有效面积之间有以下关系：

$$G = \frac{4\pi A}{\lambda^2}$$

式中，λ为所用波长，则接收回波功率可写成如下形式：

$$P_t = S_2 A = \frac{P_t G_t A\sigma}{(4\pi)^2 R^4} = \frac{P_t G_t \lambda^2 \sigma}{(4\pi)^3 R^4} \tag{1.3.9}$$

当接收到的回波能量$t_{int} P_z$等于最小可检测信号S_{min}时，雷达达到其最大作用距离，超过

这个距离后，就不能有效地检测到目标。

$$R_{\max}=\left[\frac{P_t G_t A\sigma}{(4\pi)^2 S_{\min}}\right]^{\frac{1}{4}}=\left[\frac{P_t G_t \lambda^2 \sigma}{(4\pi)^3 S_{\min}}\right]^{\frac{1}{4}} \tag{1.3.10}$$

(4) 雷达方程式(1.3.10)告诉我们什么？

1) 发射功率改变对探测距离的影响(见图 1.41)。例如，发射功率增加 3 倍，则探测距离是原来的 1.32 倍，即 3 的四次方根。

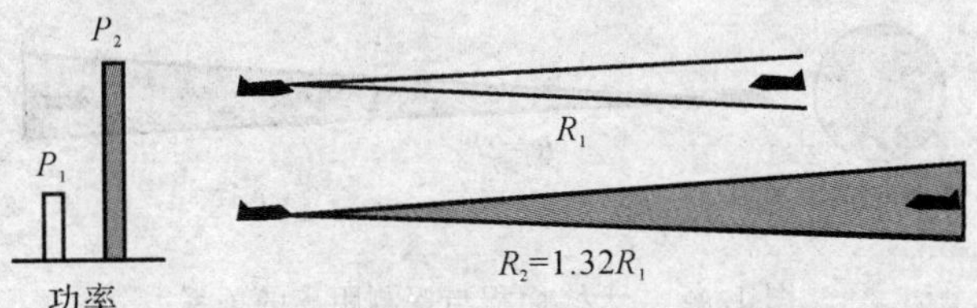

图 1.41　发射功率改变对探测距离的影响

2) 噪声对探测距离的影响(见图 1.42)。可以近似地认为：最小可检测信号 $S_{\min}$ 和噪声平均功率 kT_s 成正比。减小系统噪声，和以同样系数增加功率对探测距离有相同的效果。

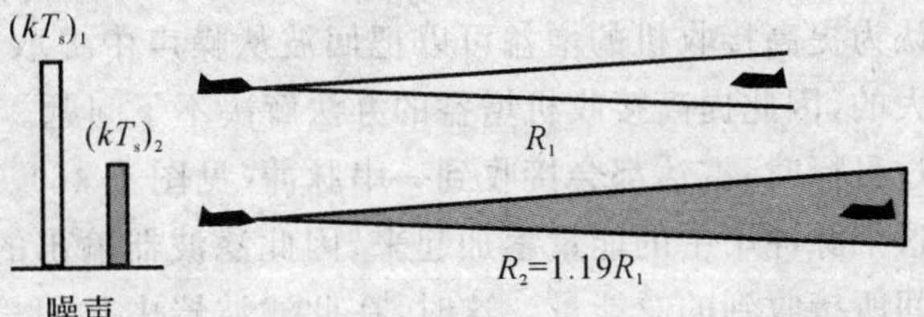

图 1.42　噪声对探测距离的影响

3) 驻留时间与探测距离的关系(见图 1.43)。从目标接收到的能量＝照射时间 × 回波功率可知，目标照射时间加倍和发射功率加倍有相同的效果。

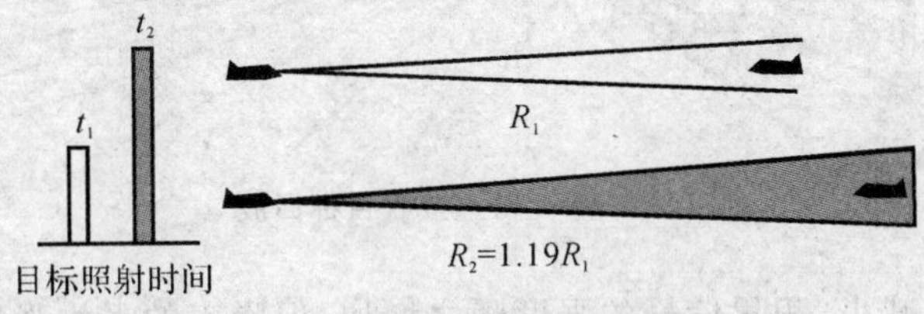

图 1.43　驻留时间与探测距离的关系

4) RCS 与探测距离的关系(见图 1.44)。例如，RCS 增加 4 倍，探测距离增加 1.41 倍。

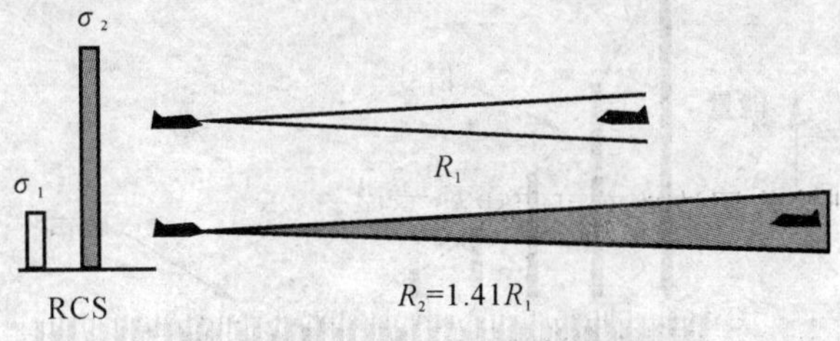

图 1.44　RCS 与探测距离的关系

5）天线面积与探测距离的关系（见图1.45）。例如，天线直径d增加1倍，天线的有效接收面积A增加4倍，因为A正比于d的二次方。天线直径增加1倍，探测距离也会增加1倍，只需降低扫描速度提供相同的目标照射时间。

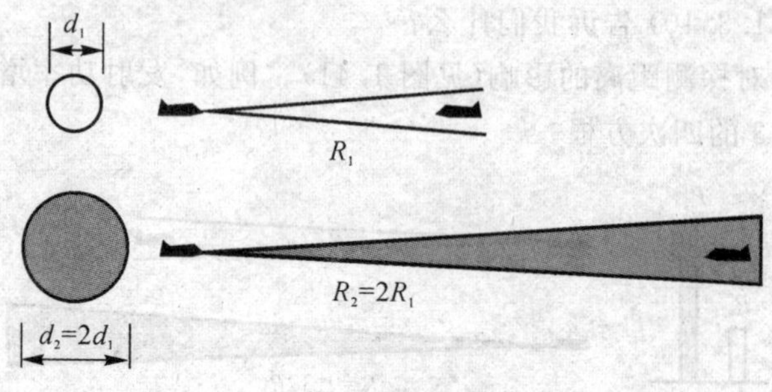

图1.45　天线面积与探测距离的关系

1.3.2　检测过程

假定一个小目标正从很远的地方向一部多普勒搜索雷达靠近，开始时目标回波极其微弱，以至于完全淹没在背景噪声中。

人们最初可能会认为提高接收机的增益可以把回波从噪声中提取出来。但是，接收机是把噪声和信号一起放大的，因此提高接收机增益的办法解决不了问题。

天线波束每次扫过目标时，雷达都会接收到一串脉冲（见图1.46）。雷达信号处理机的多普勒滤波器把包含在这个脉冲串中的能量累加起来，因此滤波器输出的目标信号非常接近于天线波束照射目标期间所接收到的总能量。这时，在此滤波器中被积累的噪声能量和信号能量叠加在一起，无法区分开来。

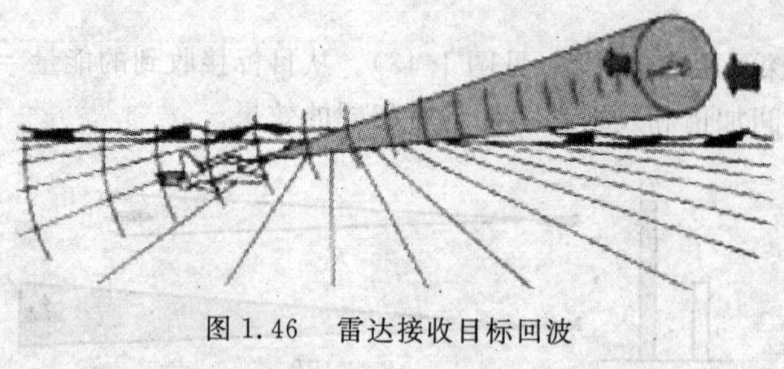

图1.46　雷达接收目标回波

随着目标距离的减小，积累信号的强度随之增加，但噪声的平均强度大致保持不变。最后，信号会增强到足以超过噪声而被检测出来（见图1.47）。

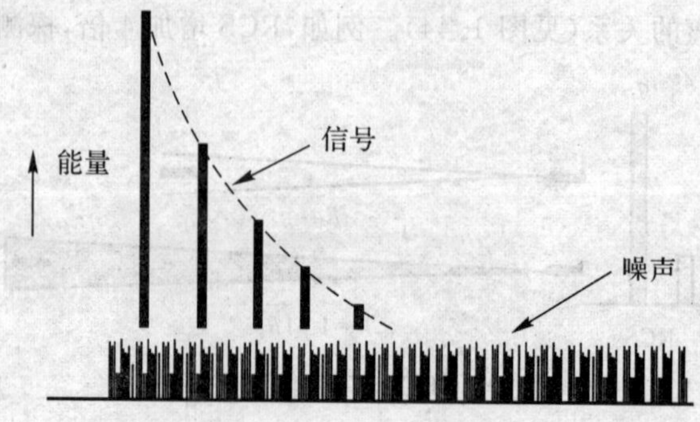

图1.47　目标检测过程

在多普勒雷达中，检测是自动完成的。每个积累周期的末尾，各个滤波器的输出送到各自的检波器。如果积累后的信号加噪声超过某一个确定门限，检波器就判别有目标，同时在显示器上出现了一个明亮的目标信号(见图1.48)。反之，在显示器上就没有任何亮点。

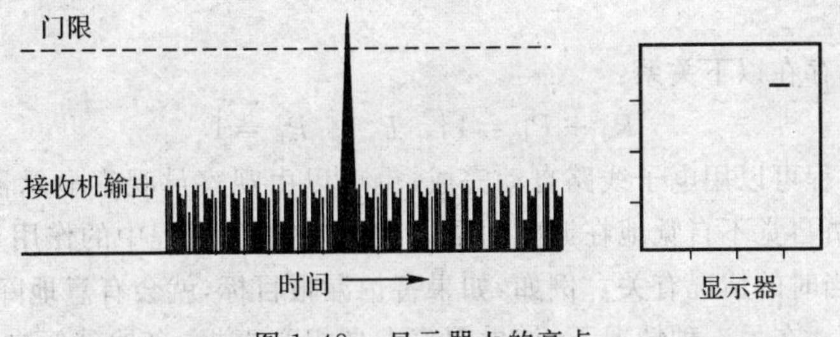

图1.48　显示器上的亮点

仅有随机噪声偶然也会超过门限，这时检测器会错误地判断出发现目标，这称为虚警。产生虚警的机会称为虚警概率。检测门限与平均噪声电平相比越高，虚警概率就越低，反之亦然(见图1.49)。

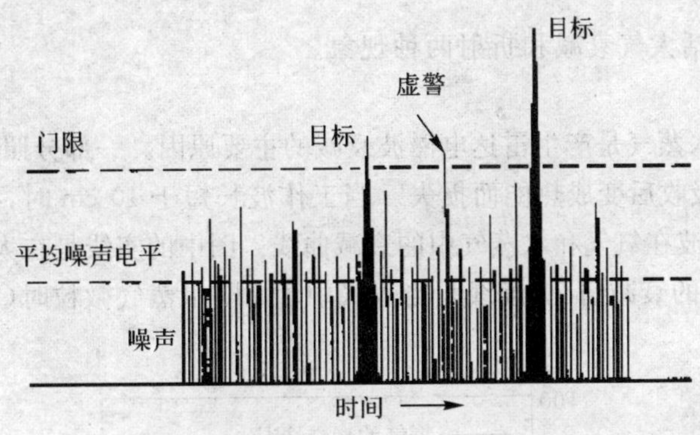

图1.49　虚警的产生

显然门限的设置是至关重要的，如果门限太高，本来可以检测到的目标就可能无法发现(见图1.50)。如果门限太低，则虚警太多。最佳设置是刚刚高于平均噪声电平，使虚警概率不超过允许值。噪声电平以及系统增益可能在很大的范围内变化。因此，应当连续监测雷达多普勒滤波器的输出，以保证最佳的门限值设置。

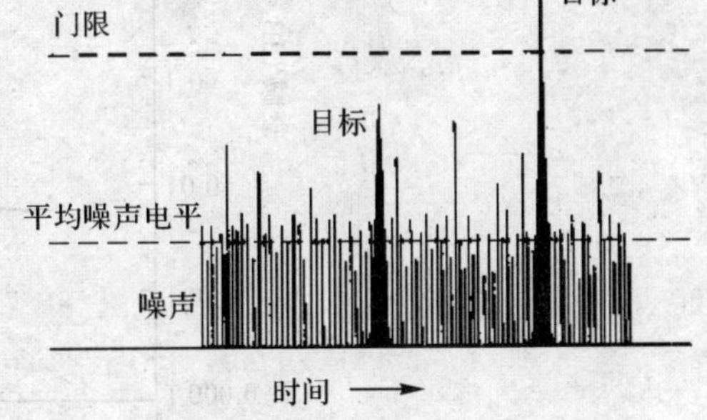

图1.50　漏警的产生

检测时，门限电压的高低将影响以下两种错误判断：

(1) 有信号而误判为没有信号(漏警)；

(2) 只有噪声时误判为有信号(虚警)。

应该根据两种误判的影响大小来选择合适的门限。

门限检测是一种统计检测，由于信号叠加有噪声，所以总输出是一个随机量。在输出端根据输出振幅是否超过门限来判断有无目标存在，可能出现以下4种情况：

(1) 当存在目标时，判为有目标，这是一种正确判断，称为发现，它的概率称为发现概率 P_d；

(2) 当存在目标时，判为无目标，这是错误判断，称为漏报，它的概率称为漏报概率 P_{la}；

(3) 当不存在目标时，判为无目标，称为正确不发现，它的概率称为正确不发现概率 P_{an}；

(4) 当不存在目标时，判为有目标，称为虚警，这也是一种错误判断，它的概率称为虚警概率 P_{fa}。

显然 4 种概率存在以下关系：

$$P_d + P_{la} = 1, \quad P_{an} + P_{fa} = 1$$

门限检测的过程可以用电子线路自动完成，也可以由观察员观察显示器来完成。当用观察员观察时，观察员自觉不自觉地在调整门限，人在雷达检测过程中的作用与观察人员的责任心、熟悉程度以及当时的情况有关。例如，如果害怕漏报目标，就会有意地降低门限，这就意味着虚警概率的提高。在另一种情况下，如果观察人员担心虚报，自然就倾向于提高门限，这样只能把比噪声大得多的信号指示为目标，从而丢失一些弱信号。操纵人员在雷达检测过程中的能力，可以用试验的方法来决定，但这种试验只是概略的。

1.3.3 传播过程中各种因素的影响

传播影响主要包括大气衰减和折射两种现象。

1. 大气衰减

大气中的氧气和水蒸气是产生雷达电磁波衰减的主要原因。一部分照射到这些气体微粒上的电磁波能量被它们吸收后变成热能而损失。当工作波长短于 10 cm 时，必须考虑大气衰减。如图 1.51 所示为电磁波在氧气和水蒸气中的衰减曲线。图中的实线是在大气中含氧 20%、一个大气压力条件下，氧气的衰减情况；虚线是当大气中含 1% 水蒸气微粒时(7.5 g/m^3)，水蒸气的吸收情况。

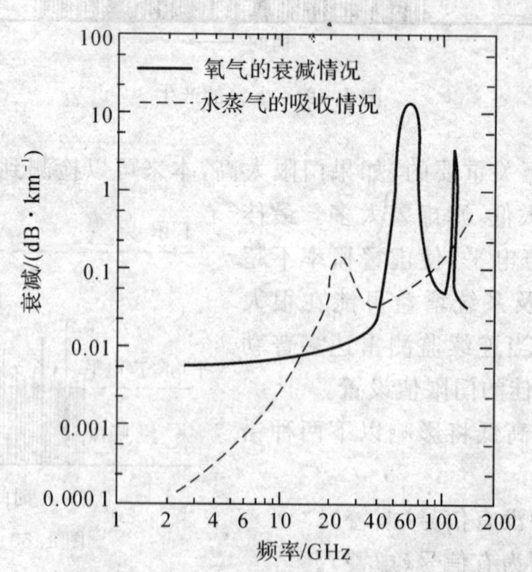

图 1.51　电磁波在氧气和水蒸气中的衰减曲线

随着高度的增加，大气衰减减小，因此实际雷达工作时的传播衰减与雷达作业的距离以及目标高度有关。图 1.52 和图 1.53 为在不同仰角时的双程衰减分贝数，它们又与工作频率有关。工作频率升高，衰减增大；而探测时仰角越大，衰减越小。

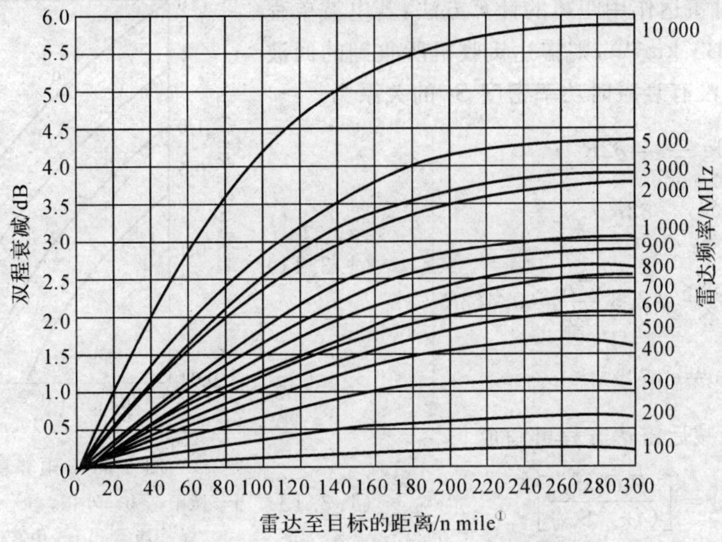

图 1.52　电磁波在双程大气中的衰减曲线(仰角为0°时)

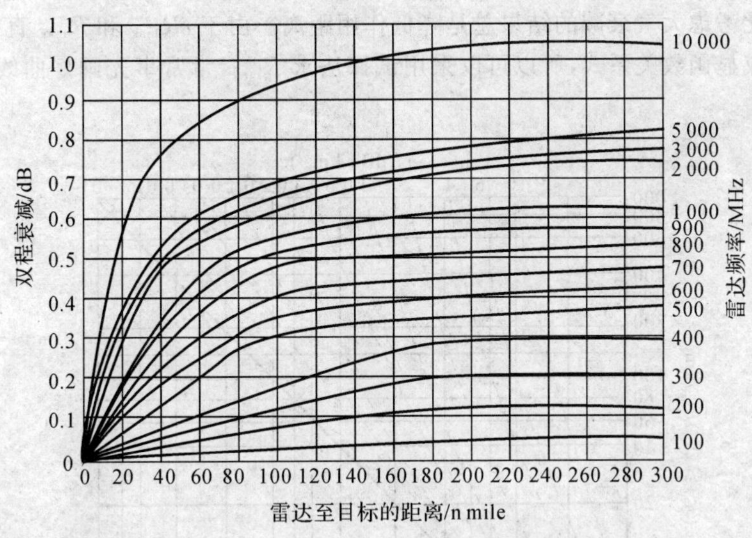

图 1.53　电磁波在双程大气中的衰减曲线(仰角为5°时)

除了正常大气外，在恶劣气候条件下大气中的雨雾对电磁波也会有衰减作用。各种气候条件下衰减分贝数和工作波长的关系如图 1.54 所示。

在图 1.54 中，曲线 a 是微雨(雨量为 0.25 mm/h)；b 是小雨(雨量为 1 mm/h)；c 是大雨(雨量为 4 mm/h)；d 是暴雨(雨量为 16 mm/h)；e 是淡雾，浓度为能见度 600 m(含水量为 0.032 g/m^3)；f 是中雾，浓度为能见度 120 m(含水量为 0.32 g/m^3)；g 为浓雾，能见度为 30 m(含水量为 2.3 g/m^3)。当在作用距离全程上有均匀的传播衰减时，雷达作用距离的修正计算方法如下所述。

① 1 n mile = 1 852 m(只用于航行)。

考虑衰减时雷达作用距离的计算方法：若电波单程传播衰减为 $\delta(\mathrm{dB \cdot km^{-1}})$，则雷达接收机所收到的回波功率密度 S'_2 与没有衰减时功率密度 S_2 的关系为

$$\left.\begin{aligned} 10\lg \frac{S'_2}{S_2} &= \delta 2R \\ \lg \frac{S'_2}{S_2} &= \frac{\delta 2R}{10} \\ \ln \frac{S'_2}{S_2} &= 2.3\frac{\delta 2R}{10} = 0.46\delta R \\ \frac{S'_2}{S_2} &= \mathrm{e}^{0.046\delta R} \end{aligned}\right\} \tag{1.3.11}$$

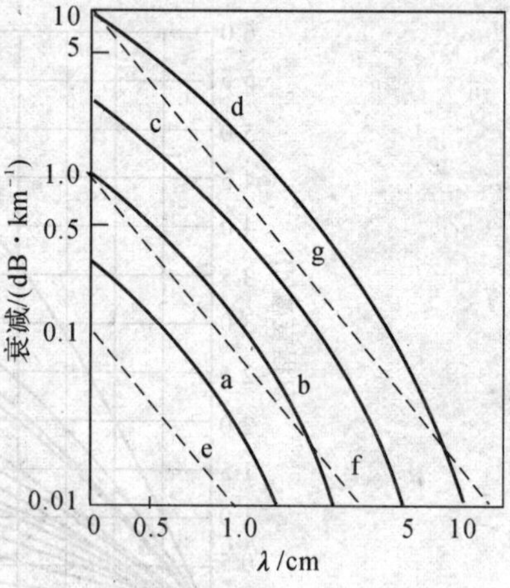

图 1.54 雨雾衰减曲线

a— 微雨； b— 小雨； c— 大雨； d— 暴雨

e— 淡雾； f— 中雾； g— 浓雾

考虑传播衰减后雷达方程可写成

$$R_{\max} = \left[\frac{P_t G_t \lambda^2 \sigma}{(4\pi)^3 S_{\min}}\right]^{\frac{1}{4}} \mathrm{e}^{0.115\delta R_{\max}} \tag{1.3.12}$$

式中，$\delta R_{\max}$ 为在最大作用距离情况下单程衰减的分贝数。由式(1.3.11)可知，$\delta R_{\max}$ 是负分贝数，并且 S'_2 总是小于 S_2，因此考虑大气衰减的结果总是降低作用距离。由于 $\delta R_{\max}$ 和 $R_{\max}$ 直接有关，式(1.3.12)无法写成显函数关系式，所以可以采用试探法求 $R_{\max}$，常常事先画好曲线供查用(见图1.55)。

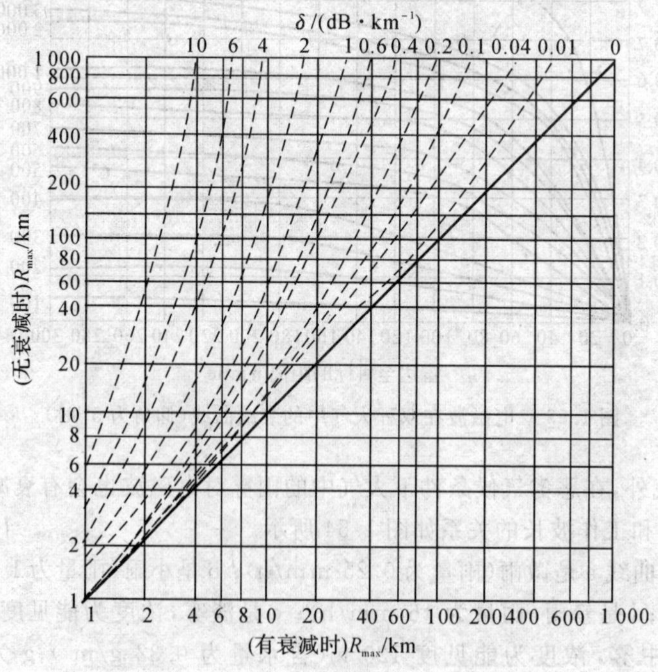

图 1.55 有衰减时作用距离计算图

2. 大气折射和雷达直视距离

电磁波在大气中传播时，是在非均匀介质中传播的，它的传播路线不是直线，会产生折射。大气折射对雷达的影响：一是改变雷达的测量距离，产生测距误差；二是引起仰角测量误

差(见图 1.56)。

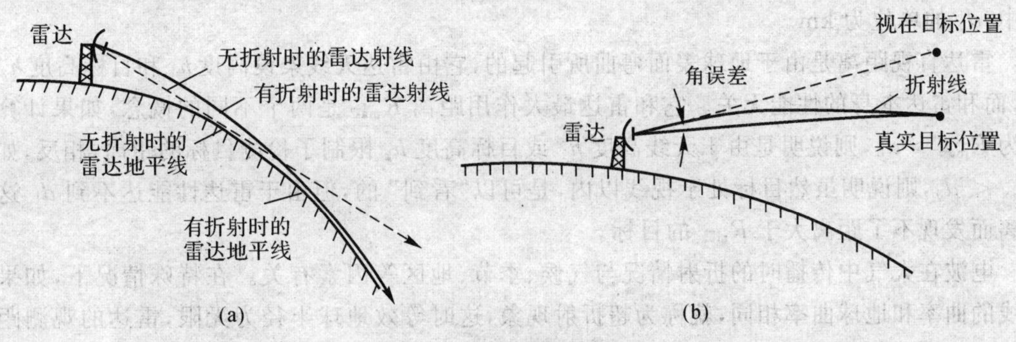

图 1.56　大气折射的影响

在正常的大气下,电磁波传播是向下折射弯曲。电磁波向下弯曲的结果是增大了雷达的直视距离。

雷达直视距离的问题是由地球曲率半径引起的,如图 1.57 所示。由于地球表面弯曲,所以雷达看不到超过直线距离以外的目标(图 1.57 中阴影区域)。

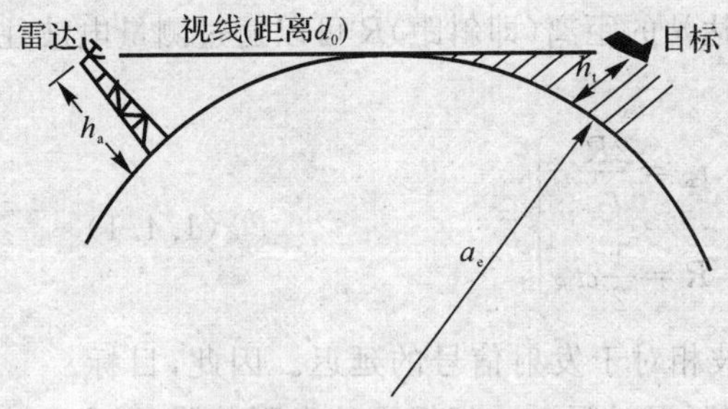

图 1.57　地球曲率半径对雷达直视距离的影响

电波传播射线向下弯曲,等效于增加视线距离,如图 1.56(a) 所示。处理折射对直视距离影响的常用方法是用等效地球曲率半径 ka 来代替实际地球曲率半径 $a=6\ 370$ km,系数 k 和大气折射系数 n 随高度的变化率 $\mathrm{d}n/\mathrm{d}h$ 有关,即

$$k=\frac{1}{1+a\dfrac{\mathrm{d}n}{\mathrm{d}h}}$$

通常气象条件下,$\mathrm{d}n/\mathrm{d}h$ 为负值。在温度为 15℃ 的海面以及温度随高度变化梯度为 0.006 5 °/m,大气折射率梯度为 $0.039\times10^{-6}\ \mathrm{m}^{-1}$ 时,k 值等于 4/3,这样的大气条件下等效于半径为 $a_e=ka$ 的球面对直视距离的影响,即

$$a_e=\frac{4}{3}a=8\ 490\ \mathrm{km}$$

式中,a_e 为考虑典型大气折射时的等效地球半径。

曲率半径增大,曲率减小,直视距离增大。

由图 1.58 可以计算出雷达的直视距离 d_0 为

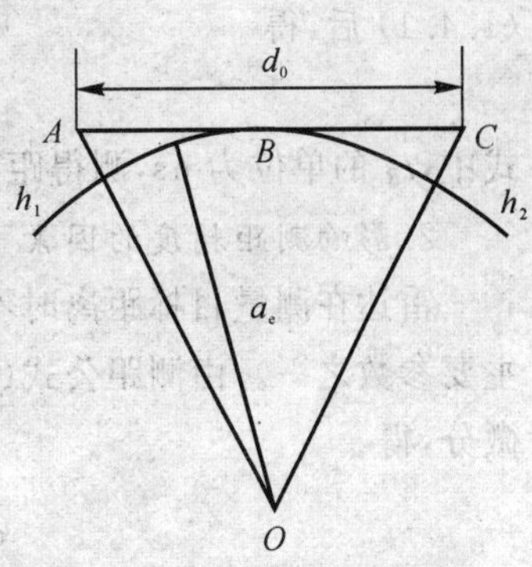

图 1.58　雷达直视距离计算

$$d_0=\sqrt{(a_e+h_1)^2-a_e^2}+\sqrt{(a_e+h_2)^2-a_e^2}\approx$$

$$\sqrt{2a_e}(\sqrt{h_1}+\sqrt{h_2})=130(\sqrt{h_1}+\sqrt{h_2})\ \text{km}=4.1(\sqrt{h_1}+\sqrt{h_2})\ \text{m}$$

式中，d_0 的单位为 km。

雷达直视距离是由于地球表面弯曲所引起的，它由雷达天线架设高度 h_1 和目标高度 h_2 决定，而和雷达本身的性能无关。它和雷达最大作用距离 R_{max} 是两个不同的概念，如果计算结果为 $R_{max} > d_0$，则说明是由于天线高度 h_1 或目标高度 h_2 限制了检测目标的距离，相反，如果 $R_{max} < d_0$，则说明虽然目标处于视线以内，是可以“看到”的，但由于雷达性能达不到 d_0 这个距离而发现不了距离大于 R_{max} 的目标。

电波在大气中传播时的折射情况与气候、季节、地区等因素有关。在特殊情况下，如果折射线的曲率和地球曲率相同，就称为超折射现象，这时等效地球半径为无限，雷达的观测距离不受视距限制，对低空目标的覆盖距离将有明显增加。

1.4 目标距离测量

测量目标的距离是雷达的基本任务之一。无线电波在均匀介质中以固定的速度直线传播（在自由空间传播速度约等于光速 $c=3\times10^5$ km/s）。如图 1.59 所示，雷达位于 A 点，而在 B 点有一目标，则目标至雷达站的距离（即斜距）R 可以通过测量电波往返一次所需的时间 t_R 得到，即

$$\left.\begin{aligned} t_R &= \frac{2R}{c} \\ R &= \frac{1}{2}ct_R \end{aligned}\right\} \tag{1.4.1}$$

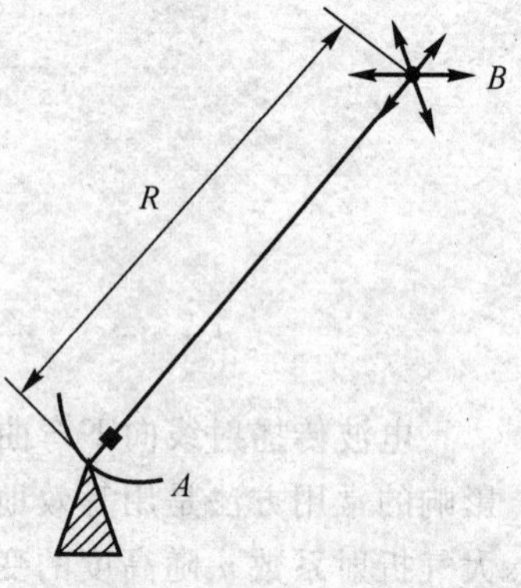

而时间 t_R 也就是回波相对于发射信号的延迟。因此，目标距离测量就是要精确测定延迟时间 t_R。根据雷达发射信号的不同，测定延迟时间通常可以采用脉冲法、调频法和相位调制法。

图 1.59　目标距离的测量

1.4.1　脉冲法测距

1. 基本原理

在常用的脉冲雷达中，回波信号是滞后于发射脉冲 t_R 的回波脉冲。回波信号的延迟时间 t_R 通常是很短促的，将光速 $c=3\times10^5$ km/s 的值代入式(1.4.1)后，得

$$R=0.15t_R \tag{1.4.2}$$

式中，t_R 的单位为 μs，测得距离 R 的单位为 km。

2. 影响测距精度的因素

雷达在测量目标距离时不可避免地会产生误差，它从数量上说明了测距精度是雷达站的主要参数之一。由测距公式（式(1.4.1)）可以看出影响测量精度的因素。对式(1.4.2)求全微分，得

$$\mathrm{d}R=\frac{\partial R}{\partial c}\mathrm{d}c+\frac{\partial R}{\partial t_R}\mathrm{d}t_R=\frac{R}{c}\mathrm{d}c+\frac{c}{2}\mathrm{d}t_R$$

用增量代替微分，可得到测距误差为

$$\Delta R=\frac{R}{c}\Delta c+\frac{c}{2}\Delta t_R \tag{1.4.3}$$

式中，Δc 为电波传播速度平均值的误差；Δt_R 为测量目标回波延迟时间的误差。

由式(1.4.3)可看出，测距误差由电波传播速度 c 的变化 Δc 以及测时误差 Δt_R 两部分组成。

误差按其性质可分为系统误差和随机误差两类。系统误差是指在测距时，系统各部分对信号的固定延时所造成的误差，系统误差以多次测量的平均值与被测距离真实值之差来表示。从理论上讲，系统误差在校准雷达时可以补偿掉，实际工作中很难完善地补偿，因此在雷达的技术参数中，常给出允许的系统误差范围。

随机误差是指因某种偶然因素引起的测距误差，因此又称偶然误差。凡属设备本身工作不稳定性造成的随机误差称为设备误差，例如接收时间滞后的不稳定性、各部分回路参数偶然变化、晶体振荡器频率不稳定以及读数误差等。凡属系统以外的各种偶然因素引起的误差称为外界误差，例如电波传播速度的偶然变化、电波在大气中传播时产生折射以及目标反射中心的随机变化等。

随机误差一般不能补偿掉，因为它在多次测量中所得的距离值不是固定的而是随机的，所以随机误差是衡量测距精度的主要指标。

(1) 电波传播速度变化产生的误差。如果大气是均匀的，则电磁波在大气中的传播是等速直线，此时测距公式(式(1.4.1))中的 c 值可认为是常数。

但实际上大气层的分布是不均匀的，且其参数随时间、地点而变化。大气密度、湿度、温度等参数的随机变化，导致大气传播介质的导磁系数和介电常数也发生相应的改变，因而电波传播速度 c 不是常量而是一个随机变量。由式(1.4.3)可知，由于电波传播速度的随机误差而引起的相对测距误差为

$$\frac{\Delta R}{R}=\frac{\Delta c}{c} \tag{1.4.4}$$

随着距离 R 的增大，由电波速度的随机变化所引起的测距误差 ΔR 也增大。在昼夜间大气中温度、气压及湿度的起伏变化所引起的传播速度变化为 $\Delta c/c\approx 10^{-5}$，若用平均值 c 作为测距计算的标准常数，则所得测距精度亦为同样量级。例如，当 $R=60$ km 时，$\Delta R=60\times 10^3\times 10^{-5}=0.6$ m 的数量级，对常规雷达来讲可以忽略。

电波在大气中的平均传播速度和光速亦稍有差别，且随工作波长 λ 而异，因而在测距公式(式(1.4.1))中的 c 值亦应根据实际情况校准，否则会引起系统误差。表1.2列出了在真空中和不同高度的大气中实测的电波传播速度值。

表　1.2

传播条件	$c/(\mathrm{km\cdot s^{-1}})$	备　注
真空	299 776±4	1941年测得
	299 773±10	1944年测得
	299 792.456 2±0.001	1972年测得

续 表

传播条件	$c/(\mathrm{km}\cdot\mathrm{s}^{-1})$	备 注
$H=3.3\ \mathrm{km}$	299 713	皆为平均值
$H=6.6\ \mathrm{km}$	299 733	
$H=9.8\ \mathrm{km}$	299 750	

(2) 因大气折射引起的误差。当电波在大气中传播时，大气介质分布不均匀将造成电波折射，因此电波传播的路径不是直线，而是走过一个弯曲的轨迹。当电波正折射时，电波传播途径为一条向下弯曲的弧线。

由图 1.60 可看出，虽然目标的真实距离是 R_0，但因电波传播不是直线而是弯曲弧线，故所测得的回波延迟时间 $t_R=2R/c$，这就产生一个测距误差（同时还有测仰角的误差 $\Delta\beta$）：

$$\Delta R=R-R_0 \tag{1.4.5}$$

ΔR 的大小和大气层对电波的折射率有直接关系。如果知道了折射率和高度的关系，就可以计算出不同高度和距离的目标以及由于大气折射所产生的距离误差，从而给测量值以必要的修正。

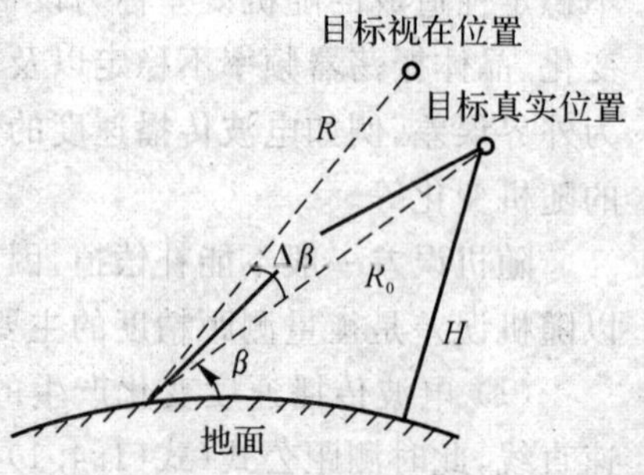

图 1.60　大气层中电波的折射

当目标距离越远、高度越高时，由折射所引起的测距误差 ΔR 也越大。例如，在一般大气条件下，当目标距离为 100 km，仰角为 0.1 rad 时，距离误差为 16 m 的量级。

上述两种误差，都是由雷达外部因素造成的，故称之为外界误差。无论采用什么测距方法都无法避免这些误差，只能根据具体情况，作一些可能的校准。

3. 距离分辨率和测距范围

距离分辨率是指同一方向上两个大小相等点目标之间最小可区分的距离。当在显示器上测距时，分辨率主要取决于回波的脉冲宽度 τ，同时也和光点直径 d 所代表的距离有关。如图 1.61 所示的两个点目标回波的矩形脉冲之间间隔为 $\tau+d/v_n$，其中 v_n 为扫掠速度，这是距离可分的临界情况。这时定义距离分辨率 Δr_c 为

$$\Delta r_c=\frac{c}{2}\left(\tau+\frac{d}{v_n}\right)$$

式中，d 为光点直径；v_n 为光点扫掠速度，cm/μs。

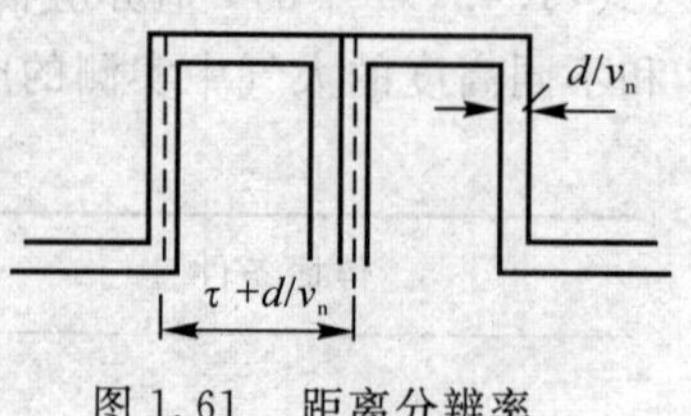

图 1.61　距离分辨率

用电子方法测距或自动测距时，距离分辨率由脉冲宽度 τ 或波门宽度 τ_e 决定，脉冲越窄，距离分辨率越好。对于复杂的脉冲压缩信号，决定距离分辨率的是雷达信号的有效带宽 B，有效带宽越宽，距离分辨率越好。距离分辨率 Δr_c 可表示为

$$\Delta r_c=\frac{c}{2}\,\frac{1}{B}$$

测距范围包括最小可测距离和最大单值测距范围。所谓最小可测距离，是指雷达能测量

的最近目标的距离。脉冲雷达收发共用天线，在发射脉冲宽度 τ 时间内，接收机和天线馈线系统间是“断开”的，不能正常接收目标回波，发射脉冲过去后天线收发开关恢复到接收状态，也需要一段时间 t_0，在这段时间内，由于不能正常接收回波信号，所以雷达是很难进行测距的。因此，雷达的最小可测距离为

$$R_{\min}=\frac{1}{2}c(\tau+t_0)$$

雷达的最大单值测距范围由其脉冲重复周期 T_r 决定。为保证单值测距，T_r 通常应选取为

$$T_r \geqslant \frac{2}{c}R_{\max}$$

式中，$R_{\max}$ 为被测目标的最大作用距离。

有时雷达重复频率的选择不能满足单值测距的要求，例如脉冲多普勒雷达或远程雷达，这时目标回波对应的距离 R 为

$$R=\frac{c}{2}(mT_r+t_R)\quad (m\ 为正整数) \tag{1.4.6}$$

式中，t_R 为测得的回波信号与发射脉冲间的延迟时间。这时将产生测距模糊，为了得到目标的真实距离 R，必须判明式(1.4.6)中的模糊值 m。

4. 判距离模糊的方法

(1) 距离模糊的产生。远程精密跟踪测量雷达要在本周期内测定目标的距离，就必须使雷达发射主脉冲的重复周期很长，这样脉冲重复频率就会很低。脉冲重复频率过低，则获得的数据率就过低，难以跟踪高速目标和保证跟踪精度。在保持一定的峰值功率条件下，提高脉冲重复频率可增大雷达的作用距离；对于有测速功能的雷达，提高脉冲重复频率也有利于消除测速模糊。但当雷达采用较高的重复频率测量远距离目标时，会产生距离模糊问题，即目标回波可能出现在下一个或若干个重复周期内，如图 1.62 所示。

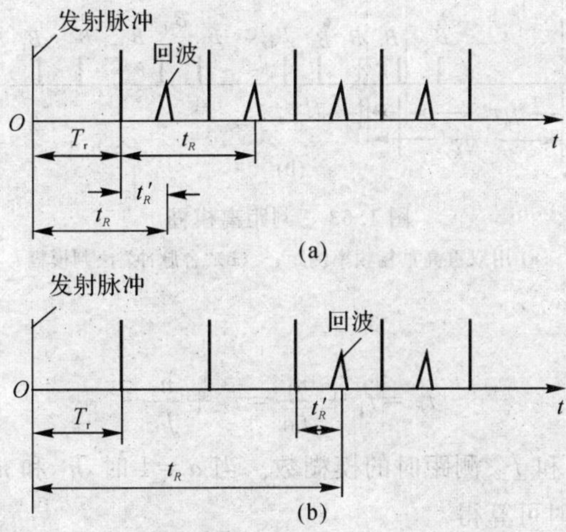

图 1.62　出现模糊距离时目标回波与主脉冲的相对位置

(a) 回波出现在下一个周期内；(b) 回波出现在第三周期内

图 1.62 中 t_R 对应目标的真实距离 R，在显示器上所观察到的回波相对于邻近发射脉冲的延时 t'_R 所对应的目标距离 R_M，产生的距离误差 $\Delta R=ncT_r/2$。其中，n 为模糊度值，$n=1$，

2,…。图 1.62(a) 中 $n=1$,图 1.62(b) 中 $n=3$。

(2) 多种重复频率判模糊。设重复频率分别为 f_{r1} 和 f_{r2},它们都不能满足不模糊测距的要求。f_{r1} 和 f_{r2} 具有公约频率,即

$$f_r=\frac{f_{r1}}{N}=\frac{f_{r2}}{N+a}$$

式中,N 和 a 为正整数,常选 $a=1$,使 N 和 $N+a$ 为互质数;f_r 的选择应保证不模糊测距。

雷达以 f_{r1} 和 f_{r2} 的重复频率交替发射脉冲信号。通过记忆重合装置,将不同的 f_r 发射信号进行重合,重合后的输出是重复频率 f_r 的脉冲串。同样也可得到重合后的接收脉冲串,两者之间的时延代表目标的真实距离,如图 1.63(a) 所示。

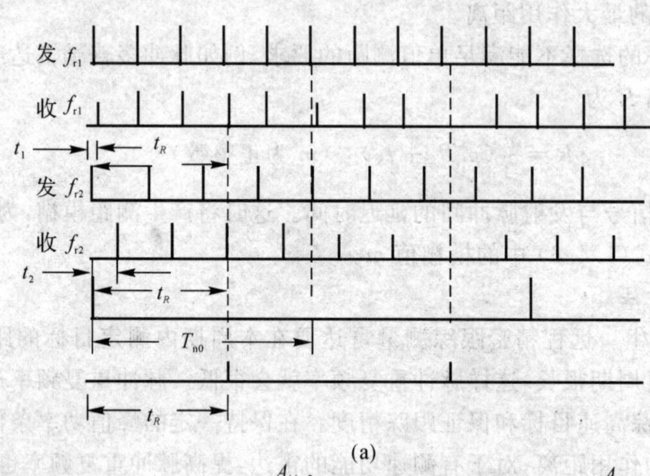

(a)

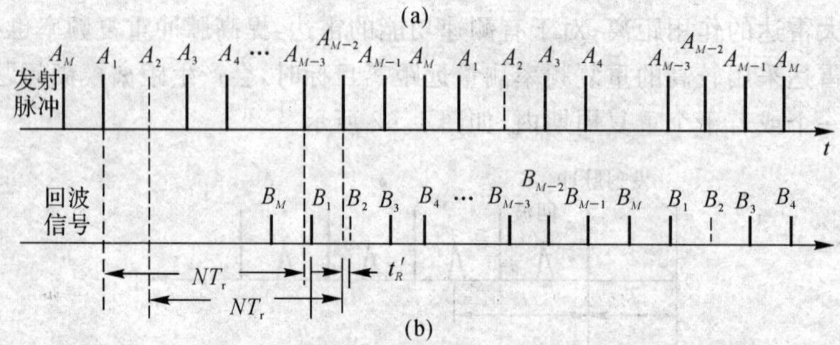

(b)

图 1.63　判距离模糊

(a) 用双重高重复频率测距；(b)"舍脉冲" 法判模糊

以二重复频率为例：

$$t_R=t_1+\frac{n_1}{f_{r1}}=t_2+\frac{n_2}{f_{r2}}$$

式中,n_1,n_2 分别为用 f_{r1} 和 f_{r2} 测距时的模糊数。当 $a=1$ 时,n_1 和 n_2 的关系可能有两种,即 $n_1=n_2$ 或 $n_1=n_2+1$,此时可算得

$$t_R=\frac{t_1f_{r1}-t_2f_{r2}}{f_{r1}-f_{r2}}\quad 或\quad t_R=\frac{t_1f_{r1}-t_2f_{r2}+1}{f_{r1}-f_{r2}}$$

如果按前式算出 t_R 为负值,则应用后式。

如果采用多个高重复频率测距,就能给出更大的不模糊距离,同时也可兼顾跳开发射脉冲遮蚀的灵活性。下面举出采用 3 种高重复频率的例子来说明。例如,取 $f_{r1}:f_{r2}:f_{r3}=7:8:9$,

则不模糊距离是单独采用 f_{r2} 时的 $7\times9=63$ 倍。这时，在测距系统中可以根据几个模糊的测量值来解出其真实距离，办法可以从余数定理中找到。以3种重复频率为例，真实距离 R_c 为

$$R_c \equiv (C_1A_1+C_2A_2+C_3A_3)\mathrm{mod}(m_1m_2m_3) \tag{1.4.7}$$

式中，A_1,A_2,A_3 分别为3种重复频率测量时的模糊距离；$m_1m_2m_3$ 为3个重复频率的比值；常数 C_1,C_2,C_3 分别为

$$C_1=b_1m_2m_3\,\mathrm{mod}(m_1)\equiv 1 \tag{1.4.8a}$$

$$C_2=b_2m_1m_3\,\mathrm{mod}(m_2)\equiv 1 \tag{1.4.8b}$$

$$C_3=b_3m_1m_2\,\mathrm{mod}(m_3)\equiv 1 \tag{1.4.8c}$$

式中，b_1 为一个最小的整数，它被 m_2m_3 乘后再被 m_1 除，所得余数为1(b_2,b_3 与此类似)；mod表示"模"。

在 m_1,m_2,m_3 选定后，便可确定 C 值，并利用探测到的模糊距离直接计算真实距离 R_c。

例如，设 $m_1=7,m_2=8,m_3=9$；$A_1=3,A_2=5,A_3=7$，则

$$m_1m_2m_3=504$$

$b_3=5$　　$5\times7\times8=280\ \mathrm{mod}9\equiv1$，　$C_3=280$

$b_2=7$　　$7\times7\times9=441\ \mathrm{mod}8\equiv1$，　$C_2=441$

$b_1=4$　　$4\times8\times9=288\ \mathrm{mod}7\equiv1$，　$C_1=288$

按式(1.4.7)，有

$$C_1A_1+C_2A_2+C_3A_3=5\ 029$$

$$R_c\equiv 5\ 029\ \mathrm{mod}504=493$$

即目标真实距离(或称不模糊距离)的单元数为 $R_c=493$，不模糊距离 R 为

$$R=R_c\frac{c\tau}{2}=\frac{493}{2}c\tau$$

式中，τ 为距离分辨单元所对应的时宽。

在脉冲重复频率选定(即 $m_1m_2m_3$ 值已定)后，即可按式(1.4.8a)～式(1.4.8c)求得 C_1,C_2,C_3 的数值。只要实际测距时分别测得 A_1,A_2,A_3 的值，就可按式(1.4.7)算出目标真实距离。

(3)"舍脉冲"法判模糊。当发射高重复频率的脉冲信号而产生测距模糊时，可采用"舍脉冲"法来判断 m 值。所谓"舍脉冲"，就是在每发射 M 个脉冲中舍弃一个，作为发射脉冲串的附加标志。如图1.63(b)所示，发射脉冲从 A_1 到 A_M，其中 A_2 不发射。与发射脉冲相对应，接收到的回波脉冲串同样是每 M 个回波脉冲中缺少一个。只要从 A_2 以后，逐个累计发射脉冲数，直到某一发射脉冲(在图1.63(b)中是 A_{M-2})后没有回波脉冲(如图1.63(b)中缺 B_2)时停止计数，则累计的数值就是回波跨越的重复周期数 m。

当采用"舍脉冲"法判模糊时，每组脉冲数 M 应满足以下关系：

$$MT_r > m_{\max}T_r + t'_R$$

式中，$m_{\max}$ 为雷达需测量的最远目标所对应的跨周期数；t'_R 的值在 $0\sim T_r$ 之间。这就是说，MT_r 之值应保证全部距离上不模糊测距。而 M 和 $m_{\max}$ 之间的关系则为

$$M > m_{\max}+1$$

1.4.2 调频法测距

在调频测距中，发射和接收之间的时间延迟被转化成频率差。通过测量该频率差可以得

到时间延迟，从而确定距离。

最简单的测距过程如下：发射机的发射频率以一个恒定的速率线性增加。因此，各相继发射脉冲的频率依次略为升高。线性调制的持续时间至少是最远目标往返传输时间的几倍（见图 1.64）。

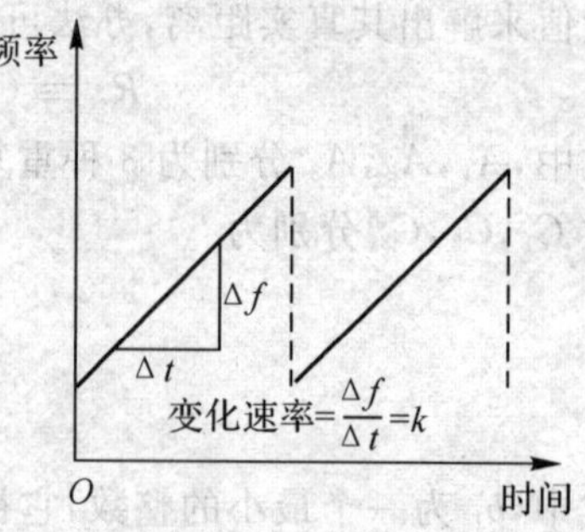

图 1.64　频率随时间变化示意图

对于静止目标的情况，图 1.65 说明的是所测频率误差与目标的距离。例如，尾追情形下，距离变化率为零。

如图 1.65 所示，发射机的发射频率与时间的关系，以及从目标接收的回波频率与时间的关系都已绘出。发射机频率图上的点代表每一个发射脉冲，每个这样的点与代表目标回波的点之间的水平距离就是往返传输时间。在垂直方向上，代表回波的点与代表发射频率的线之间的垂直距离就是频率差 Δf。因此，频率差 Δf 等于发射机频率的变化率乘以往返传输时间。通过测量频率差并除以频率变化率，就可得到传输时间。例如，假定测量到的频率差是 10 000 Hz，发射机频率正以 10 Hz/μs 的速率增加，则传输时间为

$$t_r = \frac{10\ 000}{10} = 1\ 000\ \mu\text{s}$$

由于 12.4 μs 的往返传输时间对应于 1 n mile 的距离，所以目标的距离就等于1 000/12.4＝81 n mile。

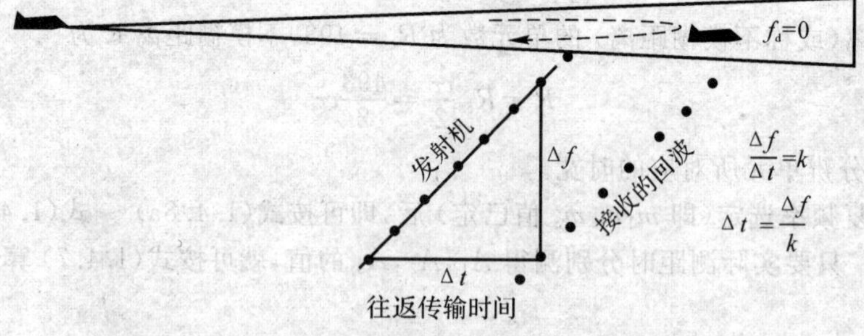

图 1.65　调频法测距

1.4.3　距离跟踪

1. 人工距离跟踪

早期雷达多数只有人工距离跟踪。为了减小测量误差，一般采用移动的电刻度作为时间基准。操纵员按照显示器上的画面，将电刻度对准目标回波（见图 1.66）。从控制器度盘或计数器上读出移动电刻度的准确时延，就可以代表目标的距离。

因此，关键是要产生移动的电刻度（电指标），且其延迟时间可准确读出。常用的产生电移动刻度的方法有锯齿电压波法和相位调制法。

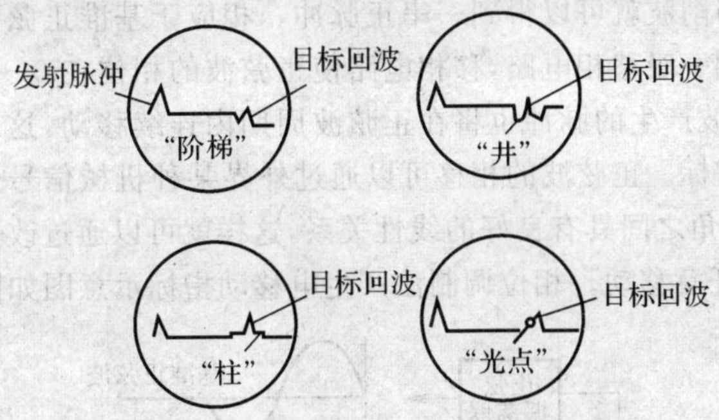

图 1.66　电刻度及其在扫掠线上的位置

(1) 锯齿电压波法。如图 1.67 所示为锯齿电压波法产生电移动指标的方框图和波形图。来自定时器的触发脉冲使锯齿电压产生器产生的锯齿电压 E_t 与比较电压 E_p 一同加到比较电路上，当锯齿波上升到 $E_t=E_p$ 时，比较电路就有输出送到脉冲产生器，使之产生一个窄脉冲。这个窄脉冲即可控制一级电移动指标形成电路，形成一个所需形式的电移动指标。在最简单的情况下，脉冲产生器产生的窄脉冲本身也就可以作为移动指标了(例如，光点式移动指标)。在锯齿电压波的上升斜率确定后，电移动指标产生时间就由比较电压 E_p 决定。要精确地读出电移动指标产生的时间 t_r，可以从线性电位器上取出比较电压 E_p，即 E_p 与线性电位器旋臂的角度位置 θ 成线性关系：

$$E_p = K\theta$$

其中，比例常数 K 与线性电位器的结构及所加电压有关。

因此，如果在线性电位器旋臂的转角度盘上按距离分度，则可以直接从度盘上读出电移动指标对准的那个回波所代表的目标距离了。

锯齿电压波法产生电移动指标的优点是设备比较简单，电移动指标活动范围大且不受频率限制，缺点是测距精度仍嫌不足。精度较高的方法是用相位调制法产生电移动指标。

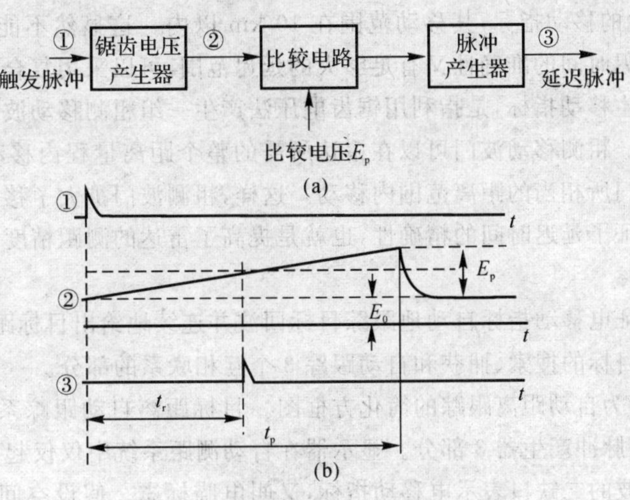

图 1.67　锯齿电压波法产生电移动指标

(a) 方框图；(b) 波形图

(2) 相位调制法。正弦波经过放大、限幅、微分后，在其相位为 0 和 π 的位置上分别得到正、负脉冲，若再经单向削波就可以得到一串正脉冲。相应于基准正弦的零相位，常称为基准脉冲。将正弦电压加到一级移相电路，移相电路使正弦波的相位在 $0 \sim 2\pi$ 范围内连续变化，因此，经过移相的正弦波产生的脉冲也将在正弦波周期内连续移动，这个脉冲称作迟延脉冲，就是所需要的电移动指标。正弦波的相移可以通过外界某种机械信号进行控制，使机械轴的转角 θ 与正弦波的相移角之间具有良好的线性关系，这样就可以通过改变机械转角 θ 而使迟延脉冲在 $0 \sim T$ 范围内任意移动。相位调制法产生电移动指标示意图如图 1.68 所示。

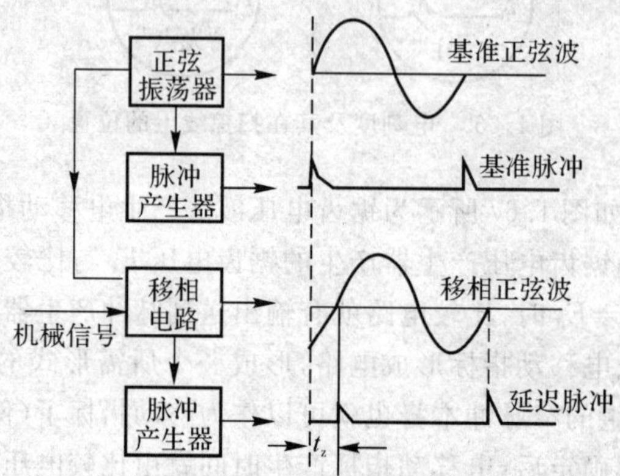

图 1.68　相位调制法产生电移动指标

常用的移相电路由专门制作的移相电容或移相电感来实现。这些元件能使正弦波在 $0 \sim 2\pi$ 范围内连续移相且移相角与转轴转角成线性关系，其输出的相移正弦波振幅为常数。

当利用相位调制法产生移动指标时，因为转角 θ 与输出电压的相角有良好的线性关系而提高了延迟脉冲的准确性；缺点是输出幅度受正弦波频率的限制。正弦波频率 ω 愈低，移相器的输出幅度愈小，延迟时间的准确性也愈差。这是因为 $t_z = \phi/\omega$，$\Delta t_z = \Delta\phi/\omega$，其中 $\Delta\phi$ 为移相器的结构误差，Δt_z 为延迟时间误差。所以，一般说来，正弦波的频率不应低于 15 kHz，也就是说，相位调制法产生的移动指标，其移动范围在 10 km 以内。这显然不能满足雷达工作的需要。为了既保证延迟时间的准确性又有足够大的延迟范围，可以采用复合法产生移动指标。

所谓复合法产生移动指标，是指利用锯齿电压法产生一组粗测移动波门，而用相位调制法产生精测移动指标。粗测移动波门可以在雷达所需的整个距离量程内移动，而精测移动指标则只在粗测移动波门所相当的距离范围内移动。这样，粗测波门扩大了移动指标的延迟范围，精测移动指标则保证了延迟时间的精确性，也就是提高了雷达的测距精度。

2. 自动距离跟踪

这个系统应保证电移动指标自动地跟踪目标回波并连续地给出目标距离数据。整个自动测距系统应包括对目标的搜索、捕获和自动跟踪 3 个互相联系的部分。

如图 1.69 所示为自动距离跟踪的简化方框图。目标距离自动跟踪系统主要包括时间鉴别器、控制器和跟踪脉冲产生器 3 部分。显示器在自动测距系统中仅仅起监视目标作用。

画面上套住回波的二缺口表示电移动指标，又叫电瞄标志。假设空间一目标已被雷达捕获，目标回波经接收机处理后成为具有一定幅度的视频脉冲加到时间鉴别器上，同时加到时间鉴别器上的还有来自跟踪脉冲产生器的跟踪脉冲。自动距离跟踪时所用的跟踪脉冲和人工测距时的电移动指标本质一样，都是要求它们的延迟时间在测距范围内均匀可变，且其延迟时间能精确地读出。当自动距离跟踪时,跟踪脉冲的另一路和回波脉冲一起加到显示器上,以便观测和监视,其画面如图 1.69 所示。时间鉴别器的作用是将跟踪脉冲与回波脉冲在时间上加以比较,鉴别出它们之间的差 Δt。设回波脉冲相对于基准发射脉冲的延迟时间为 t,跟踪脉冲的延迟时间为 t',则时间鉴别器输出误差电压 u_ε 为

$$u_\varepsilon = K_1(t-t') = K_1\Delta t$$

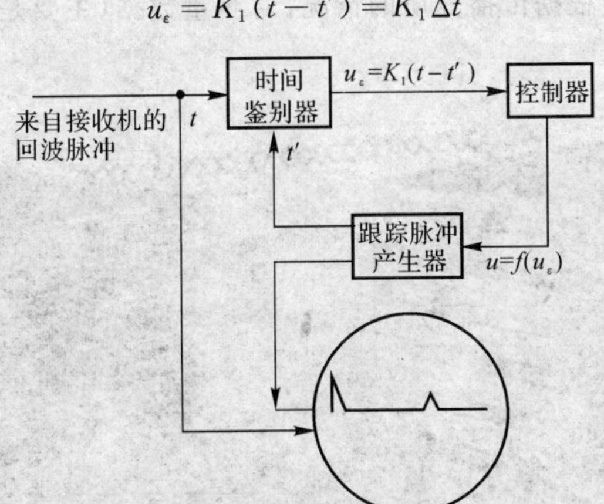

图 1.69　自动距离跟踪的简化方框图

当跟踪脉冲与回波脉冲在时间上重合,即 $t'=t$ 时,输出误差电压为零。当两者不重合时,将输出误差电压 u_ε,其大小正比于时间的差值,而其正负值就视跟踪脉冲是超前还是滞后于回波脉冲而定。控制器的作用是将误差电压 u_ε 经过适当的变换,将其输出作为控制跟踪脉冲产生器工作的信号,其结果是使跟踪脉冲的延迟时间 t' 朝着减小 Δt 的方向变化,直到 $\Delta t=0$ 或其他稳定的工作状态。上述自动距离跟踪系统是一个闭环随动系统,输入量是回波信号的延迟时间 t,输出量则是跟踪脉冲延迟时间 t',而 t' 随着 t 的改变而自动地变化。

(1) 时间鉴别器。时间鉴别器用来比较回波信号与跟踪脉冲之间的延迟时间差 Δt($\Delta t = t-t'$),并将 Δt 转换为与它成比例的误差电压 u_ε(或误差电流)。

(2) 控制器。控制器的作用是把误差信号 u_ε 进行加工变换后,将其输出去控制跟踪波门移动,即改变时延 t',使其朝 u_ε 减小的方向运动,也就是使 t' 趋向于 t。

(3) 跟踪脉冲产生器。跟踪脉冲产生器根据控制器输出的控制信号(转角 θ 或控制电压 E),产生所需延迟时间 t' 的跟踪脉冲。跟踪脉冲就是人工测距时的电移动指标,只是有时为了在显示器上获得所希望的电瞄形式(例如,缺口式电瞄标志),而把跟踪脉冲的波形加以适当变换而已。

1.5　目标角度测量

1.5.1　概述

为了确定目标的空间位置,雷达在大多数应用情况下,不仅要测定目标的距离,还要测定目标的方向,即测定目标的角坐标,其中包括目标的方位角和高低角(仰角)。

雷达测角的物理基础是电波在均匀介质中传播的直线性和雷达天线的方向性。由于电波

沿直线传播，所以目标散射或反射电波波前到达的方向即为目标所在方向（见图 1.70）。但在实际情况下，电波并不是在理想均匀的介质中传播，例如大气密度、湿度随高度的不均匀性造成传播介质的不均匀，复杂的地形、地物的影响等。由于以上原因使电波传播路径发生偏折，从而造成测角误差。通常在近距测角时，由于此误差不大，所以仍可近似认为电波是直线传播的。当在远程测角时，应根据传播介质的情况，对测量数据（主要是仰角测量）作出必要的修正。

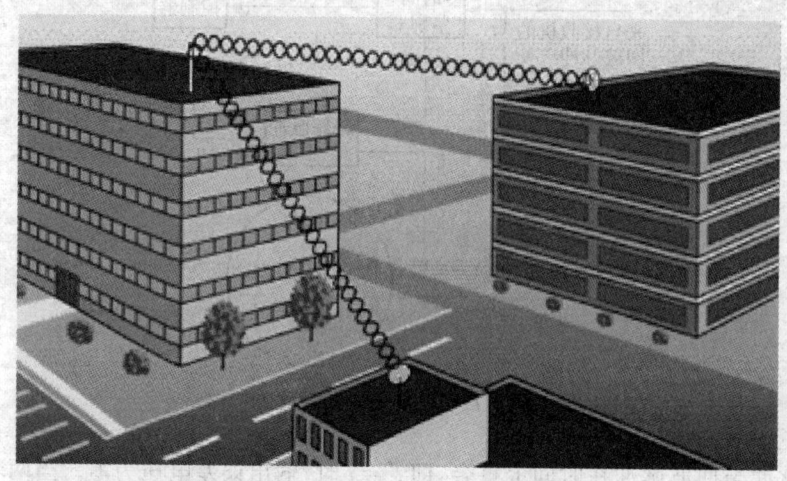

图 1.70　电波的直线传播

1.5.2　脉冲雷达角度跟踪系统

雷达角度跟踪系统是将目标偏离天线轴线的误差角形成角误差控制信号、控制天线在方位与俯仰两个方向上对准目标，实现对目标的跟踪。

1. 天馈系统与和、差信号的形成

单脉冲跟踪雷达通常采用短焦距抛物面的卡塞格伦天线，天线纵向尺寸小，馈源接近抛物面顶点，馈源至接收机的馈线短，因而损耗及振幅、相位不平衡带来的测角误差小。早期的单脉冲雷达采用四喇叭馈源 a,b,c,d。这些源辐射体与高频网络相连，将发射机的功率馈给天线，又作为接收馈源接收目标回波信号，经高频网络 4 个双 T 得到 1 路和信号和 2 路差信号。典型的单脉冲跟踪雷达的简易框图如图 1.71 所示。四喇叭产生的 4 个波束彼此成一小角度。喇叭 a,b 及喇叭 c,d 所接收的信号分别经过 T_1,T_2 得到和信号 $(a+b),(c+d)$ 及差信号 $(a-b),(c-d)$，两个和信号再在 T_3 中得到 $(a+b+c+d)$ 及 $(a+b)-(c+d)$。两个差信号经 T_4 得到 $(a+c)-(b+d)$。和信号 $(a+b+c+d)$ 经接收放大、检波后输给距离跟踪系统；差信号 $(a+c)-(b+d)$ 表示方位误差，差信号 $(a+b)-(c+d)$ 表示俯仰角误差，分别输到方位和俯仰角接收机。

雷达发射机产生的脉冲功率，先由 T_3 分成两个相等的部分，然后这两部分再分别由 T_1，T_2 分为相等的两部分（即 1/4 功率），这 4 个相等的部分同时馈给喇叭 a,b,c,d 辐射出去。4 个波束辐射出去的功率在空间相加的结果等同于由一个天线辐射出去的功率。发射功率先分后合的方法是为了适应于作接收时的高频网络系统的要求，单脉冲雷达的馈源和高频网络系统既要承受强辐射功率的传输，又要适应微弱接收信号的传送，其设计要求必然苛刻，这是四喇叭方式的缺点之一。为了克服这一缺点以及四喇叭方式的其他弱点，现在单脉冲跟踪雷达几乎都改用五喇叭方式，用 1 个喇叭发射，5 个喇叭接收。与四喇叭相比，五喇叭馈源除了可以使天线获得较高的和增益和差波束斜率外，还可以使天线焦距与口径比减小、质量轻、遮挡小，而且高频网络只在和支路需用高功率微波元件。

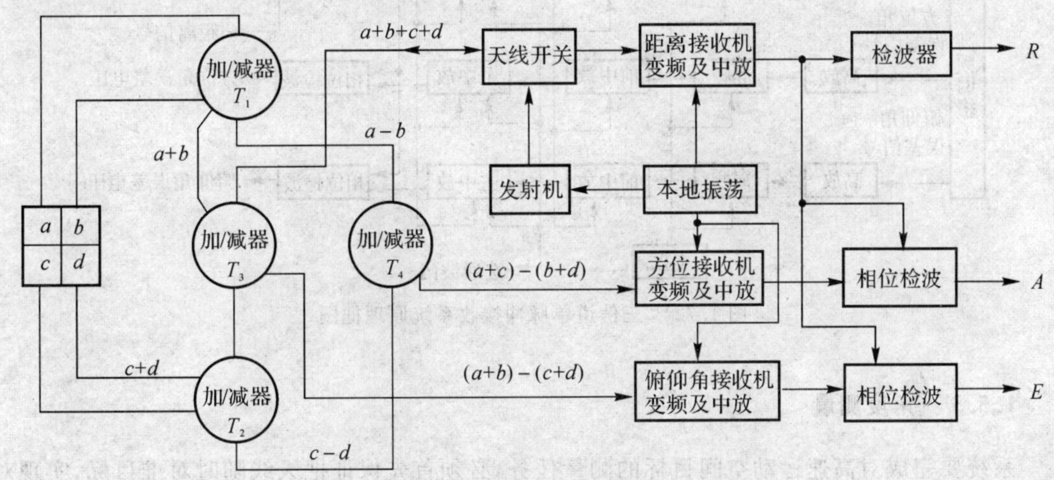

图 1.71　典型的单脉冲跟踪雷达原理框图

2. 角误差信号的产生

由于 4 个喇叭相距一定距离，且每对差波束彼此偏移了一个角度，所以方位误差信号的幅度及极性(振幅法）和相移的大小及符号(相位法）都与目标偏离天线轴线的方位偏差有直接关系，这是和差法误差信号的主要特征。但差波束 4 个喇叭彼此不可能离开很远，因此方位偏差产生的相位变化不大。

当方位或俯仰角上偏轴方向改变时，接收机输出的中频信号也反相(相位变化180°)，而喇叭分置所带来的相移也随误差角的变化而变化。为了把这种相位的反向变化变成极性不同的直流电压，把相移大小变成不同幅度的直流电压，采用余弦特征的相位检波器进行检测，相位检波器的参考电压为和支路的“和信号”。当误差信号和参考电压相差为零时输出为正最大值，相差为180° 时为负最大值，相位相差90° 时输出为零。对于和、差法(振幅-相位法）工作的系统，希望相移不起抵消直流电压的作用，而要起到极大控制电压的作用，就必须把误差信号或参考电压在进入相位检波器以前先作90° 相移。

3. 单脉冲跟踪系统接收信道的类型和特点

典型的单脉冲雷达跟踪系统都采用三路信道，分别处理和信号、方位角误差信号及俯仰角误差信号。它能充分利用天馈系统所获得的信息，得到较高的跟踪精度，如图 1.72 所示。

3 个信道应保持相同的振幅和相位特性，即三路一致性要好。同时，为了保持振幅特性一致且对角误差信号实现归一化，应采用严格的自动增益控制系统进行控制。取自和支路的 *AGC* 电压分别对“一和二差”[①]3 个信道进行归一化处理。归一化后的角偏差信号送往解调器，与微波调制器送来的参考电压进行相关解调，获得角偏差电压，送伺服系统。天线随动系统将

① 和信号、方位角误差信号、俯仰角误差信号，简称“一和二差”。

角跟踪误差信号放大、校正后,由驱动电机带动天线对准目标。跟踪测量雷达有方位和俯仰两个机械轴,分别用方位角误差信号和俯仰角误差信号进行控制,使输出角跟随输入角变化。

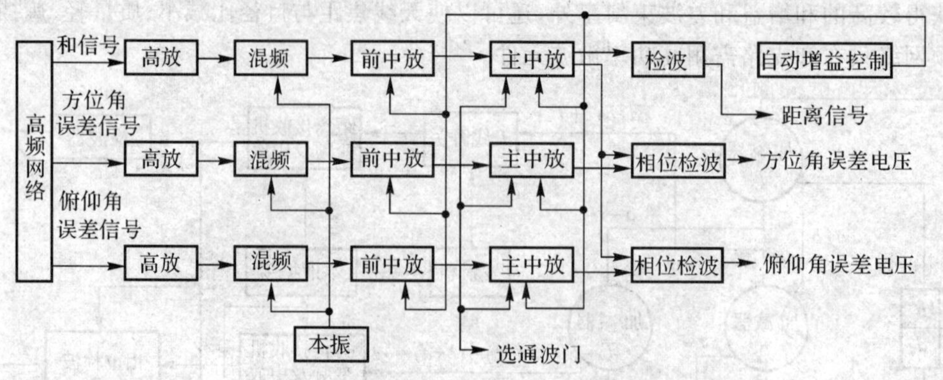

图 1.72　三信道单脉冲接收系统原理框图

1.5.3　角度测量

系统要完成对高速运动空间目标的测量任务,必须首先保证把天线随时对准目标,实现对目标的角度自动跟踪。实现对目标方向角跟踪与测量的基本方法分为相位法和振幅法,其中振幅法又分为最大信号法测角和等信号法测角。

1. 相位法测角

(1) 相位法测角的基本原理。相位法测角利用多个天线所接收回波信号之间的相位差进行测角。回波信号的相位差如图 1.73 所示。相位法测角如图 1.74 所示,设在 θ 方向有一远区目标,则到达接收点的目标所反射的电波近似为平面波。由于两天线间距为 d,故它们所收到的信号由于存在波程差 ΔR 而产生一相位差 ϕ。

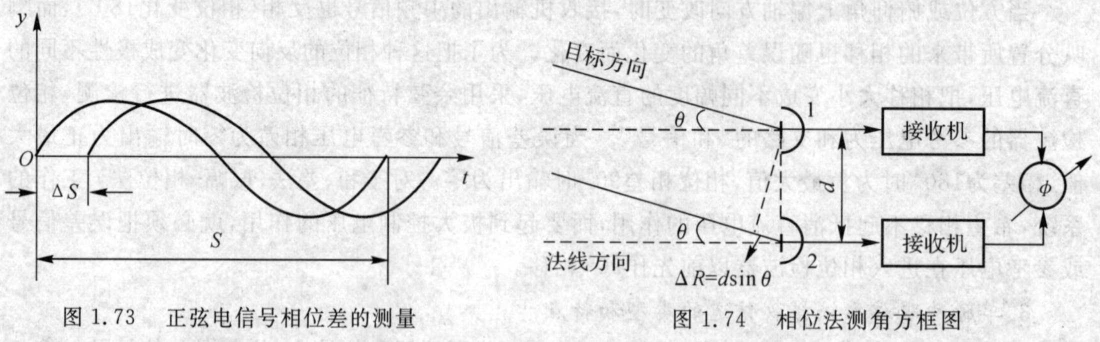

图 1.73　正弦电信号相位差的测量　　　　图 1.74　相位法测角方框图

$$\phi=\frac{2\pi}{\lambda}\Delta R=\frac{2\pi}{\lambda}d\sin\theta \tag{1.5.1}$$

式中,λ 为雷达波长。

如用相位计进行比相,测出其相位差 ϕ,就可以确定目标方向 θ。

(2) 测角误差与多值性问题。相位差 ϕ 的数值测量不准,将产生测角误差,将式(1.5.1)两边取微分,它们之间的关系如下:

$$\mathrm{d}\phi=\frac{2\pi}{\lambda}d\cos\theta\mathrm{d}\theta \tag{1.5.2}$$

$$d\theta=\frac{\lambda}{2\pi d\cos\theta}d\phi \tag{1.5.3}$$

从式(1.5.2) 和式(1.5.3) 可以看出：当 $\theta=0$，即目标处在天线法线方向时，测角误差 $d\theta$ 最小；当 θ 增大时，$d\theta$ 也增大，为保证一定的测角精度，θ 的范围有一定的限制。由式(1.5.3) 可知，增大 d/λ 可提高测角精度，如图 1.75 所示。

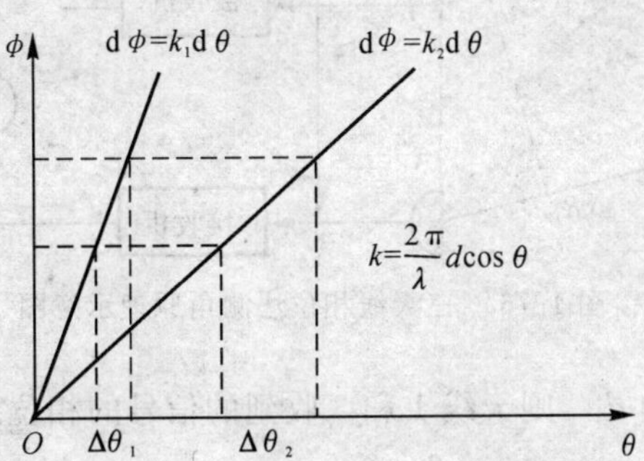

图 1.75　增大 d/λ 可提高测角精度

$$\phi=\frac{2\pi}{\lambda}\Delta R=\frac{2\pi}{\lambda}d\sin\theta \tag{1.5.4}$$

由式(1.5.4) 可知，在一定限制范围内的 θ，当 d/λ 增大到一定程度时，ϕ 值可能超过 2π，此时 $\phi=2\pi N+\Psi$，其中 N 为整数，Ψ 为相位计实际读数，并且 $\Psi<2\pi$。

举例说明：

假设 $d/\lambda=2$，则有

$$\phi=\frac{2\pi}{\lambda}\Delta R=\frac{2\pi}{\lambda}d\sin\theta=4\pi\sin\theta$$

当 $\sin\theta=1/4$(即 $\theta\approx14.5°$) 时，$\phi=\pi$；

当 $\sin\theta=3/4$ (即 $\theta\approx48.6°$) 时，$\phi=3\pi$。

在这两种情况下，相位计实际读数 Ψ 均为 π，这就是多值性问题(或者称为测角模糊)。

反过来：

由于有
$$\sin\theta=\frac{\phi}{4\pi}$$

若相位计实际读数 Ψ 为 π，则在这种情况(假设 $d/\lambda=2$) 下，真实的相位差 ϕ 可能是 π(对应 $\theta\approx14.5°$) 或 3π (对应 $\theta\approx48.6°$)，这就是多值性(测角模糊) 问题。

因此，对于 $\phi=2\pi N+\Psi$，由于 N 未知，所以真实的 ϕ 值不能确定，就出现多值性(模糊) 问题。出现这个问题的主要原因是为了提高精度而增大了 d/λ。只有解决多值性问题，即判定 N 值，才能确定目标方向。

比较有效的办法是利用三天线测角设备，间距大的 1,3 天线用来得到高精度测量，而间距小的 1,2 天线用来解决多值性，如图 1.76 所示。

设目标在 θ 方向。天线 1 和 2 之间的距离为 d_{12}，天线 1 和 3 之间的距离为 d_{13}，适当选择 d_{12}，使天线 1,2 收到的信号之间的相位差在测角范围内均满足：

$$\phi_{12}=\frac{2\pi}{\lambda}d_{12}\sin\theta<2\pi$$

式中，ϕ_{12} 由相位计 1 读出。

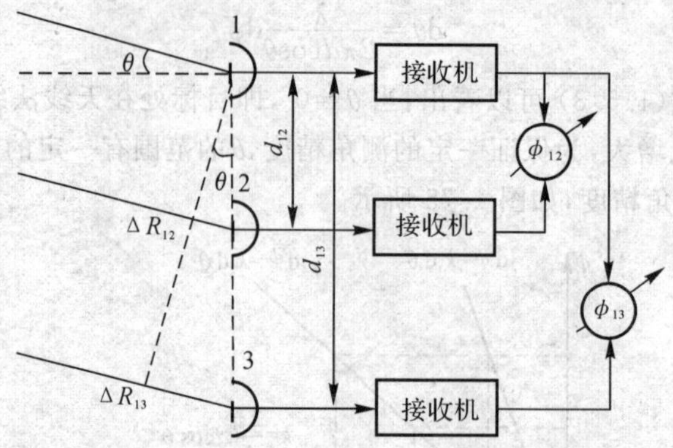

图 1.76　三天线相位法测角原理示意图

根据要求，选择较大的 d_{13}，则天线 1 和 3 收到的信号的相位差为

$$\phi_{13}=\frac{2\pi}{\lambda}d_{13}\sin\theta=2\pi N+\Psi \tag{1.5.5}$$

式中，ϕ_{13} 实际读数是小于 2π 的 Ψ。为了确定 N 值，可利用如下关系：

$$\frac{\phi_{13}}{\phi_{12}}=\frac{d_{13}}{d_{12}}$$

$$\phi_{13}=\frac{d_{13}}{d_{12}}\phi_{12} \tag{1.5.6}$$

根据相位计 1 的读数 ϕ_{12} 可算出 ϕ_{13}，但 ϕ_{12} 包含有相位计的读数误差，由式(1.5.6)算出的 ϕ_{13} 具有的误差为相位计误差的 d_{13}/d_{12} 倍，它只是式(1.5.5)的近似值，只要 ϕ_{12} 的读数误差值不大，就可用它确定 N，即把 $(d_{13}/d_{12})\phi_{12}$ 除以 2π，所得商的整数部分就是 N 值。然后由式(1.5.5)算出 ϕ_{13} 并确定 θ。由于 d_{13}/λ 值较大，所以保证了所要求的测角精度。

2. 振幅法测角

振幅法测角是用天线收到的回波信号的幅度来测角的。

(1) 角度分辨率。雷达在方位和仰角上分辨目标的能力主要由方位和仰角波束宽度决定。这一点可由图 1.77 简要的说明。在图 1.77(a) 中，两个处于几何同样距离上的相同目标 A 和 B 之间的间隔比波束宽度稍大一些。当波束扫过它们时，雷达先从目标 A 收到回波，然后从目标 B 收到回波。因此，这些目标容易分辨。图 1.77(b) 中，两个目标的间隔与图 1.77(a) 相同，但小于波束宽度。当波束扫过它们时，雷达仍然是首先从目标 A 收到回波。但是在停止这个目标接收回波之前，它就开始从目标 B 接收回波。因此，从两个目标来的回波就混在一起了。

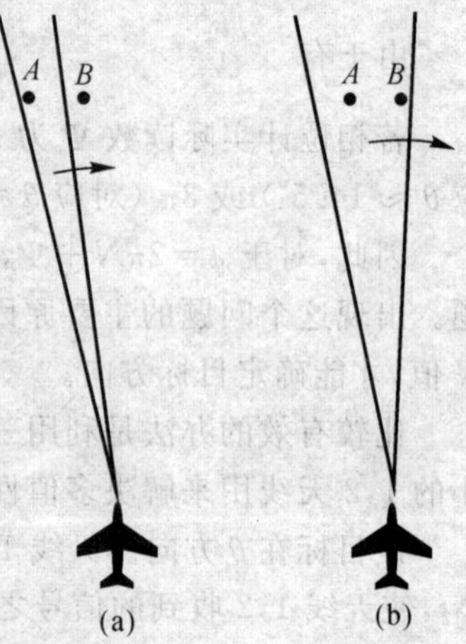

图 1.77　角度分辨率

从表面上看，角度分辨率不会超过主瓣的零点至零点宽度。但实际上分辨率要好得多，因为分辨率不单取决于波瓣宽度，还取决于波瓣内能量的分布。

图 1.78 所示曲线表示当主瓣扫过孤立的目标时接收信号的强度。当波瓣的前沿扫过目标时，回波弱的检测不到，但

是它们的强度迅速增加。当波瓣中央对准目标时回波达到最大值，然后当波瓣后沿扫过目标时又弱得检测不到了。

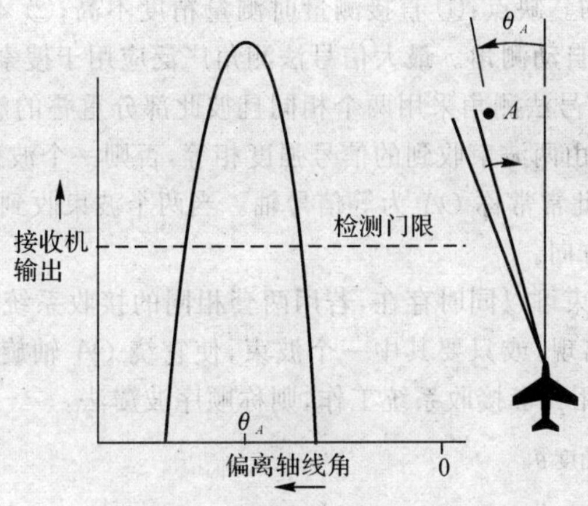

图 1.78　回波信号强度

(2) 最大信号法。当天线波束作圆周扫描或在一定扇形范围内作匀角速扫描时，找出脉冲串的最大值(中心值)，确定该时刻波束轴线指向即为目标所在方向。最大信号法测角的波束扫描图和波形图如图 1.79 所示。

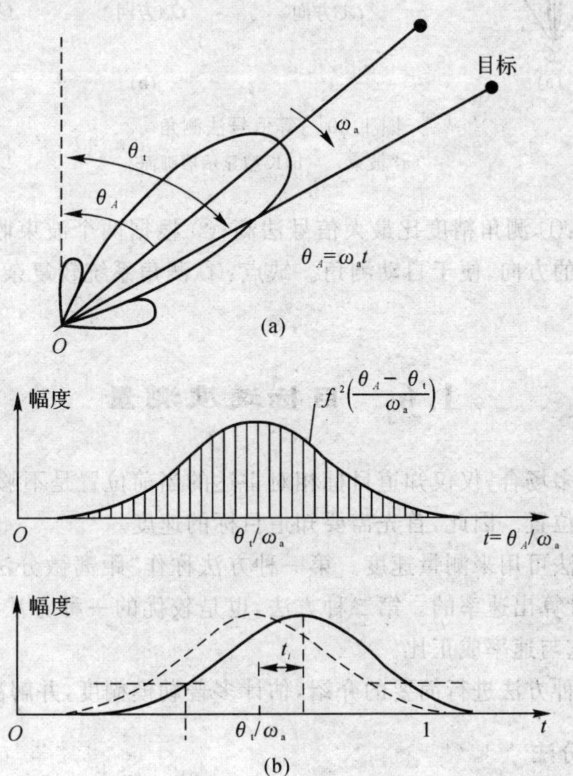

图 1.79　最大信号法测角的波束扫描图和波形图

在人工录取的雷达里，操纵员在显示器画面上看到回波最大值的同时，读出目标的角度数据。

最大信号法的优点：① 简单；② 用天线方向图的最大值方向测角，回波最强，信噪比最大，对检测发现目标是有利的。缺点：① 直接测量时测量精度不高；② 不能判别目标偏离波束轴线的方向，因此不能用于自动测角。最大信号法测角广泛应用于搜索、引导雷达中。

(3) 等信号法。等信号法测角采用两个相同且彼此部分重叠的波束。如果目标处在两波束的交叠轴 OA 方向，则由两波束收到的信号强度相等，否则一个波束收到的信号强度高于另一个(见图 1.80(b))，因此常常称 OA 为等信号轴。当两个波束收到的回波信号相等时，等信号轴所指方向即为目标方向。

等信号法中，两个波束可以同时存在，若用两套相同的接收系统同时工作，则称同时波瓣法；两波束也可以交替出现，或只要其中一个波束，使它绕 OA 轴旋转，波束便按时间顺序在1，2 位置交替出现，只要用一套接收系统工作，则称顺序波瓣法。

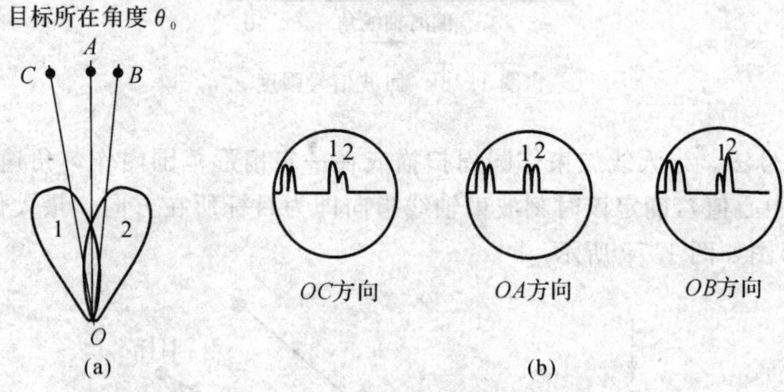

图 1.80　等信号法测角

(a) 波束；(b) K 型显示器画面

等信号法的优点：① 测角精度比最大信号法高；② 根据两个波束收到的信号的强弱可判别目标偏离等信号轴的方向，便于自动测角。缺点：① 测角系统较复杂；② 作用距离比最大信号法小些。

1.6　目标速度测量

在雷达应用的很多场合，仅仅知道目标相对雷达的当前位置是不够的，还必须能够预测目标在未来某个时刻的位置。因此，首先需要知道目标的速度。

有两种常用的方法可用来测量速度。第一种方法称作“距离微分法”，是根据被测距离随时间的变化为基础，计算出速率的。第二种方法，也是较优的一种方法，就是用雷达测量目标的多普勒频率 —— 它与速率成正比。

本节将对上述两种方法进行简要的介绍，估计多普勒模糊度，并解决多普勒模糊问题。

1.6.1　距离微分法

如图 1.81 所示为目标距离与时间的关系曲线，曲线的斜率是速率。

求出图 1.81 中曲线的斜率，也就是求其距离变化率是很容易的。

$$\dot{R}=\frac{\Delta R}{\Delta t} \tag{1.6.1}$$

式中，ΔR 看作是当前距离和 Δt 之前距离的差，则 $\dot{R}$ 对应于当前距离的变化率，即距变率。当 Δt 很小时，$\dot{R}$ 即为曲线斜率。

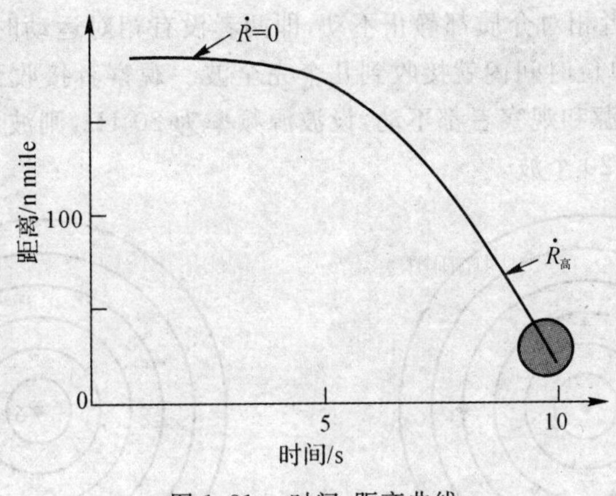

图 1.81　时间-距离曲线

实际上，在多普勒模糊度十分严重的情况下，雷达就是用此方法测距变率的。

如果距变率发生变化，产生的 Δt 越小，则所测速率 $\dot{R}$ 就越接近真实速率的变化，也就是说，被测的距变率将滞后于真实速率（见图 1.82）。

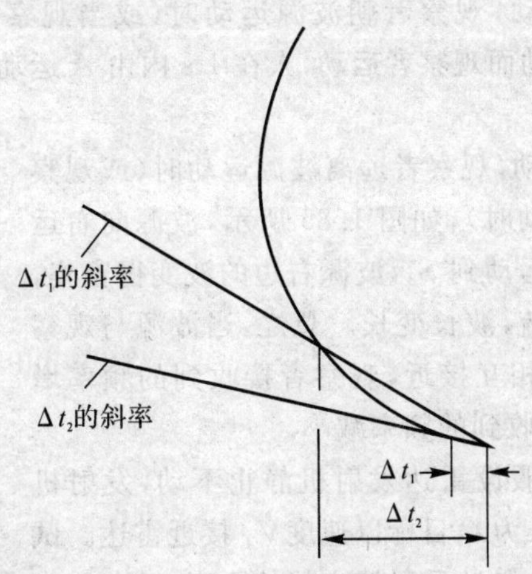

图 1.82　Δt 越小所测距变率越接近速率

但是在被测距离中会不可避免地出现一定量的随机错误或噪声。虽然噪声与距离相比趋于很小，但对于 ΔR 而言，它还是值得注意的。事实上，产生的 Δt 越小，则 ΔR 越小，从而噪声使速率测量的效果变得越差。

1.6.2　多普勒方法

1. 多普勒频移（又称多普勒频率）

现象：当汽车向你驶来时，感觉音调变高；当汽车离你远去时，感觉音调变低（音调由频率决定，频率高音调高；频率低音调低）。

多普勒效应：由于波源和观察者之间有相对运动，所以观察者会感到频率的变化，这种现象称为多普勒效应。波源的频率等于单位时间内波源发出的完全波的个数，而观察者听到的声音的音调，是由观察者接收到的频率，即单位时间接收到的波的个数决定的。

(1) 当波源和观察者相对介质都静止不动，即两者没有相对运动时，单位时间内波源发出几个完全波，观察者在单位时间内就接收到几个完全波。观察者接收到的频率等于波源的频率，如图 1.83 所示。波源和观察者都不动，设波源频率为 20 Hz，则波源每秒发出 20 个波，因此每秒观察者能接收到 20 个波。

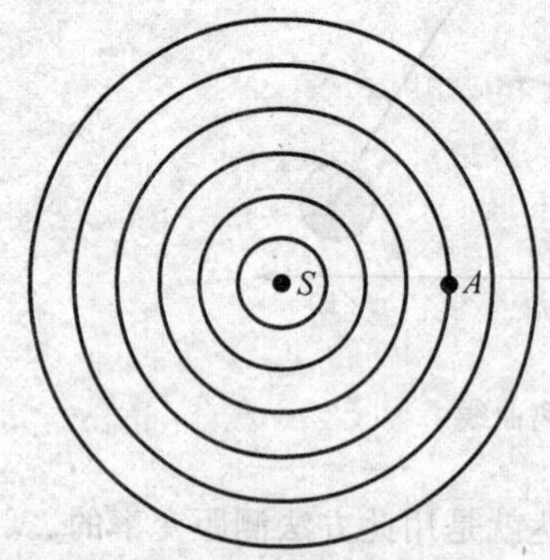

图 1.83　波源和观察者相对介质都静止

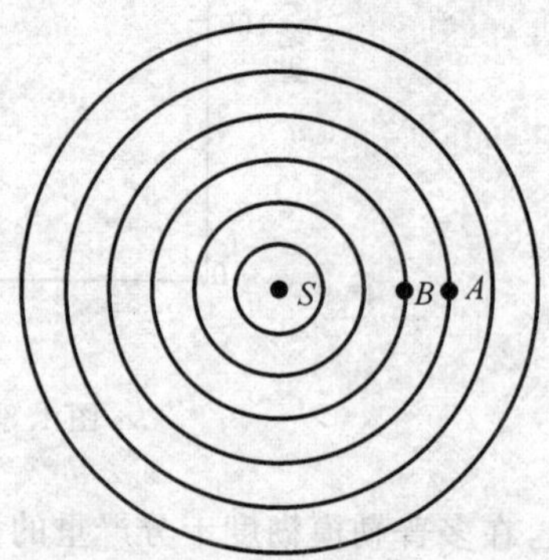

图 1.84　波源不动而观察者动

(2) 当波源相对介质不动，观察者朝波源运动时（或当观察者不动，波源朝观察者运动时），如图 1.84 所示波源不动而观察者运动，人在 1 s 内由 A 运动到 B，虽然波源仍发出 20 个波，但人却接收到 21 个波。

(3) 当波源相对介质不动，观察者远离波源运动时（或观察者不动，波源远离观察者运动时），如图 1.85 所示，波源向右运动，观察者不动，波源由 S_1 运动到 S_2，波源右边的波变得密集，波长变短，左边的波变得稀疏，波长变长。总之，当波源与观察者有相对运动时，如果两者相互接近，观察者接收到的频率增大；如果两者远离，观察者接收到的频率减小。

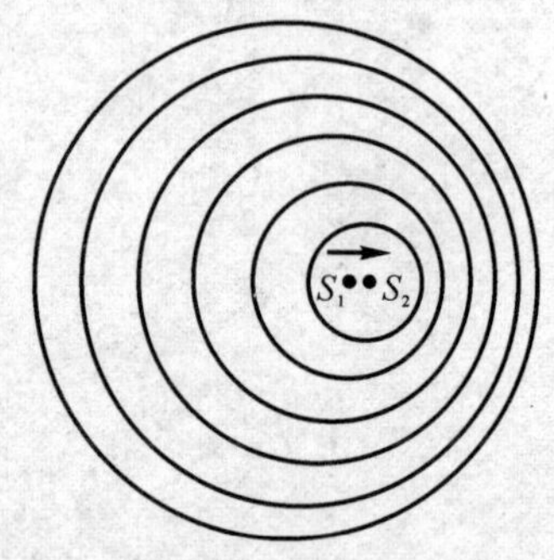

图 1.85　波源相对介质不动，观察者远离波源运动

(4) 多普勒频移计算。假设雷达发射机静止不动，发射机脉冲发射周期为 T，脉冲波长为 λ，目标以速度 V_T 接近雷达。试求经过目标反射后，相邻两个脉冲反射波之间的距离。

1) 把相邻两个波记为波 1 和波 2，一开始，发射机发射波 1，经过一个周期发射波 2。发射波 2 的时刻，假设发射机所处位置为 A（波 2 当前位置），波 1 所处位置为 B，则 A 和 B 之间的距离为 λ，如图 1.86 所示。

2) 假设经过一段时间后，波 1 和目标相遇，相遇位置为 D。此时，波 2 所处位置为 C，则 C 和 D 之间的距离为 λ。

3) 假设再经过一段时间 t 后，波 2 和目标相遇，相遇位置为 E。此时，波 1 的反射波所处位置为 F，E 和 F 之间的距离即为待求距离。

4) 假设波 2 从 C 点到 E 点所经过的时间为 t（相对飞机速度，无线电波的速度很大，因此，

也可以把这个 t 近似看作 T)，那么，目标从 D 点到 E 点所经过的时间也为 t，则有 $CE + DE = CD$，即 $(\lambda/T + V_T)t = \lambda$。

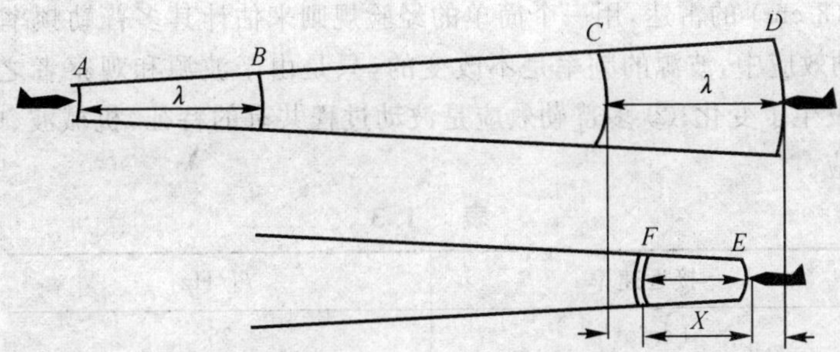

图 1.86　波源相对介质不动，观察者远离波源运动

5) 经过相同的时间 t 后，波 1 的反射波和目标之间的距离为 $EF = DF - DE$；又因为 $DF = (\lambda/T)t$，所以 $EF = (\lambda/T - V_T)t = (\lambda/T + V_T)t - 2V_T t = \lambda - 2V_T t$。

在上面计算过程中，应注意两点：① 一般来说，波长只是飞机长度的一小部分；② 由于无线电波的速度是 3×10^8 m/s，在给定的周期内，和无线电波相比，飞机仅飞行了极短的距离。

以下计算当雷达发射机和目标同时运动时的多普勒频移。

如图 1.87 所示，当发射波 1(黑色) 时，雷达在 A 点；当发射波 2(灰色) 时，雷达前进到 B 点，使波长(两个发射波之间的间隔) 为 $\lambda - V_R T$。其中，V_R 为雷达的速度；T 为波的周期。

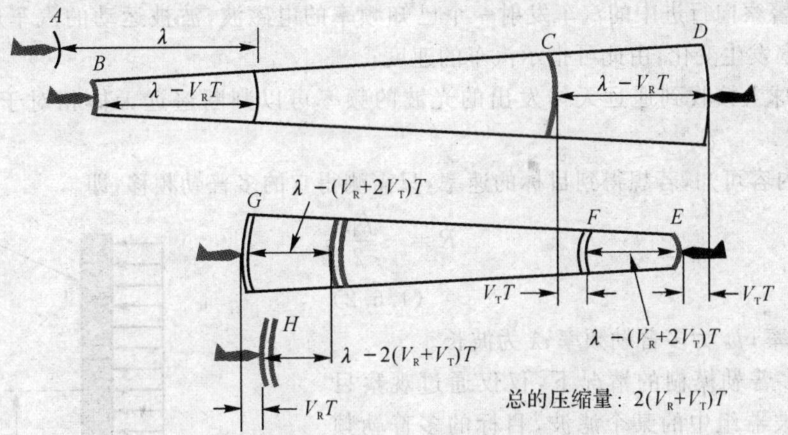

图 1.87　波源相对介质运动，观察者远离波源运动

当波 1 被目标反射时，目标在 D 点，此时波 2 在 C 点。当目标反射波 2 时，目标已经飞到了 E 点，因此，使波 2 从 C 点到目标的距离缩短了 $V_T T$。此时，波 1 的反射波已传输了一段距离，即为 D 到 F 的距离。由于目标前进，所以使已经被反射的波 1 与即将被反射的波 2 之间的间隔缩短了 $V_T T$。

当两个反射波向雷达返回时，其间隔的空间就等于 $\lambda - V_R T - 2V_T T$。

当雷达接收波 1 时，它位于 G 点，波 2 是远方被压缩的波长。但当这个波被接收时，雷达前进到 H 点。因此，在接收期间通过距离 $V_R T$ 时，波长还会被进一步压缩，这与发射时一样。

总之，波长被压缩量为两个速度之和乘以波的周期的 2 倍，即 $\lambda_d = 2(V_R + V_T)T$。因此，总的频率变化，即多普勒频移为 $f_d = 2(V_R + V_T)/\lambda = 2(V_R + V_T)f/c$。

注意：负的距离变化率（距离减小）导致正的多普勒频率。

对于 X 波段（3 cm）的雷达，用一个简单的经验规则来估计其多普勒频率（见表 1.3）。应注意：① 在多普勒效应中，波源的频率是不改变的，只是由于波源和观察者之间有相对运动，观察者感到频率发生了变化；② 多普勒效应是波动过程共有的特征，机械波、电磁波和光波都会发生多普勒效应。

表 1.3

接近速率	f_d/Hz
1 knot①	35
1 mile②/h	30
1 km/h	19
1 000 ft③/s	20 000

注：①1 knot = 35 Hz；

②1 mile = 1 609.344 m；

③1 ft = 0.304 8 m。

多普勒效应的应用：

1）有经验的铁路工人可以根据火车的汽笛声判断火车的运动方向和快慢；

2）有经验的战士可以从炮弹飞行时的尖叫声判断飞行的炮弹是接近还是远去；

3）交通警察向行进中的汽车发射一个已知频率的电磁波，波被运动的汽车反射回来时，接收到的频率发生变化，由此可指示汽车的速度；

4）由地球上接收到遥远天体发出的光波的频率可以判断遥远天体相对于地球的运动速度。

由以上内容可知，若想得到目标的速率，只需测得它的多普勒频移，即

$$\dot{R} = -\frac{f_d \lambda}{2} \tag{1.6.2}$$

式中，$\dot{R}$ 为速率；f_d 为多普勒频率；λ 为波长。

在没有多普勒模糊的情况下，仅仅通过观察目标出现在滤波器组中的某个滤波，目标的多普勒频率就能得到，如图 1.88 所示。

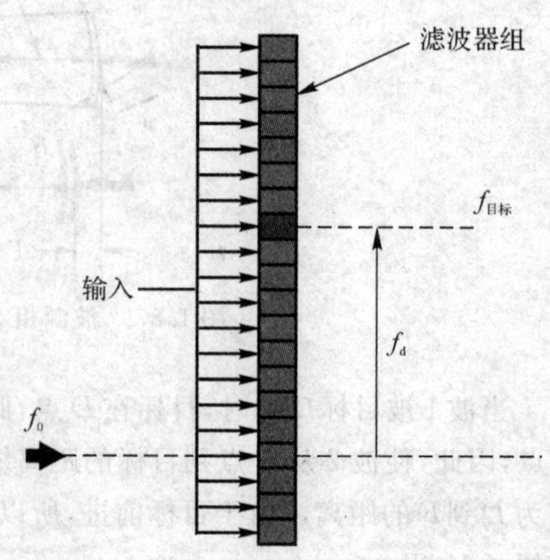

图 1.88　测多普勒频率

速度分辨率又称多普勒分辨率，是指在径向速度上可分辨出两个目标同时存在的最小径向速度差，它取决于多普勒滤波器的通带宽度。

2. 脉冲多普勒跟踪技术

相干脉冲多普勒跟踪器（见图 1.89）以独立的伺服回路进行工作。频率综合器输出的相干本振信号，混频之后得到宽带第一中频信号，距离选通信号加入第一中频放大器进行选通，选通后的信号再进入第二次混频，变换成频率较低的中频信号，并经第二次中频放大和窄带滤波器滤波。窄带滤波器在时间上把信号展宽，并且在精细频谱中消除邻近的谱线。第二中频放大器

放大、补偿由于抑制其余谱线所造成的损失，然后把信号加到窄带鉴频器。窄带鉴频器的输出控制压控振荡器 VCO，以便闭合频率跟踪回路。

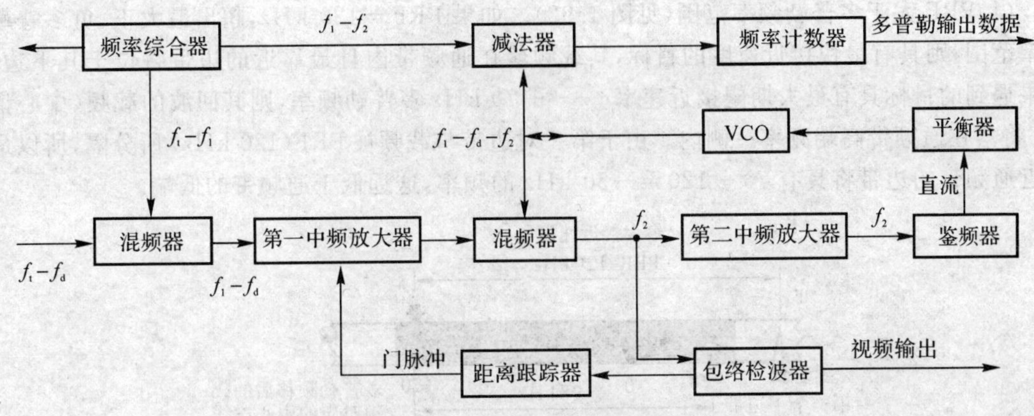

图 1.89　相干脉冲多普勒跟踪器

窄带滤波器的带宽和鉴频器的响应范围不是由发射脉冲的宽度决定的，而是取决于回波信号的频谱结构，它与雷达振荡器和放大器的稳定度和目标速度有关。

3. 潜在的多普勒模糊

为了理解不同雷达脉冲重复频率(PRF) 处的多普勒模糊度所具有的意义，现分析一个假设的作战环境。

假设雷达对于处在120° 宽的扇形内，向前延伸的任意远的目标均可检测到，目标可以飞向任何方向。目标和载机的速度都可以改变，最大值为 1 000 knot，最小值为 400 knot。在此条件下，雷达可能遇到的最大接近速度为－2 000 knot，最大分开速度为 800 knot(见图 1.90)。

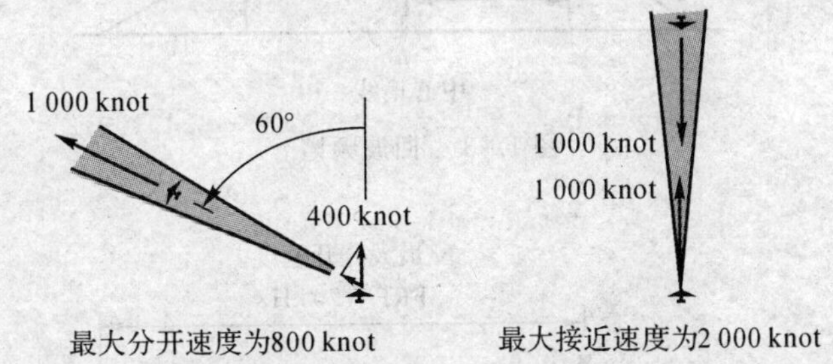

图 1.90　最大负多普勒频率飞行航线和最大正多普勒频率航线

在 X 波段，最大接近速度对应的多普勒频率为－(－2 000 × 35) ＝ 70 kHz，最大分开速度对应的多普勒频率为－(800 × 35) ＝ －28 kHz。因此，假定如果雷达未遇到一个速度超过1 000 knot，或方位角超过 60° 的重要目标，则最大正、负多普勒频率之间的范围为 70 －(－ 28) ＝ 98 kHz(见图 1.91)。

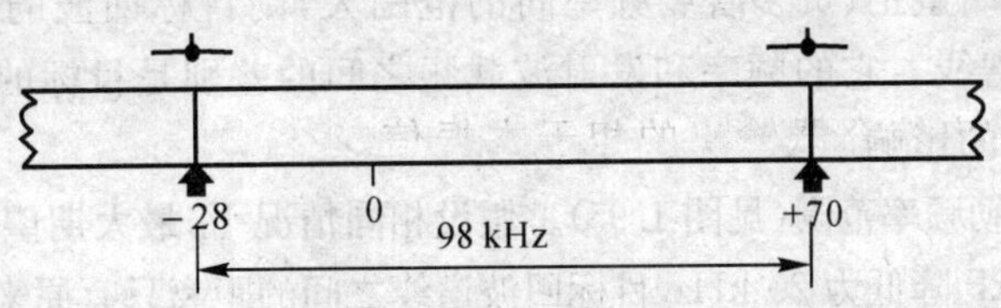

图 1.91　在假设状态下，最大正、负多普勒频率之间的范围

为了覆盖所期望的多普勒频率波段(－28 ～ 70 kHz),可提供一个多普勒滤波器组,它具有的带宽范围从稍低于－28 kHz 到稍高于 70 kHz。

(1)PRF 大于多普勒频率范围(见图 1.92)。如果 PRF＝120 kHz,超出最大正、负多普勒频率范围,则具有最快接近速度的目标,其载频落在通频带内且最靠近的边带将位于其下边,如果遇到的目标具有最大期望接近速率 ——＋70 kHz 多普勒频率,则其回波的载频(中心谱线)将落在通频带高端频率一侧内。由于第一对边带与载频被 PRF(120 kHz) 所分隔,所以最靠近通频带的边带将具有 70－120＝－50 kHz 的频率,这远低于通频带的低端。

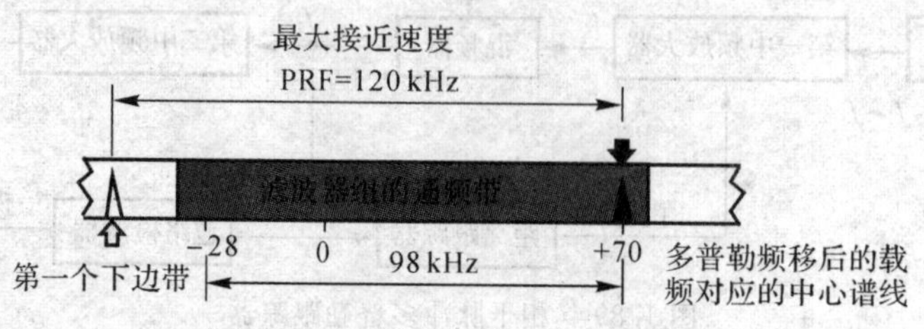

图 1.92　PRF 大于多普勒频率范围

类似地,如果遇到的目标具有最大期望负多普勒频率(－28 kHz),则其回波的载频将落在通频带低端内侧(见图 1.93)。在此情况下,最靠近的边带将具有－28＋120＝92 kHz 的频率,这远高于通频带的高端,如图 1.94 所示。

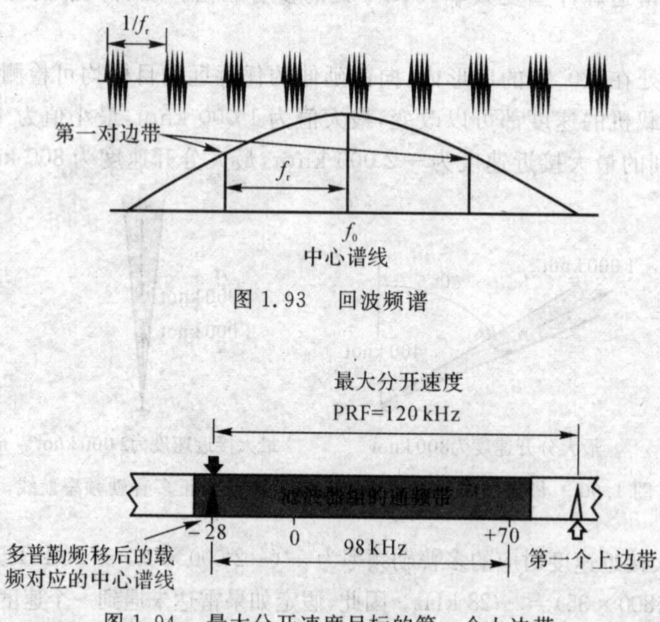

图 1.93　回波频谱

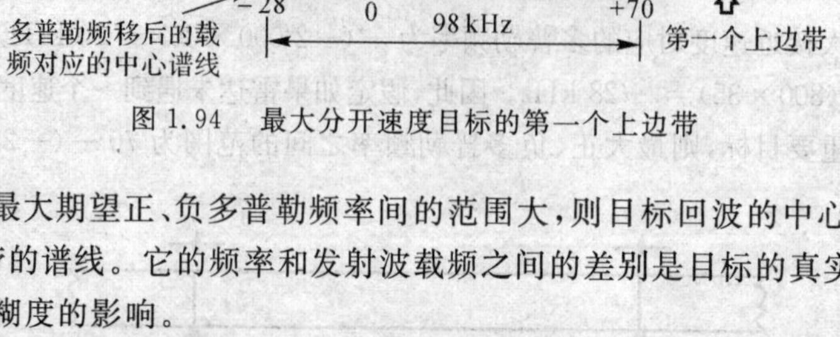

图 1.94　最大分开速度目标的第一个上边带

如果 PRF 比最大期望正、负多普勒频率间的范围大,则目标回波的中心谱线是唯一能通过滤波器组通频带的谱线。它的频率和发射波载频之间的差别是目标的真实多普勒频率。因此,将不会存在模糊度的影响。

(2)PRF 小于多普勒频率范围(见图 1.95)。假设相同情况下,最大期望正、负多普勒频率差别等于 98 kHz,如果把 PRF 降低为 20 kHz,目标回波谱线之间的距离只有原来的 1/6,即 20 kHz。

此时，在通频带内会同时出现多个谱线，可能有中心谱线，可能有边带，滤波器无法区分哪个是中心谱线，也无法区分是哪个边带，就出现了多普勒模糊度现象。

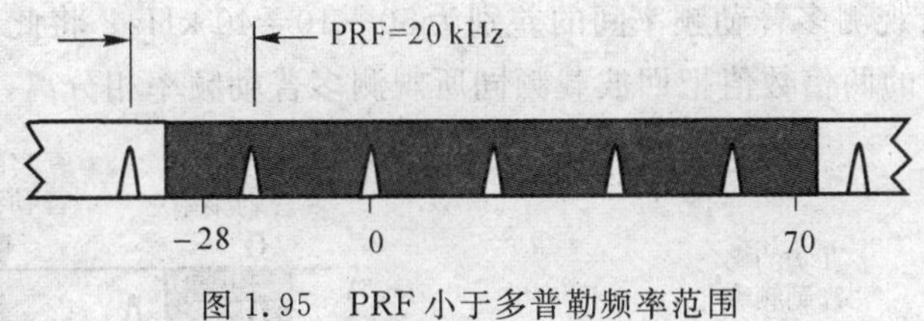

图 1.95　PRF 小于多普勒频率范围

所观测的多普勒不模糊的 PRF 和接近速率的组合，如图 1.96 和图 1.97 所示。

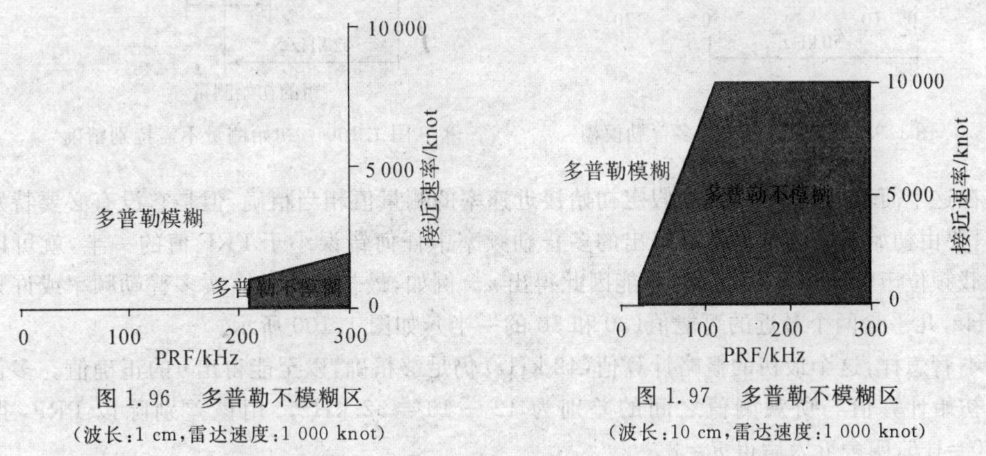

图 1.96　多普勒不模糊区
（波长：1 cm，雷达速度：1 000 knot）

图 1.97　多普勒不模糊区
（波长：10 cm，雷达速度：1 000 knot）

4. 多普勒模糊的解法

为了消除多普勒模糊的问题，首先要用某种方法弄清将观测到的目标回波的频率与载波频率分开时 PRF 的整倍数值所起的作用。如果倍数值 n 不是很大，则很好判断。这里有两种普通的方式：距离微分法和 PRF 变换法。

(1) 距离微分法。通常决定 n 值的最简单方法是通过微分方法得出一个距变率的近似初始测算值。由此速率，经计算得出真实多普勒频率的近似值，从中减去所观测的频率，再除以 PRF，得到倍数值 n，如图 1.98 所示。

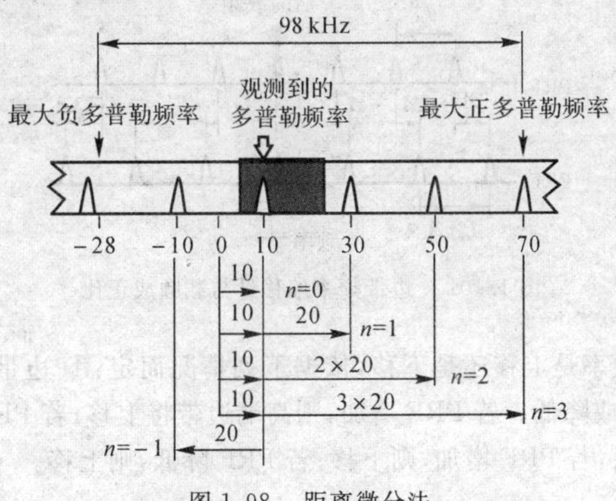

图 1.98　距离微分法

例如,假定 PRF 为 20 kHz,所观测多普勒频率为 10 kHz,那么真实多普勒频率为10 kHz 加上任何 20～70 kHz 的整数倍。由初始距变率测量值计算求得的真实多普勒频率近似值为 50 kHz。该频率和所观测多普勒频率间的差别为 50－10＝40 kHz。将此结果除以PRF,得到 $n=40/20=2$。PRF 的两倍数值把回波载频同所观测多普勒频率相分离,如图 1.99 所示。

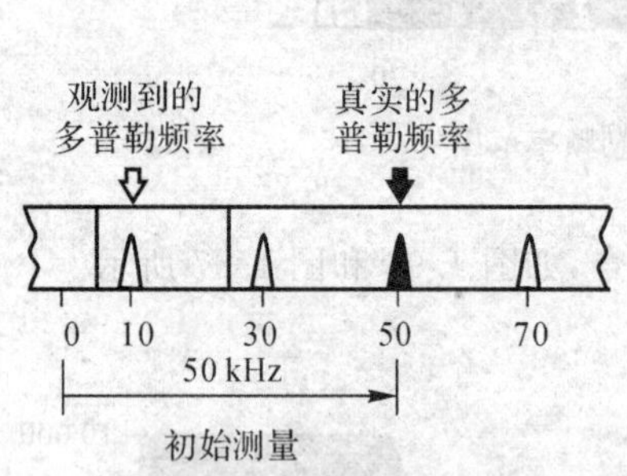

图 1.99　距离微分法解多普勒模糊

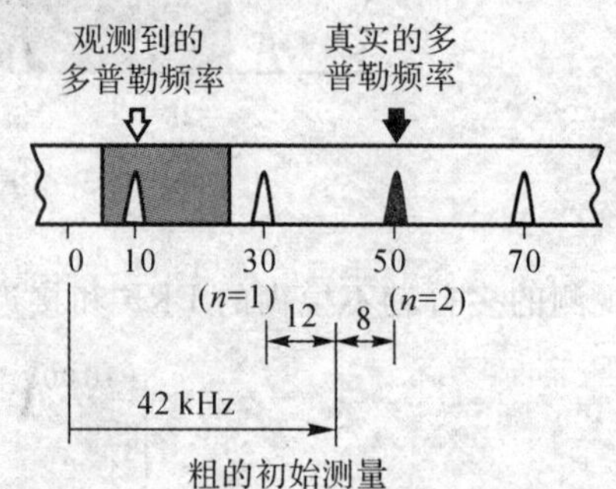

图 1.100　初始测量不需特别精确

在这个简单的例子中,虽然假定初始接近速率的测量值相当精确,但是它没有必要特别精确,只要由初始速率测量值计算得出的多普勒频率中任何错误小于 PRF 值的一半,就可以区分出载频位于哪一个 PRF 区间,并能因此得出 n。例如,最初计算的真实多普勒频率或许只有 42 kHz,几乎是两个最近的可能值(30 和 50 的一半),如图 1.100 所示。

不管怎样,这个最初的概略计算值(42 kHz)仍足够精确,以至能得出 n 的正确值。多普勒频率初始计算值与所观测值之间的差别为 42－10＝32 kHz。用该差别除以 PRF,得到 32/20＝1.6,四舍五入后得 $n=2$。

通过这种办法一旦求得 n 值之后,不断地跟踪目标就能确定真实多普勒频率,因此可以仅仅以所观测频率为基础,相当精确地计算出 R。

(2)PRF 变换法。转换 PRF 自然将不会对目标回波载频 f_c 产生任何作用。当然,它等于所传输脉冲的载频加上目标的多普勒频率,而且是完全独立于 PRF,而不是 f_c 之上和之下的边带频率。由于这些频率是通过与 PRF 相乘而从 f_c 中分离出来的,所以当改变 PRF 时,边带频率也相应地发生变化(见图 1.101)。

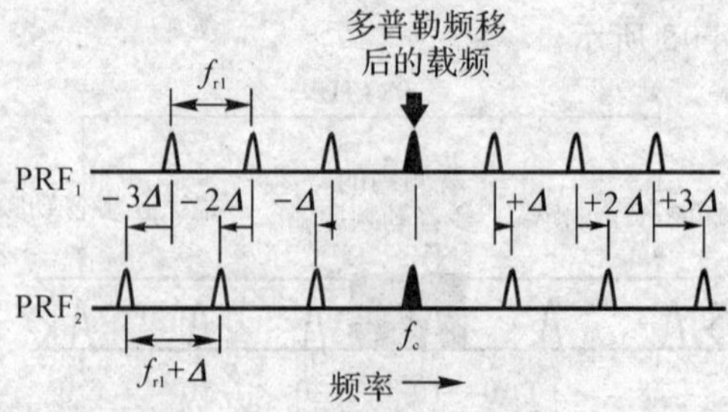

图 1.101　边带频率偏移量与载频成正比

一个特定的边带频率是上移还是下移,依据下列情况而定:① 边带频率是否高于或低于 f_c;②PRF 是否被增加或降低。若 PRF 增加,则高端边带将上移;若 PRF 降低,则高端边带将下移。低端边带正相反,若 PRF 增加,则下移;若 PRF 降低,则上移。

所观测多普勒频率移动的多少同样依据两种情况：①PRF 已经被改变多少；②PRF 乘以什么把所观测的频率同 f_c 相分离。若 PRF 改变了 1 kHz，则第一组边带将 f_c 的两边移动 1 kHz；第二组边带移动 2 kHz；第三组边带移动 3 kHz，循环往复。若 PRF 改变 2 kHz，则每对边带的移动量将加倍，依此类推。

记下所观测的目标多普勒频率的可能变化，可立即区分 f_c 相对于所观测频率的位置（见图 1.102）。若观测频率未改变，就知道它是 f_c。若它发生改变，可从 f_c 是高于还是低于所观测频率来区分变化的方向。然后，通过 f_c 相对于观测频率的偏移量是PRF的倍数来得出变化的总量。

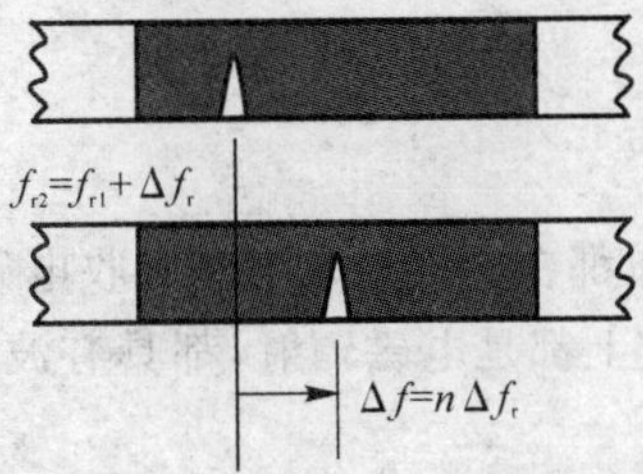

图 1.102　用目标多普勒频率的可能变化区分 f_c 相对于所观测频率的位置

因此，PRF 必须乘以因数 n 以获得回波载频 f_c 与所观测频率间的差别。因数 n 为 $n=\Delta f_{obs}/\Delta f_r$，其中，$\Delta f_{obs}$ 为当 PRF 变换时，目标观测频率的改变量；Δf_r 为 PRF 的改变量。例如，若 PRF 增加了 2 kHz，引起目标的观测多普勒频率增加 4 kHz，则 n 值为 $n=4/2=2$。

当同时接收到不止一个目标回波时，为了避免发生重影，PRF 一般取 3 个值中的一个，而不是两个值中的一个。PRF 变换法也存在着缺点，它降低了最大检测距离。

5. 计算多普勒频率

通过前面列举的方法已经确定了 n 值，现可以通过简单的方式计算出目标的真实多普勒频率（见图 1.103）：

$$f_d=nf_r+f_{obs}$$

式中，f_r 为变换前的 PRF；f_{obs} 为目标的观测多普勒频率。

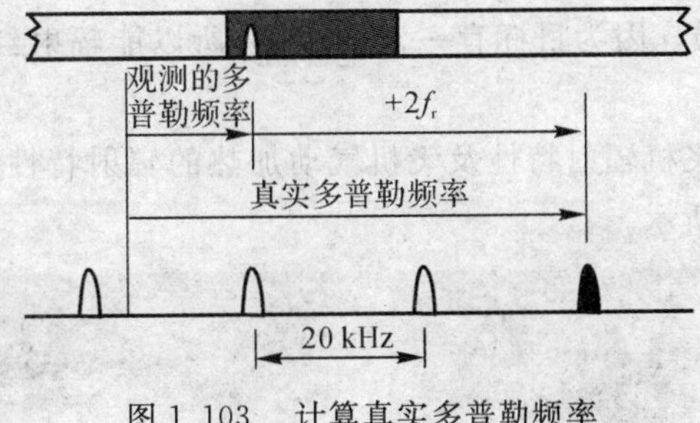

图 1.103　计算真实多普勒频率

第 2 章　机载光电系统

2.1　目标红外辐射探测原理

2.1.1　红外辐射及基本性质

(1) 红外辐射。自然界的物质都在不停地发射和吸收电磁辐射。日常生活受到的各种辐射，如紫外线、热辐射等，它们本质上都是电磁辐射，都具有波动性，又称电磁波。电磁波谱如图 2.1 所示。

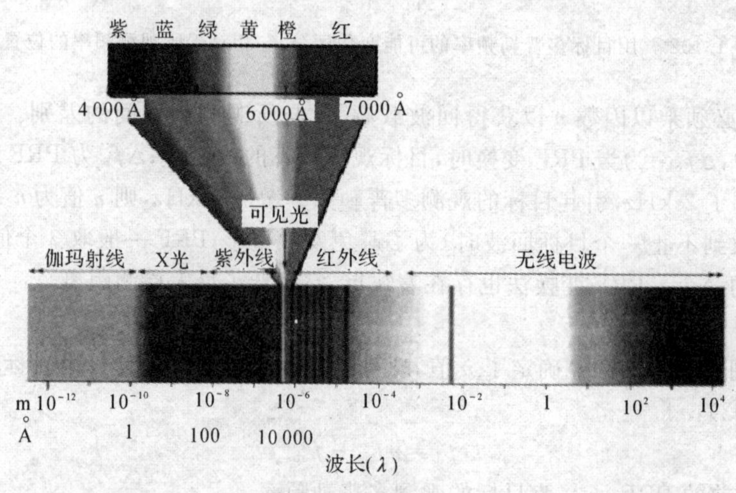

图 2.1　电磁波谱

(2) 红外线的基本性质。因为目标有一定的温度，所以能辐射红外线。下面介绍空中目标热辐射的特殊点。

现以喷气式发动机的飞机辐射特性及飞机气动加热的辐射特性为例，来介绍航空目标辐射。喷气式飞机如图 2.2 所示。

图 2.2　喷气式飞机

喷气式飞机辐射分为尾喷管辐射(尾喷管内腔的加热部分发出)、废气辐射(自尾喷口排出大量的废气)、蒙皮辐射(飞行时蒙皮与大气摩擦而产生)。

(3) 红外线传播的距离受到许多因素的限制，但主要是大气的衰减。衰减主要产生于大气中水汽、二氧化碳、臭氧分子等的选择性吸收和大气中悬浮微粒的散射。

红外线通过大气而减弱的过程称为衰减。设大气的吸收系数为 α，散射系数为 β，则红外线通过大气的透过率，可以表示为

$$\tau = e^{-\sigma x}$$

式中，σ 为大气的衰减系数，$\sigma = \alpha + \beta$；x 为红外线传输路程。

大气的透过率随传输路程的延长呈指数下降，衰减系数越大，下降得越快。因此，大气的衰减直接影响红外光电系统的作用距离。

吸收系数和散射系数随波长变化。研究结果表明：大气对红外线的衰减是有选择性的，对一些波长的红外线衰减很大，而对另外一些波长的红外线衰减很小。衰减小的波段称之为“大气窗口”。红外光电系统通常利用“大气窗口”探测目标，以获得足够的作用距离。

对于利用目标热辐射特性来探测目标的红外系统而言，浓雾对热辐射散射作用较大，而水蒸气对热辐射的吸收作用很强烈。

水蒸气对热辐射的吸收是有选择性的，在 1.87 μm，2.70 μm 和 6.27 μm 处出现强吸收带。因此，空中使用的红外设备，在大气衰减方面主要考虑水蒸气的吸收，而空对地或地对空的红外装置，则除了考虑水蒸气的吸收作用外，还要考虑低空悬浮物的散射作用。

由于大气对穿过它的辐射会产生吸收和散射作用，在不少波段范围内这种现象很严重，大气透过率很低，这段波段范围称为吸收带。而在某些波段内衰减作用较弱，大气透过率较高，把这些透过率较高的波段称为大气透过窗(简称大气窗)。粗略地划分，大气窗主要分为1 ～ 3 μm，3 ～ 5 μm 和 8 ～ 14 μm。大气窗的划分对红外装置的设计和使用有重大意义。红外装置的工作波段必须选在 15 μm 以下，并选在某一大气窗内，这样才可以减少大气衰减的影响，提高系统作用距离。

2.1.2　红外探测器

红外探测器是一种用来探测红外光辐射的器件。它通过把光辐射转换为易于测量的电信号来实现对光辐射的探测。红外探测系统原理框图如图 2.3 所示。

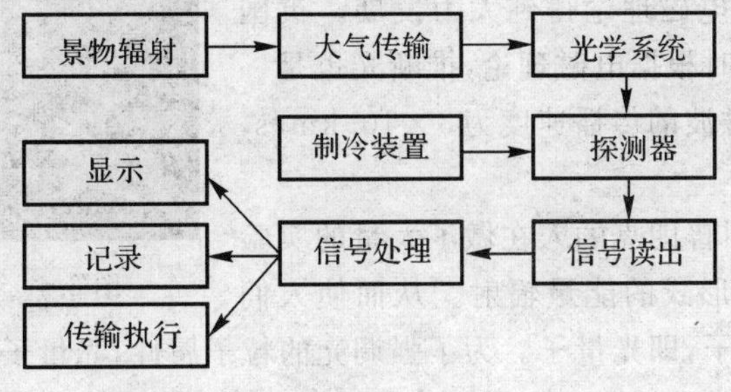

图 2.3　红外探测系统原理框图

对于探测和跟踪目标的探测器，按照探测过程的物理机理，可分为两类：热探测器和光子探测器。

1. 热探测器

热探测器的物理基础是光热效应。光热效应是指入射光辐射引起物质温度变化的物理效应。当红外光辐射到探测器上时，探测器敏感材料的温度上升，因此可以利用温度改变的程度来确定红外辐射的强弱，这样的探测器称为热探测器。

2. 光子探测器

光子探测器的物理基础是光电效应。光电效应是指入射光辐射引起物质导电率变化的物理效应。这是一种波长选择性物理效应，即存在一个长波限，当入射红外线的波长大于长波限时，光子探测器不起反应。当一定波长的红外光辐射到探测器上时，探测器敏感材料的导电率改变，以此探测红外辐射，这样的探测器称为光子探测器。

按敏感元件的多少，探测器分为单元（一个敏感元件）、多元（同一材料的多个敏感元件组成）探测器。

根据敏感材料的不同，光子探测器有许多种，这里介绍典型的两种：

(1) 锑化铟(InSb)探测器。锑化铟探测器是工作在中波红外区域 3 ～ 5 μm 大气窗的最理想探测器。InSb 为单晶半导体，室温工作时，长波限可达 75 μm。

(2) 碲镉汞(HgCdTe)探测器。HgCdTe 是目前发现的所有光导材料中性能最优良的一种材料。

2.2 激光测距原理

2.2.1 光的本质

英国物理学家牛顿提出：光是从源中发出的微粒，构成一种特殊的物质，光的颜色是由微粒的大小而定的。

荷兰物理学家惠更斯提出了与牛顿微粒理论截然不同的理论，既光的波动理论。他认为光是一种波，而不是什么微粒；他还认为光在水、空气等物体里有一种特殊的物质“以太”。

一个世纪以后，有人使用双缝干涉实验，测出了可见光的相应波长（见图 2.4）。

图 2.4 红光的双缝干涉图

到了 19 世纪中期，电磁理论得到大力发展。英国的物理学家麦克斯韦当时根据电磁理论，推断光也是一种电磁波，并推算出电磁波的传播速度为 3×10^5 km/s，而且使推断得以证实。

后来，德国一位名叫普朗克的人在做了大量的实验后又提出了电磁波这种形式的能量辐射。从而使人们认识到电磁波是某种粒子，即光量子。为了强调光的粒子属性，光量子被称之为“光子”。光子的质量在运动中显示出来。

2.2.2 激光及其特点

激光简称“laser”，即“Light Amplification by Stimulation Emission of Radiation”各字头

的缩写，中文意思是受激辐射光放大。激光是一种特殊的光源，如图 2.5 所示。而阳光、灯光等，都是向四面八方辐射的，没有一个确定的方向传播。

图 2.5　一种激光器

激光不仅具有高亮度、单色性、方向性及相干性好等特点，还具有以下 4 个特点。

(1) 比太阳还要亮百亿倍。太阳光又强、又热，谁也不敢正视耀眼的太阳，可是与激光相比，太阳光就仿佛是小巫见大巫了。早期的红宝石激光器，它发射出的深红色激光是太阳光亮度的 4 倍。而近年来研制出的最新激光，要比太阳表面亮度高出 100 亿倍以上！因为激光器发出的激光是集中在沿轴线方向的一个极小发射角内(仅 0.1° 左右)，激光的亮度就会比同功率的普通光源高出几亿倍。再加上激光器能利用特殊技术，在极短的时间内(比如 10^{-12} s)辐射出巨大的能量，当它会聚在一点时，可产生几百万摄氏度，甚至几千万摄氏度的高温。

(2) 颜色最纯单色性。一种光的波长范围越小单色性越好。激光出现前，最好的单色光源是同位素氪灯光 86，其波长范围是 0.005 Å(1 Å $=10^{-10}$ m)。而氦氖激光的波长范围比 10^{-3} Å 千分之一埃更小，因此激光就是这种理想的单色光源。拿氦氖气体激光器来说，它射出的波长宽度不到 10^{-10} μm，完全可以视为单一而没有偏差的波长，是极纯的单色光。

(3) 方向最集中。方向性即光束的指向性，用 α 大小评价，α 越小，则方向性越好；α 趋于零，可近似认为是平行光。灯光、阳光根本谈不上方向性。

方向性好的重要意义：① 可减小光学系统的孔径尺寸；② 光束发散越小，在某一方向上光能量越集中，因此，照射得越远。例如，用红宝石激光器，在几千千米外接收到的光斑张角只有一个茶杯口大小，就是照射到月球上，光斑直径只有 2 km，如果是探照灯，则直径达 6 000 km。因此，激光具有方向性、强度高的特点，可以瞄得准、照射远，还可以用这个特性测距，如图 2.6 所示。

(4) 相干性极好。当用手将池中的水激起水波，并使这些水波的波峰与波峰相叠时，水波的起伏就会加剧，这种现象就叫干涉，能产生干涉现象的波叫干涉波。激光是一种相干光波，它的波长、方向等都一致。

物理学家通常用相干长度来表示光的相干性，光源的相干长度越长，光的相干性越好，而激光的相干长度可达几十千米。因此，如果将激光用于精密测量，它的最大可测长度要比普通单色光大 10 万倍以上。

图 2.6　激光武器

2.2.3　原子结构及光谱

1. 原子结构

原子＝原子核(正电)＋电子(负电)

在较小能量的作用下电子就可以脱离原子核,使原子变成离子。在光学中,最外层电子参与光学过程,如光的吸收、光的发射等,因此在光学中,最外层电子叫光学电子。

2. 能级和状态

电子总是不停地在轨道上运动着,由于电子运动时产生一定的动能,并且电子被核吸引会有一定势能,所以这两个能在原子中构成了原子内能。内能取决于核外电子与核的距离,距离增大,内能增大,反之缩小。

一般表示原子能量的方法是把能量的大小,按比例画出数条横线,每一条线代表一个能量值。每一条横线称为原子的一个能级,把这些线画在坐标轴中,所形成的图为原子能级图。最下面的能级为 E_1,在 E_1 能级上原子的能量状态叫原子基态,基态以上的能级叫高能级,例如 E_2,E_3,… 都为激发态(见图 2.7)。一般正常情况下大多数原子都处于低能级上,只有少数原子在高能级上。

图 2.7　原子能级

3. 原子光谱

在正常的条件下原子外层电子总是处于最低能级轨道,以保持稳定状态。当外界有足够的力量作用于基态的原子时,就可以使基态原子中的电子从它所在的能级跃迁到外层高能级的轨道。这种由低能级跳跃到高能级的过程叫激发。

当原子从高能级跃迁到低能级时,把所吸收的能量以光波的形式发散出来,形成大家熟知的发光现象。原子所吸收的能量,或者原子所放出的能量,都是相应能级上的能量之差。原子核中的电子跃迁越高,当复回原级位置上时,释放的能量就越高,这就是产生原子光谱的原因。

一般地,物质是由一些同类微粒组成的(即原子、分子、离子)。由于这些微粒处于不同的能级上,所以在这些能级中,用 E_1 及 E_2 分别表示两个能级量,E_1 所带的能量少,属低能级;E_2

所带的能量多，为高能级。由于粒子所含的能量不同，所以总的来说粒子在低能级的占多数，高能级的占少数。因此，在低能级(E_1)中的粒子数大于高能级(E_2)中的粒子数。

2.2.4　光的辐射机理

光与物质作用主要有以下 3 个方面。

1. 自发辐射

处于高能级的粒子很不稳定，在高能级 E_2 中的粒子会迅速跃迁到低能级 E_1 上，同时以光子的形式放出能量 $h\gamma_{21}=E_2-E_1$($h\gamma_{21}$ 为辐射光子频率)，如图 2.8 所示。这一过程不受外界的作用，完全是自发的，所产生的光没有一定规律，相位和方向都不一致，不是单色光。

在日常生活中也可以看到如日光灯、高压汞灯和一些充有气体的灯，它们发光都是自发辐射的过程，这些光是向各个方向传播的。这种以光的形式辐射出来的，称为自发辐射跃迁。可是在跃迁的过程中有一些不产生光辐射的跃迁，而它们主要是以热的运动形式消耗能量的，即为无辐射跃迁。自发辐射的特点，即每一个粒子的跃迁都是自发、孤立地进行的，也就是相互独立，彼此无联系，产生的光子杂乱无章，无规律性。

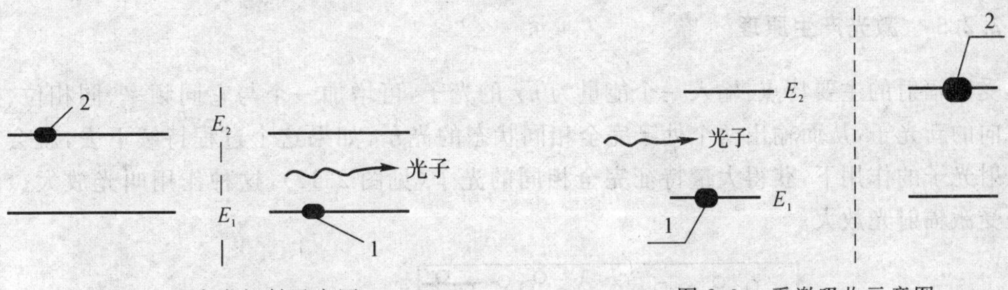

图 2.8　自发辐射示意图　　图 2.9　受激吸收示意图

2. 受激吸收

当低能级 E_1 的粒子吸收一定频率 γ_{21} 的外来光能时，粒子的能量就会增到 $E_2=E_1+h\gamma_{21}$(h 为普朗克常数)，粒子就从低能级 E_1 跃迁到高能级 E_2 上(见图 2.9)，这一过程叫作受激吸收，而外来光的能量被吸收，使光减弱。粒子进行跃迁不是自发的，要靠外来光子刺激而进行。

3. 受激辐射

受激辐射是受激吸收的相反过程。处于高能级的粒子，在某种频率 γ_{21} 光子诱发下，从原来所在的能级 E_2 上，放出与外来光子完全相同光子，此时产生了一个光子(受激发前后共有两个光子)，使原来的能量减少 $\Delta E=h\gamma_{21}$。把高能级上的粒子跃迁到低能级 E_1 上的这一过程称为受激辐射(见图 2.10)。

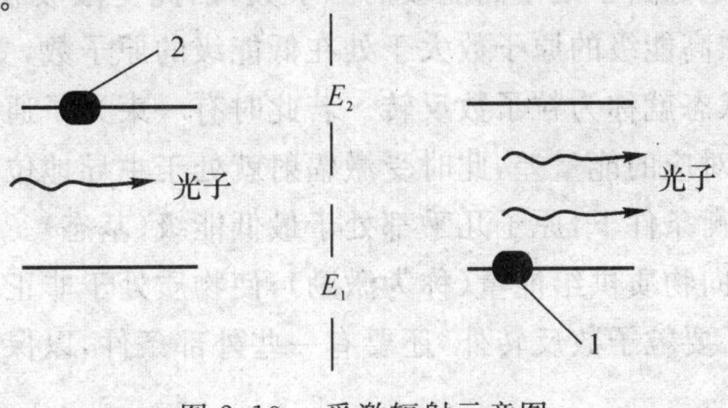

图 2.10　受激辐射示意图

受激辐射的特点本身不是自发跃迁，而是受外来光子的刺激产生。因此，粒子释放出的光子与原来光子的频率、方向传播、相位及偏振等完全一样，无法区别出哪一个是原来的光子，哪一个是受激发后而产生的光子。受激辐射中由于光辐射的能量与光子数成正比例，所以在受激辐射以后，光辐射能量增大1倍。

以波动观点看，设外来光子为一种波，受激辐射产生的光子为另一种波，由于两个波的相位、振动方向，传播的方向及频率相同，所以两个波合在一起能量就增大1倍，即通过受激辐射光波被放大，如图2.11所示。外来光子量越多，受激发的粒子数越多，产生的光子越大，能量越高。

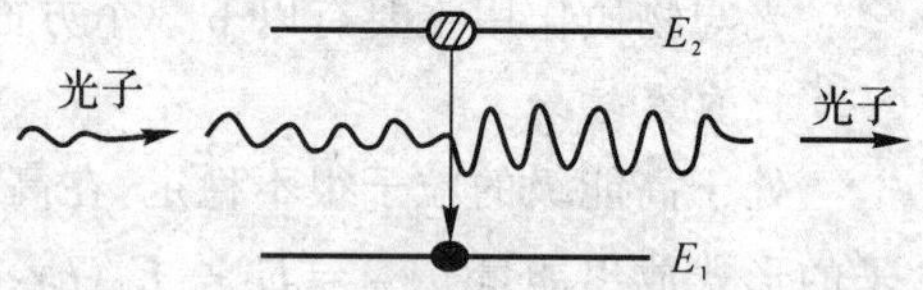

图 2.11　受激辐射时光束放大

从以上内容可知，受激辐射及吸收同时存在于光辐射与粒子体系，是在同一整体之中相互对立的两个方面，它们发生的可能性是同等的，这两个方面哪一个占主导地位，取决于粒子在两个能级上的分布。激光器发出的激光就是利用受激辐射而实现的，也就是在激发态的粒子数尽可能多些，以实现受激辐射。

2.2.5　激光产生原理

受激辐射的主要特点：输入一个能量为 $h\gamma$ 的光子，可增加一个与它同频率、同相位、同传播方向的新光子，从而输出两个处于完全相同状态的光子，如果这个过程持续下去，就会在一个入射光子的作用下，获得大量特征完全相同的光子(见图2.12)，这种作用叫光放大。激光就是受激辐射光放大。

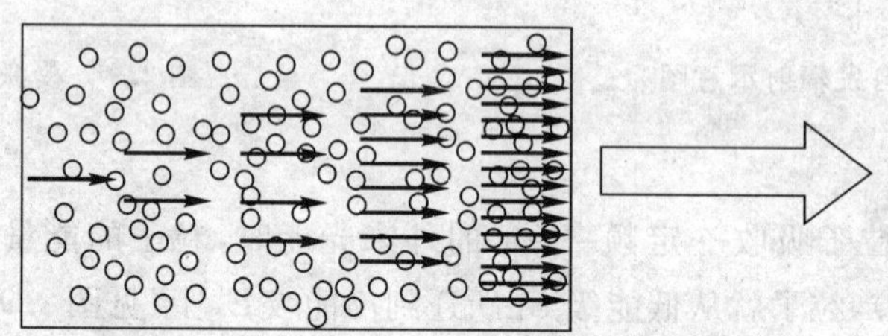

图 2.12　光的受激辐射放大示意图

产生激光的基础是受激辐射放大，那么，在什么条件下，大量原子(或分子)组成的物质会产生这种光放大呢？

当频率为 γ 的光通过具有能级 E_2 和 E_1 的物质($E_2-E_1=h\gamma$)时，将会在自发辐射的同时，发生受激吸收和受激辐射这两个相反的过程，且两者发生的概率是相同的。在正常情况下，处于低能级的原子数总是远远大于处于高能级的原子数，因此受激吸收大于受激辐射。如果在外界能量激发下，使处在高能级的原子数大于处在低能级的原子数，受激辐射才能超过受激吸收而占优势，这种分布状态就称为粒子数反转。若此时有一束光子通过此物质，而光子的能量正好等于这两个能级相对应的能量差，此时受激辐射就处于主导地位，使输出的光能量超过辐射的光能量。但在热平衡条件下，原子几乎都处于最低能级(基态)。因此，要产生粒子数反转是不可能的。只有外界向物质供给能量(称为激励)，使物质处于非正常状态，才能实现粒子数反转。要形成激光，除了要粒子数反转外，还要有一些外部条件，以保证受激辐射持续下去。

2.2.6　激光器

一般激光器是由工作物质、谐振腔和激励能源 3 部分组成的。工作物质为粒子数反转提供基础；谐振腔使受激辐射光不断增强；激励能源为粒子数反转提供外界能量。

第一台激光器(见图 2.13)是红宝石激光器，目前，已制成数百种各式各样的激光器。激光波长从 0.24 μm 开始，包括了可见光、近红外光、红外光直到远红外光整个光频波段范围。

图 2.13　第一台激光器

1. 激光器分类

(1)按工作物质，激光器可分为固体、气体、染料、半导体激光器等。

(2)按谐振腔特性，激光器可分为稳定谐振腔、非稳定谐振腔激光器；按谐振腔结构，激光器可分为外腔式、内腔式和半内(外)式激光器。

(3)按激光运转方式，激光器可分为连续、脉冲激光器。

(4)按激光器的输出波长，激光器可分为红外、可见光、紫外激光器等。

2. 典型激光器

机载激光器主要是钕玻璃、掺钕钇铝石榴石的固体激光器，CO_2 气体激光器。

(1)掺钕钇铝石榴石(Nd3＋：YAG)有 4 个能级，特性随温度变化很小，适于制成连续和高重复率工作的激光器(注意：钕玻璃不行，因为其导热率太低、热膨胀系数太大)。

(2)CO_2 激光器是以 CO_2 为工作物质，其波长为 10.6 μm 和 9.6 μm。它既能连续工作又能脉冲工作。特别是其波长正好处在大气窗口，并且对人眼的危害比可见光和 1.06 μm 的红外光小很多，因此使用起来比较安全。CO_2 气体激光器的基本结构如图 2.14 所示。

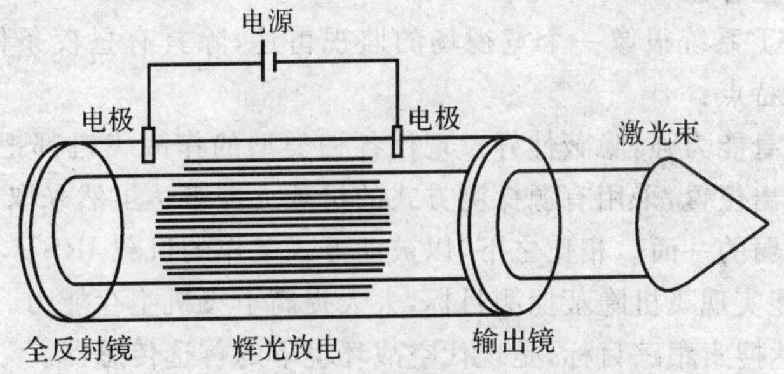

图 2.14　CO_2 气体激光器的基本结构

2.2.7　激光测距原理

目标距离是影响武器首发命中率的首要因素。激光测距机具有体积小、测距简单、角分辨率及测距精度高、作用距离远、抗干扰能力强等优点。当配合武器使用时，能使首发命中率提高到 80％以上，大大提高了武器系统的攻击力和准确性。

脉冲激光测距机的基本原理和雷达脉冲延迟法测距原理基本相同，只是考虑激光在传播介质中的折射系数。

2.3 机载红外搜索跟踪系统

2.3.1 机载红外搜索跟踪系统介绍

自第二次世界大战以来,机载火控雷达作为战斗机的主要目标探测手段,在空战中起着举足轻重的作用。但由于雷达采用有源探测方式,工作时需要主动发射电磁波,所以易被敌方发现和干扰。特别是随着现代科技的不断发展,飞机隐身技术和电子对抗技术的进步,使得机载雷达的探测距离急剧下降,本身隐蔽性差、抗干扰能力弱的缺点越来越明显地暴露出来。同时,随着科技的进步,为了对抗雷达而发展的新武器和新战术也层出不穷,例如对雷达实施压制或欺骗的电子干扰,可对雷达进行直接攻击的反辐射导弹等。因此,需要研制一种新型的探测设备,在正常情况下可辅助雷达工作,机载红外搜索跟踪系统(IRST)产生并不断发展起来。"天狼星"IRST 系统如图 2.15 所示。

图 2.15 "天狼星"IRST 系统

机载红外搜索跟踪系统根据目标与背景之间的温差而生成的热点来捕获目标,主要用于空空目标搜索与跟踪,同雷达相比较,优点是被动式。

2.3.2 机载 IRST 系统的功能及特点

机载 IRST 系统是利用目标与背景之间的温差形成热点或图像来探测、跟踪目标的光电系统,是机载武器火控系统的一个重要组成部分。系统本身既能独立对目标进行探测和跟踪,为武器火控系统提供精确的目标方位,也可与雷达互相随动执行对目标的搜索和跟踪。IRST 采用 InSb 元件,适用于空域监视、威胁判断、抗电子干扰、对面对空导弹探测、自动搜索和跟踪目标等作战任务。与其他机载电子设备配合使用可大大提高飞机在全波段、全天候、多方位、大纵深环境下的作战生存能力。

与雷达相比,IRST 系统很像一个宽视场的监视雷达,除具有昼夜条件下的探测能力外,系统还具有两个显著特点:

(1)抗干扰、抗隐身能力强,隐蔽性好。现代各种类型的作战飞机都把发展机载电子战技术和隐身技术放在突出位置,采用有源探测方式的机载火控雷达虽然采取了许多抗干扰措施,但易受干扰仍是其脆弱的一面。相比之下,以被动方式工作的机载 IRST 本身不发射电磁波,抗电磁干扰能力强,能实现飞机隐蔽探测目标,大大提高了飞机生存能力。在强电子干扰环境下,可代替或辅助雷达搜索跟踪目标,是现代空战环境下的首选传感器。

(2)探测距离远,分辨率高,具有多目标搜索跟踪能力。由于现代战斗机高空、高速飞行,留给能成功拦截这种高空、高速目标的时间极短。而速度越快,高度越高,飞机的蒙皮气动热辐射越强,IRST 的探测距离越远。此外,IRST 的角分辨率比雷达高得多,具有多目标搜索跟踪能力,在对付远距密集编队的目标时将具有显著优势。

2.3.3 机载 IRST 系统性能指标

1. 探测波段

探测波段可选用 3～5 μm 波段,8～12 μm 波段,或者双波段。

2. 搜索跟踪范围

系统的视场能达到±60°(−15°～45°),可根据需要设置不同的搜索区。

3. 目标分辨率和目标跟踪精度

远程多目标红外搜索跟踪系统的目标分辨率应不低于 3.4′,跟踪精度不低于 10.3′;不具有多目标功能的红外搜索跟踪系统的目标分辨率应不低于 6.9′,目标跟踪精度应不低于 5.5′。

4. 目标跟踪最大角速度和最大角加速度

系统的目标跟踪最大角速度应不小于 250 rad/s,目标跟踪最大角加速度应不小于150 rad/s²。

5. 目标探测距离

远程多目标红外搜索跟踪系统的目标探测距离应不小于 50 km;不具有多目标功能的红外搜索跟踪系统的目标前向探测距离应不小于 10 km,后向探测距离应不小于 30 km。

6. 输出信号

系统的输出信号应包括工作状态、目标方位角、目标俯仰角、目标方位角变化率、目标俯仰角变化率、目标辐射强度。

2.3.4　机载 IRST 系统工作方式

以英国 First Sight 为例,说明机载 IRST 系统的工作方式。该设备有 3 个主要的工作方式:搜索、捕获、单目标跟踪。

工作方式的转变可由飞行员控制或是全自动。例如,飞行员可选择一个区域进行搜索,设备可以自动对探测到的最高优先目标进行单目标跟踪,或者它在进入单目标跟踪之前可能等待飞行员指示一个被探测的目标。

1. 搜索方式

搜索方式的主要目的是使飞行员能够搜索飞机前方的天空区域,辨别可能目标的位置,如图 2.16 所示。

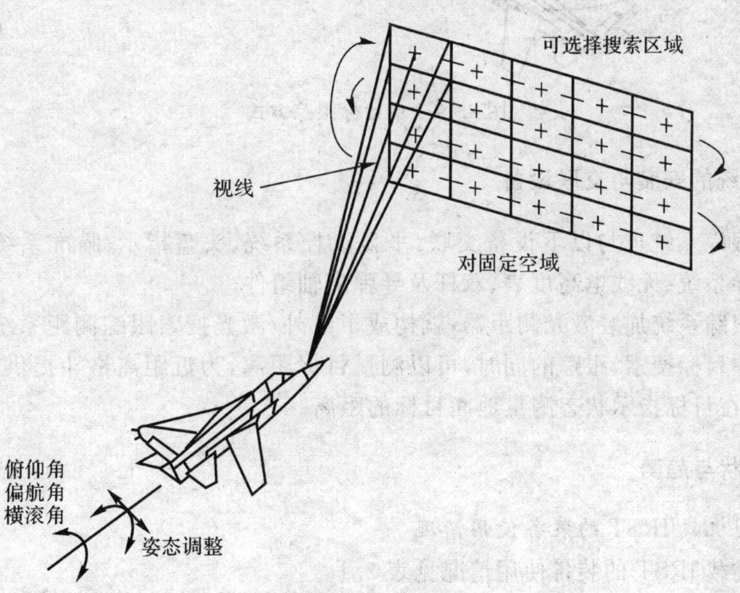

图 2.16　搜索方式

当搜索区域和位置已指定时，First Sight 系统就用间断和凝视原理扫描该区域。传感器分别搜索区内的每个位置，存储被探测到的目标，以便按优先顺序排列和关联。凝视时间取决于时间关联要求，是一个可调参数。当搜索区扫描结束时，将目标按优先顺序排列，并将该信号送给飞机。

2. 捕获方式

捕获方式的目的是要使传感器的视场转向 First Sight 视场内的位置，探测可能的目标(而不是像搜索方式一样进行大范围扫描)，给出指令时转入单目标跟踪。此外，捕获方式还要设计成受许多外部系统(例如，头盔安装的瞄准具、驾驶杆操纵、外部搜索跟踪雷达)的控制。

用捕获方式还可得到视频数据，从而使有效的成像方式得以实现。传感器的视场相对于飞机结构是固定的，由此产生的图像可以用作飞行/着陆辅助。

3. 单目标跟踪方式

单目标跟踪方式提供跟踪位于 First Sight 视场内的单个指定目标的能力。传感器视场中心对准搜索或捕获方式期间定位的目标位置。目标信息在每帧都得到适时修正，以使视场的中心保持在目标上(见图 2.17)。

目标的视频图像送到飞机显示器。

目标的信息，包括位置(目标方位)、速度和距离，以高速送给飞机，从而使武器和其他传感系统瞄准目标。

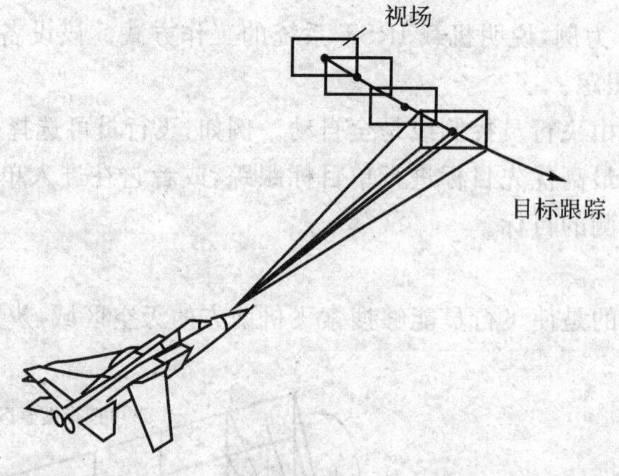

图 2.17　单目标跟踪方式

2.3.5　系统的安装与交联设备

红外搜索跟踪系统可与以下设备交联：平显火控系统、头盔指示/瞄准系统、机载雷达系统、大气机、惯导系统、无线电高度表、双杆及导弹离轴组件。

红外搜索跟踪系统加装激光测距器，就构成了红外/激光搜索跟踪测距系统(光电雷达)。它在完成对空中目标搜索、跟踪的同时，可以测量目标距离，为近距离格斗提供目标角坐标和距离信息，亦可在目标指示状态测量地面目标的距离。

2.3.6　现状与趋势

1. 国外典型机载 IRST 的装备使用情况

国外典型机载 IRST 的装备使用情况见表 2.1。

表 2.1　国外典型机载 IRST 的装备使用情况

型号名称	工作波段及探测部位	制造厂商	搜索范围	探测距离	配装机种	用途
ANPAWG29	3.5～4.8 μm	美国休斯公司	方位：±65° 俯仰： −80°～＋59°	低空迎头：24 km 高空迎头：190 km 高空尾后：330 km	美国 F—14A	增加雷达抗干扰能力，可独立被动探测目标
ANPAAS242	8～12 μm	美国通用公司		晴朗天气 迎头：185 km	美国 F—14D 挪威 F—16	远距离隐蔽探测，可同时跟踪多目标
PIRATE 系统	8～12 μm	意大利菲亚尔公司主承包商	俯仰：±30°	战斗机 迎头：74 km	欧洲战斗机	辅助 ECR90 雷达探测，具有多目标跟踪能力
OSF 系统	3～5 μm 8～12 μm	汤姆逊公司			法国“阵风”战斗机	辅助雷达，测定目标，引导激光测距
热定向器	3～5 μm	俄罗斯自动化设备设计局	方位：±60° 俯仰： −15°～＋60°	迎头：10 km 尾后：50 km	苏—27 米格—29	增加雷达抗干扰能力，被动探测目标

(1)AN/AAS－42 IRST。AN/AAS－42 IRST 装备美国海军 F－14D 。选用 IRST 的原因是由于 IRST 的被动工作方式允许它能在逆火(TU－22M)和它的护航战斗机携带的强大电磁干扰机的严重干扰条件下工作。要求 IRST 对 TU－22M 的探测距离应达到 F－14 战斗机上的 AIM－54 不死鸟(Phoenix) 空空导弹的有效作用距离。由于美国海军 F－14A 飞机的 AN/AWG－9 IRST 在实际应用中发现性能达不到原设计指标要求，其探测距离达不到原来预计数百千米，并且从背景杂波检测出目标也比较困难，所以美国通用电气公司(General Electric Co) 在 1981 年开始研制新一代凝视型焦平面 IRST(即 AN/AAS－42 IRST) 。1990 年，该系统在美国海军太平洋导弹测试中心进行了广泛的飞机测试评估，测试结果满足 F－14D 飞机的战术性能要求。

AN/AAS－42 安装在 F－14D 飞机机头下方的吊舱内(见图 2.18)，三轴惯性稳定万向支架使系统能自动或在驾驶员手动控制下准确地搜索多个扫描空间。AN/AAS－42 系统既可独立工作，也可和 AN/APG－71 雷达配合使用对目标进行探测跟踪，并提供红外图像供飞行员目标识别。AN/AAS－42 工作波长选在 8～12 μm 的长波波段，使得对目标具有全方位探测能力。在晴朗天气，可在 161 km(100 mile)外，探测到目标飞机蒙皮摩擦产生的红外特征信号。目前，美国海军已有两个 F－14D 中队装备了 AN/AAS－42，部署在 4 艘航空母舰上。

图 2.18　AN/AAS－42

(2) PIRATE (Passive Infra Red Airborne Tracking Equipment)。PIRATE IRST 由意大利、英国、西班牙组成的 EURO FIRST 集团于 1992 年开始研制，在 1999 年进行飞行测试，准备装备在四国未来的台风(Typhoon) 战斗机上(见图 2.19)。

PIRATE IRST 系统具有空空、空地两种功能。空空作战时，可在变视场(两种) 内跟踪多达 12 个高速目标，跟踪精度小于 2 mrad ，并可实现目标威胁等级排序。它还可提供高分辨率图像用于空空和空地目标识别。该系统由于采用了工作在波段为8～12 μm的高灵敏度传感器，并具有极低的虚警率，迎头探测目标距离达到 64 km(40 mile) 。此外，该系统还将与机载其他传感器实现数据融合，向平显和多功能显示器提供数据和图像，用于在不良天气条件下的导航和地形回避。

图 2.19　PIRATE IRST

2. 现代战斗机对新一代 IRST 的要求

在未来的高技术战争中，战场环境更加复杂，隐身和对隐身目标的探测能力将是新一代战斗机的重要特征，对新一代 IRST 性能将提出更高的要求，归纳起来有以下几点：

(1)同时具有对空和对地功能；

(2)具有宽视野和全方位(上视、下视、同高度和所有背景条件下) 自动搜索和跟踪远距离的空中目标的能力，可进行多目标跟踪和被动测距，允许和辅助火控系统进行多目标攻击和在电子干扰条件下发射武器；

(3)具有高的角度分辨率，可提供用于目视识别红外图像；

(4)具有导弹来袭警告及威胁判断、排序能力；

(5)与机载其他传感器进行数据融合，输出数据，提高系统的可置信度和可靠度，改善探测、降低不确定性，增强雷达和电子对抗能力；

(6)当空对地攻击时，可提供定位和提示信息；

(7)夜间和不良气象条件下具有辅助着陆功能；

(8)具有辅助低空导航和地形回避功能。

3. IRST 的技术发展趋势

(1)红外探测器件。

1)由单波段向双波段发展。早期的 IRST 系统工作波段为 3～5 μm，主要用于探测飞机发动机的热辐射，为了提高对飞机的迎头探测距离，目前的 IRST 系统大都选择工作在8～12 μm的长波器件。由于目标的伪装、环境干扰、辐射波段的移动等，单一波段红外探测系统的探测能力和准确度下降。采取 3～5 μm 和 8～12 μm 双波段探测器件将提高系统对假目标的鉴别能力，还将使阈值电平降低，提高系统探测能力。随着多元双色探测器件技术的成熟，新一代 IRST 必将采用双色探测器件。

2)探测器元数的增加。IRST 的探测器元数由单元、线列发展到目前的阵列器件。随着红外焦平面器件工艺成熟、成本的降低，采用凝视型焦平面阵列红外器件将是必然趋势。

凝视型焦平面阵列红外器件具有以下优点：探测器面积小，灵敏度高，增加了探测距离；采用凝视探测方式，减小了光-机扫描带来的系统复杂性，并使探测器有足够的时间会聚目标的红外辐射，增加探测距离。采用 CCD 进行信号处理，速度快，便于把目标从背景杂波中检测出来，同时因为探测器在同一瞬时同时提供目标和背景的连续数据，所以也便于检测目标信号和降低系统虚警率。

(2)大容量、高速数据处理能力。由于凝视型焦平面阵列红外器件包含了大量的探测元件，所以信号处理量大，需要高速处理机对信号进行处理。尤其在边扫描边跟踪多目标的情况下，更需要容量大和速度快的处理机对信号进行处理，超高速集成电路将大量在红外信号处理中应用。

(3)多传感器管理和信息融合技术。目前的机载传感器数量和种类不断增加，IRST 与火控雷达(RD)、电子战(EW)、前视红外(FLIR)、激光测距(LR)、通信导航识别(CNI)等系统综合使用的结果不仅使传感器成本、体积、质量急剧增加，还将使传感器之间的智能化控制管理及各传感器收集的信息融合技术成为目前的重点研究方向。

2.4 前视红外/激光瞄准吊舱

2.4.1 前视红外/激光瞄准吊舱简介

最近几年美国战斗机对地攻击战术的最大变化在于战机实施对地攻击的高度越来越高，这使战斗机能够远离防空炮火和机动地对空导弹的有效作战高度。

在科索沃、阿富汗和伊拉克的战争中，美军战机进行空袭的高度一般在 9 km 之上。美军战斗机能够在这么高的高度对地面进行精确轰炸要归功于它所挂载的红外瞄准吊舱。这种瞄准吊舱通常包括一个安装在转环万向支架之上的昼夜前视红外系统（FLIR，Forward Looking Infra Red System）和一个激光标识器。红外系统可以向飞行座舱显示屏提供目标区的热成像图像，而激光标识器则用于对目标进行“照射”，使激光制导炸弹能够击中目标。

红外瞄准吊舱可以使机组人员在远程或者高空持续不断地获得并且确认战术目标，而且这种瞄准吊舱还可以在恶劣天气条件下使用，机组人员可以在不造成误伤或者平民伤亡的情况下使用精确制导武器来摧毁地面目标。

伊拉克战争中，执行监视伊拉克地面动态的任务并进行打击是航母舰载机 F－18。由于伊拉克武装分子的地面火力并不是很频繁，所以伊拉克上空已被列为“低威胁空域”。F－18 舰载机可以以较低高度飞行，使用 20 mm 航炮对地面目标进行攻击，但在大多数情况下的首选对地攻击武器是一枚 500 lb① 的 GBU－24 精确制导炸弹。当在夜间执行任务时，F－18 使用瞄准吊舱的夜视感应器来监视地面动态。

让 F－18 执行监视伊拉克地面动态的任务是由于它装备了新型先进前视红外/激光瞄准吊舱（见图 2.20）。这一造价 120 万美元的设备比最初型号的有效性提高了近 5 倍。它能在 6 000～7 000 m 的空中非常清楚地发现距战机 40 km 外的人员活动。飞行员能够看到隐蔽在屋顶、建筑物后准备伏击联军或军队的伊拉克武装分子。这一设备的放大倍数白天为 60 倍，夜间为 30 倍，但在夜间它所获得的影像更为清晰，因为它能感知到地面温度的差异。在伊拉克太阳落山后，气温下降得非常快，因此那些在夜间跑动的伊拉克武装分子会成为非常明显的目标。

图 2.20　F－18 机腹下挂载的前视红外/激光瞄准吊舱

据说，伊拉克在攻击科威特前，为了避免美国的飞机炸毁伊拉克的战车，于是在沙漠中挖了很多地道，战时让战车躲入沙漠下的地道内。可惜沙漠中白天时温度非常高，战车又大多是金属，吸收了很多的热量，而黑夜时，沙漠的表面温度很快就降下来了，埋在沙土里的战车温度较四周的沙土高，会辐射出红外线，这时美国的飞机在黑夜里利用红外线探测器，将每辆沙土

① 1 lb＝0.453 59 kg。

下的战车看得一清二楚，结果战车被摧毁殆尽。

20 世纪 80 年代之前，大多机载瞄准系统采用可见光电视图像瞄准显示，这是因为当时 FLIR 技术尚未发展到实用的水平。目前，几乎所有的机载瞄准系统都采用了 FLIR。

可见光电视属于一种被动式传感器，成本低，分辨率较高，但在电视图像上要根据目标与背景的对比度寻找目标，故仅能在晴朗的白天识别和攻击高对比度的目标，在夜间及低能见度天气下的应用受到限制。为避开空中与地面的打击，作战飞机大多在夜间或不良气象条件下进行作战，在此种环境中无法使用可见光探测器。

借助机载 FLIR 系统，可不受夜间或不良气象条件的限制进行有效的作战。作战飞机装备了 FLIR 探测系统后具有颇佳的作战效果，因此近年来 FLIR 系统获得了迅速的发展。

FLIR 系统是将目标和背景的红外辐射转变为视频信号并以电视方式直接显示出来的系统，主要用于飞机和导弹上。它是一种重要的机载无源探测夜视设备及武器精确制导火控设备。FLIR 系统能借助于红外成像设备来减轻在微光及夜间状况下飞行的某些风险。该项技术是基于测量一个物体相对于其背景所散发的热能。红外设备可以分辨热辐射的微小差异，并在显示器上展现热成像图。这就赋予人透过完全黑暗、浓雾及其他低能见度状况而看见物体的能力。在军用航空中，该红外景象通常是显示在飞行员在飞行时必须参看的一个小屏幕上，其结果类似于观看监视摄像机常用的黑白电视小屏幕。其最大差别在于，飞行员所看到的不是可见光在屏幕上呈现的图像，而是红外光所呈现的图像，以及红外世界的景象。在此之前，军机飞行员往往由于对外部视界及周围地形所知甚少或全然不知而降低夜间行动效果。而今借助于红外传感器便可获得有关当前飞行环境的详尽而清晰的景象。

第一代的瞄准吊舱于 20 世纪 80 年代末投入使用，例如美国空军 F－16 和 F－15E 所挂载的蓝盾吊舱（见图 2.21）、海军 F/A－18 所挂载的夜鹰吊舱，其中以蓝盾吊舱最为典型。蓝盾吊舱由美国空军航空系统部于 1980 年投资 9 400 万美元，由洛克希德・马丁公司研制，这种机载吊舱式光电系统适用于单座和双座飞机夜间低空飞行并通过激光或红外制导武器来攻击地面目标。1988 年交付第一台目标瞄准吊舱，此后开始大量装备美国空军和海军战斗机。蓝盾是一种导航和目标瞄准分置的机载吊舱式光电系统。但是由于第一代前视外相机和激光标识器的工作距离有限，1996—1997 年，美国海军为其 F－14 战斗机购买的蓝盾瞄准吊舱采用了新的改进型激光器，目标瞄准距离从原来的 7 600 m 提高到 12 200 m。

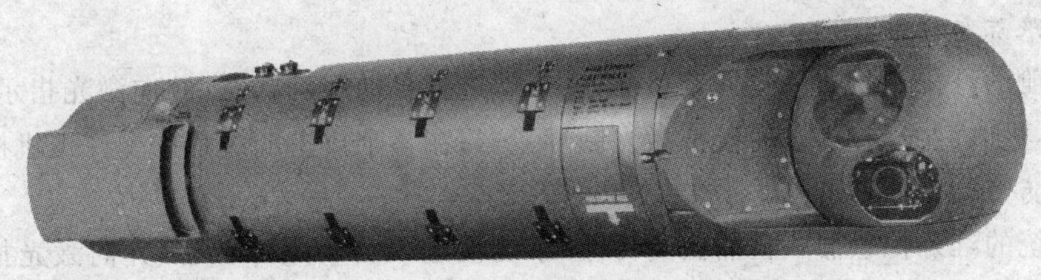

图 2.21　蓝盾吊舱

目前加入美军服役的先进瞄准吊舱采用了新型远程、高清晰度的红外前视相机和更高能量的激光显示器，这使机组人员能够在 15 200 m 或者更高的高度确认地面目标，并使用激光制导或者 GPS 炸弹对地面目标实现精确轰炸。这些新型先进瞄准吊舱包括雷顿公司的先进瞄准前视红外设备(将取代海军 F/A－18 的夜鹰系统)、洛克希德·马丁公司的狙击手增程型(将安装在空军的 F－16,F－15E,A－10 战机上)、诺斯罗普·格鲁门公司的莱特宁先进瞄准系统(是海军陆战队 AV－8B、空军预备队、空军国民警卫队 F－16 战机所使用的莱特宁－II 型的最新改进型)。

除了使用改进型的前视红外传感器之外,吊舱还采用了具有聚焦功能的高清晰度电视摄像机、激光光斑跟踪器。高清晰度电视摄像机增强了在白天进行远程目标识别和武器投放的能力,激光光斑跟踪器则可以使机组人员定位并精确攻击地面部队或者无人机用激光标识器所标明的地面目标。

2.4.2 前视红外/激光瞄准吊舱功能

FLIR 系统不像雷达那样,因发射电磁波而易被敌方探测与干扰。FLIR 系统探测距离比雷达短 (仅 10～15 km)且不能测距,但其成像质量较雷达高,因此目标识别性能强。

FLIR 系统与日光/微光电视及夜视镜相比,成像质量较低,但它无需靠月夜星光的微弱可见光及近红外照射,在暗夜条件下同样能正常工作,亦不受伪装的影响。因此,FLIR 系统是一种无可替代的无源夜视设备。它并不发射探测能量,具有隐蔽性,属于一种有效的隐身技术。FLIR 系统主要具有如下 3 种功能。

1. 低空导航

FLIR 系统的前视红外传感器可在昼夜及不良气象条件下显示出作战飞机航路前方的地形、地物图,并将其叠加在飞行驾驶员前方的显示器上,提供航路上的地形、地物信息,为作战飞机作低空导航。FLIR 系统与无线电高度表、地形跟随雷达、惯性导航系统、数字地图显示器及全球定位系统(GPS)等配合,可更好地进行夜间低空导航,作战飞机可在 60 m、最低30 m进行夜间低空飞行。

2. 目标搜索及目标识别

前视红外传感器对航向前方及两侧进行搜索,并将信息及时地输入至自动目标识别系统,它作为雷达与目视之间的一种补充,可昼夜使用。FLIR 系统对空在远距离作红外点源搜索探测,在近距离进行成像识别与跟踪。性能先进的 FLIR 系统还具有空对空红外搜索与跟踪功能,以便有效地攻击空中或地面目标。

3. 目标跟踪与瞄准

瞄准吊舱的红外传感器一旦捕获目标,系统就进入自动跟踪状态,并向激光指示/ 测距系统发出指令,进入激光瞄准,以便投掷激光制导武器;在整个攻击的过程中允许飞机机动飞行,以避开地面防空火力的袭击。

瞄准系统的红外传感器一旦捕获到目标,系统便进入自动跟踪状态,并向激光指示器/测距系统发出指令,进行激光瞄准,以便发射激光制导武器。此种前视红外/激光瞄准系统通常由三轴平台稳定的 FLIR 系统用宽视场搜索和识别后,改用窄视场精确地跟踪目标,再由与其同光轴的激光器照射并测距,最后由本机或友机实施攻击。其光学系统具有两个可转换的视场,宽视场用于导航,窄视场则用于瞄准,而红外探测器仅有一个视场。它可使作战飞机在夜间接近于目标,在大于 12 km 的距离上探测出目标,在 7 km 距离上分辨出目标,并在3～6 km 的距离上发射武器攻击目标。

2.4.3　前视红外/激光瞄准吊舱系统组成

1. 瞄准吊舱的组成

瞄准吊舱系统的组成(见图 2.22):①光学系统;②前视红外及电视系统;③激光测距/照射系统;④伺服系统;⑤吊舱中央控制计算机和随动控制计算机;⑥图像处理系统;⑦环境控制系统等。

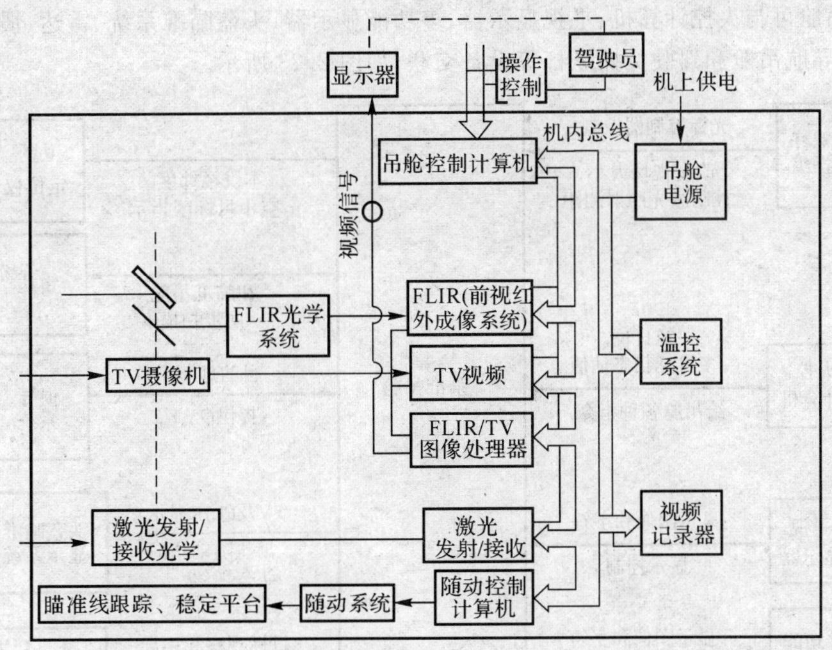

图 2.22　瞄准吊舱组成框图

2. 瞄准吊舱的工作情况

瞄准吊舱中的电视或前视红外系统,把视场中景物的光信号变为景物的电信号。它们经过图像处理系统后,一路送给显示器,显示出景物图像,驾驶员通过显示的景物图像来观察、识别目标,并进一步对目标进行捕获、跟踪和瞄准;一路则由图像处理机处理出目标的位置误差信号,供吊舱伺服系统使用。

在完成对目标的跟踪后,利用激光进行测距。这时吊舱一方面可以从图像处理系统中得到目标的位置角度信息及相应的变化率信息,又可以从激光测距中获取目标的距离信息,供火控解算瞄准使用。当需要对目标实施激光制导武器攻击时,利用激光照射器对目标进行激光照射,为激光制导武器进行目标引导。

为了保证上述功能的正常实现,瞄准吊舱设了消旋机构,以保证景物、目标的图像能符合人的正常视觉效果;稳定平台机构,以消除飞机振动对瞄准效果的影响;温度环境控制系统,保证吊舱电子设备的正常工作。

2.4.4　系统性能指标

目前,FLIR 系统的典型战术数据:

(1)探测距离,通常为 10～20 km,也有的可达 30 km;

(2)扫描范围,扫描头可旋转 360°,俯仰范围大多在 0°～＋20°之间,有的俯仰角可在－40°～＋80°之间;

(3)系统反应时间,大多在数秒以内,且虚警率较低;

(4)目标指示精度,在 1 mrad 之内。

2.4.5 交联设备与接口

瞄准吊舱可与火控计算机、平视显示器、多功能显示器、头盔瞄准系统、雷达、惯导系统、卫星定位仪、导航吊舱和驾驶员操纵杆等设备交联,如图 2.23 所示。

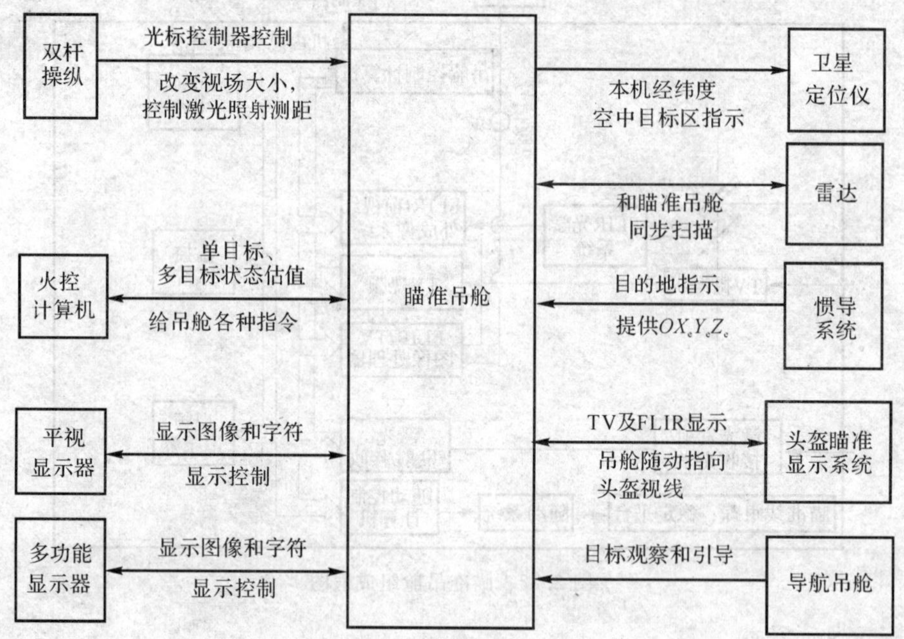

图 2.23 交联设备与接口

2.4.6 机载 IRST 与 FLIR 系统的区别

机载 IRST 与机载 FLIR 虽然都属机载红外系统,并都用于火控,但在很多方面有相当大的不同。

1.功能不同

IRST 适合于机载空空火控系统中,用于对空中目标搜索和跟踪,可昼/夜全天候使用;FLIR 适合于机载空对地火控系统,作为夜视传感器主要用于夜间和不良天气条件下对地面目标的导航和攻击。

2.工作原理不同

IRST 系统,特别是早期的第一代 IRST,严格来讲不是成像系统。一般采用工作在3～5 μm的中波器件探测目标辐射。由于空中背景相对地面背景来说比较简单,可以把目标作为热点与背景分开,对目标进行搜索和跟踪。FLIR 传感器大都采用工作波长在 8～14 μm 的长波器件,探测目标和地面背景的温差成像。飞行员通过图像完成对目标的搜索、捕获、识别和跟踪。由于地面目标背景复杂,所以驾驶员不可能跟踪热点完成上述任务(尤其是目标识别任务)。

3. 扫描视场和截获跟踪方式不同

IRST 的搜索范围、扫描方式和截获跟踪方式与雷达类似，目标的截获和跟踪不需人工参与；FILR 系统大都具有宽、窄两个视场，宽视场用于探测，窄视场用于识别和跟踪，一般不做大范围的扫描，目标的探测识别需要人工参与。

4. 探测、跟踪算法不同

由于 IRST 的视场大，导致每帧频有大量的像素数，比 FLIR 高出数倍。由于有关数据只提供计算处理使用，帧频时间根据作战要求不同在 1～10 s 之间。此外，在采用高速计算机及相关算法情况下，易于实现多目标跟踪。FLIR 由于需要实时显示，为免画面闪烁，以便于人工识别，工作帧频一般在 25～30 帧/s，一般不跟踪多目标。

5. 安装形式、位置不同

机载 IRST 系统一般采用半埋式安装在机身座舱玻璃前方，以利于空空搜索和跟踪。机载 FLIR 系统大多采用吊舱形式挂装在飞机机身下方，以利于多机使用。在新一代作战飞机上，从隐身角度考虑，机载 FLIR 有向机内安装的趋势。

长期以来，关于是 IRST 取代 FLIR，还是 FLIR 取代 IRST 的问题，一直争论不休。从技术发展趋势和国外装备现状及发展趋势来看，IRST 与 FLIR 系统作为机载光电系统的两个功能不同的组成部分，在今后相当长的一段时期将共同存在。

2.4.7　国外装备使用情况

在海湾战争及科索沃战争的推动下，各国空军竞相发展并采购机载 FLIR 夜间导航与瞄准系统。各国新研制的武装直升机，例如美国的 RAH－66 型“科曼奇”隐身武装侦察直升机、俄罗斯的卡－60 型、法国和德国合作研制的“虎”号、南非的 CSH－2 型“茶隼”号及意大利的 A－129 型“猫鼬”号等武装直升机，都采用了性能先进的 FLIR 系统。

迄今为止，大部分武装直升机都装上机载 FLIR 系统。由于机载 FLIR 系统属于一项高科技产品，技术复杂、成本高，目前仅有为数不多的国家研制与生产。海湾战争及科索沃战争极大地推进了机载 FLIR 系统的研制及装备的发展。

1. F/A－18“先进瞄准前视红外系统”吊舱

美国海军的“先进瞄准前视红外系统”是第三代光电瞄准吊舱，性能有了极大提高，能探测、识别和跟踪空对空导弹与空对地导弹，自动投放现有激光制导武器与防区外武器，军用编号为 AN/ASQ－228(见图 2.24)。该吊舱将被用来取代 F/A－18 战斗机原装备的 3 种吊舱(战术前视红外吊舱、导航前视红外吊舱、激光显示器)。它将集 F/A－18C/D，F/A－18E/F 战机上的 AN/AAS－38，AN/ASS－46 战术瞄准吊舱、AN/ARR－55 导航前视红外吊舱的功能于一身，使得该机在恶劣气象和电磁干扰条件下的探测和攻击能力有较大提高，并使战斗机的机翼下可以多挂一件武器。F/A－18E 将是第一种采用该吊舱的作战飞机。

“先进瞄准前视红外系统”把瞄准和导航前视红外、光电传感器、激光测距器和目标照射器以及激光光斑跟踪器组合进一个装置中。吊舱长 1.83 m，半径为 0.31 m。这种红外传感器采用凝视中波红外焦平面阵列，与目前海军和海军陆战队使用的蓝盾和 AAS－38 夜鹰目标指示吊舱相比，性能有极大提高。机组人员发现和分辨目标的距离和高度是蓝盾的 2 倍，是夜鹰系统的 4 倍。吊舱采用了新型高能量激光显示器，目标确认高度达 15 200 m。

图 2.24 AN/ASQ－228

“先进瞄准前视红外系统”吊舱于 2001 年 5 月进入小批量生产阶段。第一批生产型吊舱于 2003 年春天交付给“尼米兹”号航母，安装在航母舰载机联队的新型单座 F/A－18E、双座 F/A－18F 超级大黄蜂战斗机上。

2. 狙击手增程型瞄准吊舱

狙击手增程型瞄准吊舱(又称为“夜鹰”，AN－AAS－38B)采用高分辨率中波第三代前视红外模块、双工作状态激光器和电荷耦合器件电视摄像机、激光光斑跟踪器和激光标识器，长为 2.38 m，半径为 0.3 m(见图 2.25)。与其他瞄准吊舱的圆形外形不同，它的前端是一个独特的楔形设计，这种设计可以降低吊舱的雷达反射截面。狙击手增程型瞄准吊舱可以在飞机机身下以超音速飞行。

图 2.25 狙击手增程型瞄准吊舱

狙击手增程型瞄准吊舱的目标辨认能力是第一代蓝盾瞄准吊舱的 3.5 倍，吊舱可以在超过 15 200 m 高度之上精确地辨认目标。前视红视传感器、电视摄像机和激光传感器共用一个光圈，可自动进行校靶误差。

美国空军2001年8月与洛克希德·马丁公司下属的导弹和火控公司签署了一份为期7年的订货合同,采购量可达522套吊舱,总价值可能超过8.43亿美元。

使用狙击手增程型瞄准吊舱的平台将是F-16C和F-15E型战斗机。狙击手增程型瞄准吊舱可以自动判断出所挂载机型的种类,然后启动相关战斗机的界面软件,无需重新编写程序。

狙击手增程型瞄准吊舱出口型命名为“潘特拉”,用户为挪威和波兰,还将参与欧洲战斗机和澳大利亚、阿拉伯国家所需吊舱的竞争。

3. 莱特宁先进瞄准吊舱系统

莱特宁吊舱长为2.22 m,半径为0.41 m,其感应器安装在一个稳定型万向支架上。除了一个高清晰度的前视红外传感器、激光标识器、激光光斑跟踪器/测距器之外,吊舱还安装了两部具有宽、窄视场的电耦合器件电视摄像机。其质量为200 kg,通过一根电缆与机上的电子设备相连。同时,机上的火控系统的软件无需作任何改动,即可轻而易举地将该吊舱安装在各种战斗机上,提高了战斗机对地攻击精度和完成轰炸效能的评估。该吊舱还可提供实时图像,使机组人员能更加灵活地采用精确制导武器或常规武器对目标进行识别与攻击。F-15E型战斗机安装了这种吊舱,在“伊拉克自由行动”中,莱特宁-Ⅱ型吊舱于4月11日还参加了一件历史性事件。一架B-52轰炸机使用从空军后备队F-16型战斗机上借来的莱特宁-Ⅱ型吊舱首次向伊拉克的一个雷达设施和一个机场指挥中心投掷了激光制导炸弹。2003年2月和3月,B-52轰炸机进行了6次挂载莱特宁吊舱的飞行试验。两架B-52轰炸机随后进行了相应改装并被部署至海外战区。B-52轰炸机攻击的目标并不是事先计划好的,飞行员只是获得了潜在轰炸目标的大概信息,它们得使用吊舱上的电视摄像机来帮助寻找目标。莱特宁吊舱传感器收集的图像显示在雷达导航员的10 in①×10 in的显示屏上。

在“伊拉克自由”行动中,美国海军陆战队AV-8喷气战斗机上使用的莱特宁瞄准吊舱非常成功。莱特宁吊舱使AV-8B战斗机在“伊拉克自由”行动中比在“沙漠风暴”行动中更有效。美国海军陆战队第一航空武器和战术中队的约翰·戴维斯上校说:“以前你不得不冒险,飞到低空使自己暴露在威胁之下,而这一次有些家伙可以在4 500 m到6 000 m的高度上投弹。”

① 1 in=25.4 mm。

第3章 空空导弹红外导引系统

3.1 空空导弹武器系统

3.1.1 空空导弹武器系统组成

空空导弹武器系统由以下几部分组成，如图3.1所示。

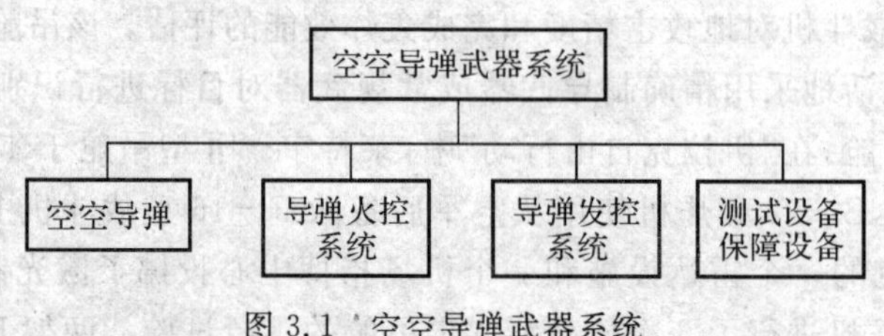

图3.1 空空导弹武器系统

1.空空导弹

空空导弹是空空导弹武器系统的核心，直接体现了导弹系统的性能和威力，是飞机攻击空中目标的主要武器。

2.导弹火控系统

导弹火控系统是发挥导弹作用的关键环节，随着导弹性能的提高、功能的增加和使用范围的扩展，导弹火控系统的功能越来越多，性能越来越先进，主要由以下几部分组成。

(1)目标搜索跟踪系统。

1)跟踪雷达。在整个飞机使用范围内，在各种气象条件下，跟踪雷达用于搜索、跟踪目标，测定目标相对载机的方位、距离、相对速度等。这些信息是导弹攻击目标所必需的。跟踪雷达为半主动雷达导弹提供直波照射和目标照射，为数据链加惯性制导中的制导导弹提供数据链传输。

2)光电跟踪系统。光电跟踪系统搜索、跟踪目标的功能与跟踪雷达相同，用于完成对目标的跟踪与测定。它可单独使用，也可在跟踪雷达有故障时使用，实现无线电静默，提高抗干扰能力。光电跟踪系统由红外搜索跟踪系统、激光测距器组成。

(2)火控计算机。

1)在多目标状态下完成对目标威胁程度的判断；

2)计算导弹允许发射区；

3)计算和装订导弹飞行任务参数；

4)为显示器提供导弹显示信息。

(3)显示器。向飞行员显示多种字符和图表，为发射导弹提供必要的信息，例如导弹最大、最小发射距离，载机与目标相对距离等。

3. 导弹发控系统

导弹发控系统由发射装置和机上发控线路组成，发射装置由发射架和设置在发射架内的发控电路盒组成(见图 3.2)。发射架用于悬挂导弹，发控电路盒和机上发控线路用于导弹供电、信号传输、执行导弹发控程序等。

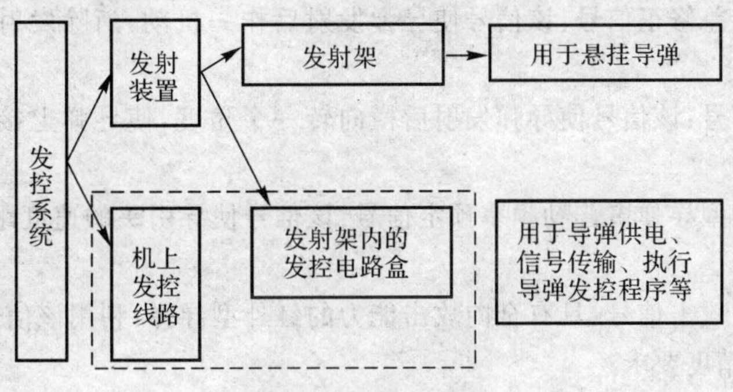

图 3.2　导弹发控系统

4. 地面测试设备

地面测试设备组成如图 3.3 所示。

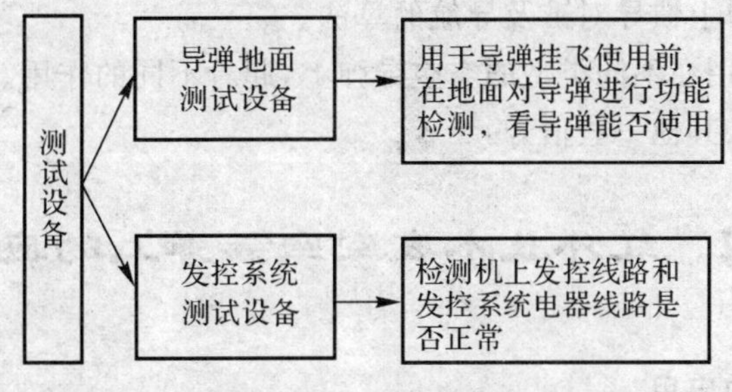

图 3.3　地面测试设备

5. 地面保障设备

地面保障设备包括校准设备、起吊设备、运弹车、电源车、气源车等。

3.1.2　导弹和火控系统的信号交换

1. 导弹输出给火控系统的信号

导弹在准备发射过程中，输出给火控系统的信号一般有以下几种：

(1)导弹存在信号：标识导弹的数量、类型、状态；

(2)导弹探测截获、跟踪目标的音响信号、角位置信号；

(3)雷达半主动导弹接收机完成机械调谐后的返回信号；

(4)发射前，导弹自动检测后的返回信号；

(5)导弹发射后的离开信号。

2. 火控系统输出给导弹的信号

不同类型导弹，根据其工作原理要求火控系统输出给导弹不同的信号，归纳起来有以下几种：

(1)导引头角度预偏信号：该信号使导引头在发射之前偏转一个角度，对准目标，以便捕获、跟踪目标；

(2)发射导弹时载机的高度、马赫数信号：该信号用于设定自动驾驶仪回路的参数，改善其动态性能；

(3)目标距离信号：该信号的作用是改变制导回路的时间常数，使导弹在不同距离发射时均有较好的导引性能；

(4)初始航向误差修正信号：该信号使导弹发射后作一机动，消除发射时航向偏差对导引精度的影响；

(5)横滚指令信号：该信号使导弹发射后横向转一个角度，使导弹上接收天线与载机雷达的极化方向相匹配；

(6)雷达半主动型导弹多普勒频率预定信号：该信号使导引头的速度跟踪回路处于预定跟踪状态；

(7)迎头或尾后攻击信号：具有全向攻击能力的红外型导弹，利用该信号来调整导引系数，以满足导弹的导引精度要求；

(8)攻击目标类型信号：目标类型有大目标(轰炸机)与小目标(歼击机)之分，该信号用来控制末制导终端是否启用超前偏置控制信号；

(9)载机姿态参数信号：载机位置在惯性系中的分量，目标位置、速度在惯性系中的分量等参数，用于载机惯导与弹上惯导对准及导航的算法。

上述这些信号分别用在不同类型的空空导弹上，起着不同的作用。今后，性能先进的空空导弹，还需火控系统输入其他一些信号。

3.2 红外技术在空空导弹上的应用

3.2.1 红外技术的应用

1800年，赫谢尔在观测太阳时，用灵敏温度计比较太阳光谱中不同部分的加热能力，发现越向光谱的红端移动，温度升得越高，赫谢尔就是这样发现了红外线。红外线的发现在物理学发展史上有重要意义。目前，红外技术已在军事及国民经济的各个领域得到了广泛的应用。

1. 红外制导

红外制导在导弹上的应用如图3.4所示。

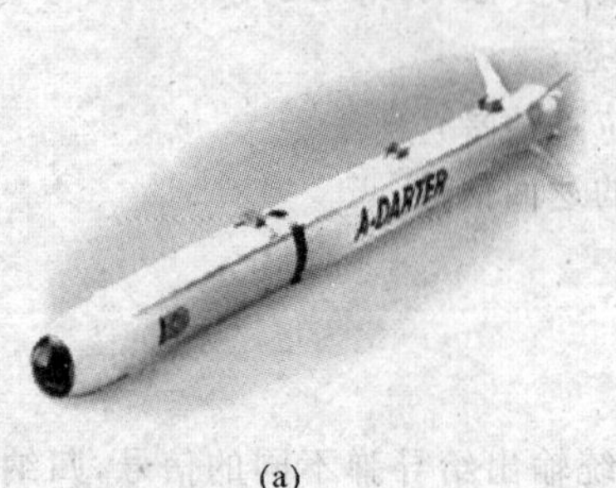

(a)

(b)

图3.4 红外制导导弹

(a)热成像红外制导导弹； (b)短程红外制导空空导弹

2. 军事侦察

第二次世界大战以来，各国对被动红外侦察进行着持续不断的研究。早期美国在U－2飞机(见图3.5)上安装了红外照相机；20世纪60年代末，出现了前视红外(热像仪)，使实时侦察能力大为增强。

图3.5　U－2飞机

3.2.2　红外制导空空导弹的发展

如今，红外制导武器的种类已越来越多，性能越来越好，杀伤力越来越大，人们赞誉性能先进的某些空对空红外制导导弹为“决胜长空的利剑”。红外制导武器发展到这种程度不是一朝一夕的事情，这都得从最早出世的“响尾蛇”导弹说起。

响尾蛇是一种毒性很强的蛇，分布在欧、亚、美洲大陆。响尾蛇运动的时候，尾部会因为摩擦而发出响声，“响尾蛇”的名字由此而来。这种蛇动作敏捷，进攻快速，闪电式的进攻令见过它的人不得不对这种猛兽产生畏惧感。生物学家曾做过一个有趣的实验：把响尾蛇头部的感觉器官全部“包”住，只留出眼与鼻孔之间的“颊窝”。这时，再把黑纸包着的灯泡对着它，当不通电时，响尾蛇一动不动；一通电，灯泡发热了，响尾蛇便马上惊觉；如果把灯泡向它靠近，它就会凶猛地向灯泡发起攻击。就这样，他们发现响尾蛇的两个“颊窝”对温度特别敏感，它能感知体温略高于周围环境温度的生物或物体，而且分辨率可以达到0.03℃。响尾蛇就是通过感受这个温度场来判别猎物的方位和距离的。

响尾蛇利用的就是物理上说的热辐射，实际上也就是红外辐射。想不到生物学上的研究居然给导弹专家很大的启发，他们根据响尾蛇用“颊窝”的红外敏感性探索攻击目标的原理，设计制造出了一种用红外制导的新式导弹。凑巧的是，正在这时，研制这种导弹的美国海军武器研究中心附近发现了响尾蛇，而美国军用武器标准手册上都是喜欢用毒蛇猛兽的名字给武器命名，以显示其强大的威力，于是“响尾蛇”就成了世界上第一代使用红外导引头的空对空导弹的名字了，其武器代号为AIM－9。

这个时期发展的红外制导导弹成为红外制导武器家族中的第一代。当时的主要攻击目标是轰炸机，因此，这一类导弹一般采用尾追攻击的战术进行空战。其红外系统采用结构牢靠、性能优良的红外探测器，所用的辐射红外波长为1～3 μm，代表性导弹是AIM－9B(见图3.6)。其探测距离为2～10 km，最大马赫数为1.7～2.5，作战高度为1.2～15 km。目前，这一类武器已停止使用。

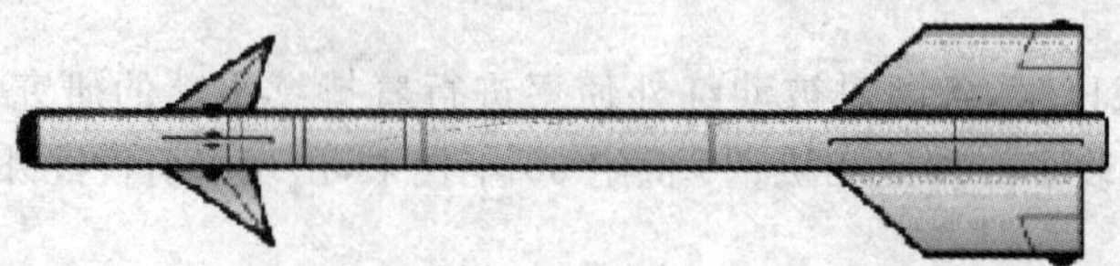

图 3.6　AIM－9B

到 20 世纪 60 年代中期，出现了超音速轰炸机和歼击机，第一代红外制导武器已无法对付它们。为对付性能比以前的轰炸机好得多的飞机，第二代红外制导武器应运而生，并很快装备部队，这一代导弹可以迎头攻击和全天候使用，代表性导弹为 AIM－9D(见图 3.7)。探测距离为 8～22 km，最大使用高度为 25 km，这种导弹目前仍在服役。

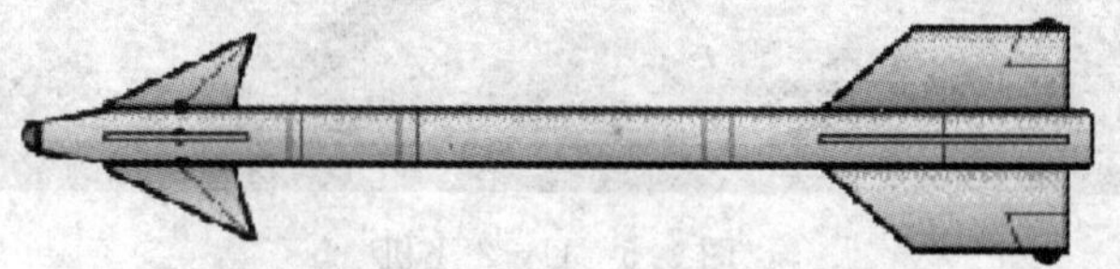

图 3.7　AIM－9D

第三代红外制导武器于 20 世纪 70 年代中期被有关国家用来装备部队。它的工作波段更宽，灵敏度更高，已可以适应当时空中格斗的需要。这种格斗导弹可以分为近程空中格斗导弹及中程和远程全高度空中格斗导弹，例如美制“响尾蛇”AIM—9L 导弹就属于红外制导近距离格斗的第三代空空导弹(见图 3.8)。其全弹长 2.87 m，弹径为 0.127 m，发射质量为 87 kg，最大射程为 18.5 km，马赫数可达 2.5。

图 3.8　AIM—9L

2003 年 10 月，美国海军航空系统司令部宣布：经过多年试验，AIM－9X“响尾蛇”近程空空导弹已具备初始作战能力。长期以来，由于歼击机只能对前方的目标进行攻击，因此飞机尾后成了最易遭受别人攻击的薄弱环节。但 AIM－9X 导弹技高一筹，为了加强尾后自卫能力，AIM－9X 导弹通过加装推力矢量装置等方法，使导弹离开发射架后，迅速爬升，接着掉头 180°，从载机上方后飞，攻击尾追载机的敌机。这就使得战斗机的近距离机动作战能力更强。代表性导弹是 AIM－9X(见图 3.9)，质量为 85 kg，弹长 3 m，没有弹翼，只有 4 个很小的矩形尾翼，马赫数为 3 ，最大射程为 19 km。

(1)第一代红外型空空导弹,适用于从尾后攻击机动能力小的目标;

(2)第二代红外型空空导弹,能从后侧方攻击机动目标;

(3)第三代红外型空空导弹,可以全向攻击机动能力大的目标;

(4)第四代红外型空空导弹,可以攻击尾后目标。

图 3.9　AIM－9X

3.2.3　红外导引系统的特点

(1)作用距离远。红外导引系统的作用距离是其探测或跟踪目标的最大距离,它取决于系统的探测灵敏度、目标的红外辐射特性、大气传输特性及背景干扰等因素。

(2)抗干扰能力强。红外导引系统能在太阳、云团以及人为干扰的环境下工作。先进的红外导引系统具备抗自然背景干扰与抗人为干扰能力,并能对付复杂多变的作战环境。

(3)导引精度高。红外导引系统的导引精度较其他导引系统高。

(4)分辨目标的能力高。先进的红外导引系统具有高的角度鉴别能力,有利于多目标识别、多目标选择。

(5)其他方面的特点。红外导引系统一般还具有体积小、质量轻、能耗低等特点。

3.3　导弹导引系统的组成及工作原理

3.3.1　导弹导引方法

如图 3.10 所示,O 为导弹位置;T 为目标位置;$\boldsymbol{R}$ 为导弹相对目标距离矢量;q 为目标视线角;$\boldsymbol{V}$ 为导弹速度矢量;η 为导弹速度矢量前置角;Ω 为导弹弹道角;$\boldsymbol{V}_t$ 为目标速度矢量;η_t 为目标速度矢量前置角;Ω_t 为目标弹道角。

自动导引方法精度比较高,因此在空对空导弹和地对空导弹的控制中得到广泛采用。自动导引的导弹有 3 种方法。

(1) 纯追踪法。所谓追踪法是指导弹在攻击目标的导引过程中,导弹的速度矢量始终指向目标的一种导引方法,即 $\eta \equiv 0$。

(2) 平行接近法。平行接近法是指在整个导引过程中,目标瞄准线在空间保持平行移动的一种导引方法,即 $\mathrm{d}q/\mathrm{d}t \equiv 0$。

(3) 比例导引法。比例导引法是指导弹在攻击目标的导引过程中,导弹速度矢量的旋转角速度与目标线的旋转角速度成比例的一种导引方法,即 $\mathrm{d}\Omega/\mathrm{d}t = K\mathrm{d}q/\mathrm{d}t$。

纯追踪法导弹的过载大；平行接近法过载小，实现困难；比例导引法过载小，装置简单。

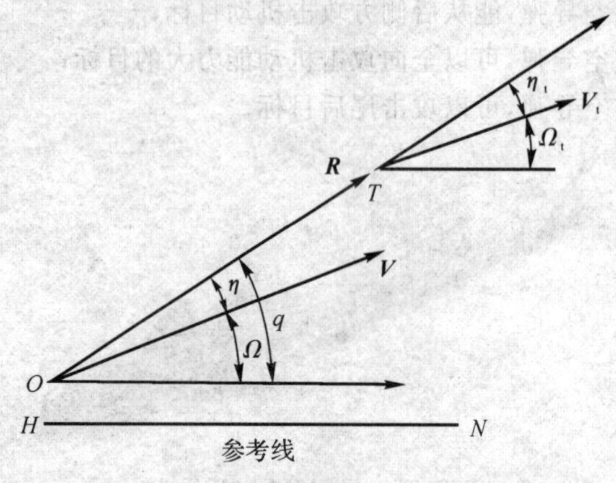

图 3.10　导弹与目标相对运动关系

3.3.2　导引系统组成

导弹的导引系统用来对目标进行探测、跟踪并控制导弹按照一定的导引规律飞向目标。导弹导引系统通常由导引头和舵机组成。

红外导引系统用来探测与跟踪目标红外辐射，并把它转换成电信号，用这一信号控制舵面偏转，使导弹按比例导引规律飞行。如果导弹和目标在同一平面内飞行，则这一控制过程可简述为：

如图 3.11 所示，红外导引头 1 测出目标视线与光学系统轴之间的夹角为 Δq，Δq 称为失调角，导引头输出电压与其成正比。这个电信号同时也与目标视线旋转角速度 $\dot{q}$ 成正比，令这个电信号 $u=K\dot{q}$。信号 u 经放大器 2 放大后输至舵机 3，舵机操纵舵面偏转一个角度 δ，使 δ 与 $\dot{q}$ 成正比，舵面偏转后，由于空气动力的作用，使导弹产生迎角 α，α 与 δ 成正比。对应于迎角 α 产生一定的法向升力 Y。法向升力 Y 使导弹产生法向加速度，即

$$W=\boldsymbol{V}_{\mathrm{D}}\dot{\theta} \tag{3.3.1}$$

式中，$\boldsymbol{V}_{\mathrm{D}}$ 为导弹速度；$\dot{\theta}$ 为速度矢量的旋转角速度。

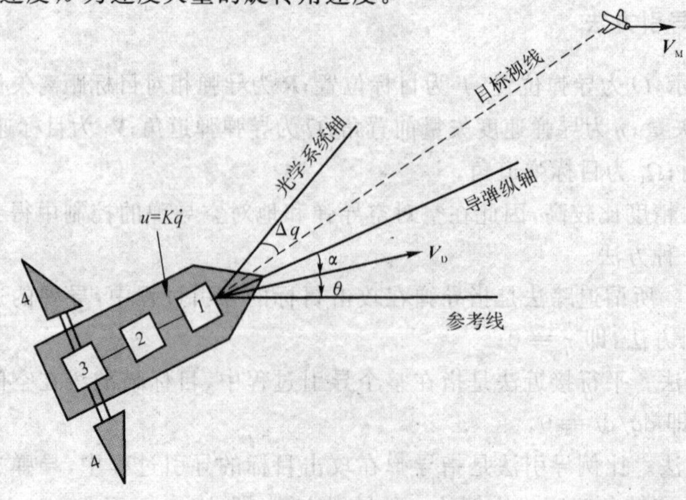

图 3.11　导弹飞行参数

法向加速度 W 与升力 Y、迎角 α、舵偏角 δ 及目标视线旋转角速度 $\dot{q}$ 都是成正比例的。因此，导弹速度矢量 $\boldsymbol{V}_D$ 的旋转角速度 $\dot{\theta}$ 正比于目标视线旋转角速度 $\dot{q}$，即

$$\dot{\theta}=N\dot{q} \tag{3.3.2}$$

式中，N 为比例系数。式(3.3.2)即为比例导引的控制规律。

由上述分析可看出，为使导弹按比例导引规律飞行，要求导引头能够测量目标视线旋转角速度 $\dot{q}$，因此导引头必须跟踪目标。当目标视线与导引头光学系统光轴不相重合时，即有了失调角 Δq，则导引头产生的电压 u 正比于 Δq，这个电压 u 送给导引头本身的跟踪机构，驱动光轴向减小 Δq 的方向运动，这样，导引头就不断地跟踪目标，此时，光学系统光轴的选择角速度正比于导引头输出的电压 u。在稳定跟踪的情况下，光轴的旋转角速度等于目标视线的旋转角速度，则此时导引头输出的电压 u 也就正比于目标视线的旋转角速度 $\dot{q}$。因此，红外导引头由测角系统和跟踪系统两大部分组成，如图 3.12 所示。

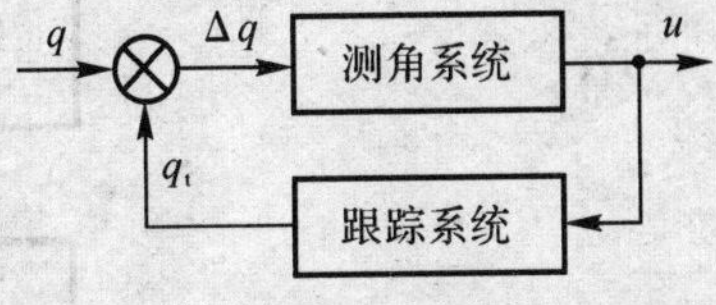

图 3.12　红外导引头工作原理

3.4　红外导引头光学系统的基本原理

3.4.1　导引头结构组成方块图

1. 导引头组成图(见图 3.13)

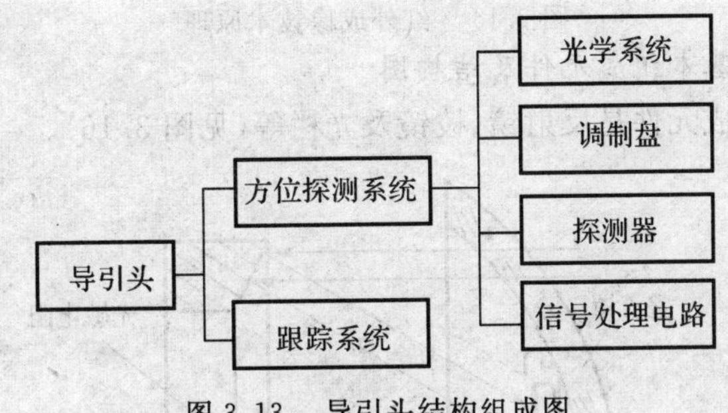

图 3.13　导引头结构组成图

2. 导引头工作原理

导引头的各部分相互协调工作，其关系如图 3.14 所示。

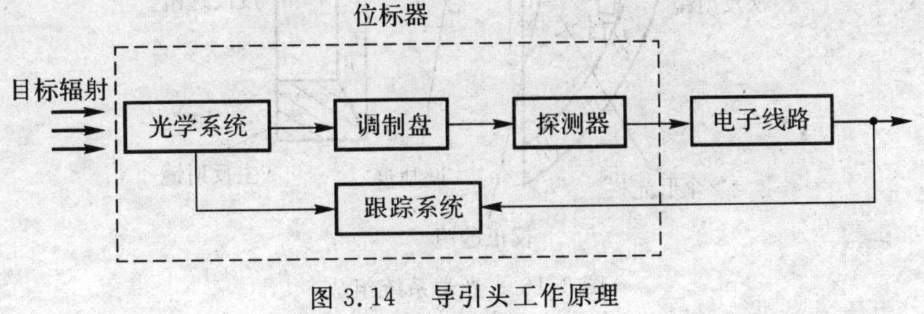

图 3.14　导引头工作原理

3.4.2 红外光学系统

红外光学系统是红外导引的一个重要组成部分。红外导引通过光学系统来收集目标辐射的红外线。红外光学系统是根据光的基本传播规律进行成像的。

1. 红外成像技术的基本原理(见图 3.15)

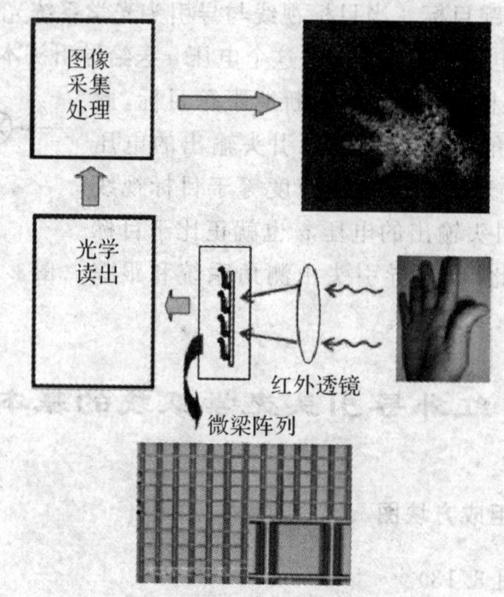

图 3.15　红外成像技术原理

2. 红外成像技术的基本组成元件及结构图

光学系统的基本组成元件是反射镜、棱镜及光栏等(见图 3.16)。

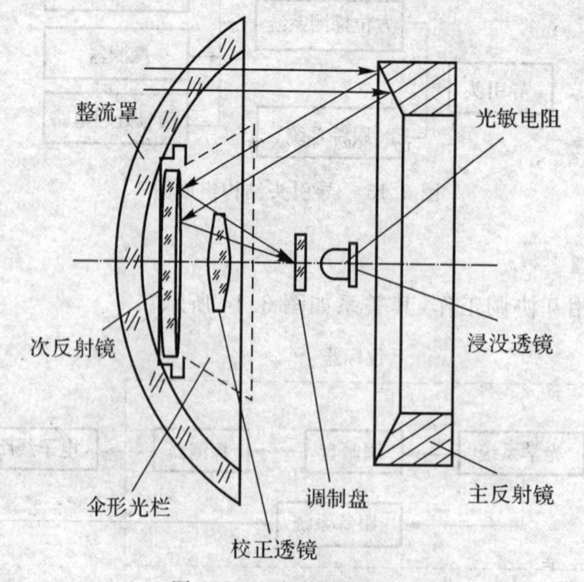

图 3.16　光学系统组成

1) 整流罩:保护内部光学机械元件和改善空气动力性能;

2) 主反射镜:汇聚光能;

3) 次反射镜:折转光线;

4) 伞形光栏:限制目标以外的杂散光线进入;

5) 校正透镜:校正系统像差,并把伞形光栏、主反射镜等零件与镜筒连接在一起,起支撑作用;

6) 滤光片:限制杂光,提高成像质量;

7) 调制盘:对像点辐射起调制作用;

8) 探测器:光电转换元件。

3. 光学系统功用

(1) 聚集光能以探测目标。目标辐射的分散的红外辐射能,经过光学系统的会聚后,聚集在像平面上一个不大的像点内。在像平面附近放置探测器,这时探测器上获得的辐照度比没有加入光学系统时增大了,从而增大了导引头的探测能力。

(2) 利用像点的位置反映目标偏离光轴的大小和方位。为说明问题方便,可以把整个光学系统等效成一个凸透镜,凸透镜的焦距等于原光学系统的焦距(见图 3.17)。

$$\theta=\theta_{M}$$

$$\rho=f\tan\Delta q\Leftrightarrow\rho=f\Delta q$$

像点的偏离量 ρ 和方位角 θ 反映了目标的偏离量 Δq 和方位角 θ_{M}。

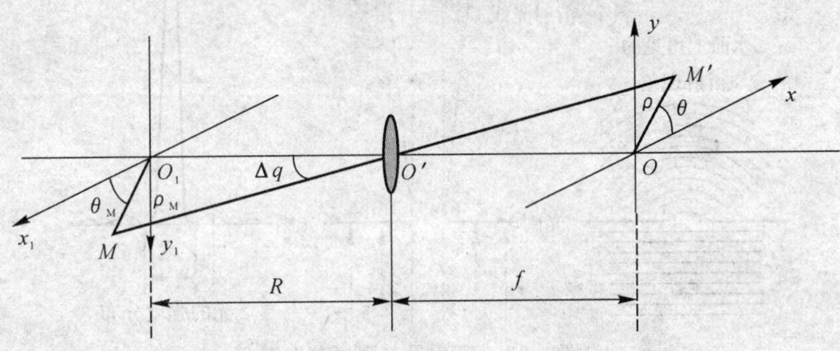

图 3.17　光学系统等效的凸透镜

4. 光学系统几个主要的外形结构参数

(1) 有效接收口径 D。有效接收口径 D 决定了光学系统有效接收面积的大小。

(2) 焦距。光学系统的焦距是决定系统成像位置及大小的基本参量,焦距还影响系统视角的大小。

(3) 视角。视角的大小决定了系统所能观察到的有效空间的大小。为了消除背景的干扰,系统的视角不能太大。

(4) 相对孔径。有效接收口径与焦距的比值称为光学系统的相对孔径。

5. 影响像质的因素

一个物点成像并不是一个几何点,而是一个亮的扩散圆斑,通常称为弥散圆(见图3.18)。弥散圆的大小对信号有相当大的影响。

由于弥散圆的大小对信号有相当大的影响,所以需要了解影响弥散圆大小的影响因素。影响弥散圆大小的因素有两种,一是衍射,二是像差。

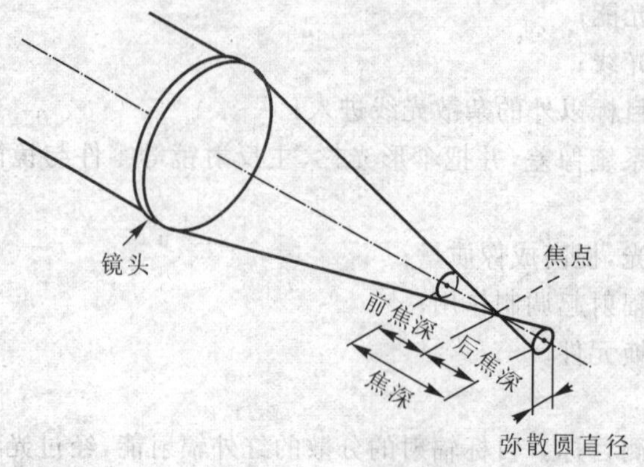

图 3.18　弥散圆

(1) 衍射对像质的影响。衍射是由光的波动性而引起的，衍射及其强度分布如图 3.19 所示。即使是位于光轴上的几何点源，通过有光栏的光学系统后成的像也不是一个几何点，而是一个明亮的中心圆斑，中心圆斑一般称为艾利(Airy) 圆(见图 3.20)。

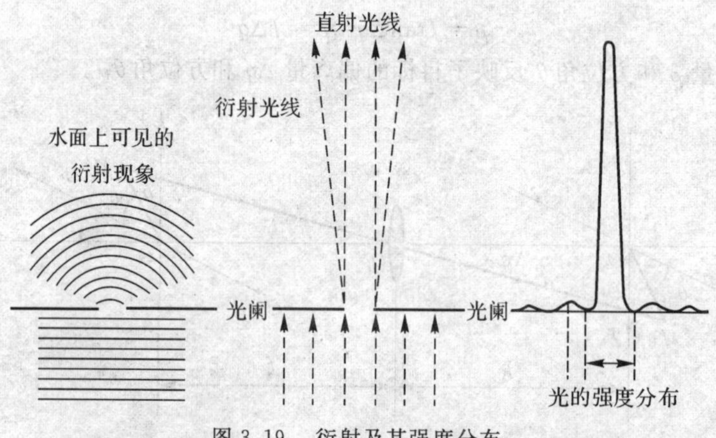

图 3.19　衍射及其强度分布

图 3.20　艾利(Airy) 圆

(2) 像差对像质的影响。像差是影响弥散圆大小的主要因素,如图 3.21 所示。像差可分为色差和单色像差两类。色差是透镜的折射系数随波长而变化引起的,单色像差指光学系统对单色光产生的像差。

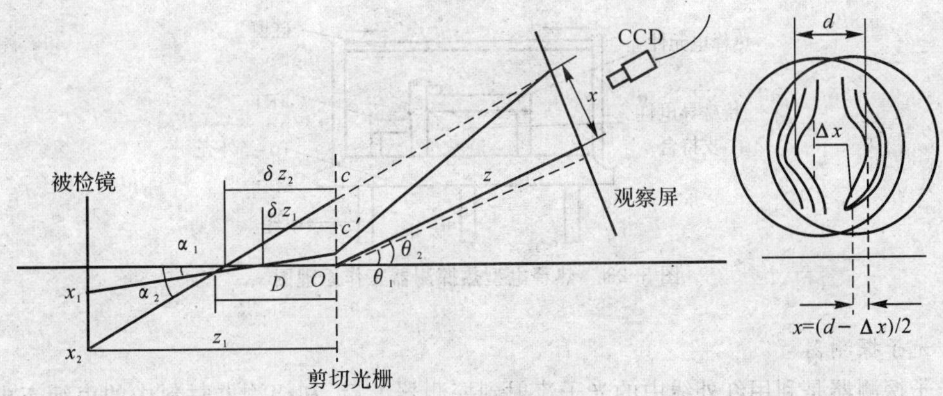

图 3.21　测量像差的原理图

3.5　红外探测器

3.5.1　红外探测器的分类

对于探测和跟踪目标的探测器,按照探测过程的物理机理,可分为两类,即热探测器和光子探测器。

1. 热探测器

在红外线辐射到热探测器上以后,探测器材料的温度会上升,温度的变化会引起某些物理特性相应发生改变,利用测量这些物理特性的改变程度来确定红外辐射的强弱,这样的探测器称为热探测器。因此,热探测器是利用红外线的热效应而工作的。

(1) 热探测器的特点。热探测器是利用材料受到热辐射后温度的上升来测量的,因此反应时间较长,时间常数一般在毫秒级以上。这类探测器的另一个特点是对全部波长的热辐射都有相同的响应。电阻式热探测器如图 3.22 所示。

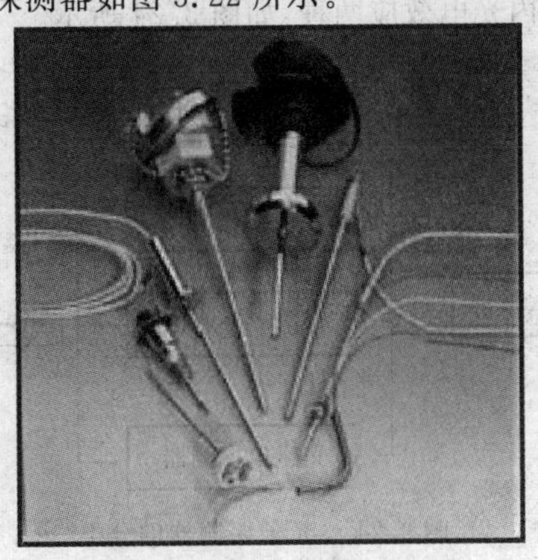

图 3.22　电阻式热探测器

(2) 热探测器工作原理。热探测器是利用入射红外辐射引起敏感元件的温度变化，进而使其有关的物理参数发生相应变化，通过测量有关物理参数的变化可确定探测器所吸收的红外辐射。热释电型热探测器工作原理如图 3.23 所示。

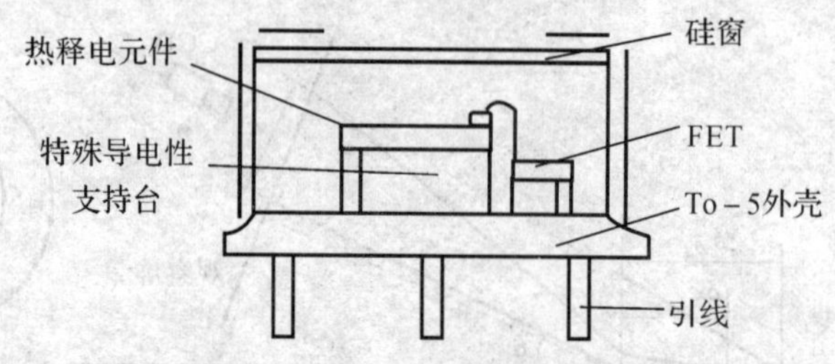

图 3.23　热释电型热探测器工作原理图

2. 光子探测器

光子探测器是利用红外线中的光子流射到探测器上后，和探测器材料中的束缚态电子相互作用，引起电子状态的变化，从而产生能逸出表面的自由电子，以此来探测红外线的。

光子探测器的特点：光子探测器的反应时间短，但要使物体内部的电子改变运动状态，入射的光子能量必须足够大。当光子能量小于某一值时，就不能使束缚状态电子变成载流子或能逸出材料表面的自由电子。

3. 热探测器和光子探测器的优缺点的比较（见表 3.1）

表 3.1　热探测器和光子探测器的优缺点的比较

名　称	优　点	缺　点
热探测器	不需冷却，全波段有平坦响应	灵敏度较低，反应较慢
光子探测器	灵敏度高，反应时间短	只适用于一定的波长范围，需冷却

在导弹的红外制导系统中，由于要求灵敏，反应快，所以一般采用光子探测器。

3.5.2　光子探测器分类及工作原理

光子探测器是基于入射光子对探测器材料内的电子作用而产生的光电子效应而工作的。光电子效应有外光电效应和内光电效应两种，如图 3.24 所示。

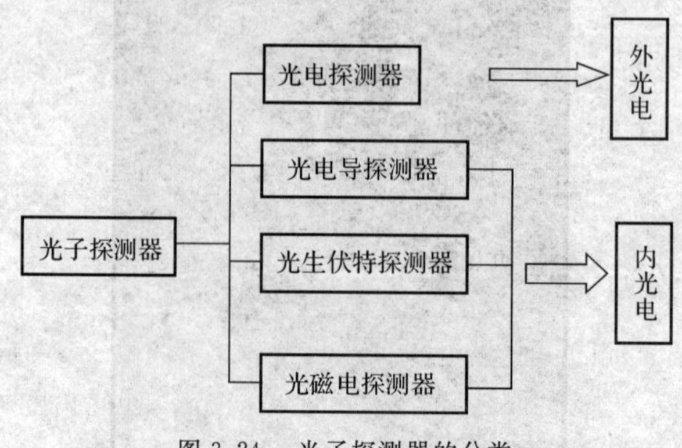

图 3.24　光子探测器的分类

1. 光电探测器

当光照射到某些材料的表面上时，如果入射光子的能量足够大，就能够使电子逸出材料的表面，这种现象称为外光电效应。利用这种效应制成的探测器，称之为光电探测器。常用的光电探测器有光电二极管和光电倍增管。光电倍增管常用于激光制导系统中作为红外激光探测器。

光电探测器，存在一个长波限。长波限的存在可以从光量子理论得到解释。根据光量子理论，辐射能量是以粒子形式存在的，这种粒子称为光子。其公式为

$$m = hv/c^2 \tag{3.5.1}$$

当入射光子与材料中的电子相遇碰撞时，光子就消失而将其全部能量转给了电子。若光子的能量大于探测器材料的电子逸出功率，电子就可逸出材料的表面。根据此原理，爱因斯坦提出了光电发射公式：

$$\frac{1}{2}mv^2 = hv - \phi = \frac{hc}{\lambda} - \phi \tag{3.5.2}$$

2. 光电导探测器

在光照射到某些半导体材料上之后，光子与半导体内的电子作用，会形成载流子，载流子会使半导体的电导率增加，这种现象称为光电导现象。利用光电导现象制成的探测器叫光电导探测器。常见的光电导器件由硫化铅、硒化铅、锑化铟等材料制成。这是红外技术中应用最广泛的一类探测器。

在纯净半导体中，当价电子受到热或光子的激发而跳到导带后，在价带中就留下了一个空穴，电子和空穴对材料导电率都有提高作用。这种在纯净半导体中一个电子被激发而在导带和价带分别产生电子的过程叫本征激发，如图 3.25 所示。

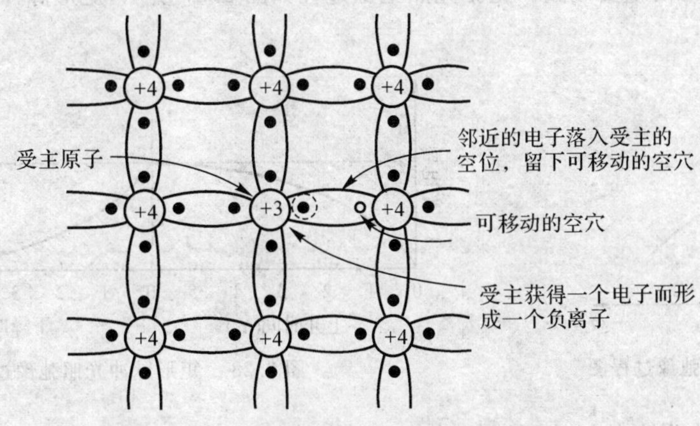

图 3.25　本征激发

为了使探测器能在较长的波段工作，需要增大探测器的截止波长。一般在纯净半导体中掺入少量其他杂质，根据掺入的杂质不同，可以做成 P 型半导体和 N 型半导体。

3. 光生伏特探测器

在 P 型、N 型半导体接触面处会形成一个阻挡层。在阻挡层内存在内电场 E(见图 3.26)，如果光照射在结附近，由光子激发而形成光生载流子。由于内电场的作用，光生载流子的电子就会跑到 N 区，而空穴就跑到 P 区，这时在 P－N 结两侧就会出现附加电位差，这一现象称为

"光生伏特"效应。

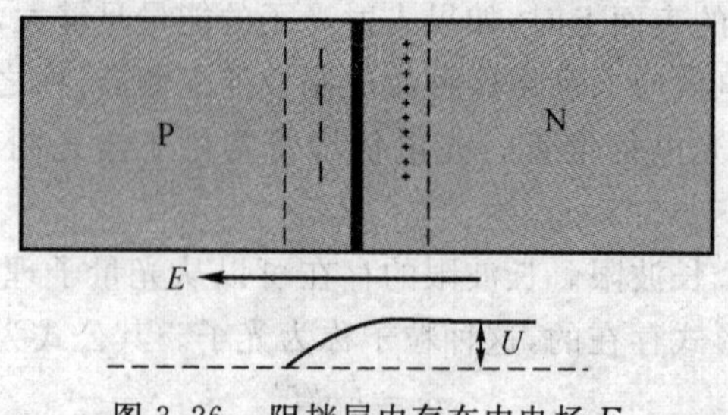

图 3.26　阻挡层内存在内电场 E

4. 光磁电探测器

光磁电探测器由一薄片本征导体材料和一块磁铁组成。当入射光子产生电子空穴对时,它们被外加磁场分开形成电动势。这类探测器不需要致冷,可响应到 7 μm,时间常数也小。但由于其灵敏度较前两种低,故目前应用较少。

3.5.3　探测器的主要特性参数

导引头所用的探测器大部分都是光电导探测器和光生伏特探测器,由于它们都是光子探测器,所以又都称为光敏元件。光敏元件有一系列根据实际应用需要而制定的特性参数。用这些参数可以区别一个光敏元件在应用中的优劣。

(1) 电压灵敏度。电压灵敏度反映了光敏元件对入射辐射能的转换能力。

(2) 弛豫时间。弛豫时间是表征光敏元件对光照反应快慢的物理量,是进行系统设计选用元件时必须考虑的重要参数。正弦光照弛豫过程如图 3.27 所示,矩形脉冲光照弛豫过程如图 3.28 所示。

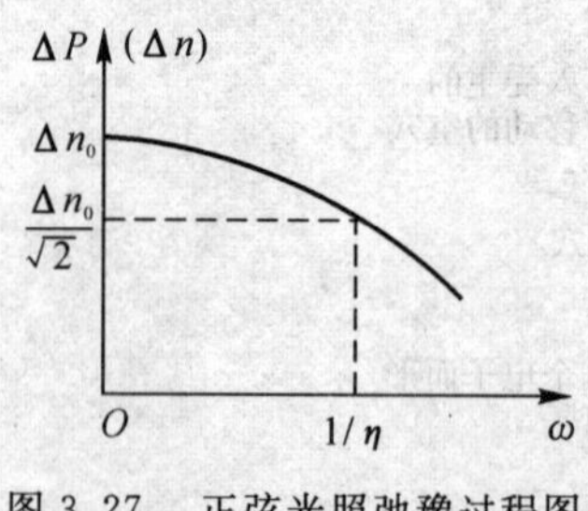

图 3.27　正弦光照弛豫过程图

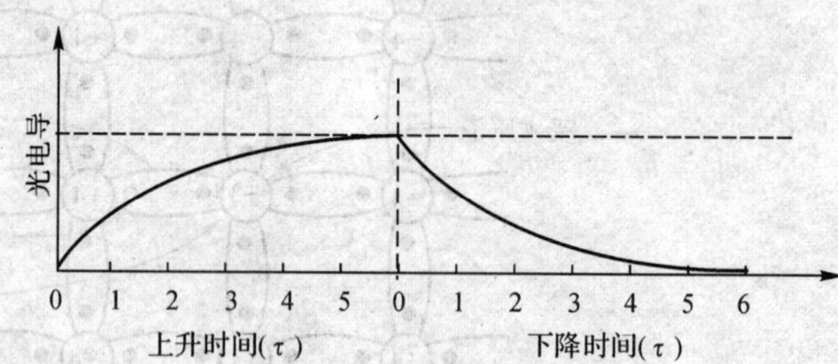

图 3.28　矩形脉冲光照弛豫过程图

(3) 噪声。由以上的讨论可以知道,光照射到光敏元件上后,就会有一个有用的信号产生,但光敏元件工作时除了有用信号之外,还有噪声存在。

(4) 噪声等效功率与探测度。光敏元件存在着噪声,噪声限制了光敏元件对微弱信号的探测能力。

3.5.4　红外探测器的致冷

1. 致冷的必要性

目前性能较好的探测器均需要冷却,致冷可以降低热激发产生的载流子,从而降低探测器的噪声；致冷在一定程度上也可减少禁带宽度，从而加大截止波长。

2. 致冷的方法

目前对红外探测器的致冷有多种方法，按照换热方式，可大体分为以下几种：

(1) 利用低温液体或气体进行对流换热而致冷探测器；

(2) 利用固体传导换热而致冷探测器的固体致冷器；

(3) 利用辐射散热而致冷的辐射致冷器；

(4) 利用珀尔贴效应而致冷的半导体致冷器；

(5) 其他。

3.6　光学调制与调制盘

3.6.1　对辐射能进行调制的意义

来自目标的红外辐射能，一般是不能直接利用的，原因有两点：

(1) 军事目标一般距离红外接收系统较远，因此红外系统接收到的红外辐射能极其微弱，必须加以放大处理。

(2) 在一定距离上，系统所接收到的红外辐射能是一个恒定不变的量，即使把它转换成电信号，也是一个直流不变的量，它不利于变换放大处理，因此就需要对光能进行某种形式的调制，这种调制的类型要适合信号处理。

3.6.2　调幅式调制盘的工作原理

调制盘就是对光能进行调制的部件(见图 3.29)，由辐射状明暗扇格构成，置于光学系统焦平面上，其圆心同光轴重合。目标与背景(如云块) 通常成像于调制盘上。

当目标像点和调制盘有相对运动时，就对目标像点的光能量进行了调制。 调制后的波形，是随目标像点尺寸和调制盘栅格之间的比例关系而定的。

调制盘按调制方式来分类，可以分为调幅、调频和脉冲编码式调制盘。前两种与电学上的调幅和调频是一致的，即它们分别用调制信号幅度、频率的变化来反映目标的位置。脉冲编码式调制盘是用一组组脉冲的频率和相位来反映目标的方位的。

由于调幅式调制盘的信号处理系统较简单、可靠，其性能可以满足导引系统的要求，在一些小型空空导弹和地空导弹上都采用了调幅式调制盘。

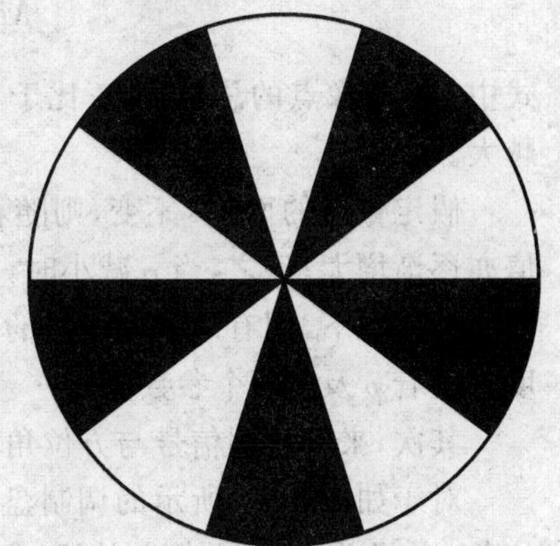

图 3.29　调制盘

(1) 怎样将目标像点的方位(ρ,θ) 转化成可用信息？

前面提到过，目标经过光学系统成像于调制盘上，像点的位置同目标的方位是一一对应的，像点在调制盘上的位置就反映了目标在空间的方位，而且目标的辐射是连续的。

所谓的调幅式调制盘就是把连续的辐射变成断续的调制辐射脉冲信号，将目标像点的偏离量 ρ 及方位角 θ 转化为调制信号的幅值及相位。

(2) 如何来完成这种转化呢?

如图 3.30 所示为最简单的调制盘。它由透辐射和不透辐射的扇形条交替呈辐射状。目标像点位于浅色圆点所在位置,到调制盘中心的距离为偏离量 ρ,方位角 θ 为像点和调制盘中心的连线与水平线的夹角,像点面积为 s,在调制盘以一定的转速转动后,透过调制盘的辐射能就成了右边所示的调制信号。

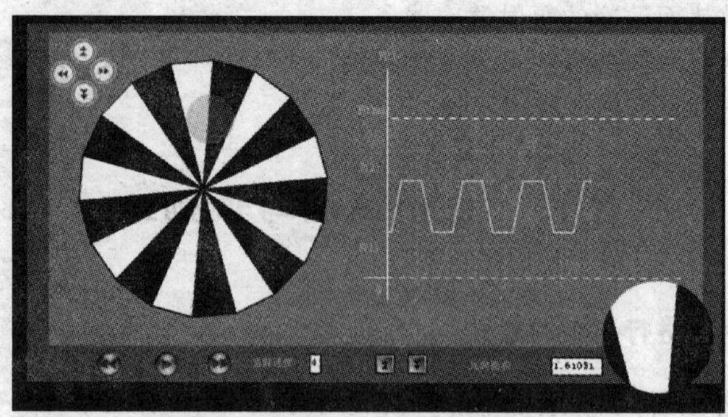

图 3.30 透过调制盘的辐射能成了右边的调制信号

首先,来看调制信号与偏离量 ρ 的关系。

为了分析问题方便,假定以下 3 点:① 像点为圆形;② 像点上的照度(单位面积上的辐射能)均匀分布;③ 像点总面积为 s,其中一部分辐射能透过调制盘,其面积为 s_1,一部分辐射能不能透过调制盘,其面积为 s_2。因此,像点上透过调制盘的能量 F_1 正比于 s_1,不能透过调制盘的能量 F_2 正比于 s_2。当调制盘旋转时,透过调制盘的能量就在 F_1 和 F_2 之间周期性的变化。

显然,此时有用的调制信号应为 $|F_1-F_2|$,它与 $|s_1-s_2|$ 成正比。分析问题时,为方便起见,常常引入调制深度 M 的概念,即

$$M=\frac{|F_1-F_2|}{F_0}=\frac{|s_1-s_2|}{s} \tag{3.6.1}$$

式中,F_0 为像点的总能量,正比于 s。由式(3.6.1)可见,调制深度 M 越大,则有用信号的幅值越大。

假定像点的面积 s 不变,则随着偏离量 ρ 的增大,调制深度逐渐增大,即有用调制信号的幅值亦逐渐增大;反之,当 ρ 减小时,有用调制信号的幅值亦逐渐趋于零。因此,可以在像点面积不变的情况下,用有用调制信号的幅值来表示偏离量的大小。若像点面积 s 也变化,则调制深度将随着 ρ 及 s 两个参数变化。

其次,来看调制信号与方位角 θ 的关系。

对于如图 3.31 所示的调制盘,调制信号是连续的梯形波,它与方位角 θ 并没关系,这种简单的调制盘只能反映目标偏离量,却不能反映方位角,要解决反映方位角的问题,就必须寻求较复杂形式的调制盘。

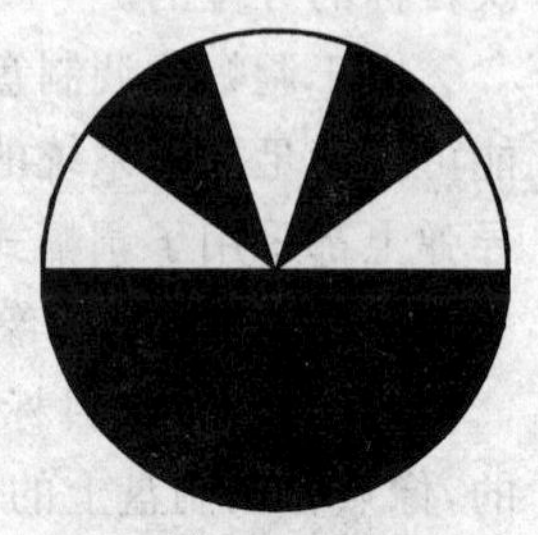

图 3.31 改进的调制盘

全辐射状调制盘之所以不能反映目标的方位,是因为它没有确定的起始坐标线。

像点位于任意一点 $P(\rho,\theta)$,设像点面积很小很小,趋近于一个几

何点，因此调制脉冲呈方波状，其整个调制信号如图 3.32 所示，调制盘旋转一周形成一个周期，在前半周期内有调制脉冲，另半个周期内则全无输出，调制信号成了调幅波，很显然 Ox 轴即为起始坐标线，调制信号包络的初相角即为方位角。

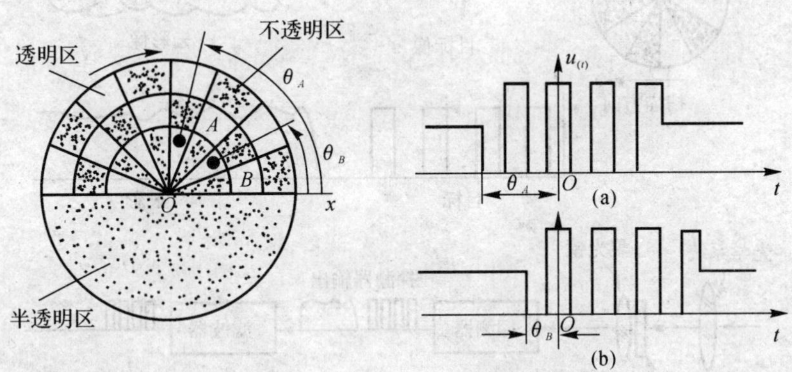

图 3.32　调制盘的工作原理

3.6.3　调制盘的基本功用

1. 使恒稳的光能转变成交变的光能

目标辐射的红外线，被光学系统接收并汇聚在置于焦平面上的红外探测器上，使光能转变为电信号。由于目标辐射的能量是恒定的，所以红外探测器产生的信号为直流电压，这在信号的处理上就不如交流信号容易。为此，可在光学系统的焦平面上放一个调制盘对光能进行调制，使得光能以一定的频率落在红外探测器上，产生交流信号，对信号的处理更为方便。

2. 产生目标所在空间位置的信号编码

在红外导引系统中，常用的调制盘是幅度调制(AM) 调制盘(见图 3.32)。这种调制盘一半为透红外光与不透红外光的明暗花纹图案的调制区，一半为半透明区。调制盘安装在光学系统的焦平面上，并绕着光轴旋转。假设目标偏离光轴分别成像在调制盘 A 点与 B 点。当目标成像在 A 点时，红外探测器输出的调制信号波形如图 3.32(a) 所示，调制信号的相位为 θ_A。当目标成像在 B 点时，红外探测器输出的调制信号波形如图 3.32(b) 所示，调制信号的相位为 θ_B。由上述内容可以看出，当目标像点落在调制盘不同方位角时，调制信号的相位也不同。因此，只要能测出调制信号相位，就可确定目标所在角位置。

3. 空间滤波——抑制背景的干扰

大多数目标与背景相比，都是一个张角很小的物体。空间滤波用来增强小张角的目标信号，抑制大张角的背景干扰，如图 3.33 所示。

调制盘图案由辐射状明暗扇格构成，置于光学系统焦平面上，其圆心同光轴重合。目标与背景(如云块)通常成像于调制盘上。由于目标成像尺寸小，当调制盘旋转时辐射能量被明暗格子调制，探测器输出电脉冲信号。而在任何瞬间，云块像均覆盖调制盘多个明暗格子，通过调制盘的能量约有 50%。所以，云块像不产生调制信号，探测器输出为纹波很小的直流电信号，被电子线路滤掉。其他背景干扰也是如此。因此，当目标与背景干扰同时进入系统并被调制盘调制后，经电子线路滤波，抑制了背景干扰，保留了目标信息。

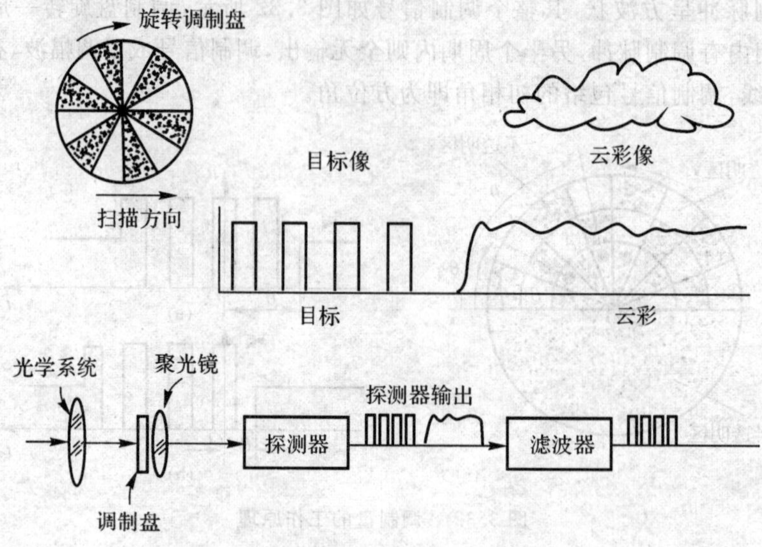

图 3.33　增强小张角的目标信号

3.7　红外制导技术的未来

3.7.1　红外制导技术当前的研究重点

精确制导技术的发展趋势是不断提高其灵敏度、精度、环境适应性，不断增强系统在复杂背景下截获、跟踪目标的能力和对付多目标的能力，为了实现这一目标，红外制导技术必须在探测器、结构设计、抗干扰能力、信息处理能力等方面不断地推陈出新，以适应未来战争的需要。

1. 新型高性能红外探测器技术

红外探测器是红外制导系统的核心部件。目前，导弹上应用的红外焦平面阵列规模已达到 128×128 元、256×256 元，一般不再会以通过增加探测元数目来换取制导系统灵敏度、分辨率等指标，而是在智能探测器、光学系统、扫描、信息处理等技术方面加大研究力度，以提高制导系统的综合性能，主要解决以下问题：

(1)灵巧型焦平面阵列；

(2)二元光学和微光学技术；

(3)微扫技术；

(4)光电混合信息处理技术。

2. 非致冷红外制导系统

传统的红外探测器必须在低温下工作，因此需要配备相应的致冷器，于是带来了整套设备的体积大、工作过程复杂等突出问题。为了提高制导系统的环境适应性，发展小型化高性能红外制导武器，非致冷红外成像技术将成为未来红外制导技术的主流。

3. 低成本红外成像制导系统

虽然红外成像制导系统的性能优于红外非成像制导，但因其结构复杂、成本较高，目前在反坦克导弹、直升机载空空导弹等低成本、小弹径武器上应用还存在很大困难。

因此，必须大力发展小型化、低成本的红外成像制导技术，在满足这类导弹性能和可靠性的前提下，在结构、焦平面阵列规模方面进行适当简化，以提高其经济性、可用性。相信随着红外探测器技术的进一步发展和大规模焦平面阵列生产加工能力的提高，低成本红外成像制导系统必将很快进入实用化阶段。

4. 红外制导系统抗干扰技术

为了对抗精确打击，现代作战飞机、武装直升机、作战舰艇、坦克和装甲车等作战平台上普遍采用了各种红外隐身或红外干扰技术，以降低红外制导设备对其探测概率和探测精度。为了提高红外制导武器的作战威力，必须提高其抗红外干扰的能力。

红外干扰本质上可分为背景干扰与人为干扰两种。借助目标与背景的辐射光谱特性和空间特性之差异，采用光谱滤波与空间鉴别的办法，可以滤去绝大部分背景干扰。对于人为干扰则应采取以下措施：

(1)采用双色调制滤波等措施，鉴别真假目标；

(2)采用多谱探测器阵列，抗单波段诱惑；

(3)选用红外长波段探测，对付热抑制技术；

(4)采用调幅 P 调频体制，提高抗干扰能力；

(5)采用滤光透镜与自适应光栅保护红外探测器，免受烧毁；

(6)采用成像制导和复合制导，提高探测能力。

5. 结构优化设计技术

复合制导的发展给导引头的结构设计技术带来了前所未有的挑战，如何在日益紧张的空间内，合理安排复合制导系统中各种光学、微波、机械、电气部件的位置，满足各类传感器所需的扫描视场，满足头罩的透过率、微波传输率，保证电磁兼容性、热设计要求，同时还要配合整弹的气动外形设计，结构综合优化设计技术显得尤为重要。

6. 多传感器信息融合技术

复合制导的核心技术是多传感器信息融合，它可以充分利用各传感器获得的目标信息，从而提高系统在复杂背景下对目标进行检测、定位、识别和跟踪的能力。

信息融合是指从多源信息中提取合成的、准确的目标信息。

多传感器信息融合技术的发展依赖于硬件和软件两个方面的进步，硬件上为了满足多传感器产生海量数据的实时处理，必须采用高速专业微处理器和并行处理技术，软件上的当务之急是发展更有效的特征级、决策级算法。

7. 自动目标识别技术

精确制导技术发展的终极目标是智能化制导，如何结合模式识别技术、人工智能技术开发智能探测器技术、智能信息处理技术，实现红外制导系统的自动目标捕获与识别能力和复杂情况下的自动决策能力，是智能化制导首先必须解决的关键问题。

3.7.2　几种典型的复合制导系统

随着光电干扰技术、隐身技术的迅猛发展，未来的战场环境将变得十分恶劣，单一体制的制导武器越来越难以满足作战需求，各种复合制导技术受到世界各国的空前重视。复合制导可以充分发挥不同体制、不同频段的优势，弥补各自的局限性，大大提高武器的作战效能和生存能力。目前,复合制导技术的一个重要发展方向是基于红外的双色、双模以及三模制导技术,包括红外/可见光、红外/紫外、红外/主动雷达、红外/被动雷达和红外/毫米波等多种不同的复合体制。

1. 光学双色制导系统

战斗机和巡航导弹是红外制导武器的主要打击目标,为了提高生存能力,现代战斗机开始采用包括红外隐身涂层、尾气化学降温、喷管上弯等技术来降低红外制导导弹的探测概率,于是各种光学双色制导系统应运而生。它可以提高制导系统探测灵敏度和制导作用距离,改善武器对抗红外诱饵干扰和反隐身能力,代表型号有美国的"毒刺"(Stinger Post) 和法国的"西北风"(Mistral) 地空导弹。

光学双色制导系统主要是指红外双色、红外/紫外双色和红外/可见光双色复合制导。

2. 红外/微波复合制导系统

红外制导系统具有较高的精度和抗干扰能力,但作用范围较小,在不利气候条件下,探测器信噪比大幅降低容易导致目标丢失,而微波雷达制导系统作用距离远,具有全天候作战能力,但其角度分辨率较低,易受电磁干扰的影响,将微波雷达和红外系统进行复合将会极大地提高武器系统的目标截获跟踪能力和抗干扰能力。

红外/微波复合制导系统有红外/主动雷达和红外/被动雷达两种,其微波寻的器采用微波相位干涉仪,与红外制导系统按共孔径方式工作,探测目标的雷达辐射和红外热辐射、测量目标速率以及截获与跟踪目标。一般微波被动雷达用于中段制导,红外寻的器用于末段精确制导,也可全程由微波被动雷达制导或全程由红外制导,代表型号有德、法共同研制的 ARAMIS 增程反辐射导弹和德国的 ARAMIGER 导弹。

3. 红外/毫米波复合制导系统

毫米波雷达具有全天候和对烟、雾穿透良好等优点,同时因波束较窄而具有更高的目标分辨率和跟踪精度,天线口径尺寸小,器件体积小。毫米波相对红外有较宽的波束,更适用于较大范围搜索与截获目标,红外寻的器适于在小范围跟踪和精确定位。此外,毫米波雷达还能提供距离信息和灵敏的多普勒信息,可以提取幅度、频谱、相位和极化等多种信息,弥补红外寻的器的不足,提高制导系统综合性能。

因此,红外/毫米波复合制导方式比其他多模制导方式具有更好的抗干扰性和反目标隐身性能,是目前公认的最有前途的复合制导技术之一,代表型号有美国的 SADARM 反装甲灵巧弹药、法国的 TACED 反坦克炮弹等。

4. 多模复合制导系统

随着双模复合制导技术的日趋成熟,未来还将出现三模甚至多模复合制导技术,如日本已着手研制的微波/毫米波/红外三模寻的制导地空导弹,充分发挥了微波/毫米波/红外 3 种传感器在作用距离、分辨率、抗干扰能力方面的优势,提高了武器系统的可靠性、命中精度和使用范围。又如美国正在进行研制的主/被动微波/红外成像三模复合制导高速反辐射导弹,在保证导弹制导精度和抗干扰能力的前提下,又可以对抗目标雷达关机,从而大大提高了导弹的命中率。

多模复合制导技术综合了多种模式制导体制的优点,比单模制导和双模制导方式具有更强的环境适应性,但在结构孔径设计、头罩技术、电磁兼容、信号处理与数据融合、工程小型化设计等方面必将面临着更加严峻的挑战。

第 4 章　空空导弹雷达导引系统

4.1　空空导弹雷达导引系统概述

4.1.1　雷达导引头的分类

根据目标辐射或反射能量的电磁频谱波长，雷达导引头可以分为微波和毫米波两类。雷达导引头如图 4.1 所示。

图 4.1　雷达导引头

根据所用信号的来源，雷达导引头分为主动式(辐射源在导弹上)、半主动式(辐射源在载机上)和被动式(辐射源在目标上)三类。

主动式导引头发射无线电波，接收目标反射的无线电波，完成对目标的跟踪和目标运动参数的测量，形成导引信号。它使导弹具有“发射后不管”特性，即发射导弹后，载机可机动和脱离，提高了载机生存力；但它较复杂，技术实现难度大。

半主动式导引头工作时，雷达发射机照射器设在载机上，导引头接收来自目标的反射信号和来自照射器的直达波信号，检测出目标相对导弹的视线角、视线角速度和相对速度，并形成导引信号。这种导引头较简单，且由于机用照射雷达的照射功率可以做得较大，故寻的距离较远；但导引头的工作依赖于载机照射，独立性差。

被动式导引头接收目标辐射的无线电波，载机和导引头不需辐射任何能量，因而这种导引头的隐蔽性能好，不容易被目标发现，且设备简单；但作用距离有限。

4.1.2　雷达导引头的发展简况

1944 年的美国“云雀”导弹研制计划是雷达型空空导弹研制的起点。该导弹采用主动连续波雷达导引头，于 1950 年底首次拦截了无人驾驶飞机，但由于存在射频能量泄漏等关键技术问题，所以导引头的作用距离很近，未能实际应用。

1951 年 6 月，美国开始研制麻雀族空空导弹(见图 4.2)，麻雀Ⅰ为波束制导，麻雀Ⅱ采用主动式非相参脉冲雷达导引头，麻雀Ⅲ采用了半主动式连续波雷达导引头，20 世纪 50 年代末，又采用了脉冲多普勒技术。

美国麻雀族导弹是20世纪60～70年代雷达型空空导弹发展的典型代表，其中麻雀Ⅲ型导弹得到了充分的发展。

图 4.2　麻雀族导弹

麻雀族空空导弹工作体制由连续波到双调频连续波，由单纯连续波到连续波与脉冲多普勒(即相参脉冲)兼容，再到脉冲多普勒；测角方式由圆锥扫描到单脉冲；天线由抛物面式到平板缝阵式；接收方式由正常式接收到倒置接收；增设抗干扰通道，采取一系列抗干扰措施；电子元器件由电子管到晶体管再到集成电路，采用固态化、微小型化的电子及机电部件。

以麻雀族空空导弹技术为基础，英、法及意大利等国也发展了相应的雷达型空空导弹，例如英国的天空闪光、法国的玛特拉超R530F、意大利的阿斯派德等。

麻雀族导弹至今已发展了三代。麻雀Ⅰ导弹为第一代，它仅能尾追攻击小机动的轰炸机等目标，采用了波束制导导引头；麻雀ⅢB AIM－7E和AIM－7E－2导弹为第二代，它能尾追和拦截有一定机动能力的目标，采用了圆锥扫描式连续波半主动导引头；麻雀ⅢB AIM－7F和AJM－7M导弹为第三代，可全高度、全方位攻击机动能力较强的目标，进一步增强了近距离攻击能力，采用了单脉冲式连续波或脉冲多普勒半主动导引头。

由于第三代雷达型空空导弹采用半主动制导方式，所以在作战使用方面存在载机不能立即退出战区，导弹作用距离有限，很难实现多目标攻击等缺陷。自20世纪70年代中、后期起，美、英、苏(俄罗斯)等国都开始发展第四代雷达型空空导弹，它的典型代表见表4.1。它除保留了第三代的优点外，还具有以下特点：超视距发射和“发射后不管”，高导引精度和杀伤概率，强抗电子干扰能力，能攻击大机动目标、低空目标和隐身目标，具有多目标和群目标攻击能力。为此，第四代雷达型空空导弹大都采用雷达主动末制导导引头。

表4.1　国外中远距雷达型空空导弹的主要情况

型号 / 参数	AIM－120（美国）	主动天空闪光（英国）	MICA（法国）	ASPIDE－MK.2（意大利）	R－77（俄罗斯）	AHAAM－4（日本）
弹径/mm	178	203	160	203	200	203
翼展/mm	627	1 020	610	644	350	
弹长/mm	3 650	3 650	3 100	3 650	3 600	3 680
弹重/kg	157	195	110	220	175	228
最大发射距离/km	>70	40	～50	>40	100	100
研制时间	1976年	1984年	1982年	1986年	1982年	1987年

4.1.3　雷达导引头的主要技术性能

导引头的主要性能：工作射频、作用距离、工作时间、准备时间、测角性能(天线角度搜索范围及周期、测角斜率、测角线性区、通道耦合、天线角度预定范围及速度、测角精度、跟踪角速度范围、视线稳定即对弹体扰动的去耦能力等)、动态范围、测速及测距性能(测量范围、预定性能、测量精度及搜索性能等)、抗干扰性能、目标识别性能、工作环境条件(温度、压力、湿度、振动、冲击等)、可靠性、质量、尺寸、重心及结构、电磁兼容性等。其中最重要的有以下几个性能。

(1)作用距离。作用距离决定着载机的脱离目标距离、导弹发射距离和攻击区，影响着中、末制导交接成功概率和末制导精度。作用距离取决于目标雷达反射面积、发射机与接收机工作比、工作波长、接收系统噪声带宽、发射机功率、接收机噪声系数、收/发系统损耗、大气传输衰减以及接收系统截获识别系数等参数。要增大作用距离，必须设法增大发射功率，提高天线增益，减小接收机噪声系数和截获识别系数，减少收/发系统射频损耗。由于弹径、体积、质量和供电等方面有所限制，所以提高作用距离是一项十分艰巨的任务。

(2)测量精度。导引头测量精度是指视线角速度和相对速度的测量精度。影响测量精度的因素很多，其中影响最大的两个因素是天线罩瞄视误差斜率和目标角闪烁噪声，必须采取补偿措施。

(3)低空或下视性能。雷达主动导引头在低空或下视使用时，天线主瓣及旁瓣均可能搭地，地面等固定目标将形成十分严重的杂波背景，形成主瓣杂波和旁瓣杂波(包括高度线杂波)。主瓣杂波强度与发射功率、天线主波束增益、地面反射特性及导弹高度有关；旁瓣杂波强度与导弹高度、地面反射特性、导弹速度及天线旁瓣增益有关。利用运动目标与固定目标反射信号的多普勒频率不同，可将它们区分开来。当导引头从目标前半球探测时，目标回波信号谱线落入无杂波区，作用距离不受杂波影响；当导引头从目标正侧方探测时，目标回波信号谱线落入主瓣杂波区，出现探测“盲区”；当导引头从目标后半球探测时，目标回波谱线落入旁瓣杂波区，导引头探测性能受旁瓣杂波的限制，因此必须设法减少进入导引头的旁瓣杂波功率和提高导引头对杂波的抑制性能。

(4)抗干扰能力。海湾战争表明，现代战争已发展成为陆、海、空、天、电子战等五位一体的综合性战争，电子战是赢得战争胜利的重要因素。国外发展的“侦察—干扰—摧毁”一体化对抗系统可使战术导弹的单发杀伤概率由 0.9 下降到 0.05 以下。因此，抗干扰能力是战术导弹的关键能力之一。如果这项能力不强，在日趋复杂的电子战环境下，雷达型导弹的作用将明显下降，甚至完全失去作用。提高导引头的抗干扰能力的途径是在导引头总体和各分系统中采取抗干扰措施。信号处理器的完善程度在很大程度上影响着抗干扰能力，可采用自适应抗干扰及人工智能抗干扰信号处理技术。

(5)多/群目标攻击能力。多目标攻击是指连续发射的多枚导弹攻击各自被指定的目标。在导弹发射前，机载雷达火控系统从角度、速度或距离上分辨出要攻击的多个目标，完成多目标探测与跟踪、目标威胁判断和攻击优先权计算、目标-导弹配对自动战术决策、多枚导弹允许发射区计算、多枚导弹数据链发射、雷达照射兼容性检查和雷达扫描中心计算、多枚导弹发射前数据装定及发射控制等。群目标攻击是指载机通过自身的探测装置或其他信息渠道得知欲攻击的是密集编队的群目标，但无法测得各目标的参数，此时载机连续发射多枚导弹实施攻击，这要求末制导导引头对目标有较高的分辨率，使导弹分别攻击不同的目标。为此，必须适当设计导引头的天线、接收机和信号处理器分系统，提高导引头的角度和速度鉴别力；还可采用角度门、天线方向图偏转及信号处理器算法，完成多枚导弹对群目标的攻击。

(6)反隐身性能。世界各国都在开展隐身技术的研究，海湾战争中典型的隐身飞机 F—117A 成功的突防能力和强大的战术威力已为世人所瞩目。通过巧妙的飞机外形设计、采用复合材料、进行表面阻抗加载、应用射频吸波涂层等综合措施，可使飞机的雷达反射截面积减小 1～2 个数量级。对付隐身目标，导引头的作用距离会大为降低。隐身效果不是全波段的，只在某些波段内较为有效。这是由于涂层、材料和飞机外形等不可能对所有波段都有良好的隐身效果。因此，选择导引头工作频段时要考虑反隐身要求。

4.2 空空半主动雷达制导

和主动雷达制导导弹相比，半主动雷达制导导弹的导引头只有雷达接收机和接收天线及控制机构，而发射机和发射天线在载机上。半主动雷达制导的优点是抗干扰能力强、信号识别能力好、作用距离远、技术相对简单，但不具备“发射后不管”的特性。

4.2.1 半主动雷达制导的特点

1. 收发天线分离

一般的机载雷达收、发共用一套系统。由于作为发射系统的连续波照射器安装在载机上，所以无法和导弹上的接收机共用一套天线系统。

导弹的天线只用于接收，而连续波照射器则借用机载火控雷达的天线。这样做的理由有两个：

(1)对目标的跟踪是由机载火控雷达来完成的，在雷达天线对准目标后，就能保证连续波始终照射目标；

(2)飞机空间和经费的限制，也没有必要为连续波照射器专门设计一套天线系统。

连续波照射器发射的连续波信号(见图 4.3)，分两路输出：一路进入火控雷达微波系统，由雷达天线辐射出去，照射空中目标；另一路送到尾后照射喇叭，照射导弹接收机尾部天线，供发射前调谐用，尾后喇叭一般安装于飞机机翼下方。

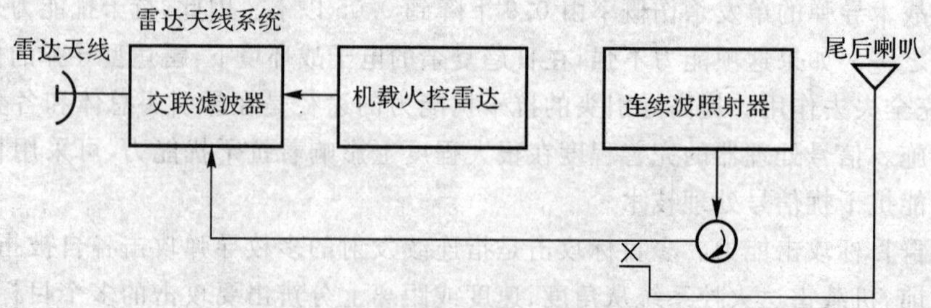

图 4.3　连续波照射器的射频输出

2. 独特的频率跟踪系统

由于发射机发射频率的不稳定性，要使接收机正常工作，就要使接收机本振频率不断地跟踪发射机频率的变化。雷达系统的频率跟踪如图 4.4 所示。

对于机载火控雷达，频率跟踪较易实现。因为发射机和接收机都安装于载机上，从发射机的高频能量中分出少部分能量，用波导或同轴线传输到接收机频率跟踪系统，从而使接收机本振频率能跟踪上发射机频率。

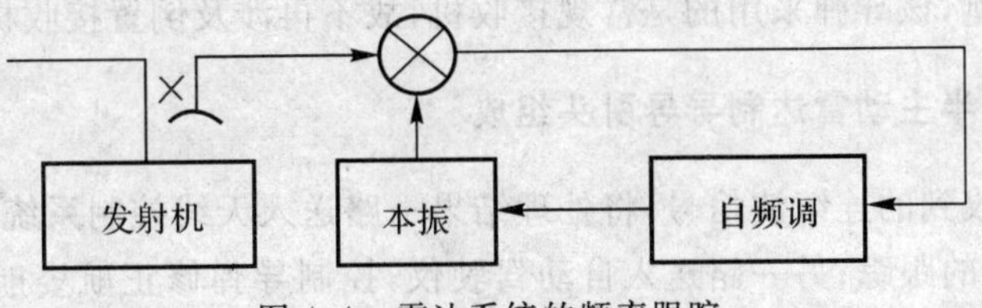

图 4.4　雷达系统的频率跟踪

对于半主动制导系统，由于连续波照射器和接收机安装在不同载体上，所以导弹接收机的频率跟踪系统就无法采用与雷达完全相同的方式。

导弹发射到空中后，导弹接收机与连续波照射器之间的交联只能通过空间电磁波的辐射来实现。为此，导弹接收机有两个天线，一个在导弹头部，一个在导弹尾部(见图 4.5)。

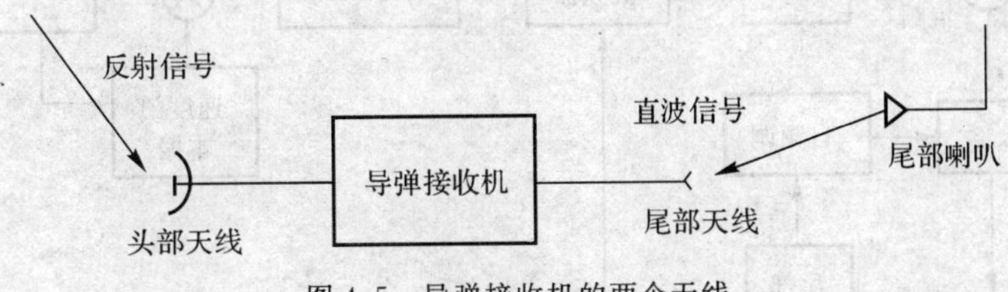

图 4.5　导弹接收机的两个天线

头部天线用于接收目标反射的回波信号，尾部天线用于接收连续波发射的“直波”信号，即未经目标反射的信号。

导弹接收“直波”的目的，是为了实现对连续波信号的频率跟踪。虽然导弹接收机频率跟踪的原理与雷达相同，但工作过程有特殊的地方。

导弹准备发射之前，接收机就要通电工作。这时，尾部天线接收的是飞机机翼下方尾后照射喇叭辐射的连续波信号，频率跟踪系统处于跟踪状态，如图 4.5 所示。导弹发射出去后，尾部天线不再接收尾后照射喇叭的信号，而是接收机载雷达天线副瓣波束的连续波信号，如图 4.6 所示。

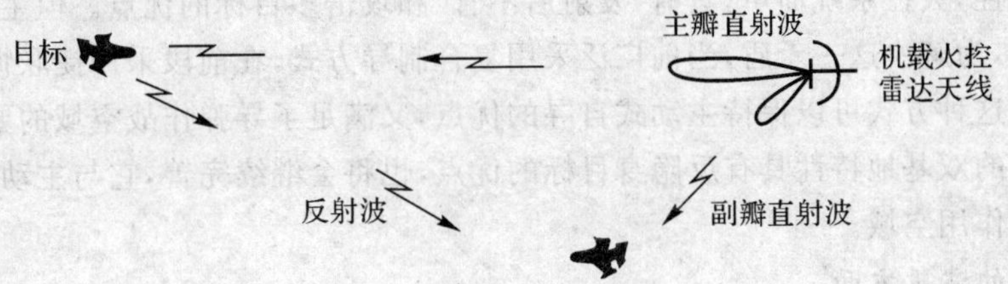

图 4.6　导弹飞行中信号的接收

3. 较完备的抗干扰技术

在半主动雷达制导系统中，采用的抗干扰技术有倒置接收机技术等。常规接收机由宽带中放、带宽略窄的视放以及窄带的速度门组成，可以形象地理解为一只由宽变窄的漏斗，而倒置接收机正好相反，在中频采用窄带、高选择性的晶体滤波器，采用倒置接收机的目的是为了一开始就将杂波干扰排除在接收机窄的通带之外,使大部分干扰信号不能进入接收机系统,一般雷达接收机前端带宽为几十兆赫,倒置接收机带宽则为1 000 MHz左右,比雷达的带宽小得多,因而有效地抑制了杂波信号。Aspide导弹就采用了倒置接收机技术,在后面的讲述中是以麻雀族导弹为例,该导弹采用的是常规接收机,故不再涉及倒置接收机问题。

4.2.2 连续波半主动雷达制导导引头组成

接收机处理接收到的连续波信号,将处理结果一路送入天线控制系统,控制天线朝目标方向运动,完成对目标的跟踪;另一路送入自动驾驶仪,控制导弹修正航姿航向,朝向目标飞行。连续波半主动制导导引头简化原理框图如图4.7所示。

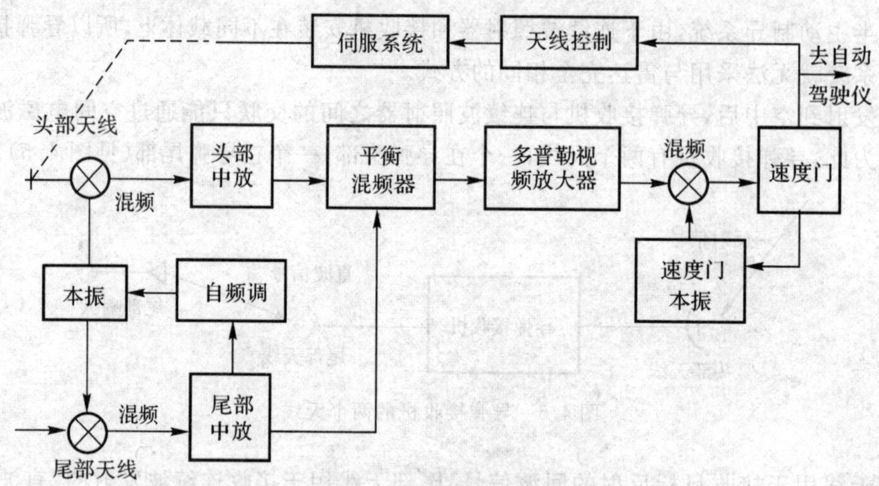

图4.7 连续波半主动制导导引头简化原理框图

4.3 雷达导引头技术的发展趋势

1.*在基本体制方面*

雷达导引头技术正在实现由半主动式向主动式的过渡。主动式导引头较半主动式导引头有更大的自主性,火控系统简单,具有"发射后不管"和攻击多目标的优点。但主动式导引头的作用距离较小,为解决这一矛盾,当前广泛采用复合制导方式,在前段采用捷联惯导,末段转变为寻的制导。这种方式可以保持主动式自寻的优点,又满足了导弹作战空域的要求。

半主动寻的双基地特性具有反隐身目标的优点,也将会继续完善,它与主动寻的相结合可以进一步扩大作用空域。

2.*在使用的波段方面*

导引头所用频段不断向高的方向发展,目前已发展至毫米波段。它具有高分辨率和大的可用带宽等特点,为获得更多的目标信息、提高制导精度提供了有利条件。由于毫米波设备体积小,所以便于与红外结合形成双模导引头,除保证制导精度外,还提高了导弹的抗干扰能力,成为当前精确制导导引头研制中的一个热门课题。

红外导引头的精度高,但作用距离小,而微波导引头正好相反;可采用多模复合制导方式综合两者的优点，达到距离远、精度高的目的。例如，可采用被动微波导引头进行中段制导，而末段转入红外导引头制导等。

3. *在波形设计方面*

波形设计主要要为目标信息的提取和识别服务。目前广泛使用的波形在微波上有连续波调频、相干脉冲串等，在毫米波波段上有线性调频波形等。在波形设计上正深入采用信号模糊图与杂波和干扰环境匹配技术，以最大限度地抑制杂波与干扰，实现信号的最佳检测。

4. *在信息提取、识别和控制管理方面*

在采取各种措施提高制导精度的同时，围绕着在复杂的电磁环境下识别干扰、区分目标、识别目标要害部位，通过信号处理掌握更多的导弹和目标的运动规律以提高制导精度等方面所进行的大量工作，把导引头的信息处理技术推向蓬勃发展的阶段。特别是微型处理器在导弹上的应用，使导弹的信号处理技术更趋完善，波形自适应和空域自适应滤波技术在弹上的应用已经成为可能，为自适应管理和导引头的智能化创造了条件。

5. *在结构组成方面*

导引头的数字化、集成化、小型化除减小体积外，极大地提高了这一复杂产品的可靠性。微处理器的应用将对导引头的结构组成产生根本性的影响，使导引头、引信、自动驾驶仪等设备逐步融为一体，形成以主控器为中心而向分控器辐射的弹上分布式网络结构。到那时，导引头等设备的面貌将出现大的变化，而其设计方法也将产生根本的变革。

随着相控阵技术在导弹上的应用，在过去相位干涉仪式导引头的基础上，出现了捷联导引头方案，它可以实现比例导引中所需的视线角速度的测量和弹体去耦而无需机械式天线稳定平台，其功能可由以微处理器为核心的电子设备来完成，从而大大简化了导引头结构。如果相控阵天线与天线罩合为一体实现共型，则更进一步简化了天线罩的设计和生产，并排除了由天线罩引起的寄生耦合回路，使导弹控制系统的设计也得到简化。捷联惯导和捷联导引头的发展为弹上探测、控制的一体化设计指明了方向。

6. *在制导规律方面*

制导规律的研究是一个专门的领域，不是导引头设计者的任务，但由于它对导引头的测量参数提出了要求，所以对它的基本方案有重大影响。而且，导引规律要在指令形成装置中实现，自适应改变导引规律也是涉及导引头智能化的一个重要内容。因此，导引头设计者应当关心这一技术领域的发展。

目前，自寻的式导弹上普遍采用比例导引规律及其各种变形的修正比例导引，一段时间内这种导引规律会继续得到采用和完善。

随着目标向高速、大机动方向发展，并带有各种干扰手段，为适应这一发展趋势，目前正在应用现代控制理论和对策理论研究最优制导规律、自适应显式制导规律和微分对策制导规律等，以期突破传统制导规律的框子，在制导规律的应用上出现一个新的飞跃。

以上内容，从几个根本方面简述了导引头可能的发展趋势。由于一个导弹武器系统的研制往往需要7～8年的时间，所以当用该系统装备部队时它应与当时所使用的目标性能相适应，为不使所研制的设备出现技术老化，这些发展趋势是一个导引头系统设计者所必须了解和掌握的。

第5章 电子对抗概述

5.1 电子对抗的定义及分类

电子对抗是我军的标准术语，它指的是电子领域内的信息斗争。美国和北大西洋公约组织(简称北约)国家军队使用的标准术语是“电子战”，而俄罗斯使用的标准术语是“无线电战斗”，其含义相近，但略有差别。

电子对抗的目的是在作战中获取战场上的电磁优势和信息优势，追求制电磁权和制信息权，从而引导战斗取得胜利。

5.1.1 电子对抗的定义

根据1991年发布的GJB891—91《电子对抗术语》，电子对抗的定义：军事上为削弱、破坏敌方电子设备的有效使用，同时保障己方电子设备正常工作而采取的综合措施。其内容包括电子对抗侦察、电子干扰、反辐射摧毁、电子防御等。

(1)电子对抗侦察。电子对抗侦察是搜索、截获、分析敌方电子设备辐射的电磁(或声)信号，以获取其技术参数、位置以及类型、用途等情报的电子技术措施。它包括电子情报侦察(战略电子侦察)和电子支援侦察(战术电子侦察)。电子情报是从敌方发射的电磁(或声)信号中，经侦察和处理后所得到的技术信息和军事情报。

1)电子情报侦察。电子情报侦察是利用电子侦察设备截获并搜集敌方各种电子设备辐射的电磁(或声)信号，经分析和处理，根据辐射源信号的特征参数和空间参数，确定其类型、功能、位置及变化，为对敌斗争和电子对抗决策提供军事情报。

2)电子支援侦察。电子支援侦察是对敌方电磁(或声)辐射源进行实时搜索、截获、测量特征参数、测向、定位和识别，判别辐射源的性质、类别及其威胁程度，为电子干扰、电子防御、反辐射摧毁、战场机动、规避等战术运用提供电子情报。

(2)电子干扰。电子干扰是利用辐射、反射、散射、折射或吸收电磁(或声)能量来阻碍或削弱敌方有效使用电子设备的技术措施。它包括有源干扰和无源干扰。

1)有源干扰。有源干扰是有意发射或转发某种类型的电磁波(或声波)，对敌方电子设备进行压制或欺骗的一种干扰，又称积极干扰。

2)无源干扰。无源干扰是利用特制器材反射(散射)或吸收电磁波(或声波)，以扰乱电磁波(或声波)的传播，改变目标的散射特性或形成假目标、强散射背景，以掩护真目标的一种干扰，又称消极干扰。

(3)电子防御。电子防御是为消除或削弱敌方的电子对抗侦察、电子干扰及反辐射摧毁的效能，以保障己方电子设备和系统正常工作而采取的战术措施。

1)电子对抗装置。电子对抗装置是用于电子对抗的系统、设备、装置和器材的总称。

2)电子对抗系统。电子对抗系统是由若干电子对抗设备和器材组成的统一协调的整体，一般由侦察、干扰和相应的通信、指挥控制等设备组成，也可由具有一定独立工作能力的各分系统组成，主要用于对敌方各种辐射源信号进行截获、分析、识别、威胁告警，并能引导有源/无源等干扰设备实施干扰。电子对抗系统按平台可分为地面、舰载、机载和星载电子对抗系统等。电子对抗分类如图5.1所示。

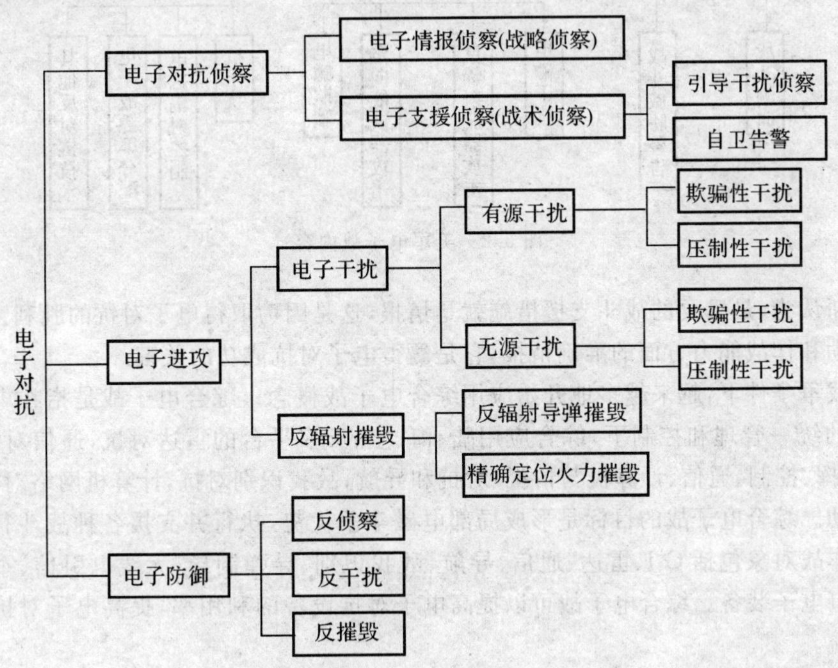

图5.1　电子对抗分类

美国在1992年将"电子战"定义为:利用电磁能和定向能控制电磁频谱或攻击敌人的任何军事行动。其内容如图5.2所示，电子战的主要组成部分是电子进攻、电子战支援和电子防护。这3个组成部分对包括信息战在内的空中和空间作战行动都具有重要意义。电子进攻与电子防护、电子战支援三者必须密切合作，才能有效地发挥作用。正确运用电子战可以提高作战指挥人员实现作战目标的能力，为提高空军的作战效能、降低战损率做出贡献。电子战与技术的进步紧密联系在一起。为了保证作战效果，必须全盘考虑，将电子战纳入整个作战计划之中。电子战是战斗力倍增器。

美国空军认为，电子战要发挥作用就必须满足控制、利用、强化三原则。控制原则是指直接或间接地决定电磁频谱，以便指战员既可以攻击，又可以防御;利用原则是指使用电磁频谱为指战员进行战斗服务，可以使用发现、遏制、破坏、欺骗、摧毁等手段在不同程度上阻断敌军的决策思路;强化原则是指电子战成为部队战斗力的倍增器，控制和利用电磁频谱加大完成作战使命的可能性。

《俄罗斯百科军语词典》对"无线电对抗"的定义:用于探测、侦察和随后的电子压制、摧毁敌人指挥系统和武器系统的一系列综合方法。

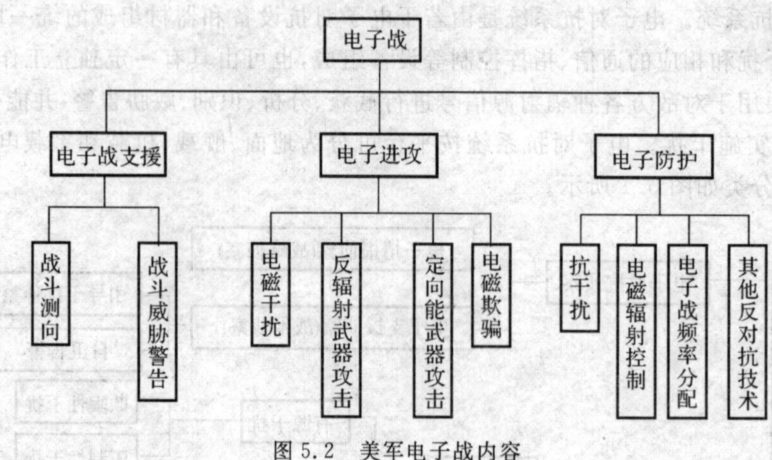

图 5.2　美军电子战内容

俄罗斯认为，最重要的战斗支援措施就是情报，这是因为取得电子对抗的胜利主要依靠有关敌人行动和作战能力方面的准确情报，它是赢得电子对抗成功的关键。

现代战争条件下，越来越多地开始应用综合电子战概念。综合电子战是指在电子战作战指挥单元的统一管理和控制下，综合应用陆、海、空、天多平台的雷达对抗，通信对抗，光电对抗，C^4I（指挥、控制、通信、计算机与情报）对抗和导航，敌我识别对抗，计算机网络对抗，反辐射攻击的活动。综合电子战的目标是形成局部电磁斗争优势，执行并支援各种战斗行动。综合电子战的作战对象包括 C^4I、雷达、通信、导航、敌我识别、导弹制导、无线电引信、军用计算机等所有军事电子装备。综合电子战可以提高电子对抗设备的利用率，提高电子对抗装备的综合作战效能。

综合电子战按综合的方式可分为单平台的综合和多平台的综合。单平台的综合电子战亦称一体化电子战，它应用数据总线把在同一平台上的主处理器与电子侦察、电子干扰等不同电子战设备联结起来，实施综合对抗，包括压制干扰与欺骗干扰、有源干扰与无源干扰、平台内干扰和平台外干扰，对抗多种不同的威胁以达到最佳的对抗效果。

多平台的综合电子战又称区域综合电子战，通常包括电子对抗侦察系统、电子对抗指挥控制中心和电子对抗兵器 3 个部分。它是在特定的作战区域内，应用通信网络将不同的电子战设备或分系统联结起来，进行统一的指挥和控制，以完成区域综合电子战的作战任务。在进攻作战中，电子对抗指挥控制中心综合应用对预警机干扰系统、电子支援干扰系统、反辐射攻击系统等多种类、多手段的电子攻击武器，构成一个软杀伤与硬摧毁相结合，雷达、通信、光电、导航、敌我识别、武器制导对抗相结合的综合性、高强度的电子攻击力量，对重要的作战单元实施直接攻击，摧毁或引导火力打击，以掩护我方攻击机群、攻击舰队、攻击部队的安全突防。在防御作战中，综合利用预警机干扰系统、目标防护系统、陆基干扰系统等对进入我方防区的预警机和攻击轰炸编队实施多层次、全方位、多手段的综合电子防空反击，以瓦解敌方的空中攻击。

5.1.2　电子对抗的分类

(1)电子对抗按技术领域可分为通信对抗、雷达对抗、光电对抗、水声对抗和计算机网络对抗等。

1)通信对抗。通信对抗是采用专门的电子设备，对敌方无线电通信进行侦察、干扰、破坏和扰乱敌方通信系统正常工作，并保障己方实现有效通信的各种战术技术措施的总称。通信对抗包括通信侦察和通信干扰。通信侦察是利用通信侦察设备，对敌方通信信号进行搜索、截获、测量、分析、识别、监视和对通信设备测向、定位的一种电子对抗侦察；通信干扰是利用干扰设备发射专门的干扰信号，破坏或扰乱敌方无线电通信设备正常工作能力的一种干扰。

C^4I系统是现代战争的中枢神经系统，自动化指挥和武器的自动化控制都是利用C^4I系统实现的。在现代战争中，C^4I系统一旦遭到破坏，指挥就会失灵，自动化武器系统就会瘫痪。在C^4I系统中，指挥命令的下达，情报信息的回报、控制指令的传送，都是由通信系统实现的。如果C^4I系统中的通信系统遭到破坏，如同中枢神经中的经络被切断，整个C^4I系统就无法正常运行，军队的指挥控制和武器系统的协同作战就失去保障。因此，通信对抗的任务不仅仅是破坏一两件武器，而是要通过干扰压制敌方通信网来破坏敌方的C^4I系统，以夺取战场的制信息权。

通信对抗设备是用于通信侦察、通信干扰的电子设备和装置的总称。

2)雷达对抗。雷达对抗是采用专门的电子设备和器材，对敌方雷达进行侦察、干扰、削弱或破坏其有效使用，并保障己方雷达正常工作的各种战术技术措施的总称。雷达对抗主要包括雷达对抗侦察、雷达干扰和反辐射摧毁等内容。雷达对抗侦察是利用各种平台上的雷达对抗侦察设备，通过对敌雷达辐射信号的截获、测量、分析、识别及定位，获取技术参数及位置、类型、部署等情报，为制订雷达对抗作战计划、研究雷达对抗战术和发展雷达对抗装备提供依据。雷达对抗侦察分为雷达对抗情报侦察和雷达对抗支援侦察。雷达对抗情报侦察是通过对雷达长期或定期的侦察监视，对敌雷达信号特征参数的精确测量和分析，以提供全面的敌雷达情报。雷达对抗支援侦察主要用于战时对当面之敌雷达进行侦察，通过截获、测量和识别，判定敌雷达的型号和威胁等级，直接为作战指挥、雷达干扰、火力摧毁和机动规避等提供实时情报。雷达告警是一种支援侦察，多用于飞机、舰艇对威胁雷达的实时告警，以便采取对抗措施。雷达干扰是利用各种雷达干扰设备和无源干扰器材，通过辐射、反射、散射和吸收电磁能量的方法来破坏或降低敌雷达的使用效能，使其不能正常探测或跟踪目标。雷达干扰是雷达对抗中的进攻手段，按战术使用方法，分为支援干扰和自卫干扰；按干扰产生原理，分为有源雷达干扰和无源雷达干扰；按干扰作用性质，分为压制性雷达干扰和欺骗性雷达干扰。反辐射摧毁是对雷达进行被动跟踪，并引导反辐射飞行器攻击、摧毁辐射源。

雷达对抗设备是用于对敌方雷达实施侦察、干扰的电子设备和器材的总称。

3)光电对抗。光电对抗是采用专门的光电设备和器材，对敌方光电设备进行侦察、干扰，削弱或破坏其有效使用，并保障己方人员和光电设备正常工作的各种战术技术措施的总称。按光波的性质，光电对抗可分为可见光、红外、紫外和激光对抗。

光电对抗设备是用于光电侦察、光电干扰的光电设备和器材的总称。

4)水声对抗。水声对抗是使用专门的水声设备和器材，对敌方声探测设备和声制导兵器进行侦察、干扰，削弱或破坏其有效使用，保障己方水声设备正常工作的各种战术技术措施的总称。

水声对抗设备是用于水声侦察、水声干扰的电子设备和器材的总称。

5)计算机网络对抗。随着电子技术和计算机技术的发展，以及作战平台的扩展，电子对抗的内涵和分类也越来越广、越来越细，并产生一些新的概念，例如计算机对抗、定向能武器、电磁脉冲武器等，也越来越具有独立的含义。

计算机技术和计算机网络技术的发展，将世界连接成了一个整体，现代化的经济和国防高度依赖计算机及其网络，因此，计算机对抗已变得日益重要，计算机对抗的对象主要是计算机网络。计算机网络分为民用网络和军用网络。民用网络的核心是信息资源，为了保障信息资源的快速传递和共享，网络必须是互联的和开放的。军用网络的核心是指挥，必须保证命令和情报传递的通畅、准确和迅速，它也不可能做到完全的封闭。因此，计算机网络受到攻击是不可避免的。如何实施并使攻击最有效，如何防范攻击或在受到攻击的情况下将损失减少到最小，是当前计算机对抗研究的一个重要方面。

未来高技术战场的指挥、控制、通信、引导和协调将极大地依赖于 C^4I 系统，战时军队作战中的探测、判断、决策和行动将由 C^4I 系统连接成一个有机的整体，谁拥有比较完善的 C^4I 系统并能充分发挥它的作用，谁就能掌握战场主动权，充分发挥兵力和武器的作用，以较小的代价取得大的作战效果。

(2)电子对抗按设备所在的平台可分为陆基电子对抗、海基电子对抗、空基电子对抗和天基电子对抗。这些电子对抗设备虽然安置在不同平台上，但其面向的对象可以位于陆地、海上、空中和太空中。其中，空基电子对抗又可称为航空电子对抗或机载电子对抗。

5.2 电子对抗的发展历史

5.2.1 电子对抗的起源

电子对抗首先萌发于无线电通信应用于军事斗争之后。在这一时期内，电子对抗的特点主要表现为对无线电通信的侦察、破译和分析，对无线电通信的干扰只在战争中偶尔应用。因为当时通过侦察分析敌人的无线电通信，可以得到有关敌人重要的军事情报，所以电子对抗的应用主要偏重于侦察、截获地方的无线电发射信号，而不是中断或破坏它们的发射。此外，也无专用的电子对抗设备，只是利用无线电收、发信及实施侦察和干扰，因此是一种最原始、最简单的电子对抗，是电子对抗的起源阶段。

第一次世界大战期间，无线电通信在各参战国的军队中得到普遍使用，并在作战指挥中发挥了重要的作用，由此推动了电子对抗从临时应变的应用方式发展到有意识应用的实战阶段。

1914 年英、德两国在地中海作战。当时在地中海的德国巡洋舰“格贝恩”号和“布莱斯劳”号，被英国巡洋舰“格洛斯塔”号紧紧盯梢。英国巡洋舰(简称英舰)的任务是把德国巡洋舰(简称德舰)的活动情况用无线电通报给伦敦的海军部，以便调集地中海舰队拦截两艘德舰。然而英舰与海军部的无线电通信联络迅速被德舰先进的无线电设备侦听到，并查明了有关频率等技术参数，于是德舰果断地发射了与英舰无线电设备频率相同的杂乱噪声，严重地干扰了英舰正常的无线电通信，使其信号被埋没在噪声中无法分辨，英舰曾多次改变通信频率企图避开干扰，但都不能奏效。结果德舰突然改变航向，全速开往友好的土耳其达达尼尔海域。这次德舰对英舰的通信干扰可认为是电子对抗的真正开始，因为这是自无线电发明以后，首次有意识地应用无线电波干扰敌方的通信，保护自己军舰的安全。

由于德舰通信电子对抗的成功应用，使英舰不知道德舰的航向而眼巴巴地让两艘德舰从自己的眼皮底下逃掉，由此激发了英国研究电子对抗设备和战术应用的积极性。其中最重要的是研制出无线电测向机，它用于确定无线电台的分布和位置，从中判明敌人的军事部署和行动意图。

随着电子技术的发展，许多国家开始研制和应用无线电导航系统和雷达系统，由此导致了导航对抗和雷达对抗的诞生，使电子对抗从单一的通信对抗发展成为导航对抗、雷达对抗和通信对抗等多种形式，同时也陆续研制出一些专用的电子对抗装备，电子对抗的手段增多、能力提高，作战领域和作战对象不断扩大，对战争胜负起着更明显的作用。

5.2.2 电子对抗的发展

第二次世界大战和战后，电子对抗开始真正形成并大量应用。

第二次世界大战开始不久，英国和德国就集中力量设计军用雷达并研究其战术应用，在战争中广泛采用，作用十分显著。如果能够阻止敌方雷达的有效使用，就能赢得战场优势。因此，雷达很快就成为电子对抗的主要目标，雷达对抗应运而生。

1941 年德国在英国伦敦战役中遭到严重失败之后，英国开始轰炸德国本土。但德国在法国、比利时和德国北部沿英国空军轰炸航线上，安装了被称为“弗莱亚”的远程预警雷达，工作频率为 120～130 MHz，使英国空军轰炸机在德国上空的损失数量日益增加，英国发现这些雷达并查明其工作频率后，立即在专门的飞机上安装了一种称为“轴心”的雷达干扰机，它使用与“弗莱亚”雷达频率相同的随机噪声干扰信号，对雷达实施阻塞干扰。德国为避开这种干扰，采用连续改变雷达频率的方法，而英国则研制出不同频率的干扰机，以覆盖不同的雷达频率。这种雷达对抗使英国轰炸机的损失率在短时间内略有减少。到 1942 年年底英国轰炸机损失又趋向增加。因为德国已组成了一个称为“四柱床”的多站雷达系统和装有“列支敦士登 BC”新雷达的夜间综合防空系统。每站“四柱床”包括一部“弗莱亚”远程预警雷达，两部最新研制的“维茨堡”雷达，一个控制室和一个通信站。其中，新研制的“维茨堡”雷达工作频率为 565 MHz（有 3 个频率交变），采用窄波速旋转天线，它不仅能对地基进行旋转方位搜索和测距，而且能测量敌机的高度，因此在引导歼击机截击和指挥高炮射击敌机两个重要方面提供了非常精确而全面的战术数据。安装在轰炸机上的“列支敦士登 BC”雷达的作用距离为 12 km。德国利用此综合防空系统，沿德国北部海岸建成一个防空网。当实施防空作战时，通常由“弗莱亚”预警雷达首先探测英国来袭的空中编队，并把获取的情报实时通知控制室，指挥一部“维茨堡”雷达引导夜间战斗机拦截敌机，用另一部“维茨堡”雷达跟踪敌机，并在敌机进入射击距离时控制高炮瞄准射击。当德国战斗机距敌机 1.6～3.2 km 时，机上“列支敦士登 BC”雷达就被用来控制机上航炮攻击，使敌轰炸机很难逃脱。德国采用这个综合防空系统后，到 1942 年底，盟军飞机损失大增。英国虽多次派遣“轴心”干扰飞机对“弗莱亚”雷达实施干扰，但盟军飞机的损失并没有明显减少。

经过一段时间研究后，英国才查明了德国防空系统的成功不是依靠“弗莱亚”预警雷达，而是依靠两部“维茨堡”雷达，而英国并不知道这种雷达的频率、脉宽等技术参数，因此无法实施干扰。于是英国用空降部队夺得“维茨堡”雷达的重要部件。盟军根据分析获得了该雷达的主要性能后，便着手设计干扰“维茨堡”雷达的方法。其中一种是美国采用新的称为“地毯”APT－2 干扰机，装在美国 B－17 轰炸机上，对德国“维茨堡”雷达实施压制式干扰，取得了较好的效果。在美国第八航空兵轰炸不莱梅期间，盟军飞机损失减少了 50%。另一种是英国采用的无源干扰箔条，使雷达接收机饱和而无法显示真实目标。1943 年 7 月 24 日，英美联军大规模空袭德国汉堡时，首次使用专门的飞机，共投放了约 250 万盒（每盒含 2 000 根箔条）无源干扰箔条对“维茨堡”雷达实施干扰，每盒箔条散开后所反射的雷达回波可在雷达荧光屏上持续约 20 min，结果德国汉堡地面上所有的“维茨堡”雷达荧光屏上突然出现像有几千架飞机入侵的无数的雷达回波信号，从而破坏了雷达的正常工作。与此同时，791 架联军轰炸机群在无源干扰掩护下飞临汉堡市中心，而汉堡的防空指挥官们因缺乏“维茨堡”雷达提供的情报，无法引导火力和歼击机进行拦截，结果联军轰炸机群在 2.5 h 内把 2 300 t 炸弹倾泻在汉堡港口和市中心，胜利完成历史上一次最可怕的空袭。此后，当第二次袭击汉堡及多次袭击德国其他城市时，盟军都采用了无源干扰手段。在前 6 次空袭中，出动战机 4 000 架次，仅损失 124 架轰炸机，其损失率为 3%，同时德军高炮的射击效果降低了 75%。毫无疑问，对汉堡的空袭是盟军轰炸机执行空袭任务最成功的一次，它的成功在很大程度上归功于简单而有效的无源电子对抗措施，无源干扰物所特有的神奇功能，使它在现代战争中得到广泛应用，是现代电子战的重要组成部分。

在遭到严重打击之后，德国依赖“维茨堡”雷达的防空系统几乎完全失效。因此，德国对防空系统进行全面修改和更新，先后研制出频率为 90 MHz 的机载雷达“列支敦士登 SN2”，并首次使用两种雷达告警接收机。“列支敦士登 SN2”雷达的优点：一是频率较低，其天线可覆盖机头方向 120°的扇面，且发射功率较高，不需要定向发射而可采用宽的波束，使德国轰炸机一收到敌机的编队和大致航向后，就能独立跟踪敌机；二是雷达的作用距离达 64 km，发现距离较远，它使英国采用跟进飞行接近目标攻击的战术失效。借助这种新雷达，德国区域防空就不再严格依靠地面雷达引导，地面引导站只需把战斗机引向敌机编队。当时德国飞机上装备有“纳克奥斯”和“弗兰斯堡”两种雷达告警接收机：前者用于接收英国作为指示目标用的机载雷达 H2S 发射的信号，引导德国飞机拦截英国飞机；后者是一部自导引系统，用于接收英国轰炸机尾部用于告警德国飞机临近的“墨尼卡”警戒雷达。德国利用电子对抗领域的上述进展，初期获得显著成果。当 1944 年盟军空袭柏林时，德国夜间战斗机在严密组织的高炮支援下，有效抗击了英国皇家空军的袭击，使柏林免遭全面破坏。1944 年 3 月夜间，盟军阻止了 795 架轰炸机攻击纽伦堡，德国战斗机利用其雷达告警接收机的引导，在布鲁塞尔上空与英国空军轰炸机编队进行空战，结果盟军共损失 115 架飞机，这对德国是一个重大的胜利，而这次胜利主要归功于德国在电子对抗领域的巨大进步。从此以后，英国和德国曾多次采用各种电子战手段展开激烈的对抗，对每种对抗措施都有一种反对抗措施，对每种反对抗措施又有一种新的对抗措施。到了 1944 年 8 月，英美联军已建立装备“轴心”干扰机、“地毯”干扰机以及无源干扰箔条的专用电子战飞机，4/5 的轰炸机都配备了有源干扰机和无源干扰箔条，美国空军每月干扰箔条的消耗量高达 2 000 t，大量干扰的结果，使德军击落一架飞机的炮弹消耗量从 800 发激增到 3 000 发，电子对抗在这一领域中的作用达到了高潮。

第二次世界大战后期的诺曼底战役，是一次综合应用多种电子对抗措施，以成功实施电子战支援整个战役胜利的范例。

联军首先使用通信欺骗手段，故意“泄密”，制造了联军即将在加莱、布伦方向发起大规模登陆的假象，使德国把重兵调到加莱、布伦地区，放松了对诺曼底半岛的防范。在登陆开始前英美联军通过电子侦察，详细查明了德军设在法国北部沿海的约 120 部雷达的工作特征和部署情况，并用航空兵、火箭等摧毁其 80%以上的雷达，对残存的雷达又用电子干扰飞机施放电子干扰进行压制，致使德军无法查清英美联军的集结情况。另外，英美联军通过多次高密度的空中打击，全部摧毁德军建立的地面干扰站，保证了联军雷达和通信设备的正常工作。登陆发起前夕联军巧妙地运用了无源干扰手段：它们一方面在布伦地区实施海上佯攻，用许多小船装上对无线电波有强烈反射的角反射体，并拖着敷有金属层的气球；另一方面用飞机、舰炮和火箭向小船上空投撒了大量无源干扰箔条，在德国雷达荧光屏上造成了有大批护航飞机掩护大型军舰强行登陆的假象。此外，联军还在布伦附近海岸投放人体模型和偶极子反射体模拟的假伞兵，又以一小批装干扰机和无源干扰箔条的飞机，模拟对德军进行大规模空袭的假象。这些活动持续了 3～4 h，给德军造成了错觉，急忙把大量的海、空力量调往布伦地区，打乱了德军的防御部署。

登陆开始时，英美联军在诺曼底主要登陆方向上，派了 20 多架装“轴心”干扰机的电子干扰飞机对德军雷达施放干扰，使德军部署在沿海的所有的预警和火控雷达完全失效，从而掩护了在英国上空集结的飞机编队飞向欧洲大陆。虽然，德军在卡昂附近的一部雷达未被干扰，并发现了英美联军的活动，但因缺乏其他雷达站的证实，德军雷达情报中心对此情报不敢取信。诺曼底登陆战役参加登陆的 2 127 艘联军军舰，仅被击毁 6 艘，在世界军事史上写下了战役电子战光辉的一页，形成了电子战的第一个高潮。

在越南战场上，由于越南民主共和国(简称北越)首次使用精确制导的防空武器 SA－2 和 SA－7 地空导弹对付美军空中优势，所以从 1965 年 3 月到 1966 年 6 月，越军每发射 8～11 枚 SA－2 导弹就可击落一架美机，致使美机的损失率达 14%。随后，美军制订了一个对付地空导弹的机载电子战设备应急计划，大力研制电子对抗装备和加强战术应用研究。在整个越南战争期间，美国空军电子战的发展有下列几个重要特点：

(1)重点加强作战飞机的自卫电子战能力。各型作战飞机相继加装了由雷达告警接收机、有源干扰机以及无源干扰投放器组成的自卫电子战系统，用于实现自动告警干扰。

(2)大力发展专用电子干扰飞机。专用电子干扰飞机上装备的电子战设备比较完善，既可侦察又可干扰，每次作战中，一架专用电子干扰飞机可掩护 10～15 架飞机突防。

(3)大力发展光电对抗技术。随着光电制导技术的迅速发展，导致了利用红外、激光和电视制导的导弹、炸弹、炮弹等新一代精确制导武器开始投入战场使用。这类武器具有命中精度高、杀伤破坏力大和多目标攻击能力强等特点，其广泛应用导致光电对抗的产生。例如，1972 年越南首次使用苏制 SA－7 红外制导导弹时，曾在 3 个月内击落美机 24 架。随后美军针对 SA－7 的弱点，很快研制了机载红外告警器、红外干扰机以及箔条、红外弹投放器和烟雾等光电对抗设备，对 SA－7 地空导弹进行侦察干扰，逐步减少了美国飞机的损失。因此，以越南战争为契机，将电子战作战领域从雷达对抗、通信对抗发展到光电对抗等多种领域，光电对抗开始发展成为电子战的重要分支。

(4)反辐射导弹开始成为电子战领域中的一支生力军。美军为压制越南防空系统、完成突防任务而研制了反辐射导弹，通过实战使用，该导弹在越南战争中发挥了突出的作用，使美军认识到反辐射导弹是航空兵实施对敌防空压制最重要的电子战武器，是电子战领域中的一支生力军。

以上特点表明，在越南战争中，美军把电子干扰飞机、反辐射导弹和机载自卫电子战系统(含光电对抗)视为空军电子战的三大支柱。美军把北越上空作战飞机的安全突防归功于电子战，电子战已从传统的作战保障手段发展成为对付精确制导武器攻击的重要作战手段。

5.2.3　电子对抗在局部战争中的运用

1. 贝卡谷地之战

贝卡谷地之战是 1982 年 6 月，以色列对部署在叙利亚贝卡谷地的苏制 SA－6 导弹阵地袭击的战争。在战争中，以色列运用了一套适合于现代战争的新战术，把电子战作为主导战斗力要素，以叙利亚的 C^3I 系统和 SA－6 导弹阵地为主要攻击目标，实施强烈电子干扰压制和反辐射导弹攻击，致使叙利亚 19 个地空导弹阵地全部被摧毁，81 架飞机被击落，而以色列作战飞机则无一损失，创造了利用电子战遂行防空压制而获得辉煌战果的成功战例。

在这场战争中，以色列全程运用了电子战。战前，以色列组织了周密的电子情报侦察，多次派出小型无人侦察机在贝卡谷地上空飞行充当诱饵，引诱叙利亚发射 SA－6 导弹制导雷达的频率等技术参数和确切的配置位置，同时在黎巴嫩、叙利亚边境上，设立了许多电子侦察站和监视哨，它们与以色列的 C^3I 系统直接相连。这些电子侦察站和监视哨把截获到的有关叙利亚的雷达、导弹和通信、指挥方面的情报，传送给 C^3I 系统指挥中心集中处理。因此以色列在战前就通过各种侦察手段获得了叙利亚雷达阵地及叙利亚军队（简称叙军）防空系统的大量情报。空袭开始后，以色列又派出装有电视摄像机的“猛犬”无人侦察机进行实时侦察，并不断把叙利亚导弹阵地的电视图像实时传送给 E－2C 预警机和波音 707 电子干扰飞机；同时把叙军战场全貌和各个战斗细节传到以色列指挥部，使以色列从国防部长到前线指挥官都能从电视屏幕上清晰地看到叙军导弹群和以色列军队（简称以军）空袭导弹阵地的实况，并根据战斗实况指挥以军作战。随后又派出一批在机头上装有增强雷达反射波作用的圆锥体“侦察兵”无人侦察机模拟战斗机，引诱叙军导弹制导雷达开机，为以色列地面的“狼”式反辐射导弹提供叙军雷达的频率等技术数据。通过以上侦察活动，以色列准确地掌握了 SA－6 导弹的基本性能及其配置情况，从而为其空袭的成功提供了可靠的电子情报支援。

当以色列空袭叙军导弹阵地时，空袭机群按高、中、低三层进行攻击。第一层高空是远在地中海上空的 E－2C 预警机和波音 707 电子干扰飞机。E－2C 预警机作为空中 C^3I 系统自始至终控制这场空战的实施。它与以色列国家 C^3I 系统中心、地面雷达站、空中战斗机和无人侦察机保持不间断联系。一旦发现敌机，就立即把数据传送给战斗机，准确地引导战斗机到达最佳的攻击航线和角度。波音 707 电子干扰飞机用于担负远距离侦察和支援干扰任务。机上装有雷达、通信和光电侦察设备，S 频段和 C 频段两部雷达干扰机以及高频和超高频通信干扰机等。这些电子战设备能对 20 多种雷达和通信设备进行截获、分析、定位并实施有源和无源干扰，破坏了叙军制导雷达、低空指挥通信，使叙军导弹无法发射，作战飞机与地面之间的无线电通信中断，得不到地面有关航线和攻击的指令。第二层中空是担任空中掩护的 F－15 战斗机编队，利用其先进的机载雷达和电子设备，填补 E－2C 预警机因地形起伏而造成的雷达和指挥“盲区”。第三层低空是 F－16 和 F－4 战斗机攻击编队，它们在 E－2C 预警机的指挥和波音 707 电子干扰飞机的干扰压制下发射“百舌鸟”“标准”等反辐射导弹、“小牛”AGM－65 激光制导炸弹、集束炸弹等彻底摧毁叙军的防空导弹阵地。

当以色列攻击叙军导弹阵地时，叙军紧急起飞米格－21 和米格－23 战斗机进行拦截。然而叙军飞机刚从机场起飞就被 E－2C 预警机的雷达捕获，从而迅速把叙军的机型、方向、速度和高度等数据连续传送给以色列战斗机，并把这些战斗机引导到最佳攻击点，利用 AIM－9L 红外制导导弹等实施拦截打击，同时利用波音 707 电子干扰飞机对叙军低空通信施放强烈的干扰，使叙军在叙利亚边境就失去了与地面的通信联系而得不到攻击的指令。更有甚者是波音 707 电子干扰飞机还利用欺骗通信的方法，把叙军引导到以色列战斗机等待的空域，成为被攻击的“靶子”。由于以色列巧妙地利用无人侦察机、战斗机、电子干扰飞机组成的空中打击力量，在E－2C 预警机的全面指挥下，进行了饱和攻击，彻底摧毁了叙军的导弹阵地并击落大量飞机。

为了保证空袭编队自身的安全，以色列所有的作战飞机都携带了能对付 SA－6，SA－7 等雷达和红外制导导弹的自卫电子战系统，如 AN/ALQ－131，AN/ALQ－135，AN/ALQ－162 等噪声和欺骗干扰机，AN/ALE－43 无源箔条干扰投放器，红外曳光弹，以及 AN/ALR－46A，AN/ALR－56，AN/APR－44 雷达告警接收机和 AN/AAR 系列红外告警器。这些系统组合在一起，构成完整的自卫电子战系统，用于向飞行员发出飞机即将受攻击的威胁告警信号，并自动引导电子干扰机，对航线上的各种导弹、高炮威胁实施压制性和欺骗性干扰，保证空袭编队的安全突防。

综上所述，在贝卡谷地空战中，以色列电子战的应用是十分出色的。以色列在叙利亚上空形成了自卫干扰与支援干扰相结合、有源干扰与无源干扰相结合、压制性干扰与欺骗性干扰相结合、软杀伤与硬摧毁相结合的侦察、告警、干扰、摧毁一体化，可认为是综合应用各种电子战手段和其他作战行动的典范。这场空战雄辩地证明了这种以电子战为主导，并贯彻于战争始终的战争样式是以色列取得这次空战胜利的关键所在。

2. 海湾战争中的电子战

1991 年初爆发海湾战争时，电子战已发展成为高技术战争的重要组成部分。在这场战争中，电子战运用特点更突出。

首先，以电子情报战作为先导和序幕。自伊拉克入侵科威特后到海湾战争爆发前的 5 个多月时间内，多国部队首先发动了电子情报战，严密地组织了一个陆、海、空、天一体化的电子情报和图像情报侦察网，为多国部队战略战术决策提供了大量翔实的情报数据。

在空间，美国部署了 KH－11 和 KH－12 照相侦察卫星和"长曲棍球"合成孔径雷达侦察卫星，摄取伊拉克地面军事装备和地下防御工事的分布概况，日夜监视伊拉克军队（简称伊军）的各种军事行动；使用了电子侦察型"白云"海洋监视卫星，截收伊拉克的雷达和通信情报；秘密发射了"大酒瓶""漩涡"等通信侦察卫星，窃听伊军轻便无线电报话机通信和小分队间的电话交谈情况。

在空中，多国部队按高、中、低空分层部署了美国 U－2R，TR－1A，RC－135B，RF－4B/C 等战略战术情报侦察飞机，RV－1D 固定翼侦察飞机，EH－60A 侦察直升机，"黄蜂"、CL－289 和 CH－124A 无人侦察飞机。这些侦察飞机组成了分层部署、梯次覆盖的空中电子情报侦察网，担负对伊拉克广大地区进行战略情报侦察、战区战术情报侦察和作战效果评价任务，同时把所获取的电子和图像情报与卫星摄取的情报互相印证和相应补充，从而保证了所获取的情报更及时、准确、可靠。

在地面，美国每个陆军师和空降师都配有 AN/TSQ－112，AN/TSQ－114 通信侦察设备和 AN/TSQ－109，AN/MSQ－103A 雷达侦察设备，用于侦收离战区前沿 40 km 纵深地带的电子情报。此外，美国把设在中东地区和地中海的 39 个地面电子侦察站组成一个电子情报收集网，远距离截收伊军的电子和通信情报。

为了全面监视伊拉克的军事行动，多国部队还出动了几十架 E－3A/C 和 E－2C 空中预警机以及 2 架 E－8A "联合监视与目标雷达攻击系统"飞机。战前每天有 2 架飞机升空严密监视伊军的军事活动，多国部队通过 5 个多月的侦察活动，获取了大量有关伊拉克的军事装备和军事力量配置的信号情报和图像情报，为多国部队实施电子战和其他作战行动创造了先决条件。

其次，多国部队以 C^3I 军事信息系统和精确制导武器为目标实施全面电子进攻。在海湾战争中，多国部队共出动 EF－111A，EA－6B，EC－130H 和 F－4G 等 100 多架电子战飞机，它们与 1 000 多架攻击机携带的自卫电子战设备和大量的地面电子战系统结合在一起，在科威特、伊拉克战区形成一个强大的电子攻击力量，对伊拉克的国土防空系统实施集中的、密集的“电子轰炸”。在空袭前约 9 个小时，美国专门实施了代号为“白雪”的电子战行动，出动了数十架 EF－111A，EA－6B 和 EC－130H 电子战飞机，并结合地面 AN/MLQ－34 等大功率电子干扰系统，对伊拉克纵深的雷达网、通信网进行全面的“电子轰炸”，以窒息伊军的 C^3I 系统，致使伊拉克对多国部队的空袭活动和通信往来一无所知，雷达操纵员看不见多国部队的飞机活动情况，甚至伊拉克广播电台短波广播也听不清楚。

空袭开始后，多国部队的 EA－6B，EF－111A，EC－130H 和 F－4G 反辐射导弹攻击飞机率先起飞，在 E－3 和 E－2C 空中预警机的协调、指挥下，再次对伊军的预警雷达、引导雷达、制导雷达、炮瞄雷达和伊军通信指挥系统的语音通信、数据传输通信及战场指挥等实施远距支援干扰、近距支援干扰和随队掩护干扰，以及实施“哈姆”反辐射导弹的直接摧毁。多国部队参战飞机都带有大量先进的自卫电子战设备和 ADM－141 空投诱饵。在这样大规模的、综合的电子攻击下，致使伊军防空体系完全解体，无法组织有力的反击，处处被动挨打。在此次海湾战争中，为了保证突防飞机隐蔽突防到目标区实施攻击而不被敌方发现，多国部队以 F－117A 隐身战斗轰炸机担任空中首攻任务。在 F－117A 的带领下，大批攻击机群突防到巴格达上空进行大规模的空袭，使伊拉克指挥系统和防空系统立即瘫痪。同时，多国部队还利用高功微波弹头破坏伊拉克防空系统。

从以上多国部队电子战的应用特点可以看出：多国部队投入的电子战兵器种类之多、技术水平之高、作战规模之大和综合协同性之强都是现代战争史上前所未有的，仅就电子战飞机来看，就占作战飞机总数的 10％以上，在空袭作战所出动的飞行架次中，执行电子战任务的约占 20％。这些电子战系统有效地保证了其作战行动的有序进行，在 38 天约 11 万架次的空袭中，飞机的损失率降低到 0.04％以下。因此，多国部队在海湾战争中的胜利，实质上是电子战的胜利。

3.科索沃电子战

1999 年 3 月 24 日，以美国为首的北大西洋公约组织（简称北约）对南斯拉夫联盟共和国（简称南联盟）发动了大规模空袭轰炸，战争持续了 78 天。这次电子战的特点变化不大，仍然是以战前大规模的电子侦察为先导。在战争爆发前半年，北约就实施了“鹰眼”计划。在空间，动用了包括 2 颗“长曲棍球”雷达成像卫星、3 颗 KH－12 光学侦察卫星以及气象、GPS 导航和通信等 50 多颗卫星；在空中，使用了“捕食者”无人机、U－2 飞机、P－3 侦察机、“堪培拉”侦察机、RC－135 和 C－160 等飞机；在地面，利用在塞浦路斯、土耳其和意大利的监听站等进行情报收集和分析工作，为实施战时的电子战和精确打击做好准备。

空袭开始前，11 架 EA－6B 电子干扰飞机携带 AGM－11 反辐射导弹对南联盟军队实施远程压制性干扰，使其雷达致盲，通信中断，造成指挥困难。战斗中，持续使用了 EA－6B 电子干扰飞机和 EC－130H 通信干扰飞机进行支援干扰，掩护作战飞机顺利完成任务。

但是，由于南联盟具有一定的电子对抗的能力，所以在这次战争中也暴露了北约在电子战方面准备仍有不足之处，这突出地表现在 F－117 飞机被击落一事上。F－117 飞机被击落前，负责保护它的 RC－135 飞机正在加油，未向 F－117 飞机及时告警，而且，通常应该对 F－117 飞机实施掩护的电子战飞机 EA－6B 也未能提供有效的保护。这次战争中暴露出的不足，为

2003年以美国为首的联军对伊拉克战争提供了改进的思路。

这次电子战另一个重要的特点是南联盟以弱小的实力进行了有效的电子对抗，从而最大限度地保存了自己的有生力量。南联盟针对北约强大的情报侦察能力，主要利用“藏”和“伪装”的方法对武器装备进行隐蔽。例如，将坦克隐蔽在树林中，利用树叶的绝热特性躲避热成像探测；利用苏联的伪装网覆盖武器装备，在坦克附近燃放油灯迷惑“锁眼”卫星的侦察；将军用飞机隐藏在民航飞机的阴影下，制作安放了大量假目标，隐“真”示“假”，适时投放箔条等无源干扰物，将来袭的导弹或精确制导炸弹诱离预订目标或使其制导系统失灵；实行无线电静默，雷达和通信设备很少开机，即使开机，也严格控制开机时间，尽量不使用固定雷达站和导弹发射站，充分利用光学观测手段、活动雷达等构成战场信息链，更多地使用有线通信，防止被侦察和被干扰。

综上所述，通过对电子战发展史的回顾和电子战理论的新发展不难看出，由于军事电子技术与现代军事手段紧紧地融合在一起，使得军事电子技术成为直接影响武器系统乃至整个军事系统整体综合作战能力的关键因素，一旦先进的电子技术装备遭到破坏，军队的战斗力就会立刻被削弱。因此，围绕着电子技术的应用与反应用而展开的电子战，便成为一种崭新的作战样式出现在陆、海、空、天各个战场上，并涉及参战的诸兵种以及几乎所有的军事领域。在现代化战争中，尤其是高科技局部战争中，电子对抗将对战争的进程起到决定性的影响。如果没有先进的电子对抗装备，就会丧失制电磁权，没有制电磁权，就没有制空权，进而失去战场的主动权。因此，在现代化战场上“制电磁权”是夺取战争主动权的先决条件，是赢得战争胜负的关键要素，也是现代战场上军事行动的最大特点。

5.3 航空电子对抗的概念及其在战争中的地位和作用

航空电子对抗是电子对抗的重要组成，它在电子对抗的发展史上一直占据着主要地位。航空电子对抗主要包括专用侦察飞机、远距离支援干扰飞机、随队支援干扰飞机和作战飞机自带的自卫电子对抗设备。

专用侦察飞机装载各种侦察设备，包括通信、雷达、光电和语音等，其中雷达侦察专门用于截获、分析、记录敌方雷达电磁辐射信号并对目标进行测向、定位。和平时期，它主要收集获取战略性情报和辐射目标的详细信号参数，作为信息储备；战时则主要用于发现目标，向指挥员或攻击部队提供实时的辐射源信息。电子侦察飞机包括有人驾驶和无人驾驶两种。无人驾驶侦察飞机可以进入敌方区域实施侦察。最新的无人驾驶侦察飞机还具备了对战术目标的打击能力。

远距离支援干扰飞机、随队支援干扰飞机和作战飞机自带的自卫电子对抗设备用于电子对抗进攻和保护空中目标。

远距离支援干扰飞机实施的干扰属于防区外干扰。由于远距离支援干扰飞机所装备的干扰设备功率大、体制全，可同时干扰多种威胁目标，所以在较远距离时，由它来实施干扰，压制敌防空雷达体系。但远距离支援干扰飞机一般使用大型运输类飞机，要求在敌武器系统攻击范围以外活动。一方面，远距离支援干扰信号由于距离远，受功率大小的限制，它只能大幅度压缩被干扰对象的作用距离，而不可能完全破坏它们的工作。另一方面，由于敌雷达会设法跟踪作战飞机，当战斗机群进入敌武器系统攻击范围、脱离远距离支援干扰飞机时，远距离支援干扰信号从雷达旁瓣进入，效果下降，此时主要依靠随队支援干扰飞机实施干扰掩护。

随队支援干扰飞机与作战飞机一起进入作战区域，掩护作战飞机继续突防或作战。当接近或到达作战区域时，随队支援干扰飞机的干扰能力下降，或作战飞机分散行动后不能为每架飞机提供支援，这时，就要依靠作战飞机自带的自卫电子对抗装备了。

当然，如果有一种飞机能同时满足远距离和随队支援的要求，可以只使用这种飞机，这也正是未来的发展方向。

当使用有源干扰时，还可以使用无源器材实施大规模的掩护干扰。其方法是在飞机将要通过的走廊上抛洒大量的箔条丝，利用箔条丝对雷达波的反射特性形成大面积的回波区，造成压制性的干扰，以掩护在此走廊上飞行的飞机。

作战飞机自带的自卫电子对抗设备是为保护本机安全而设置的，主要包括雷达告警器、导弹逼近告警器、有源干扰系统、箔条/红外弹投放器和机载诱饵。它针对敌方威胁信号源，主要是跟踪雷达和雷达制导导弹的导引头进行威胁告警和施放干扰，干扰功率较小，因此，能保护的目标和距离都有限。但它对干扰技术要求高，干扰针对性强，大量采用欺骗式干扰，干扰效果好。

5.3.1 电子对抗在防空作战中的作用

现代防空体系由探测预警、指挥控制和拦截打击 3 个系统组成。这种防空体系中包括防空预警雷达网、通信网、指挥引导网、防空歼击机群、防空高炮群和地对空干扰群等，由它们组成了多层次、多手段、全方位的一体化防空体系在执行国土防空任务。其中，指挥系统是现代防空体系的核心。通过 20 世纪多次局部战争的发展，为灵活、快捷和准确地实现指挥控制，并且为站得高、看得远，逐渐将指挥控制系统搬上飞机，形成了以预警机为主体的指挥、控制、通信和信息系统为一体的 C^3I 系统。

电子对抗与 C^3I 系统密切配合，起着主动防御的作用：

(1)对敌空袭系统进行干扰，对它的雷达、通信和信息系统进行干扰；

(2)对来袭敌机的通信、导航、告警、敌我识别系统进行干扰；

(3)对低空进入敌机的地形回避雷达进行干扰，迫使它上升高度，有利于防空火力跟踪打击；

(4)对敌大功率干扰飞机、空中预警机进行无源交叉定位，使用地空干扰机群实施干扰，并引导防空武器进行攻击；

(5)对敌雷达、红外、激光制导导弹(炸弹)进行电子和光电欺骗和伪装；

(6)防空告警；

(7)引导地空、空空反辐射导弹摧毁敌来袭兵器。

5.3.2 电子对抗在空中进攻中的作用

在现代大机群空中进攻作战中已经形成了以电子侦察飞机为基础，预警机为指挥中心，反辐射攻击机为先锋，专用电子战飞机为支持，以歼击机为空中掩护，各种攻击和轰炸机为主要打击力量，空中加油机和运输机为重要保障的合成作战编组，构成了一个侦察、预警、指挥、干扰、掩护、保障等一体化空中进攻作战系统，各机种功能互补、相互配合、密切协同、软硬结合，力求重点打击，速战速决。

根据空中进攻作战的不同阶段，运用电子对抗有着不同的特点。

1. 进攻准备阶段

利用空中、空间、地面、海上的侦察手段，实施长时期、全天候、全频段、全方位的电子侦察和监视，以弄清敌情，便于正确决策。

2. 进攻开始阶段

突防编队面临敌方空地一体的警戒预警威胁，为了隐藏编队的作战意图，一方面用地面大功率干扰机大扇面地干扰敌预警机；另一方面出动专用干扰飞机在战区外(200 km处)盘旋飞行，干扰敌方地面警戒雷达。

3. 空中进攻第二阶段——向敌区飞进阶段

首先必须利用专用通信干扰机干扰敌方预警机与地面引导站的通信指挥联络。同时，随队干扰飞机和突防飞机的自卫对抗系统均要对敌方机载火控雷达及空空导弹实施干扰。

4. 第三阶段——临近战区及作战阶段

要对付敌方地面火力威胁，主要是地空导弹制导雷达和高炮炮瞄雷达。一方面支援干扰飞机和自卫干扰机实施压制性和欺骗性干扰；另一方面使用反辐射导弹摧毁敌方雷达，保证突防与作战的顺利进行。

5.4 电子对抗信号环境及其特点

在电子对抗的环境中，电子对抗设备所遇到的信号环境异常复杂，归纳起来有3个特点。

1. 辐射源数量多，信号复杂、密度大

由于军事装备电子化程度越来越高，以及要求抗干扰性能提高，使信号密度越来越大，信号越来越复杂。随着无线电通信在军用和民用中的普及，通信频段范围内的信号已达到接近饱和程度，据统计，俄罗斯平均每个师拥有各种电台达4 000部以上。对雷达来说，自动化兵器的普及、雷达大量使用，使之在战场空间的信号脉冲流量密度大为增加。在20世纪50年代，雷达信号密度约10^5个/s，现已达10^6个/s以上；并且信号种类繁多，参数多变。雷达由PD雷达、脉冲雷达、频率捷变雷达、重频跳变雷达等，它们的信号样式、调制方法都不同。现代通信除常规通信外，还出现了跳频通信、扩频通信以及它们相结合的通信，使信号样式异常复杂，增加了电子对抗的难度。

2. 各领域频率范围变宽，信号交叠严重

随着各种技术的不断进步，许多设备的使用已突破了传统电磁频谱划分对它们的限制，产生了大量信号交叠问题；同时，信号频率范围的扩展，给电子对抗设备的兼容带来了很大问题。

3. 信号强度差别很大

从雷达角度来说，各种雷达输出功率及天线增益差别很大，致使电子对抗设备收到的信号强度差别很大，再加上雷达离电子对抗设备的距离差别大，这样造成对抗设备接收到的信号强度变化更大，这个接收信号强度的变化范围通常称之为动态范围。目前这种差别可达几万倍甚至到几百万倍，电子对抗设备都必须适应。

5.5 电子对抗作战效能评估简介

5.5.1 电子对抗作战效能评估概述

电子对抗作战效能评估，是利用一切可能的手段定量计算和评估电子对抗武器系统或电子对抗作战在执行特定作战任务时所能达到预期可能目标的程度，一般分为实战评估和实验评估两类。

实战评估是给定的电子对抗系统在战争过程中使用后，对其作用和效果的评价和估计。实验评估使用的是仿真实验方法，包括全实物物理仿真、半实物物理仿真和计算机仿真等几种类型。全实物仿真实验就是参加实验的设备，包括实验设备和被验设备都是实际的设备，其逼真性好，但费用昂贵，保密性差；半实物物理仿真的被验设备是实际设备，而实验环境则是由仿真设备用物理方式生成的，其特点是逼真、灵活、可重复性和保密性好，自动化程度高。计算机仿真的特点是实验环境和参试设备的性能和工作机理，都是由数学模型和各种数据表示的，实验过程则是由计算机软件控制，并通过计算机的演算得到实验结果，灵活、廉价，与系统设计密切结合，逼真性取决于模型建立的准确性，其软件设计技术难度大。

电子对抗是高技术条件下现代战争中极为重要的一种作战手段，利用这种作战手段，在战场上能发挥怎样的作用？如何更好地使用电子对抗装备系统？如何更好地安排电子对抗的作战行动，使电子对抗发挥更大的作战效能？这些问题的解决，需要对电子对抗作战效能进行科学深入的分析，揭示其内在规律，以便更好地掌握和驾驭电子对抗这一高技术手段。

对电子对抗作战效能的分析，不能只停留在定性的基础上。战斗力的“倍增器”到底怎样倍增了硬武器的战斗力？倍增了多少？作为“保护器”到底怎样保护了己方的武器系统和战斗人员？毁伤降低了多少？这是从事电子对抗作战、教育、训练、科研、决策的人员必须深入进行研究、认真给以回答的问题。这一问题的解决，需要对电子对抗作战效能进行定量评估。特别重视对电子对抗作战效能的定量评估，还有以下原因。首先，电子对抗是一种新的作战手段，其作战效能研究刚开始，有大量的基础研究工作需要进行。其次，电子对抗是依靠削弱和破坏敌方电子设备的效能来影响敌方硬武器的杀伤效能的，影响敌方 C^3I 系统的正常工作，对战斗过程的影响十分复杂，这使得对电子对抗作战效能进行定量分析来预测其效果变得更加重要。第三，只有在分析了电子对抗作战效能的基础上，才能更深入、更细致、更准确、更科学地探讨电子对抗的作战方法，诸如确定兵力分配、侦察机和干扰机配置、使用时机等一系列战术问题。最后，由于电子对抗装备耗资巨大，保密性强，电子对抗演习常常需要陆、海、空等各军兵种合同进行，这使得建立“电子对抗计算机作战模拟实验室”变得更加重要；而建立电子对抗计算机作战模拟模型的基础，是电子对抗作战效能的定量分析。

5.5.2 电子对抗作战效能评估的途径

衡量作战效能的最重要的指标是毁伤敌方人员、武器系统、重要目标的毁伤数目和我方人员、武器系统、重要目标的毁伤数目。

要把电子对抗同作战毁伤挂起钩来，中间要经过两个环节：第一要定量分析采取某一电子对抗措施后，敌方电子设备使用效能被削弱、受破坏的程度；第二要定量分析敌方电子设备使用效能被削弱、受破坏的程度对作战毁伤的影响。

为了避免问题的不确定性，应重点研究前一个问题，即在采取某一电子对抗措施后，评估敌方电子设备的使用效能被削弱、受到破坏的程度。研究这一问题要做以下工作：

(1)建立评定电子对抗作战效能的指标体系，确定衡量敌特定电子设备使用效能被削弱、受破坏的程度的标准。这个标准必须反映电子设备的主要功能，并可以定量计算或测量，它的大小对作战进程和作战毁伤的影响应该是明显的。例如，可以把对敌雷达压制区域和敌雷达发现概率、制导精度降低的程度作为雷达对抗的单项效能指标；把电子对抗侦察截获辐射源的百分比、敌雷达被干扰压制的百分比，作为电子对抗的系统效能指标。

(2)给出上述作战效能指标的计算方法和估值方法，主要有以下几种：战场实地检测；在演习或实验时进行实地测量；理论计算电子对抗作战效能指标；利用电子计算机作战模拟方法评估电子对抗作战效能。

比较上述方法，前两种方法所得数据较为可靠，有重要参考价值。但从战场上得到的数据毕竟有限，有时条件也不具有普遍性。演习或实验时进行实地测量的方法耗资巨大，也不能经常使用。因此，后两种方法，尤其是电子对抗计算机作战模拟，是研究电子对抗作战效能的既快又省钱的好办法，为世界各军事强国所重视并普遍采用。海湾战争中，美军空前广泛、深入地将作战模拟应用于实践，取得了巨大的成功。当前，结合世界上发生的高技术条件下局部战争的经验和我军现有或即将有的装备，以热点地区可能发生的局部战争为背景，有计划地建立一批电子对抗作战模拟模型，例如空战和防空作战中的电子对抗模型，海战中的电子对抗模型，炮战中的电子对抗模型，通信对抗模型，雷达对抗模型，C^4I 对抗模型等，是我军电子对抗军事学术研究的重要课题。要建立一个合理的电子对抗模型，应该积累一定的实战资料和实验数据，应该建立一整套电子对抗作战效能的定量计算方法，这是电子对抗计算机作战模拟的基础。

5.6　电子对抗的发展前景

20 世纪末期，信息技术的飞速发展导致了全球范围内的信息技术革命，其影响已渗透到军事领域，武器系统将向信息化发展，信息化武器将大量出现，新军事革命一触即发。

武器系统信息化是指利用信息技术和计算机技术，使预警探测、情报侦察、精确制导、火力打击、作战指挥与控制、通信联络、战场管理等领域的信息采集、融合、处理、传输、显示实现联网化、自动化和实时化。信息化武器系统主要由信息化作战平台、信息化弹药、单兵数字化装备和由通信、指挥、控制、计算机与情报、监视、侦察系统等构成的 C^4ISR 系统组成。C^4ISR 系统是整个信息化武器系统和军队的神经和大脑，可使指挥人员实时、全面了解任何地点发生的事件，作战人员能随时知道自己的位置，能与任何地点的上级保持联系，能为精确制导武器实时提供目标信息。整个战场上各军兵种的武器系统、作战平台、保障装备将连为一体，使战区内的火力单位和作战单位紧密配合，协调行动。

信息化武器系统的发展，把战场连成一个整体，使得作战双方的对抗首先围绕着信息的收集、处理、分发、防护而进行，作战的核心将变成信息战。

信息对抗是近年出现的、比电子对抗含义更广的一个新名词，它包括传统的电子对抗、计算机网络对抗、信息控制、指挥自动化的控制与反控制等，它将传统电子对抗在电磁领域斗争的概念扩展到了整个电子信息领域，将促进电子战向信息战发展，战争的面貌将发生很大的变化。

近年，几次大规模的计算机网络攻击与反攻击均与军事斗争相关。从公开的角度看，可以认为是信息对抗通过民间方式在计算机网络上的一种演习。

1999 年当北约空袭南联盟时，北约成员国的计算机网络受到了全世界范围内的黑客攻击，很多站点，包括政府网站都被黑客攻破，或使网站无法工作，或更换了网页内容，极大地影响了网络的使用。2001 年 5 月 1 日前后，中美两国计算机黑客围绕中美撞机事件爆发了大规模的计算机网络攻击，使双方包括大量政府网站在内的网络受到影响，甚至一度瘫痪，造成的影响非常大。这些事件在很大程度上提高了各国对信息领域对抗的重视。

随着依靠 GPS(全球定位系统)进行精确制导武器的大量使用，军事上对 GPS 的应用和开发也越来越广泛。

针对这种发展趋势，美国提出了“导航战”的概念，它是针对 GPS 在未来军事应用中可能遭遇的对抗局面而展开的有关技术及技术措施的研究，其内涵主要包括：绝不允许用高精度的 GPS 导航来对付自己的部队或国家利益；保证民间采用 GPS 时受到的损害最小，保证战场上的友邻部队能接收同一系统。“导航战”是继“信息战”之后电磁领域斗争内的又一新概念。

总之，电子对抗的发展趋势是随着技术的进步和应用而不断发展的，电子对抗在空间上将拓展到太空，未来太空领域的电子对抗将越演越烈。电子对抗装备技术将向一体化综合电子对抗系统发展，分布式电子对抗系统的网络化作战使用将极大提高电子对抗系统的综合效能。隐身反隐身斗争和新型无源探测系统也是电子对抗发展的一个重要方向。

第6章 电子侦察

现代导弹武器系统的广泛使用，对飞机等武器平台构成了严重威胁。为了对抗这类威胁，电子支援系统需要对敌方辐射源进行截获、识别、分析和定位，以便提供告警和战场情报信息。电子支援系统所侦察的信号包括雷达、通信、红外辐射等，内容十分广泛。由于篇幅的限制，本章将研究的内容限定在雷达电子支援领域。雷达电子支援即对雷达的电子侦察，它使用射频侦察设备截获敌方雷达所辐射的信号，并经过分析、识别、测向和定位，以获得战术、技术情报。雷达电子侦察是实施电子攻击、电子防护的基础。

6.1 概 述

6.1.1 雷达侦察的基本内容

雷达侦察的目的就是从敌方雷达发射的信号中检测有用的信息，并与其他手段获取的信息综合在一起，为我方指挥机关提供及时、准确、有效的情报和战场信息。

雷达侦察是雷达电子战的一个重要组成部分，也是雷达电子战的基础。其主要作用是情报侦察，获取数据，实时截获敌雷达信号，分析、识别对我方造成威胁的雷达类型、数量、威胁性质和威胁等级等有关情报，为作战指挥、实施雷达告警、战术机动、引导干扰机、引导杀伤性武器对敌方雷达进行打击等战术行动提供依据。具体地说，雷达侦察的主要内容有以下几点。

1. 截获雷达信号

截获雷达信号是侦察的首要任务。雷达信号的类型包括目标搜索雷达、跟踪照射雷达以及弹上制导设备和无线电引信等辐射的信号。

侦察设备要能截获到雷达信号，必须同时满足以下3个条件：方向对准，频率对准，灵敏度足够高。

由于雷达辐射电磁波是有方向的、断续的，所以只有当侦察天线指向雷达，同时雷达天线也指向侦察接收机方向时（旁瓣侦察除外），也就是在两个波束相遇的情况下，才有可能截获到雷达信号。侦察天线与雷达天线互相对准的同时，频率也必须对准。雷达的频率是未知的，分布在30 MHz～140 GHz极其广阔的范围内。可以设想在方向上对准的瞬间（几毫秒至几千毫秒）内，侦察接收机的频率要在宽达数万兆赫的频段里瞄准雷达频率，是很不容易的。除方向、频率对准之外，同时还要求侦察设备有足够高的灵敏度，以保证侦察接收机能正常工作。

2. 确定雷达参数

对截获的信号进行分选、测量，确定信号的载波频率（RF）、到达角（AOA）、到达时间（TOA）、脉冲宽度（PW）、脉冲重复频率（PRF）和信号幅度（PA）等。

3. 进行威胁判断

根据截获的信号参数和方向数据，进行威胁判断，确定威胁性质，形成各种信号环境文件，存储在数据库和记录设备中，或直接传送到上级指挥机关。

6.1.2 雷达侦察的分类

根据雷达侦察的具体任务，雷达侦察可相应分为以下5种类型。

1. 电子情报侦察(ELINT)

“知己知彼，百战不殆”，这是适用于古今中外的普遍真理。电子情报侦察术语战略情报侦察，要求能获得广泛、全面、准确的技术和军事情报，为高级决策指挥机关和中心数据库提供各种翔实的数据。雷达情报侦察是信息的重要来源，在平时和战时都要进行，主要由侦察卫星、侦察飞机、侦察舰船、地面侦察站等来完成。为了减轻侦察平台的有效载荷，许多ELINT设备的信号截获、记录与信号处理都是在异地进行的，通过数据通信链联系在一起。为了保证情报的可靠性和准确性，电子情报侦察允许有比较长的信号处理时间。

2. 电子支援侦察(ESM)

电子支援侦察属于战术情报侦察，其任务是为战术指挥员和有关的作战系统提供当前战场上敌方电子装备的准确位置、工作参数及其转移变化等，以便指战员和有关的作战系统采取及时、有效的战斗措施。电子支援侦察一般由作战飞机、舰船和地面机动侦察站担任，对它的特殊要求是快速、及时地对威胁程度高的特定雷达信号优先进行处理。

3. 雷达寻的和告警(RHAW)

用于作战平台(如飞机、舰艇和地面机动部队等)的自身防护。雷达寻的和告警的主要作战对象是对本平台有一定威胁程度的敌方雷达和来袭导弹。RHAW能连续、实时、可靠地检测出它们的存在、所在方向和威胁程度，并且通过声音或显示等手段向作战人员告警。

4. 引导干扰

所有雷达干扰设备都需要由侦察设备提供威胁雷达的方向、频率、威胁程度等有关参数，以便根据所辖干扰资源的配置和能力，选择合理的干扰对象、最有效的干扰样式和干扰时机。在干扰实施的过程中，也需要由侦察设备不断地监视威胁雷达环境和信号参数的变化，动态地调控干扰样式和干扰参数以及分配和管理干扰资源。

5. 引导杀伤武器

通过对威胁雷达信号环境的侦察和识别，引导反辐射导弹跟踪某一选定的威胁雷达，直接进行攻击。

6.1.3 雷达侦察的特点

1. 作用距离远、预警时间长

雷达接收的信号是目标对照射信号的二次反射波，其能量反比于距离的四次方；雷达侦察接收的信号是雷达的直接照射波，其能量反比于距离的二次方。因此，侦察机的作用距离远大于雷达的作用距离，一般在1.5倍以上，从而使侦察机可以提供比雷达更长的预警时间。

2. 隐蔽性好

雷达侦察是靠被动地接收外界的辐射信号工作的，因此具有良好的隐蔽性和安全性。

3. 获取的信息多而准

雷达侦察所获取的信息直接来源于雷达的发射信号，受其他环节的“污染”少，信噪比高，因此信息的准确性较高。雷达信号细微特征分析技术，能够分析同型号不同雷达信号特征的微小差异，建立雷达“指纹”库。雷达侦察本身的宽频带、大视场等特点又扩大了信息来源，使雷达侦察获得的信息非常丰富。

雷达侦察也有一定的局限性，例如情报获取依赖于雷达的发射、单侦察站一般不能准确测距等。因此，完整的情报保障系统需要有源、无源多种技术手段配合，取长补短，才能更有效地发挥作用。

6.1.4 雷达侦察设备的基本组成

典型雷达电子支援(侦察)设备的基本组成如图 6.1 所示。

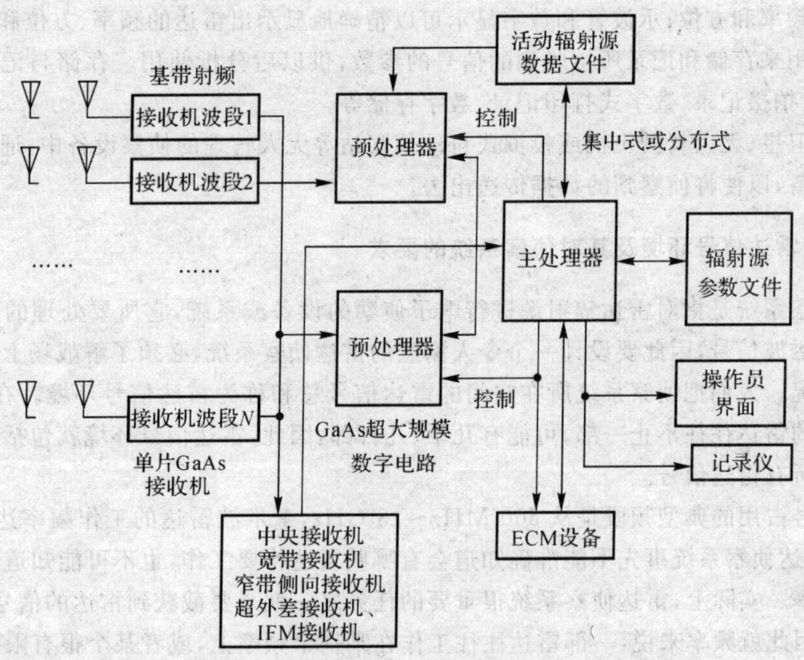

图 6.1 雷达电子支援设备的基本组成

天线阵覆盖雷达侦察设备的测角范围(Ω_{AOA})，并与测向接收机组成对雷达信号脉冲到达角(θ_{AOA})的检测和测量系统，实时输出检测范围内每个脉冲的到达角(θ_{AOA})数据；同时，天线阵还与测频接收机组成对其他脉冲参数的检测和测量系统，实时输出检测范围内每个脉冲的载频(f_{RF})、到达时间(t_{TOA})、脉冲宽度(τ_{PW})、脉冲功率或幅度(A_P)数据，有些雷达侦察设备还可以实时检测脉冲内调制，输出脉冲内调制数据(F)，这些参数组合在一起构成脉冲描述字(PDW)，实时交付信号预处理器。

由于天线用来接收雷达信号并测定雷达的方向，故对天线的主要要求如下：具有宽频带性能；保证所需要的测向精度；能接收多种极化的电波；天线旁瓣尽可能小。因为采用一个天线全部满足这些要求是比较困难的，所以一般都用几个甚至几十个宽频带天线组成天线阵。常采用的宽频带天线有喇叭天线、各式螺旋天线、宽波段振子以及带反射面(如抛物面)的天线等。对测向设备的主要要求是测向迅速，具有一定测向精度和分辨率。

测频接收机用来接收雷达信号并测定雷达的工作频率。对测频接收机的主要要求如下：能覆盖尽可能宽的频率范围；具有快速截获信号的能力；有足够的灵敏度和动态范围；有一定的测频精度等。为了能覆盖全波段，往往采用多部接收机组成一个接收系统。由于对接收机的灵敏度要求不高，所以可采用直接检波式接收机。但为了增大侦察距离、提高测量参数的精度、进行旁瓣侦察，目前常使用灵敏度较高的超外差式接收机。

信号主处理器是用来选取预处理分类缓存器中的数据，按照已知的先验参数和知识，进一步剔除与雷达特性不匹配的数据，然后对满足要求的数据进行雷达辐射源检测、参数估计、状态识别和威胁判别等，并将结果提交显示、记录、干扰控制设备及其他设备。

操作员界面主要指显示器，用来指示雷达的频率、方位和信号参数。显示器的形式有音响显示、灯光显示、指针显示、示波管显示和数字显示灯。指示灯和扬声器一般用来报警和粗略指示雷达的频率和方位；示波管和数字显示可以精确地显示出雷达的频率、方位和其他参数。

记录器用来存储和记录所接收到的信号的参数，供以后分析使用。存储与记录的方法包括磁带记录、拍摄记录、数字式打印记录、数字存储等。

在侦察卫星、无人驾驶飞机或投掷式自动侦察站等无人管理的侦察设备中，通常还需要有数据传输设备，以便将侦察到的数据传送出去。

6.1.5 雷达信号环境及其对侦察系统的要求

雷达侦察系统是指对雷达辐射源进行电子侦察的设备或系统，它所要处理的对象是雷达发射出的电磁波信号，因此要设计一个令人满意的雷达侦察系统，必须了解战场上可能遇到的雷达信号情况。人们把侦察系统所在空间的雷达信号总和称为雷达信号环境。在实际中，侦察系统周围的雷达往往不止一部，可能有几十、几百部，因此，雷达信号环境就包括了这些可能被接收到的所有雷达信号。

雷达信号占用的典型频段是从 500 MHz～18 GHz，毫米波雷达的工作频率达到 40 GHz 甚至更高，雷达侦察系统事先不能准确知道会有哪些雷达将要工作，也不可能知道这些雷达发出信号的频率。实际上，雷达侦察系统很重要的任务之一就是要截获到雷达的信号，测量出信号的频率。因此就频率来说，一部雷达往往工作在某一个频率上，或者某个很有限的频率范围内，通常限制在中心工作频率的 10%范围内。例如，中心频率是 5 GHz 的雷达，工作频率范围一般在 4.75～5.25 GHz 范围内。而侦察系统要侦察各种类型的雷达，就需要能工作在雷达信号可能存在的所有频率上，就是说需要有极宽的工作频率范围。有许多支援侦察系统就具有从 500 MHz～18 GHz，或从 100 MHz～40 GHz 的工作频率范围。雷达侦察的宽频带特点与雷达设备有着极大的差别。

在方向性上，雷达可能处在侦察系统的任何一个方向上，如果希望侦察系统反应迅速，能够抓住一闪即逝的雷达信号，就要求它具有侦察的全方向性。

人们把当前的雷达信号环境特点概括为密集的、复杂的和多变的。

在现代战争中，许多武器系统都和雷达相联系，可以说在作战的海、陆、空各个层面和各个作战环境，都离不开雷达。这种状况使参与作战的雷达数目越来越多，因此雷达信号环境的密集型首先反映在雷达的数目上。曾经有文献对 20 世纪 70 年代末华沙条约组织(简称华约)和北约对峙地区的情况作了这样的估计：在 1 000 km^2 的范围内，各种雷达的数目可以达到 129 部。因此，现代先进的雷达侦察系统需要具有对付 100 部以上，甚至 500 部以上雷达的能力。

雷达的数目从一定程度上反映了信号环境的密度特点。反映密集程度的更直接的指标是每秒钟有多少雷达脉冲，称为脉冲密度。在 12 192 m(4×10^4 ft)高空，侦察接收机在 20 世纪

70年代可能接收到的雷达脉冲密度达到每秒40万个,80年代达到每秒100万个,90年代达到大概每秒100万至1 000万个。雷达信号环境的高密度和高增长趋势,要求侦察系统具备快速测量与处理信号的能力。现代支援侦察系统都已具备在每秒100万脉冲的信号环境下工作的能力。

雷达信号环境的复杂性表现在两个方面。首先在多雷达的环境条件下,各个雷达发射的脉冲在时间上交叠在一起,如图6.2所示。图中假设有3部雷达照射在侦察设备上,每一部雷达的脉冲序列都是有规律的。但是像图中最下面的脉冲序列表现的那样,当3部雷达的脉冲各自按时间顺序到达侦察接收设备时,它们的脉冲看起来杂乱无章地排列在一起,不可能从时间顺序上直接把某一部雷达的脉冲挑选出来。因此,侦察系统必须具有很强的信号处理功能,把交叠的雷达脉冲分离开来。

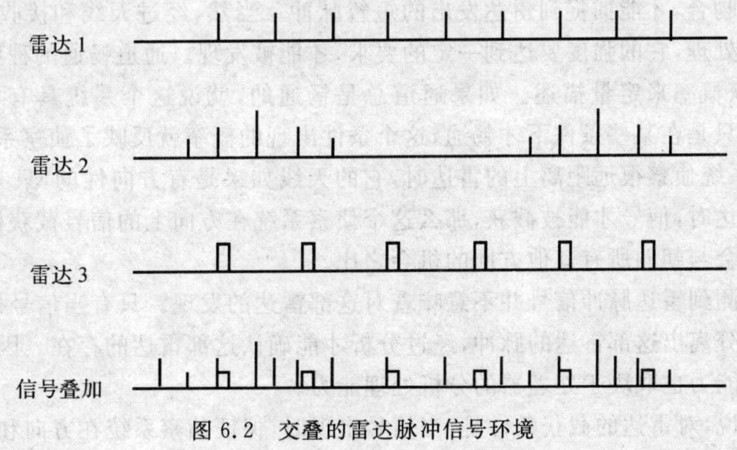

图6.2 交叠的雷达脉冲信号环境

信号环境的复杂性还表现在雷达信号的形式是多种多样的。有的雷达具有最典型的周期脉冲形式,习惯上称为常规雷达;有的雷达的波形是特殊的,例如脉冲压缩雷达在一个脉冲内部引入了频率或相位的调制;有的雷达在脉冲重复周期上不是简单的单周期,例如3种重复周期、重复出现的重频三参差信号等。

同时,雷达信号的形式或者参数还可以是变化的。从工作频率看,存在频率捷变或调频等不同形式,其中频率捷变信号的载频可以随机调变,每个脉冲都不一样;雷达的脉冲重复间隔也是可以变化的,例如重频抖动的信号。这些复杂而多变的信号样式,有些是为保证雷达自身性能而设计的,有些则是为了反侦察的需要特意设计的。军用雷达不止有一个工作参数,这些参数可能根据作战的需要而更换。那些保密的作战参数在平时是不使用的,从而使对手无法从平时的电子情报侦察中获得。

雷达信号环境的密集、复杂和多变特性,随着雷达技术的发展和电子战双方对抗激烈程度的加剧,给侦察系统完成分析和识别任务增加了极大的难度。

6.1.6 雷达侦察的基本原理

1. 雷达侦察系统的基本组成及截获条件

任何接收无线电信号的电子设备,如收音机、电视机、移动电话等,都少不了天线和接收机作为最基本的组成部分。侦察系统要截获雷达辐射的电磁波信号,同样也离不开天线和接收机。天线收集空间的电磁波信号能量，馈送到接收机，微弱的信号经过接收机的加工，成为可供进一步分析和处理的形式。在接收机之后，一般都接有信号处理器以及信息输出设备，来完成分析、识别和信息显示、声光告警等功能。因此，雷达侦查系统的最基本组成包括天线、接收机、信号处理器和信息输出设备4个基本部分。

侦察系统发现雷达的能力常常被称为信号截获能力，或简称为截获能力。实现截获的先决条件是天线和接收机通道对于要截获的雷达信号必须是畅通的。侦察天线决定了系统的空间方向性，它必须保证沿雷达所在的方向上具有足够的增益。接收机则要满足对雷达信号频率上的畅通，也就是在要侦察的频率范围内提供足够的灵敏度。频率上畅通的这个要求对于天线同样是重要的，因为任何天线的方向性只是在一定的频率范围内才能得到保证，不同频段上工作的天线需要不同的设计。方向和频率上信号通道的畅通，在时间上还必须与雷达脉冲的到达时间相吻合，才能捕捉到雷达发出的短暂脉冲。当然，经过天线和接收机通道之后，信号得到了放大处理，它的强度要达到一定的要求，才能被发现。通道畅通的程度也就是截获能力，常常用截获概率来定量描述。如果通道总是畅通的，就说这个系统具有100%的截获概率。如果通道只是在某些条件下才畅通，这个条件出现的概率就反映了侦察系统的截获概率。例如，当侦察系统侦察很远距离上的雷达时，它的天线如果是有方向性的，只有当侦察系统的主波束对准雷达时，信号才能被截获，那么这个侦察系统在方向上的信号截获概率等于主波束朝向雷达的机会与朝向所有其他方向的机会之比。

接收机检测到雷达脉冲信号并不意味着对这部雷达的发现。只有当信号处理器从交叠的脉冲信号流中分离出这部雷达的脉冲，经过分析才能确认这部雷达的存在。因此，侦察系统对辐射源的发现能力也取决于处理器的分析处理能力。

概括起来说，对雷达的截获条件是：当信号出现时，保证侦察系统在方向和频率上畅通，接收的信号强度足够，并且分析处理准确。

2. 雷达侦察具有的距离优势

侦察系统发现雷达，总有一个距离的限制。和电视机离电视台越远，收到的信号越弱，远到一定距离甚至完全收看不到的道理一样。侦察系统能够在多远的距离上发现雷达，既取决于侦察系统本身对信号接收的灵敏程度，也取决于所要侦察的雷达信号功率。如图6.3所示在侦察系统和雷达的关系中，雷达向侦察系统方向辐射的信号功率是雷达发射机峰值功率 P_t 和雷达天线在侦察系统方向上的增益 G_t 的乘积，显然 P_t 和 G_t 越大，这部雷达可能被发现的距离就越远。雷达的辐射功率中，只有极小的一部分被侦察天线收集起来，收集的功率多少，取决于侦察天线尺寸相对于波长 λ 的大小，这个收集能力还可以用侦察天线的增益 G_r 来表示。侦察天线的增益 G_r 越大，收集的信号能量越多，发现距离也会越远。影响发现距离的又一个因素是侦察接收机的灵敏度，也就是输出的信号刚好够提供信号发现时接收机输入端需要的信号功率，记为 P_s，那么侦察系统的发现距离 R 可以用下面的公式表示。

$$R=\sqrt{\frac{P_t G_t G_r \lambda^2}{(4\pi)^2 P_s}}$$

如果侦察接收系统安装在一架飞机上，当它和一部地面警戒雷达相对从远距离接近时，是雷达可能先发现飞机，还是侦察接收系统先发现雷达呢？也就是雷达和侦察系统谁的发现距离更远呢？要回答这个问题，首先要明确一个事实，雷达发现目标和侦察系统发现雷达，利用的电磁能量都来源于雷达发射的电磁波。当雷达发现目标时，电磁波从雷达传播到目标，经目标反射，又从目标返回到雷达接收机，经过了双倍的路程；而对侦察系统来说，电磁波从雷达辐射出来，到达侦察系统就被接收了，只经过了一个单程路径。电磁波在传播过程中，随着距离增大，能量成二次方地减弱。由于雷达发现目标要比侦察系统多经过一倍的路程，所以电磁波能量减弱的程度就要严重得多，使得雷达的作用距离一般要比侦察的近许多。因此，侦察系统一般要比雷达先发现对方。

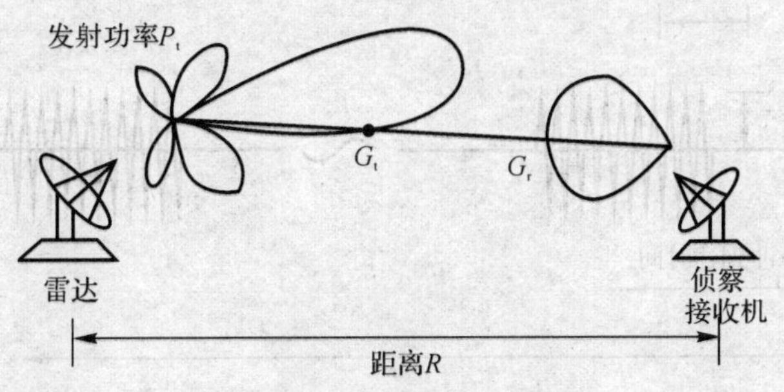

图6.3 侦察作用距离计算

这种现象其实在日常生活中也能遇到。例如，在空旷郊野的夜晚，你能在很远的地方看到一盏发亮的灯光。但是，站在灯下的人，借助于灯光的照射，却很难看清远处的物体，眼前常常是黑蒙蒙的一片。这也是因为当借助灯光看物体时，照射出去的灯光经物体反射，返回观察者进入眼睛，经历了一个双程的缘故。

考虑由侦察接收机截获雷达旁瓣信号的情况，如果雷达的天线增益为1 000，对5 m^2 雷达截面积目标的探测距离是100 km，而侦察接收机采用全方向的天线，增益是1，接收机灵敏度比雷达接收机低1 000倍，那么可以计算出侦察接收机发现雷达的距离是501 km，也就是说侦察距离是雷达探测距离的5倍。

侦察系统在发现距离上的优势又称为雷达侦察的作用距离优势。作用距离优势不但使雷达侦察比雷达提供更早的预警时间，而且提高了侦察系统对雷达的发现机会。一部搜索雷达，天线在旋转的过程中正对着侦察设备的时间是很短的，当天线指向别处时，尽管从天线旁瓣辐射来的信号很弱，但由于单程侦察具有距离优势，所以在很多情况下也能被侦察设备接收到，从而可以在雷达工作的绝大部分时间里连续监视它。

作用距离优势原理还在很大程度上影响着侦察设备天线和接收机的设计。平时看到的预警雷达都有一个非常大的天线，因此提到雷达就联想到那巨大的天线。巨大天线的作用是为了把辐射能量都集中到观测的方向上，起到提高天线增益，增大探测距离的作用。但是，由于侦察系统有明显的距离优势，就使它可以采用小得多的天线，不需要在某一方向特别增大接收增益，这样既可以全方向接收，实现了方向上的全敞开，又减小了天线的尺寸。侦察系统的接收机也没有雷达接收机那么高的灵敏度，一般要相差1 000倍。不要求特别高的灵敏度也使得侦察接收机可以设计成宽频带的形式，在很宽的频率范围内都保持通道畅通，从而可以对不同频率的雷达信号具有高的截获概率。实际上，正是由于作用距离优势的特点才使得侦察系统在频率和方向上全敞开成为可能。

3.雷达信号参数测量

雷达的信号参数反映了不同雷达的差异。不同型号雷达的信号参数一般是不同的，甚至同一生产厂家的同一种型号的两部雷达，在工作过程中它们的信号参数也是不完全相同的，这给区别各个雷达提供了基本的依据，因此要识别雷达就需要测量出它的信号参数。

现代侦察系统可以做到对每一个雷达脉冲都测量出这个脉冲的空间到达方向、频率以及其他波形参数，例如脉冲到达的时间、脉冲宽度和脉冲的幅度。这些典型的脉冲波形参数的含义如图 6.4 所示，其中脉冲到达时间是从某个时间起点到这个脉冲前沿的时间。

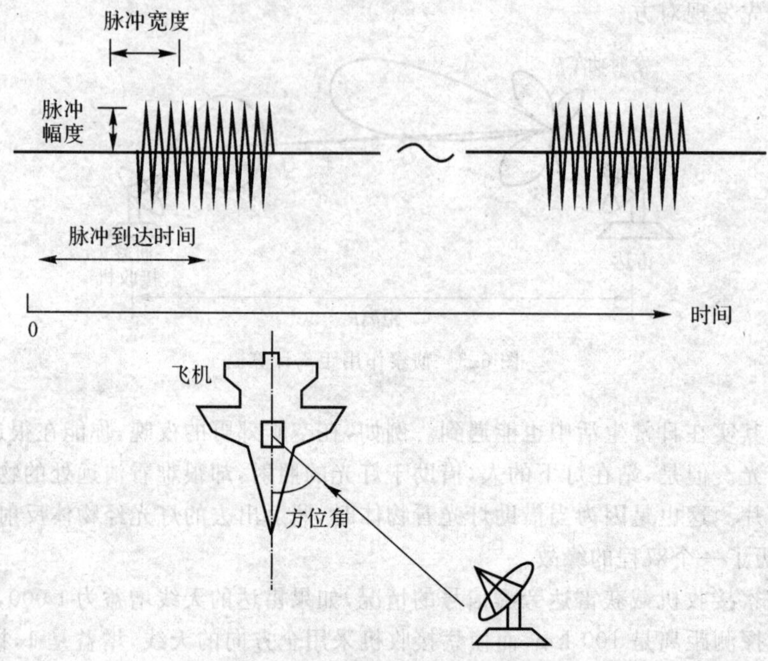

图 6.4　雷达信号的侦察参数

测量脉冲内信号的发射频率需要通过专门的测频装置来完成。通常，测频装置就是侦察接收机的核心部件，它同时也起着发现信号的作用，因此常常把它称为测频接收机。反映测频接收机测量能力的主要指标有测频精度、测频范围和瞬时带宽等。测频范围是指接收机能够完成测量任务的总的频率范围。一般，为了适应对各种频率雷达的侦察任务，接收机的测频范围通常很宽，有时宽带接收器件很难设计和制作，于是就用几个不同频率覆盖范围的接收前端拼接起来。许多现代雷达侦察接收机的测频范围扩展到了整个雷达频段，例如从 2～18 GHz，更宽的甚至达到 0.5～40 GHz。但是，测频范围和接收机瞬时带宽不是一回事。不少接收机在某一个时间上，它允许信号通过的频率范围是有限的，于是只能测量这么宽的测频范围中的一段频率。例如，只能测其中的 1 GHz 带宽内信号的频率，这个带宽就是瞬时带宽。接收机在每个时刻，只对这个带宽内的信号是真正畅通的，那么为了截获并测量出所有在测频范围内的信号频率，接收机常常采取频率搜索的方法，使接收机瞬时带宽在整个测频范围内上下搜索滑动，如图 6.5 所示。

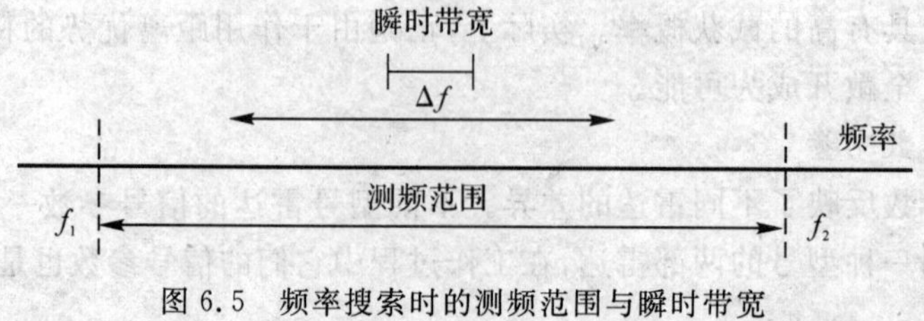

图 6.5　频率搜索时的测频范围与瞬时带宽

在测频接收机中,常常出现这样的矛盾,要想测频精度高,瞬时带宽就难做得宽。如果采用频率搜索方法覆盖全频段,接收机就做不到任意时刻全频段内的信号全部进入接收机,那么对某个信号的截获机会就下降了。反之,为了提高截获能力而加大瞬时带宽,又可能降低测频精度。这也就是精确测量频率和高截获概率的矛盾。为了解决这个矛盾,现代的测频接收机采用了很多新颖的思想和先进技术,研制出许多种类型的测频接收机,以适应不同的应用需要。

对信号到达方向的测量也是侦察系统重要的任务之一。测量方向角需要专门的测向装置,而且总是和侦察天线的技术密不可分。和测频相似,测向也存在着瞬时视场宽度和测向精度的矛盾。

对雷达脉冲波形的测量相对比较简单,它要在接收机对射频信号进行了检波处理之后才能进行。检波器把雷达发射的射频脉冲的轮廓提取出来,这个轮廓称为包络。由于包络信号可以通过显示器直接观察到,所以这个信号又叫视频信号。如图 6.6 所示为侦察接收机测量波形参数的原理,用数字时钟就能很方便地测出视频脉冲的前沿时间,作为脉冲的到达时间,测出脉冲的前沿和后沿之间的时间间隔作为脉冲的宽度。脉冲的电压幅度高低则用模拟/数字(A/D)变换器来测量,得到幅度的数字读数。

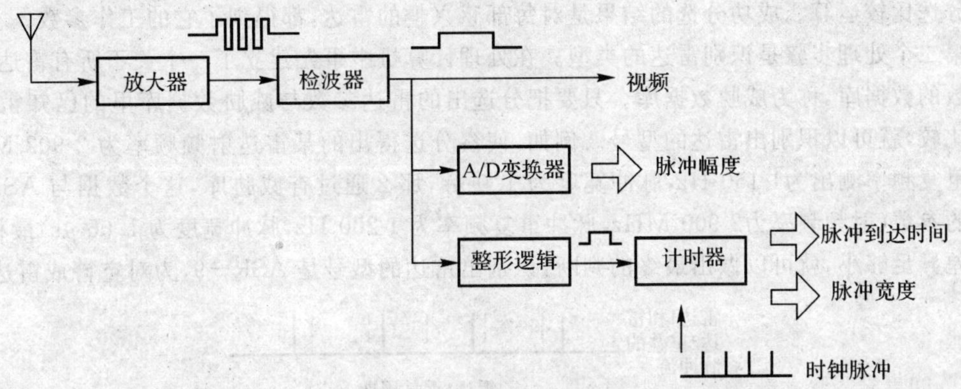

图 6.6 脉冲波形测量原理

先进的侦察系统,可以在一个雷达脉冲之后,如图 6.7 所示,立即得到关于频率、方向角、到达时间、脉冲宽度和脉冲幅度的所有可测数据。把这些数据组合成计算机能够认识的代码,叫作脉冲描述字。当然这个描述字由于包含多个数据,可能要用 80～100 b 的二进制代码来表示,因此实际上将占用好几个真实的计算机字。

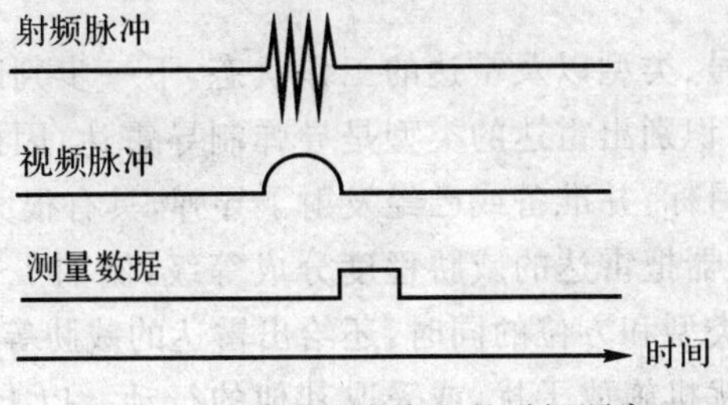

图 6.7 脉冲描述字产生的时间顺序

有了脉冲描述字，一串真实的雷达电磁脉冲就完全可以由相应的脉冲描述字组成的数据流表示了。它成为侦察信号处理器得以采用计算机技术进一步处理的对象。

4. 侦察信号处理

通过侦察接收机截获到脉冲信号并不意味确切发现了某部雷达，因为电子侦察总是在不确切知道周围电磁环境的境况下进行的，而且总会有不止一部雷达的脉冲进入侦察接收机，因此要完成识别出各个雷达的任务，就不仅要截获到雷达信号，测量出信号的参数，而且需要对这些信号进行必要的处理。

侦察信号处理过程一般分为两个步骤进行。第一个处理步骤是把属于某一部雷达的脉冲从交错混合的输入脉冲信号流中挑选出来，集中在一起。有这些脉冲就能计算出这部雷达的重复周期，如图 6.8 所示，这个过程称为信号分选，它处理的对象是接收机送出的脉冲描述字串。信号分选的方法有许多，通常是把具有相同到达方向和相同射频频率的脉冲认作来自于同一部雷达，并挑选出来。这需要用计算机来比较脉冲的方向和频率数据是否相同，当信号密度很高时，完成比较运算的计算量是很大的。如果有 200 部雷达，每部雷达平均每秒发射 1 000 个脉冲，那么运用通常结构的计算机完成分选比较运算平均需要每秒 16 000 万条指令。这个计算量对于处理计算机的要求太高了。因此为了提高处理能力，往往采用专门的电路来完成分选比较运算。成功分选的结果是对每部感兴趣的雷达，都得到了它的工作参数。

第二个处理步骤是识别雷达的类型。在处理计算机中事先建立了一个关于所有雷达型号和参数的数据库，称为威胁数据库。只要把分选出的雷达参数与威胁数据库里的已知雷达数据相比较，就可以识别出雷达的型号。例如，侦察分选得出的某雷达射频频率为 2 902 MHz，脉冲重复频率测出为1 150 Hz，脉冲宽度为 1.0 μs，那么通过查威胁库，这个数据与 ASR－9 雷达的参数(射频频率为2 900 MHz，脉冲重复频率为 1 200 Hz，脉冲宽度为 1.05 μs)最相近，并且差异足够小，就可以做出最终的判断，识别出雷达的型号是 ASR－9，为对空警戒雷达。

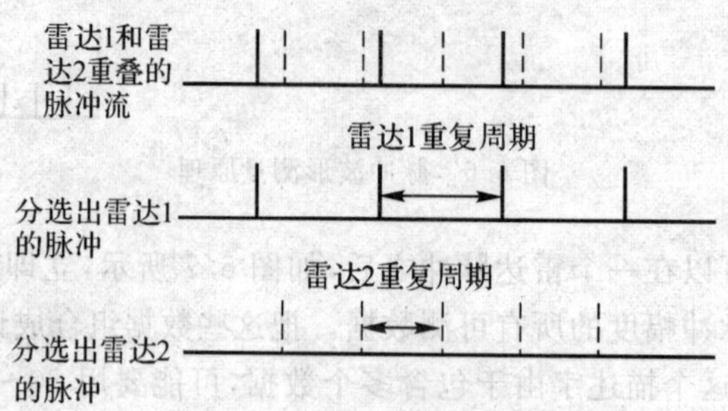

图 6.8　脉冲分选原理

根据识别出的雷达型号、类型以及雷达的工作状态，下一步判断雷达对我方的威胁程度，并采取相应的对策。例如，识别出雷达的类型是导弹制导雷达，因此对于侦察者来说，预示着地空导弹制导雷达在跟踪目标，并准备或已经发射了导弹，具有很大的威胁性。为了清楚地反映这种情况，侦察信号处理器把雷达的威胁程度分成等级，例如 1～10 级，最高威胁是 10 级。侦察系统在指示出雷达的类型和方位的同时，还给出雷达的威胁等级。在需要的时候，识别的结果还要用来及时控制干扰机施放干扰，或采取其他的行动。以上是关于识别和威胁判断的一般过程。概括地说，这个过程可以确定雷达的类型、型号、威胁的等级，以及与此雷达相联系的武器系统等许多有价值的信息。

6.2 侦察作用距离

侦察作用距离是指侦察接收机能侦察接收到雷达辐射源辐射信号的最远距离，是衡量雷达侦察设备重要的技术指标。雷达侦察接收机的作用距离用侦察方程来估算。侦察作用距离主要与侦察接收机的灵敏度、被侦察雷达的参数以及电波在传播过程中的多种因素有关。

6.2.1 侦察接收机的灵敏度

雷达侦察系统的灵敏度 P_{min} 是在满足对所接收的雷达信号正常检测的条件下，雷达侦察接收机输入端的最小输入信号功率。由于被侦察的雷达信号大多是脉冲信号，所以在雷达侦察系统中的灵敏度主要用切线信号灵敏度 P_{TSS} 和工作灵敏度 P_{OPS} 来表示。

1. 切线信号灵敏度 P_{TSS} 和工作灵敏度 P_{OPS} 的定义

在某一输入脉冲功率电平的作用下，接收机输出端脉冲与噪声叠加后信号的底部与基线噪声(纯接收机内部噪声)的顶部在一条直线上(相切)，则称此输入脉冲信号功率为切线信号灵敏度 P_{TSS}，如图 6.9 所示。可以证明：当输入信号处于切线电平时，接收机输出端视频信号和噪声的功率比值约为 8 dB。

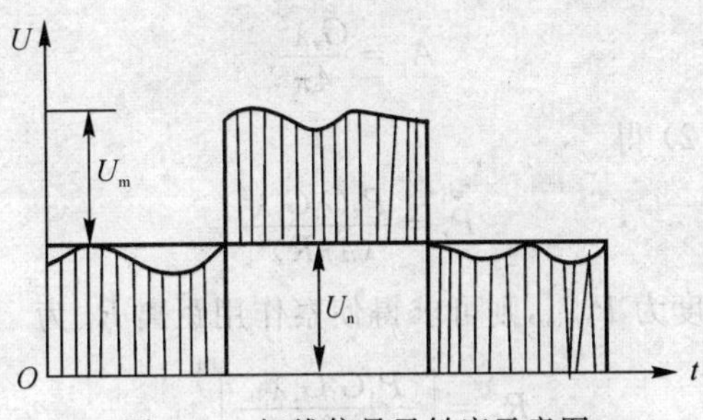

图 6.9 切线信号灵敏度示意图

雷达侦察接收机的工作灵敏度 P_{OPS} 是这样定义的：接收机输入端在脉冲信号作用下，其视频输出端信号与噪声的功率比为14 dB，输入脉冲信号功率即为接收机的工作灵敏度 P_{OPS}。

2. 工作灵敏度的换算

由于切线信号灵敏度的输出信噪比近似为 8 dB，工作灵敏度为 P_{OPS} 时的输出信噪比为 14 dB，所以 P_{OPS} 可以由 P_{TSS} 直接换算得

$$P_{OPS}=\begin{cases}P_{TSS}+3\ \text{dB} & \text{平方律检波}\\ P_{TSS}+6\ \text{dB} & \text{线性检波}\end{cases} \tag{6.2.1}$$

6.2.2 侦察作用距离

距离是衡量雷达侦察系统侦测雷达信号能力的一个重要参数。在现代战争中，谁能先发现对方，谁就掌握了战场的主动权。从原理上分析，侦察接收机接收的是辐射源(雷达)的直射波，而雷达探测目标接收的是由目标散射形成的回波信号，因此在接收信号能量上，雷达侦察占有优势。但由于雷达是一个合作系统，具有较多的先验知识，所以在信号处理方面具有明

显的优势。因此，对普通雷达来说，保持侦察作用距离大于雷达作用距离是可能的，但对于低截获信号的雷达却不一定。

1. 简化侦察方程

所谓简化侦察方程是指当不考虑传输损耗、大气衰减以及地面或海面反射等因素影响时导出的侦察作用距离方程。

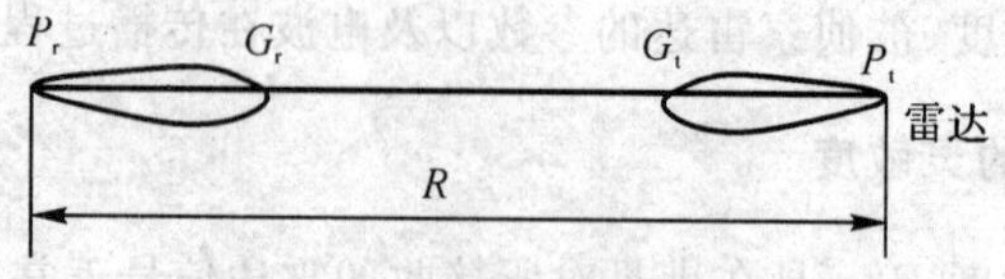

图 6.10　侦察接收机与雷达的空间位置

假设侦察接收机和雷达的空间位置如图 6.10 所示，雷达的发射功率为 P_r，天线的增益为 G_t，雷达与侦察接收机之间的距离为 R，当雷达与侦察天线都以最大增益方向互指时，侦察接收天线收到的雷达信号功率为

$$P_r = \frac{P_t G_t A_r}{4\pi R^2} \tag{6.2.2}$$

其中，侦察天线有效面积 A_r 与天线增益 G_r、波长 λ 满足以下关系式：

$$A_r = \frac{G_r \lambda^2}{4\pi} \tag{6.2.3}$$

将式(6.2.3)代入式(6.2.2)得

$$P_r = \frac{P_t G_t G_r \lambda^2}{(4\pi R)^2} \tag{6.2.4}$$

若侦察接收机的灵敏度为 P_{rmin}，则可求得侦察作用距离 R_r 为

$$R_r = \left[\frac{P_t G_t G_r \lambda^2}{(4\pi)^2 P_{rmin}}\right]^{\frac{1}{2}} \tag{6.2.5}$$

式中，P_t 和 P_{rmin} 单位相同(一般为 W)；R_r 和 λ 单位相同(一般为 m)；G_t 和 G_r 为比值数。

一般情况下，雷达侦察接收机天线的增益除了要满足侦察方程外，还要满足测向精度、截获概率、截获信号时间等要求，因此往往要根据战术任务要求确定侦察天线的波束宽度。天线的增益与波束宽度之间有如下的经验公式：

$$G_r = \frac{q}{\theta_E \theta_H} \tag{6.2.6}$$

式中，θ_E 和 θ_H 分别为天线的水平和垂直半功率波束宽度；q 值的选取与天线增益有关。对于高增益天线(如雷达天线)，q 取小值(25 000 ～ 30 000)；而对低增益天线(如侦察接收机天线和干扰机天线的增益一般低于几百)，q 取大值(35 000 ～ 40 000)。

2. 修正侦察方程

修正侦察方程是指考虑到雷达发出的电磁波经有关馈线和装备时产生损耗的侦察方程。电磁波的主要损耗包括以下几方面：

(1) 从雷达发射机到雷达发射天线之间的馈线损耗 $L_1 \approx 3.5$ dB；

(2) 雷达发射天线波束非矩形引起的损失 $L_2 \approx 1.6 \sim 2$ dB；

(3) 侦察天线波束非矩形引起的损失 $L_3 \approx 1.6 \sim 2$ dB；

(4) 侦察天线增益在宽频带内变化所引起的损失 $L_4 \approx 2 \sim 3$ dB;

(5) 侦察天线与雷达信号极化失配的损耗 $L_5 \approx 3$ dB;

(6) 从侦察天线到侦察接收机输入端的馈线损耗 $L_6 \approx 3$ dB。

总损耗或损失为

$$L = \sum_{i=1}^{6} L_i \approx 14.7 \sim 16.5 \text{ dB}$$

于是,考虑到馈线和实际装置对电磁波的损耗影响时的侦察方程为

$$R_r = \left[\frac{P_t G_t G_r \lambda^2}{(4\pi)^2 P_{rmin} 10^{0.1L}} \right]^{\frac{1}{2}} \tag{6.2.7}$$

3. 侦察的直视距离

由于地球表面的弯曲对电磁波的传播具有遮挡作用,所以侦察接收机与雷达之间的侦察距离还受直视距离的限制,如图 6.11 所示。假设雷达天线和侦察天线的高度分别用 H_a 和 H_r 表示,地球半径用 R 表示,则侦察天线到雷达天线之间的距离为

$$D = \overline{AB} + \overline{BC} \approx \sqrt{2R}(\sqrt{H_a} + \sqrt{H_t}) \tag{6.2.8}$$

考虑到大气层引起电波的折射,使得侦察直视距离得到了延伸。通常,将大气折射对直视距离的影响折算到等效地球半径中,则等效地球半径为 8 490 km,代入到式(6.2.8) 中可得

$$D \approx 4.1(\sqrt{H_a} + \sqrt{H_t}) \tag{6.2.9}$$

式中,D 的单位为 km;H_a 和 H_t 的单位为 m。

对雷达信号的侦察必须同时满足能量和直视距离的要求,因此实际的侦察作用距离 R'_r 为二者对应距离的最小值:

$$R'_r = \min\{R_r, D\} \tag{6.2.10}$$

因为受到直视距离的限制,所以即使雷达侦察接收机的作用距离比直视距离大得多,侦察接收机的实际侦察距离也不会超过 200 ～ 300 km。为了实现超远程或超视距的侦察,目前较为常用的做法是利用卫星进行侦察以及利用电磁波的折射、散射进行侦察。

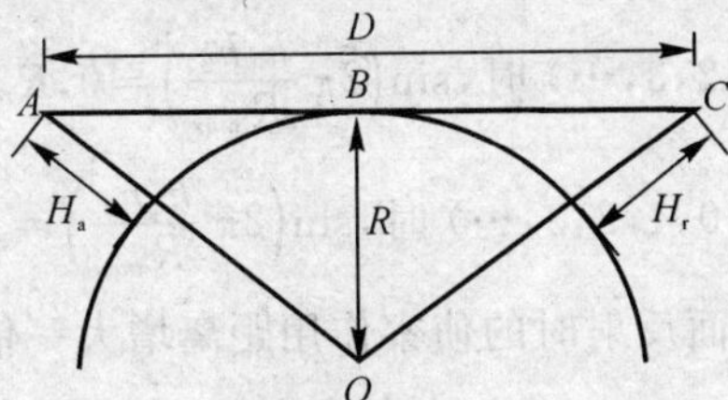

图 6.11　地球曲率对直视距离的影响

4. 地面反射对侦察方程的影响

当雷达或侦察设备附近有反射面(地面或水面) 且雷达波束能投射到反射面上时,侦察接收机接收到的信号将是雷达辐射的直射波与反射波的合成。由于信号的极化方式和反射点反射系数的不同,使得反射波相位在 0° ～ 180° 范围内变化,反射波幅度在零到直射波幅度之间变化,结果导致接收合成信号的场强的最小值为零,最大值为不考虑反射(自由空间) 时信号场强的两倍。

当雷达为水平极化时,若地面发射为镜面反射(见图 6.12),则侦察天线所接收的雷达信

号功率密度为

$$S' \approx 4\sin^2\left(2\pi\frac{h_1h_2}{\lambda R}\right)S \tag{6.2.11}$$

式中，S 为只考虑直射波时侦察天线处的功率密度；h_1，h_2 分别为雷达天线和侦察天线的高度；R 为雷达与侦察设备之间的距离。

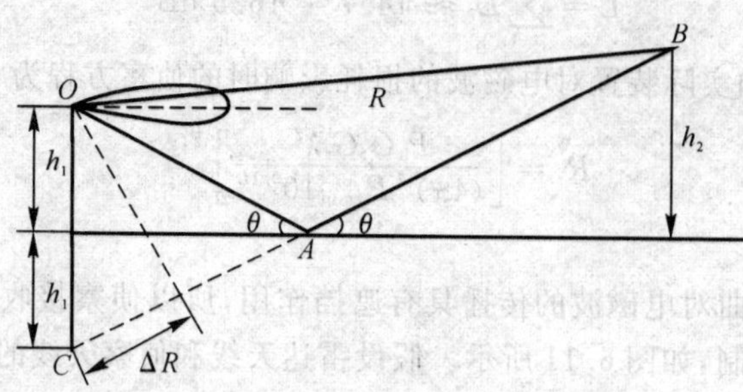

图 6.12　地面镜面反射时的电磁波传输

显然，侦察接收机输入端的信号功率为

$$P'_r = 4\sin^2\left(2\pi\frac{h_1h_2}{\lambda R}\right)P_r = \frac{P_tG_tG_r\lambda^2}{(4\pi R)^2\ 10^{0.1L}}4\sin^2\left(2\pi\frac{h_1h_2}{\lambda R}\right)$$

侦察作用距离为

$$R'_{max} = \sqrt{\frac{P_tG_tG_r\lambda^2}{(4\pi)^2P_{rmin}\ 10^{0.1L}}4\sin^2\left(2\pi\frac{h_1h_2}{\lambda R_{max}}\right)} = 2\sin\left(2\pi\frac{h_1h_2}{\lambda R_{max}}\right)\sqrt{\frac{P_tG_tG_r\lambda^2}{(4\pi)^2P_{rmin}\ 10^{0.1L}}} \tag{6.2.12}$$

比较式(6.2.12)与式(6.2.7)可以看出，当考虑地面反射时，侦察方程乘上了一个修正因子项 $2\sin\left(2\pi\frac{h_1h_2}{\lambda R_{max}}\right)$，此时的侦察作用距离 R_{max} 除了与雷达和侦察接收机参数有关外，还与 h_1，h_2 有关。

当 $2\pi\frac{h_1h_2}{\lambda R_{max}} = n\pi(n=0,1,2,3,\cdots)$ 时，$\sin\left(2\pi\frac{h_1h_2}{\lambda R_{max}}\right)=0$，$R_{max}=0$。

当 $2\pi\frac{h_1h_2}{\lambda R_{max}} = n\pi+\frac{\pi}{2}(n=0,1,2,3,\cdots)$ 时，$\sin\left(2\pi\frac{h_1h_2}{\lambda R_{max}}\right)=1$，代入式(6.2.12)可以看出，此时侦察作用距离比不考虑地面反射时的侦察作用距离增大一倍。

当 h_1，h_2 较小时，$2\pi\frac{h_1h_2}{\lambda R_{max}} \ll 1$，$\sin\left(2\pi\frac{h_1h_2}{\lambda R_{max}}\right) \approx 2\pi\frac{h_1h_2}{\lambda R_{max}}$，代入式(6.2.12)可得此时的侦察方程为

$$R_{max} = \sqrt[4]{h_1^2h_2^2\frac{P_tG_tG_r}{P_{rmin}\ 10^{0.1L}}} \tag{6.2.13}$$

由式(6.2.13)可以看出，当 h_1，h_2 较小时，侦察作用距离将迅速减小。

综上所述，地面反射将引起侦察作用距离的变化。由于地面反射系数与地形、频率、入射角和电磁波的极化形式等参数有关，所以同样的地面对于不同类型的雷达的影响也不相同。米波、分米波雷达，由于工作频率低且天线的波束宽度较宽，所以受地面反射影响较大；而厘米波及其更短波长的雷达，由于工作频率高且天线的波束宽度较窄，所以受地面镜面反射的影响

较小，一般可以不予考虑。

5. 大气衰减对侦察作用距离的影响

造成电磁波衰减的主要原因是大气中存在着氧气和水蒸气，使得一部分照射到这些气体微粒上的电磁波能量被吸收变成热能消耗掉。一般来说，如果当电磁波的波长超过 30 cm 时，电磁波在大气中传播时的能量损耗很小，计算时可以忽略不计。而当电磁波的波长较短，特别是在 10 cm 以下时，大气对电磁波产生明显的衰减现象，而且波长越短，大气衰减就越严重。大气衰减可以采用衰减因子 δ(单位：dB/km) 来表示。考虑到大气衰减时侦察接收机输入端的信号功率与自由空间接收机的信号功率之间满足以下关系：

$$10\lg P_r - 10\lg P'_r = \delta R \tag{6.2.14}$$

式中，R 为雷达与侦察设备之间的距离。

由式(6.2.14) 可得

$$P'_r = 10^{-0.1\delta R} P_r = e^{-0.23\delta R} P_r = \frac{P_t G_t G_r \lambda^2}{(4\pi R)^2 \ 10^{0.1L}} e^{-0.23\delta R}$$

因此，侦察作用距离为

$$R_{max} = \sqrt{\frac{P_t G_t G_r \lambda^2}{(4\pi)^2 P_{rmin} \ 10^{0.1L}} e^{-0.23\delta R}} = \sqrt{\frac{P_t G_t G_r \lambda^2}{(4\pi)^2 P_{rmin} \ 10^{0.1L}}} e^{-0.115\delta R_{max}} \tag{6.2.15}$$

将式(6.2.15) 与式(6.2.7) 进行比较可以看出，考虑大气衰减时的侦察作用距离为自由空间的侦察作用距离乘以一个修正因子 $e^{-0.115\delta R_{max}}$。特别是当 δR 很大时，大气衰减会使侦察作用距离显著减小。

此外，各种气象条件(如云、雨、雾等)，也会对电磁波产生衰减，其衰减因子可以从有关手册中查到，计算时可将复杂气象条件下的衰减因子与通常情况下的大气衰减因子一同考虑。

6.2.3　旁瓣侦察作用距离

以上讨论的侦察方程是针对雷达主瓣的，由于雷达天线的主瓣一般比较窄，而且雷达波束又往往进行扫描，这就使侦察设备发现雷达信号很困难。为了提高侦察设备发现雷达信号的概率，增加接收信号的时间、提高发现目标的速度，可以利用雷达波束的旁瓣进行侦察。

雷达天线的旁瓣电平一般比主瓣的峰值低 20 ～ 50 dB，因此对旁瓣进行侦察时要求侦察设备有足够高的灵敏度。当利用旁瓣侦察时，侦察方程中雷达天线主瓣增益 G_t 应用旁瓣增益 G'_t 代替，旁瓣增益则可以用近似公式进行计算。

对于多数雷达天线(如抛物面、喇叭、阵列等)，当天线口径尺寸 d 比工作波长 λ 大许多倍时，即当 $d/\lambda >$ (4 ～ 5) 时，天线方向图可近似地表示为

$$F(\theta) = \frac{\sin\left(\frac{\pi d}{\lambda}\theta\right)}{\frac{\pi d}{\lambda}\theta}$$

式中，θ 为偏离天线主瓣最大值的角度。

则一个平面内天线增益函数可以表示为

$$G(\theta) = G(0)F^2(\theta) = G(0)\left[\frac{\sin\left(\frac{\pi d}{\lambda}\theta\right)}{\frac{\pi d}{\lambda}\theta}\right]^2$$

对应于不同角度 θ 的相对增益系数为

$$\frac{G(\theta)}{G(0)}=\left[\frac{\sin\left(\frac{\pi d}{\lambda}\theta\right)}{\frac{\pi d_\theta}{\lambda}\theta}\right]^2 \tag{6.2.16}$$

式中，$G(0)$ 为 $\theta=0$ 时的增益，即主瓣增益的最大值。由式(6.2.16)可以看出，当 $\theta=0$ 时，$\frac{G(\theta)}{G(0)}=1$；当 $\frac{\pi d}{\lambda}\theta=n\pi(n=0,1,2,3,\cdots)$ 时，$\sin\left(\frac{\pi d}{\lambda}\theta\right)=0$，使得 $\frac{G(\theta)}{G(0)}=0$，方向图出现了许多零点，也就形成了许多旁瓣，旁瓣的最大值出现在 $\sin\left(\frac{\pi d}{\lambda}\theta\right)=0$ 处。因此，对应旁瓣最大值时的相对增益系数为

$$\frac{G'(\theta)}{G(0)}=\frac{1}{\left(\frac{\pi d}{\lambda}\theta\right)^2} \tag{6.2.17}$$

对于大多数雷达，其半功率波束宽度与天线口径尺寸及波长应满足以下关系：

$$\theta_{0.5}=K\frac{\lambda}{d} \tag{6.2.18}$$

式中，$\theta_{0.5}$ 为天线的半功率宽度；K 为常数，其数值与天线口面场的分布情况有关。

当口面场分布均匀时，K 值较小；当口面场分布不均匀时，K 值较大，一般 K 值在 0.88 ~ 1.4 范围内。将式(6.2.18)代入式(6.2.17)可得

$$\frac{G'(\theta)}{G(0)}=\frac{1}{\left(\frac{\pi K}{\theta_{0.5}}\theta\right)^2}=k'\left(\frac{\theta_{0.5}}{\theta}\right)^2 \tag{6.2.19}$$

式中，$k'=\frac{1}{(\pi K)^2}=0.052\sim 0.13$。

在实际使用中，为了保证侦察设备接收的信号基本连续，应取比旁瓣峰值电平低的增益来进行计算，通常取 $k=(0.7\sim 0.8)k'\approx 0.04\sim 0.10$。旁瓣增益的峰值电平的变化规律如图 6.13 所示。

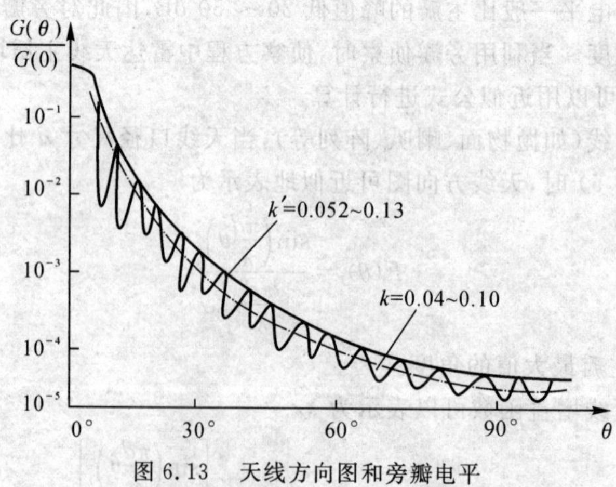

图 6.13　天线方向图和旁瓣电平

通过以上分析可得到旁瓣侦察和干扰时雷达天线增益系数的计算公式为

$$\frac{G'(\theta)}{G(0)}=k'\left(\frac{\theta_{0.5}}{\theta}\right)^2 \tag{6.2.20}$$

显然，天线的旁瓣增益 $G'(\theta)$ 与偏离天线主瓣最大值的角度的二次方(θ^2)成反比。需要说明的是，式(6.2.20)只适用于 $\theta \leqslant (60^\circ \sim 90^\circ)$ 的范围。当 $\theta > (60^\circ \sim 90^\circ)$ 时，旁瓣电平不再与 θ^2 成反比，甚至还有所增高。由于方向图是近似得来的，所以式(6.2.20)不适用于主瓣的计算。

一般厘米波雷达天线的旁瓣电平比主瓣电平大约低 20 ～ 50 dB，即 $\dfrac{G'(\theta)}{G(0)} \approx 10^{-2} \sim 10^{-5}$，而米波雷达天线旁瓣电平则比主瓣电平大约低 10 ～ 20 dB，即 $\dfrac{G'(\theta)}{G(0)} \approx 10^{-1} \sim 10^{-2}$。由此可见，对米波雷达进行旁瓣侦察和干扰要比对厘米波雷达进行旁瓣侦察和干扰容易实现。

当需要计算旁瓣侦察时侦察作用的距离时，应将侦察方程中的雷达天线主瓣增益 G_t 用旁瓣增益 $G'(\theta)$ 来代替。此时的旁瓣侦察方程为

$$R_{\max}=\sqrt{\frac{P_t G_t G_r \lambda^2}{(4\pi)^2 P_{r\min}\,10^{0.1L}}\frac{G'(\theta)}{G(0)}}=\sqrt{\frac{P_t G_t G_r \lambda^2}{(4\pi)^2 P_{r\min}\,10^{0.1L}}k\left(\frac{\theta_{0.5}}{\theta}\right)^2} \tag{6.2.21}$$

【例 1】 某雷达参数如下：$P_t=100$ kW，$G_t=2\,000$，$\lambda=3$ cm，$\theta_{0.5}=1.5^\circ$，侦察作用距离为 $R_{\max}=300$ km，侦察接收机天线增益为 $G_r=700$。如果要求该侦察接收机的侦察范围为 60°(即能对雷达在 $\theta=30^\circ$ 处实施旁瓣侦察)，试求侦察接收机的灵敏度。

解 由式(6.2.20)可计算出偏离天线主瓣最大值角度为 30° 处的天线增益系数值为

$$\frac{G'(\theta)}{G(0)}=k'\left(\frac{\theta_{0.5}}{\theta}\right)^2=0.08\times\left(\frac{1.5}{30}\right)^2=2\times10^{-4}$$

将上述计算结果代入式(6.2.21)，并取 $L=15$ dB，可得

$$P_{r\min}=\frac{P_t G_t G_r \lambda^2}{(4\pi)^2 R_{\max}^2\,10^{0.1L}}\frac{G'(\theta)}{G(0)}=2.8\times10^{-7}\times2\times10^{-4}=5.6\times10^{-11}\ \text{W}$$

由以上计算结果可以看出，对雷达旁瓣进行侦察时接收机的灵敏度比对主瓣进行侦察时要高得多，因此一般需要采用超外差式接收机。

6.2.4 散射侦察

雷达以强功率向空间发射电磁波遇到目标或不均匀媒质，雷达利用目标散射形成的回波来发现并测定目标的坐标。当进行雷达侦察时，侦察接收机除了依靠直接接收对方雷达天线主瓣及旁瓣辐射的直射波来发现雷达信号外，还可以利用目标及不均匀媒质的前向或侧向散射波来发现雷达，实现对雷达的侦察和监视。散射侦察就是通过接收大气对流层、电离层、流星余迹等散射的雷达电磁波实现对雷达的侦察，如图 6.14 所示。采用散射侦察可以实现超视距侦察。

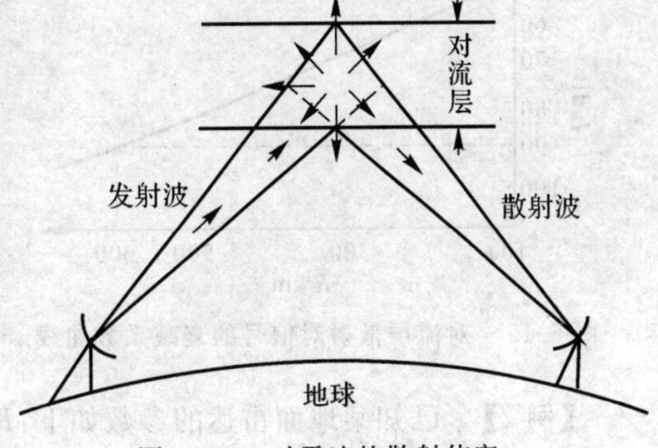

图 6.14 对雷达的散射侦察

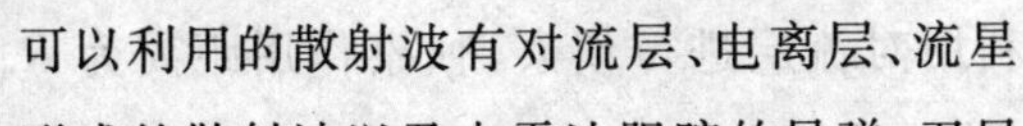
可以利用的散射波有对流层、电离层、流星余迹形成的散射波以及由雷达跟踪的导弹、卫星等目标形成的散射波。对流层散射和电离层

散射是经常存在的,而流星余迹及导弹、卫星等形成的散射则是季节性的或偶然存在的。利用散射侦察可以实现对某些雷达(例如,对洲际导弹发射场的雷达)进行超远距离、长时间的侦察和监视,以获取重要的战略和战术情报,具有重要意义。

通常,对流层散射发生在距地面高度为 5 ~ 10 km 的大气层,利用对流层散射进行侦察的工作频率为 100 ~ 10 000 MHz(波长为 3 ~ 0.03 m),侦察距离可达 500 ~ 600km。电离层散射发生在距地面 60 ~ 2 000 km 处,工作频率为 25 ~ 60 MHz。

由于散射侦察接收的是雷达的散射波,所以信号很微弱。通常把散射波相对雷达直射信号减弱程度用散射衰减系数 L(单位:dB) 来表征,L 的定义为

$$L = 10\lg \frac{P_r}{P'_r} \tag{6.2.22}$$

式中,P_r 为电磁波在自由空间传播时能直接接收到的信号功率;P'_r为电磁波按散射方式传播时能接收到的信号功率。

因此,散射侦察时的侦察方程为

$$P_r = \frac{P_t G_t G_r \lambda^2}{(4\pi)^2 R^2\ 10^{0.1L}} \times 10^{-0.1L(R)} = \frac{P_t G_t G_r \lambda^2}{(4\pi R)^2\ 10^{0.1L}} \times e^{-0.23L(R)} \tag{6.2.23}$$

$$R_{max} = \sqrt{\frac{P_t G_t G_r \lambda^2}{(4\pi)^2 P_{rmin}\ 10^{0.1L}} e^{-0.23L(R)}} \tag{6.2.24}$$

如果同时还考虑到电磁波在传播中的大气衰减,那么侦察方程为

$$R_{max} = \sqrt{\frac{P_t G_t G_r \lambda^2}{(4\pi)^2 P_{rmin}\ 10^{0.1L}} e^{-0.23[L(R)+\delta R_{max}]}} \tag{6.2.25}$$

对流层散射时信号的衰减比自由空间大 50 ~ 100 dB,且随着距离的增加而增加,对流层散射对信号的衰减曲线如图 6.15 所示。该曲线是实验数据综合的结果,对于不同的情况可能引起 ± 5 dB 的误差,但用于侦察作用距离的估算很方便。

电离层散射的衰减系数受频率的影响较大,频率越高,衰减越大,而距离对衰减量的影响较小。电离层散射衰减系数曲线如图 6.16 所示。由于电离层散射受频率的限制,只能工作在 25 ~ 60 MHz范围,而雷达很少工作在这个频率范围内,所以不如对流层散射的实际意义大。

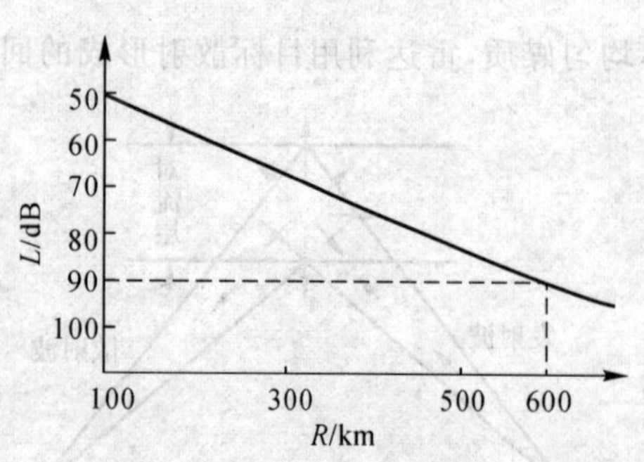

图 6.15　对流层散射对信号的衰减系数曲线

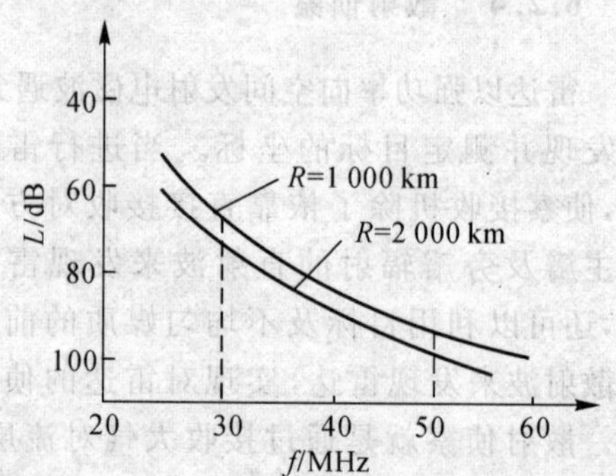

图 6.16　电离层散射衰减系数曲线

【例 2】　已知某地面雷达的参数如下:$P_t = 1\ 000$ kW,$G_t = 3\ 000$,$\lambda = 10$ cm,侦察接收机天线增益为 $G_r = 2\ 000$,如果要求侦察设备利用对流层进行侦察,侦察作用距离为 $R_{max} = 600$ km。试求侦察接收机的灵敏度。

解　利用图 6.15 可以查出当 $R=600$ km 时，对流层的衰减系数 $L\approx 90$ dB，将其代入到式(6.2.23)可得

$$P_{\mathrm{rmin}}=\frac{p_{\mathrm{t}}G_{\mathrm{t}}G_{\mathrm{r}}\lambda^2}{(4\pi)^2R_{\max}^2\,10^{0.1L}}\mathrm{e}^{-0.23L(R)}=\frac{10^6\times 3\times 10^3\times 2\times 10^3\times 10^{-2}}{(4\pi\times 600\times 10^3)^2\times 10^{1.5}}\times \mathrm{e}^{-0.23\times 90}\approx 3.3\times 10^{-4}\ \mathrm{W}$$

可见，要满足散射侦察的要求，必须要用高灵敏度的超外差式接收机，同时还须采用专门的技术措施，以保证对微弱信号的接收。

6.3　对雷达频率的测量原理

一种最简单的侦察接收机称为晶体视频接收机。它可以简单到在一定频段内只由一个晶体检波二极管和视频放大器组成，完成检波的功能，就像最简单的不能选台的收音机一样，如图6.17 所示。在这个频段内只要有雷达信号超过一定的强度，即视频放大器输出的信号超过一个规定的电压，就认为发现了雷达信号。

在接收机里，即使没有信号输入，视频输出电压也存在着高低起伏，这是由于晶体检波管和接收机电路中噪声产生的结果。任何接收机都会有噪声，例如收音机开大音量后听到的沙沙声响就是接收机噪声的反映。因为信号总是和噪声同时存在的，接收机放大信号的同时，也放大了噪声，因此不可能通过无限制地提高放大量来达到发现弱信号的目的。既然发现信号要在噪声起伏的条件下进行，因此相对于一定噪声大小，必须对信号的强度有一定要求。

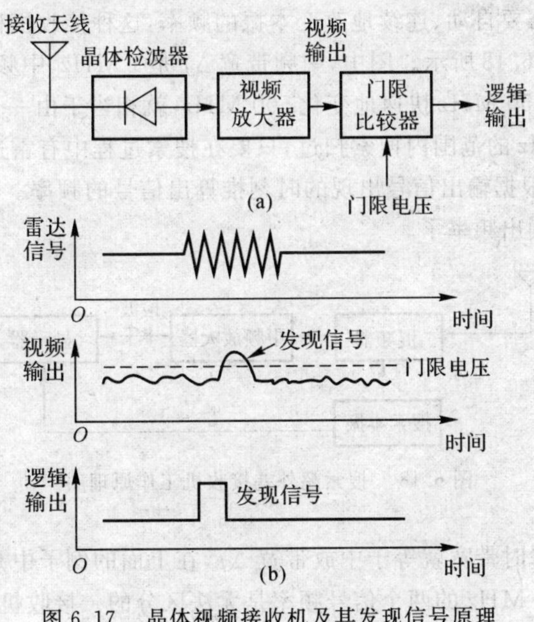

图 6.17　晶体视频接收机及其发现信号原理

(a) 晶体视频接收机的组成；(b) 发现信号波形图

可以用信号和噪声功率的比值来描述，称为信噪比。实际上，只有当接收机输出的信噪比超过某个要求，一般要在 6～10 倍以上时，才能发现信号。

由于放大作用很小，所以晶体视频接收机灵敏度不高。用于雷达告警的晶体视频接收机

灵敏度一般为 $-40 \sim -50$ dBmW,也就是可以发现功率为 $1/10^4 \sim 1/10^5$ mW 的信号。对于地对空导弹的制导雷达,发现距离可以达到 20 km。之所以这样简单的接收机也能满足许多侦察任务的要求,是由于侦察作用距离优势原理带来的好处,因此至今它仍被广泛地用于雷达告警接收机之中。

晶体视频接收机可以完成发现信号的任务,但不能测出信号的频率。更多的接收机具有测频的功能,以下介绍几种测频接收机技术。

(1) 搜索超外差接收机。日常使用的收音机就是一种超外差接收机。超外差的一般含义是通过接收机把很高频率的信号搬移到比较低的频率上进行放大。相对于高的信号频率,这个较低的频率习惯上称为中频。之所以要在中频放大,是因为只有在较低的频率上,才能对信号有较好的选择性,并获得足够的放大量。频率搬移是由混频器来完成的,机内本地振荡器(简称本振)产生的本振信号和电台信号在混频器中相互作用,产生频率搬移。搬移后的中频频率 f_I 是本振频率 f_L 和信号频率 f_S 的差,即 $f_I = f_L - f_S$。中频放大器是选项放大器,只对通频带 Δf 以内的信号进行放大,可以滤除不希望要的信号和通带外的噪声。因此,中频放大器对频率的选择作用,就相当于接收机在信号的高频频率上有一个相应的 Δf 宽度的通带。通带在信号频段上的位置就可以由中频和本振频率反推出来,即 $f_S = f_L - f_I$。改变本振频率,就改变了接收机通带的中心频率,可使相应频率的信号进入接收机。当调谐接收机时,就是改变本振的频率。当收听到一个电台节目时,就可以从调谐刻度盘上读出电台节目的频率,相当于完成了对电台节目的频率测量。

这样的接收原理当然也能用于对雷达信号频率的测量。但是为了快速截获信号,不能采用人工调谐的方法,而需要自动、连续地改变本振的频率,这种接收机称为搜索超外差接收机,其组成和工作原理如图 6.18 所示。图中,中频带宽 Δf 是 1 MHz,中频频率 f_I 是 50 MHz。让本振频率从 2 050 ~ 2 550 MHz 快速地变化 500 MHz,就相当于由一个 1 MHz 宽度的选择通带在 2 000 ~ 2 500 MHz 的范围内搜索扫过,只要在搜索过程中有雷达信号出现,进入接收机通带,例如信号 1,就能根据输出信号出现的时刻推算出信号的频率。把信号按出现的时间顺序显示出来,就能直接读出频率了。

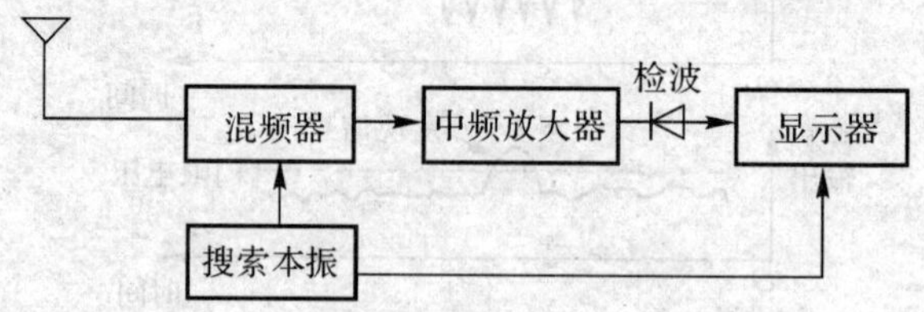

图 6.18　搜索超外差接收机工作原理图

很显然,接收机的瞬时带宽就等于中放带宽 Δf,在上面的例子中是 1 MHz。它也是测频的分辨率,即相隔小于 1 MHz 的两个信号频率是无法区分的。接收机的测频范围与本振的频率扫描变化范围相当,在这里是从 2 000 ~ 2 500 MHz。

由于中频带宽可以做得很窄,所以搜索超外差接收机的测频分辨率和测频精度可以做得很高,例如可以达到 0.5 MHz。而且接收机灵敏度很高,因此它很早就被用于侦察接收系统之中。但是,它也存在一个重要的缺点,如果想要获得大的测频范围,那么搜索到某一频率的相对时间就比较长,使得信号通带很难在时间上遇到只有零点几到几微秒宽的雷达脉冲。因此，搜索超外差接收机采用搜索的方法寻找信号，使得它的信号截获能力较差，不能适应，需要快速反应设备，例如雷达告警。

(2) 瞬时测频接收机。瞬时测频常用的英文缩写为"IFM"。瞬时测频的原理图如图 6.19 所示。

输入信号被分成两路，其中下面的一路经过了一个固定长度为 T_d 的时间延迟，两路信号都送入一个称为相关器的微波器件。相关器具有这样的特性，它的输出电压与两路输入信号相位差的余弦成比例。相位差是由 T_d 时间延迟产生的，等于 $2\pi f T_d$，f 就是输入信号的频率。因此只要测出相位差，就能得出信号的频率。最初人们是利用含有正弦和余弦成分的比例关系来计算相位的，不能做到及时测量。20 世纪 60 年代，人们发明并使用了一种称为相位量化的技术，可以在很短的瞬间实现相位数字化，才使得 IFM 技术应用到电子侦察接收机中，成为现在应用最为广泛的一种测频接收机。

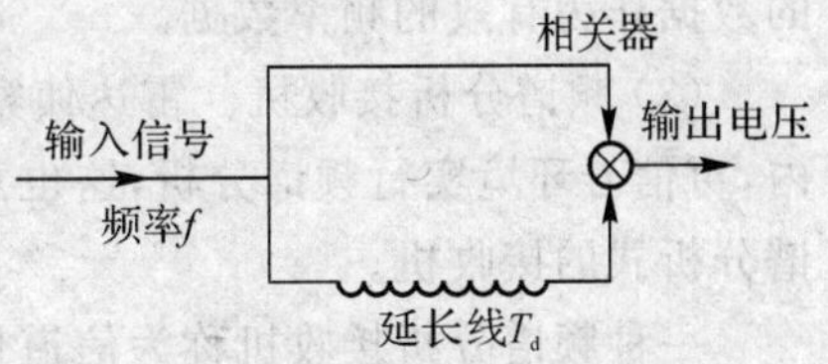

图 6.19　瞬时测频原理图

由于延迟线越长，同样频率差异代表的相位差就越大，那么，利用相位差的测量值来推测频率的精度就越高，所以若希望获得高的测频精度就要求用长的延迟线。但是，由于相位是以 2π 为周期的，就好像手表的分针以 60 min 为周期一样，在转过了一个周期之后，又回到了同一个刻度上，所以没有办法断定走过了几个周期。为此，还需要设立短的延迟线相关器一起使用，就像设立一个时针一样。由于缩小了相位差和频率差的比例关系，所以能用一个相位周期代表更大的频率范围。在实际的 IFM 接收机中，要使用 4 ～ 7 个长短不同的延迟线组成的相关器，就能在很宽的频率范围内获得高的测频精度，其组成如图 6.20 所示。

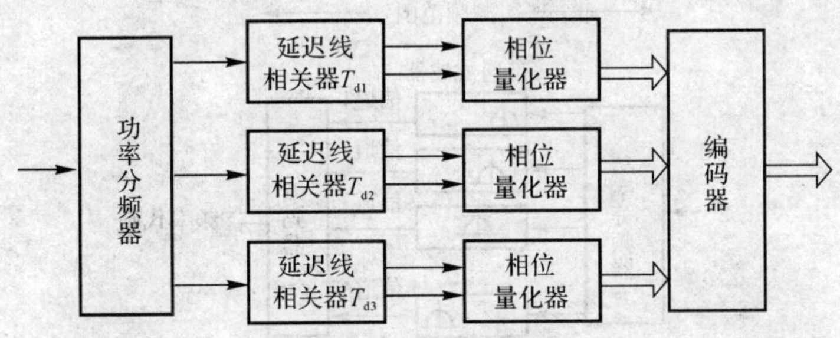

图 6.20　瞬时测频接收机的组成

相位相关器常用微带电路来实现，它可以在很宽的频率范围内工作。相关器内装有微波二极管电路，它的输出已变成了代表相位的视频电压，因此 IFM 在相关器之后的电路都是视频和数字电路。IFM 可以在每个雷达脉冲前沿到达后几十纳秒内完成频率测量，因此说测量是"瞬时"的。

瞬时测频接收机可以覆盖的频率范围很宽，例如常见到的 2 ～ 8 GHz，8 ～ 18 GHz。测频分辨率和精度可以达到几兆赫。由于 IFM 不需要频率搜索，所以它在任何时刻对全部测频范围内的信号都是畅通的，也就是说它的瞬时带宽和测频范围相同，从而具有良好的信号截获能力。因此，也有人称 IFM 对信号是 100% 截获的。瞬时测频接收机的结构简单，体积不大，造价也不高，因此现代的支援侦察系统，甚至告警接收机，都在广泛使用它。

瞬时测频接收机的主要缺点是不能在同时有两个以上信号存在的条件下正常测量。也就是一个信号会影响另一个信号的测量，得到错误的频率读数。好在雷达多数是脉冲工作的，而且脉冲占用的时间比较少，因此发生同时信号的机会不多。目前解决这个问题的主要方法是安装一个同时信号检测的装置，一旦发生同时信号的情况，就通知信号处理器，不把这次测量的数据作为有效的频率数据。

(3) 频谱分析接收机。雷达侦察测频接收机实质上是希望在不到一个脉冲那么短的时间内，对信号环境实行频谱分析，这也意味着具有瞬时的宽带特性。现在，已经研制出了几种频谱分析式的接收机。

一种频谱分析接收机称为信道化接收机，其工作原理如图 6.21 所示。这种接收机把一个频率范围用许多个滤波器通道来覆盖，滤波器通道称为信道，它们的通频带彼此邻接，这样，检测出信号落入哪一个滤波器通道，就意味着得出了这个通道代表的频率。接收机测频的分辨率就等于滤波器通道的带宽。显然如果想在很宽的频率范围内得到高的频率分辨率，就要有上千个滤波器通道。尽管有一些折中的方法可以减少实际使用的滤波器数目，但仍然使信道化接收机过于复杂，因而造价也较昂贵。然而信道化接收机是一种最佳形式的接收机，它的信号截获能力好，而且可以同时对多个信号频率进行测量，因此在要求高截获能力的系统中仍然用得比较普遍。随着电路微型化、集成化技术的发展，它一定能在今后应用得更为普遍。

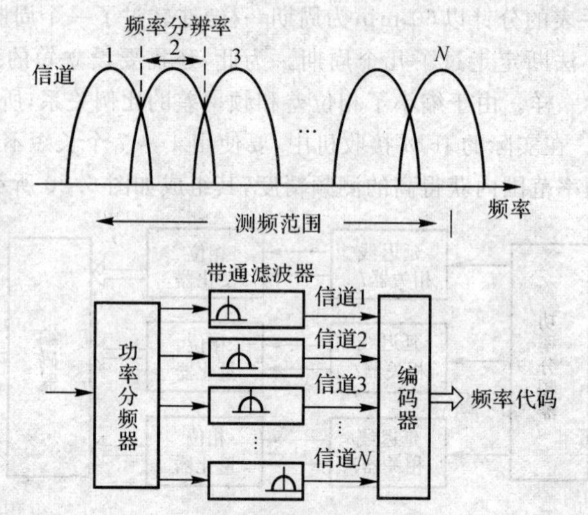

图 6.21　信道化接收机工作原理图

另一种频谱分析接收机是微扫接收机，也称为压缩接收机。它的组成很像搜索超外差接收机，只是本振频率扫描速度大大提高，来改善接收机的截获性能。这时，中频放大器改成用色散延迟线滤波器，可以使脉冲的宽度得到压缩，从而保证了高的接收灵敏度和高的频率分辨率。可以证明，微扫接收机的输出时间波形相当于输入的频谱形状，因此具有快速频谱分析的功能。微扫接收机的瞬时带宽受色散延迟线的限制，目前做到了 500 MHz。这种接收机不但在雷达侦察中使用，而且更多地用在通信侦察中。

此外还有利用光学原理的声光接收机，也能做到在 1 GHz 的瞬时带宽内实现频谱分析。

6.4　对雷达方向的测量原理

电子支援侦察和情报侦察都需要测量雷达信号的到达方向，这个测量称为无源测向。无源测向的实现途径有许多种，最根本的是要依靠天线系统的方向性，利用幅度或相位与方位角的关系来实现测量。

这里所说的雷达定位是指利用侦察系统确定雷达所在的几何位置。因为电子侦察不能直接获得距离信息，所以需要专门的技术，以至于无源定位成为一个专门的研究领域。

1. 比幅单脉冲测向

有多种测向的方法适用于雷达侦察。在介绍雷达告警接收机的时候，曾经见到由4副天线组成的测向系统，这种测向体制称为比幅单脉冲测向。天线的方向性增益如图6.22所示，由于两天线的指向不同，一束来波在A和B天线得到的增益一般不相等，大小由天线方向图在这个方向上的值确定。A,B接收通道输出的信号幅度就与天线增益成比例。比较A,B通道信号的幅度，就能测算出来波的方位，这种测量可以在一个脉冲内完成。

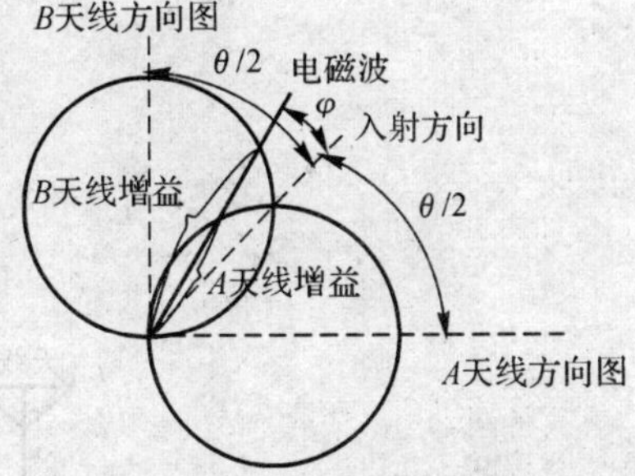

图6.22　比幅单脉冲测向的原理

由于在宽频带内要控制A,B两天线和接收通道的一致性很困难，所以比幅单脉冲测向系统的测向精度不高，在2～8 GHz范围内只能达到6°～10°。由4副互相垂直放置的天线可以获得360°全方向的测量能力，采用6或8副天线则能进一步改善测向精度。

2. 相位干涉仪测向

另一种常用的测向系统称为相位干涉仪，其基本结构与原理如图6.23所示。由两个天线单元A和B相隔一定距离d水平放置。远处雷达电磁波平行传输过来，到达A天线比到达B天线多经过了长度为a的路程，它的长度用三角关系可以知道是$a=d\sin\theta$，θ为来波方向与天线轴线的夹角，也就是方位角。这个路程使A天线信号比B天线信号晚到达，时间的延迟就造成了两天线信号的相位差。距离延迟一个波长就相当于相位相差2π，因此路程差a对应的相位差ϕ的大小为

$$\phi=2\pi a/\lambda=2\pi d\sin\theta/\lambda \tag{6.4.1}$$

式中，λ为信号的波长。如果知道λ，测出A天线和B天线的相位差ϕ，就可以用式(6.4.1)计算出方位角θ。相位干涉仪一般采用超外差接收机选择信号，从超外差的调谐频率就能够知道信号的频率或波长。

天线间距d称为基线，为了覆盖基线一侧180°的方位角，一方面基线长度应该不长于波长$\lambda/2$。另一方面，基线越长，同样方位角变化引起的信号相位差变化越大，测量越敏感，因此测向精度越高。为了同时兼顾高测向精度和方位覆盖范围，实用的相位干涉仪总是采用几副天线，形成长短不一的基线。如图6.24所示，基线的长度分别为d,$2d$,$4d$。

相位干涉仪可以获得比较高的测向精度，高精度系统可以达到0.1°。相位干涉仪常用于地面侦察站精确测向，对雷达定位也用于机载对地面雷达的定位系统中。

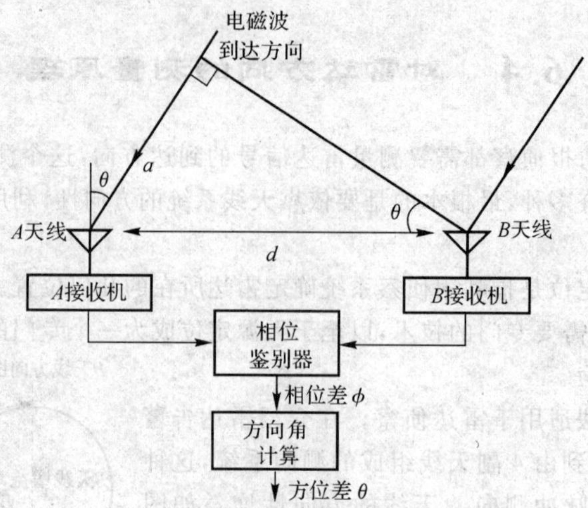

图 6.23 相位干涉仪测向原理图

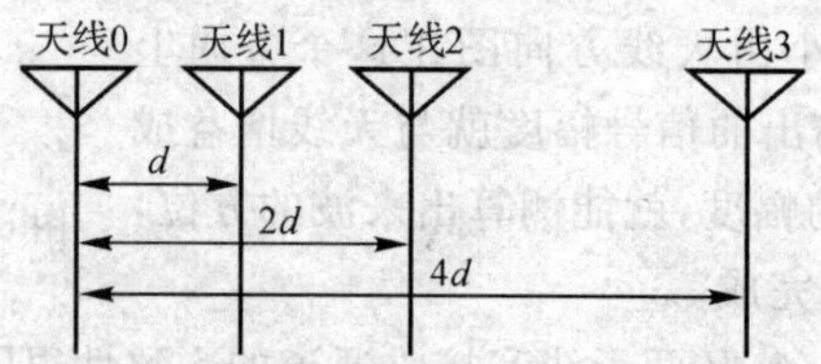

图 6.24 相位干涉仪的多基线

3. 圆阵天线测向系统

相位干涉仪在沿着基线的方向上精度很差,不能满足实用要求,因此它的测向范围仅限制在正向 90° 的区间内。有一种全方向的测向设备,由几十个天线均匀排在圆周的一圈形成天线圆阵,天线经过一个复杂的移相网络将信号传到几个接收通道。通过测量接收通道的信号相位差得到方位角。这种测向系统称为线性相位多模圆阵,也有人用移相网络的名字称它为巴特勒阵测向系统。由于测向和信号频率无关,所以在频率上可以是全宽开的,而且在 360° 全方向上均可获得高精度测向结果。这种高性能的测向系统由于具有 100% 的截获概率,所以特别适合用于支援侦察系统,尤其在舰载系统上得到很好应用。一个 32 单元阵,2 ～ 18 GHz 带宽的支援侦察系统可获得测向误差小于 1° ～ 2° 的高精度。

4. 多波束测向

还有一种多波束测向技术,需要许多天线单元组成一个天线阵。天线阵形成许多个不同指向的波束,它们在任何时刻同时存在,互相衔接,覆盖一定的角度区域,如图 6.25 所示。因此,对于落入不同波束的雷达辐射源,都能够同时测出它们的方位。

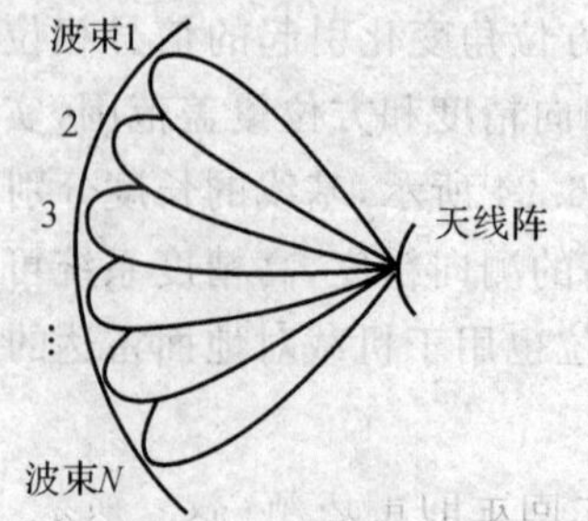

图 6.25 测向天线阵形成多个波束

6.5　对雷达定位的方法和原理

对雷达的定位分为平面定位和空间定位。平面定位是指确定雷达辐射源在某一特定平面上的位置，空间定位是指确定雷达辐射源在某一空间中的位置。由于雷达侦察设备本身是无源工作的，所以一般不能测距，因此实现对雷达的定位还必须要具备其他条件。根据定位条件的不同，可以分为单点定位和多点定位。

6.5.1　单点定位

单点定位是指雷达侦察设备通过在单个位置的侦察、接收，来确定雷达辐射源的位置，主要的定位方法：飞越目标定位法和方位 / 仰角定位法。这种定位方法需要借助于其他设备辅助(例如导航定位设备、姿态控制设备等)，以便确定侦察站自身的位置和相对姿态。

1. 飞越目标定位法

飞越目标定位法主要用于空间或空中飞行器(如卫星、无人驾驶飞机等）上的雷达侦察设备，利用垂直下视锐波束天线，对地面雷达进行探测和定位，如图 6.26 所示。

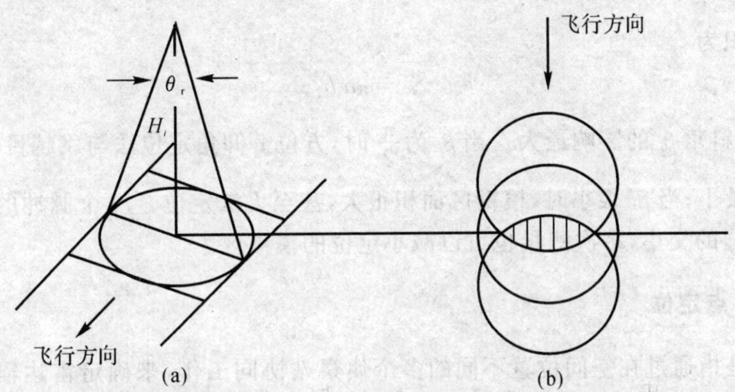

图 6.26　飞越目标定位法示意图

飞行器在运动过程中一旦发现雷达信号，立即将该信号的测量参数、发现的起止时间与飞行器导航数据、姿态数据等记录下来，供事后分析处理。对于地面上固定的雷达站，假设侦察、接收到的 N 个脉冲记录整理成波束中心在地面的投影序列为 $\{A_i\}_{i=0}^{N-1}$，则每一个脉冲在地面上定位模糊区是一个以 A_i 为中心、R_i 为半径的圆，模糊区面积 S_i 为

$$S_i = \pi R_i^2 = \pi \left(H_i \tan \frac{\theta_r}{2} \right)^2 \tag{6.5.1}$$

N 个脉冲的定位模糊区则是此 N 个非同心圆的交集，如图 6.26(b) 所示。显然，收到同一雷达的信号脉冲越多，定位的模糊区就越小。

2. 方位 / 仰角定位法

方位 / 仰角定位法是利用飞行器上的斜视锐波束对地面雷达进行探测和定位的，如图 6.27 所示。同飞越目标定位法一样，飞行器在运动过程中一旦发现雷达信号，立即将该信号的测量参数、发现的起止时间与飞行器导航数据、姿态数据等记录下来，供侦察设备实时处理或做事后分析处理。对于地面上固定的雷达站，假设侦察、接收到的 N 个脉冲记录整理成波束中心在地面的投影序列为$\{A_i\}_{i=0}^{N-1}$，则每一个脉冲在地面上的定位模糊区是一个以A_i为中心、a_i为短轴、b_i为长轴的椭圆，它与飞行器高度H_i、下视斜角β_i，以及两维波束宽度θ_α，θ_β的关系为

$$\left.\begin{aligned} a_i &= H_i \csc\beta_i \tan\frac{\theta_\alpha}{2} \\ b_i &= \frac{H_i}{2}\left[\cot\left(\beta_i - \frac{\theta_\beta}{2}\right) - \cot\left(\beta_i + \frac{\theta_\beta}{2}\right)\right] \end{aligned}\right\} \tag{6.5.2}$$

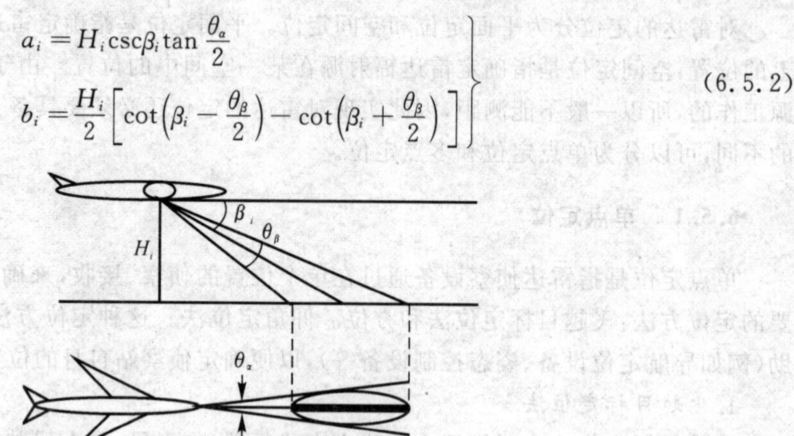

图 6.27　方位 / 仰角定位法示意图

模糊区面积为

$$S_i = \pi a_i b_i \tag{6.5.3}$$

显然，它受下视斜角β_i的影响最大。当β_i为$\frac{\pi}{2}$时，方位 / 仰角定位法与飞越目标定位法一致，且模糊区面积最小；当β_i很小时，模糊区面积很大，甚至无法定位。N个脉冲的定位模糊区是N个非同心椭圆的交集，多次测量也可以减小定位的模糊区。

6.5.2　多点定位

多点定位是指通过在空间位置不同的多个侦察站协同工作，来确定雷达辐射源的位置。其主要的定位方法有测向交叉定位法、测向-时差定位法和时差定位法。

1. 测向交叉定位法

测向交叉定位使用在不同位置处的多个侦察站，根据所测得同一辐射源的方向，进行波束的交叉，确定辐射源的位置。平面上测向交叉定位的原理如图 6.28 所示。

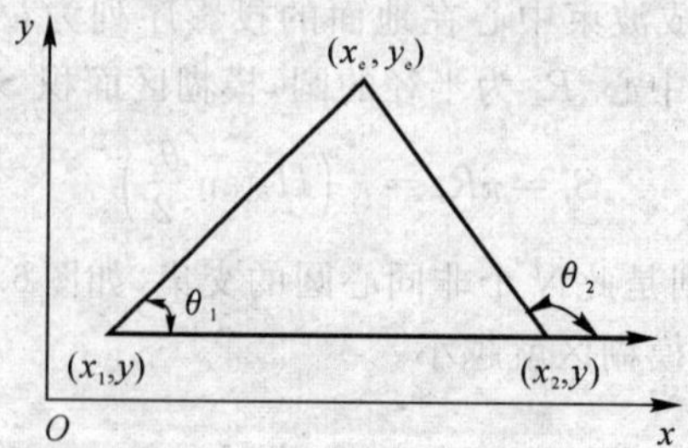

图 6.28　平面上测向交叉定位示意图

假设侦察站 1,2 的坐标位置分别为(x_1, y)，(x_2, y)，所测得的辐射源方向分别为θ_1，θ_2，则辐射源的坐标位置(x_e, y_e)满足下列直线方程组：

$$\left.\begin{aligned}\frac{y_e - y}{x_e - x_1} = \tan\theta_1 \\ \frac{y_e - y}{x_e - x_2} = \tan\theta_2\end{aligned}\right\} \tag{6.5.4}$$

解此方程组可得

$$\left.\begin{aligned}x_e &= \frac{-\tan\theta_1 x_1 + \tan\theta_2 x_2}{\tan\theta_2 - \tan\theta_1} \\ y_e &= \frac{\tan\theta_2 y - \tan\theta_1 y - \tan\theta_1 \tan\theta_2 (x_1 - x_2)}{\tan\theta_2 - \tan\theta_1}\end{aligned}\right\} \tag{6.5.5}$$

由于波束宽度和测向误差的影响，两个侦察站在平面上的定位误差是一个以(x_e, y_e)为中心的椭圆，如图 6.29(a) 所示。通常将 50% 误差概率时的误差分布圆半径 r 定义为圆概率误差半径 $r_{0.5}$。根据图 6.28，有如下关系：

$$\left.\begin{aligned}\theta_1 = \arctan\frac{y_e - y}{x_e - x_1} \\ \theta_2 = \arctan\frac{y_e - y}{x_e - x_2}\end{aligned}\right\} \tag{6.5.6}$$

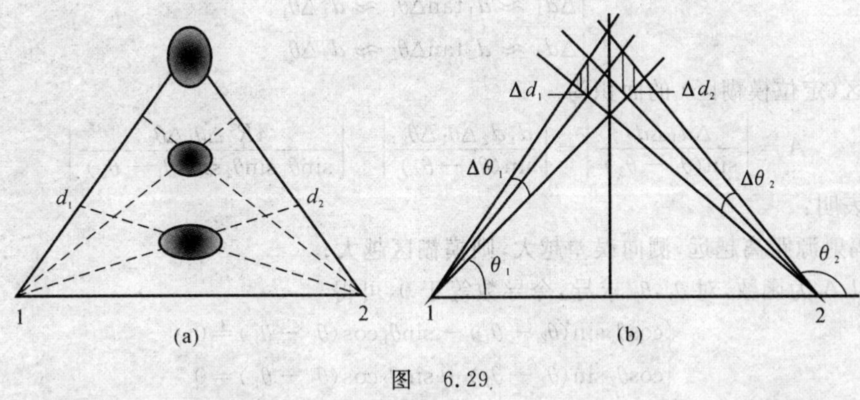

图　6.29

对式(6.5.6) 求全微分可得

$$\left.\begin{aligned}\mathrm{d}\theta_1 = \frac{\partial\theta_1}{\partial x_e}\mathrm{d}x_e + \frac{\partial\theta_1}{\partial y_e}\mathrm{d}y_e \\ \mathrm{d}\theta_2 = \frac{\partial\theta_2}{\partial x_e}\mathrm{d}x_e + \frac{\partial\theta_2}{\partial y_e}\mathrm{d}y_e\end{aligned}\right\} \tag{6.5.7}$$

可将两侦察站的测向误差 $\mathrm{d}\theta_1, \mathrm{d}\theta_2$ 转换成 xOy 平面上的定位误差$\mathrm{d}x_e, \mathrm{d}y_e$：

$$\left.\begin{aligned}\mathrm{d}x_e = \frac{R}{\sin(\theta_2 - \theta_1)}\left(\frac{\cos\theta_2}{\sin\theta_1}\mathrm{d}\theta_1 - \frac{\cos\theta_1}{\sin\theta_2}\mathrm{d}\theta_2\right) \\ \mathrm{d}y_e = \frac{R}{\sin(\theta_2 - \theta_1)}\left(\frac{\sin\theta_2}{\sin\theta_1}\mathrm{d}\theta_1 - \frac{\sin\theta_1}{\sin\theta_2}\mathrm{d}\theta_2\right)\end{aligned}\right\} \tag{6.5.8}$$

求式(6.5.8) 的方差可得

$$\left.\begin{aligned}\sigma_x^2 = \frac{R^2}{\sin^2(\theta_2 - \theta_1)}\left(\frac{\cos^2\theta_2}{\sin^2\theta_1}\sigma_{\theta_1}^2 + \frac{\cos^2\theta_1}{\sin^2\theta_2}\sigma_{\theta_2}^2\right) \\ \sigma_y^2 = \frac{R^2}{\sin^2(\theta_2 - \theta_1)}\left(\frac{\sin^2\theta_2}{\sin^2\theta_1}\sigma_{\theta_1}^2 + \frac{\sin^2\theta_1}{\sin^2\theta_2}\sigma_{\theta_2}^2\right)\end{aligned}\right\} \tag{6.5.9}$$

定位误差分布密度函数 $\omega(x,y)$ 似为

$$\omega(x,y)=\frac{1}{2\pi\sigma_x\sigma_y}\exp\left\{-\frac{1}{2}\left[\left(\frac{x-x_e}{\sigma_x}\right)^2+\left(\frac{y-y_e}{\sigma_y}\right)^2\right]\right\}$$

对上式进行数值积分，可以近似求得

$$r_{0.5}\approx 0.8\sqrt{\sigma_x^2+\sigma_y^2}$$

整理后可得

$$r_{0.5}\approx\frac{0.8R}{|\sin(\theta_2-\theta_1)|}\left(\frac{\sigma_{\theta_1}^2}{\sin^2\theta_1}+\frac{\sigma_{\theta_2}^2}{\sin^2\theta_2}\right)^{\frac{1}{2}}$$

测向交叉定位法的简化分析方法如图 6.29(b) 所示。利用正弦定理可求得两站点到辐射源的距离为

$$\begin{cases}d_1=\dfrac{l\sin(\pi-\theta_2)}{\sin(\theta_2-\theta_1)}=\dfrac{l\sin\theta_2}{\sin(\theta_2-\theta_1)}\\ d_2=\dfrac{l\sin\theta_1}{\sin(\theta_2-\theta_1)}\end{cases}$$

将交叠的阴影区近似为一平行四边形，两对边的边长分别为

$$\begin{cases}\Delta d_1\approx d_1\tan\Delta\theta_1\approx d_1\Delta\theta_1\\ \Delta d_2\approx d_2\tan\Delta\theta_2\approx d_2\Delta\theta_2\end{cases}$$

阴影区（定位模糊区）的面积为

$$A=\left|\frac{\Delta d_1\Delta d_2}{\sin(\theta_1-\theta_2)}\right|=\left|\frac{d_1d_2\Delta\theta_1\Delta\theta_2}{\sin(\theta_1-\theta_2)}\right|=\left|\frac{4R^2\Delta\theta_1\Delta\theta_2}{\sin\theta_1\sin\theta_2\sin(\theta_1-\theta_2)}\right|$$

上式表明：

(1) 辐射源距离越远，测向误差越大，则模糊区越大；

(2) 以 A 为函数，对 θ_1，θ_2 求导，令导数等于 0，可得

$$\begin{cases}\cos\theta_1\sin(\theta_2-\theta_1)-\sin\theta_1\cos(\theta_2-\theta_1)=0\\ \cos\theta_2\sin(\theta_2-\theta_1)+\sin\theta_2\cos(\theta_2-\theta_1)=0\end{cases}$$

利用三角函数性质，可将上式化简为

$$\begin{cases}\sin(\theta_2-2\theta_1)=0\\ \sin(2\theta_2-\theta_1)=0\Rightarrow\theta_2=2\theta_1+k\pi,\text{代入式 }3\theta_1+k\pi=0\\ 0<\theta_1,\theta_2<\pi\end{cases}$$

因此

$$\begin{cases}\theta_1=\dfrac{\pi}{3}\\ \theta_2=\dfrac{2}{3}\pi\end{cases},\quad\begin{cases}\theta_1=\dfrac{2}{3}\pi\\ \theta_2=\dfrac{\pi}{3}\end{cases}$$

即当侦察站与雷达成等边三角形时，模糊区面积最小。

2. *测向-时差定位法*

采用测向-时差定位法定位的工作原理如图 6.30 所示。基站 A 和转发站 B 二者间距为 d。转发站有两个天线，一个是全向天线（或弱方向性天线），用于接收来自辐射源的信号，经过放大后再由另一个定向天线转发给基站 A。基站 A 也有两个天线，一个用来测量辐射源的方位角，另一个用来接收转发器送来的信号并测量出该信号与直接到达基站的同一个目标信号的时间差。显然，

$$c\Delta t = R_2 + d - R_1 \tag{6.5.10}$$

式中，c 为电磁波传播速度。根据余弦定理，有

$$R_2^2 = R_1^2 + d^2 - 2R_1 d\cos\theta \tag{6.5.11}$$

经整理可得

$$R_1 = \frac{c\Delta t(d - c\Delta t/2)}{c\Delta t - d(1-\cos\theta)} \tag{6.5.12}$$

如果转发站位于运动的平台上，如图6.31所示，则它与基站之间的距离 d 以及与参考方向的夹角 θ_0 就需要用其他设备进行实时测量。如果采用应答机测量两站之间的间距，则有

$$\left.\begin{aligned} d &= c\Delta t_{AB} \\ \theta &= \theta_1 - \theta_0 \end{aligned}\right\} \tag{6.5.13}$$

代入式(6.5.13)，可得

$$R_1 = \frac{c\Delta t(\Delta t_{AB} - \Delta t/2)}{\Delta t - \Delta t_{AB}[1-\cos(\theta_1 - \theta_0)]} \tag{6.5.14}$$

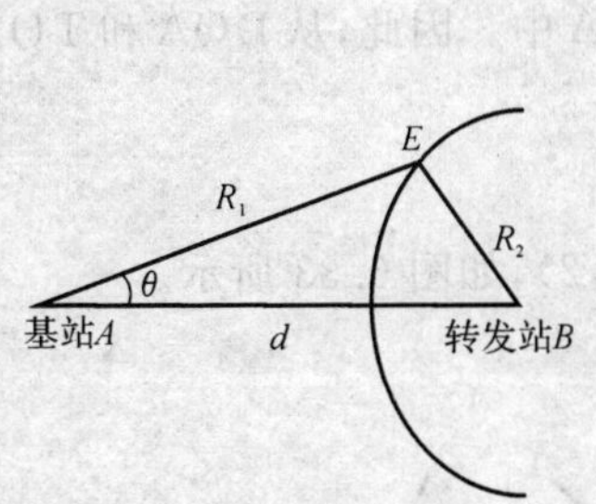

图6.30 平面上测向-时差定位法的原理图

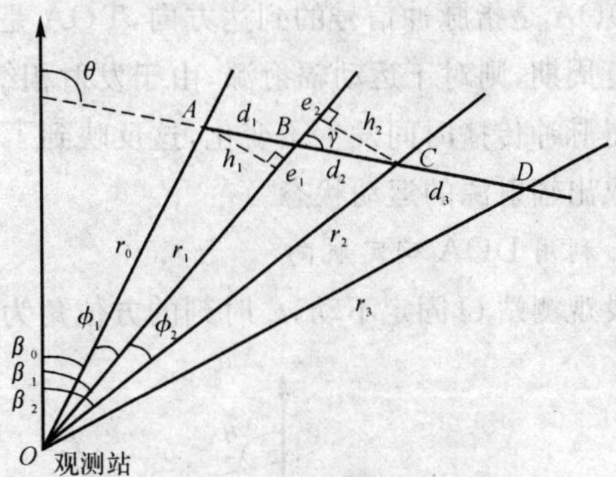

图6.31 位于运动平台上的测向-时差定位

3. 时差定位法

时差定位是利用平面或空间中的多个侦察站，测量出同一个信号到达各侦察站的时间差，由此确定出辐射源在平面或空间中的位置。以平面时差定位法为例进行分析。

假设在同一平面上，有3个侦察站 O,A,B 以及一个辐射源 E，其位置分别为$(0,0)$，(ρ_A,α_A)，(ρ_B,α_B)，(ρ,θ)，如图6.32所示。3个侦察站测得辐射源辐射信号的到达时间分别为 t_0,t_A,t_B。

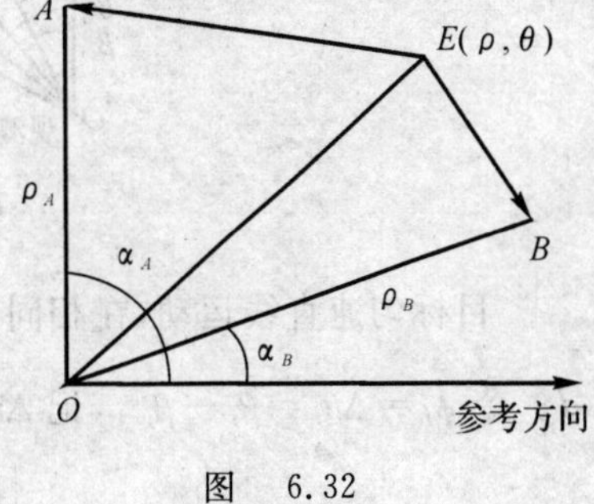

图 6.32

根据余弦定理，可得到以下方程组：

$$\begin{cases} c(t_A - t_0) = [\rho^2 + \rho_A^2 - 2\rho\rho_A\cos(\theta - \alpha_A)]^{\frac{1}{2}} - \rho \\ c(t_B - t_0) = [\rho^2 + \rho_B^2 - 2\rho\rho_B\cos(\theta - \alpha_B)]^{\frac{1}{2}} - \rho \end{cases}$$

令
$$\rho_A^2 - [c(t_A - t_0)]^2 = k_1$$
$$\rho_B^2 - [c(t_B - t_0)]^2 = k_2$$

可得
$$\begin{cases} \rho = \dfrac{k_1}{2[c(t_A - t_0) + \rho\cos(\theta - \alpha_A)]} \\ \rho = \dfrac{k_2}{2[c(t_B - t_0) + \rho\cos(\theta - \alpha_B)]} \end{cases}$$

令
$$k_3 = k_2\rho_A\cos\alpha_A - k_1\rho_B\cos\alpha_B$$
$$k_4 = k_2\rho_A\sin\alpha_A - k_1\rho_B\sin\alpha_B$$
$$k_5 = k_1 c(t_B - t_0) - k_2 c(t_A - t_0)$$

可得
$$k_5 = k_3\cos\theta + k_4\sin\theta$$

令
$$\cos\phi = \frac{k_3}{\sqrt{k_3^2 + k_4^2}},\quad \sin\phi = \frac{k_4}{\sqrt{k_3^2 + k_4^2}},\quad \phi = \arctan\frac{k_4}{k_5}$$

可得
$$\begin{cases}\cos(\phi - \theta) = \dfrac{k_5}{\sqrt{k_3^2 + k_4^2}} \\ \theta = \phi \pm \arccos\left(\dfrac{k_5}{\sqrt{k_3^2 + k_4^2}}\right)\end{cases}$$

6.5.3　基于 DOA/TOA 测量的定位法

DOA 是指脉冲信号的到达方向，TOA 是指脉冲的到达时间。设脉冲序列具有恒定的脉冲重复周期，则对于运动辐射源，由于发射相继脉冲时，辐射源到观测器的距离发生了变化，所以使得脉冲传播时间发生了变化，这反映到了观测的 TOA 中。因此，从 DOA 和 TOA 信息可以提取出辐射源的运动状态。

1. 利用 DOA 确定航向

设观测站 O 固定不动，t_j 时刻的方位角为 $\beta_j(j=0,1,2)$，如图 6.33 所示。

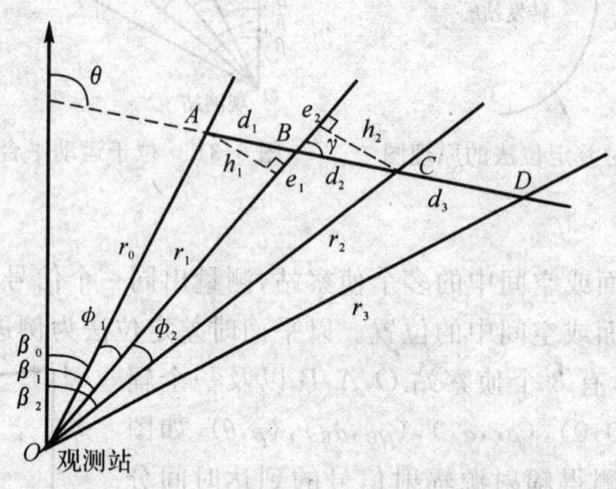

图 6.33　利用 DOA 对航向的确定

目标匀速直线运动，在相同的时间间隔依次通过 A,B,C,D 4 个点，其中 $AB=BC=CD=d$。令 $\phi_j = \Delta\beta_j = \beta_j - \beta_{j-1}$，记 $\Delta t_j \xlongequal{\text{def}} t_j - t_{j-1}$，$j=1,2$。于是可得

$$\begin{cases}\tan\phi_1 = \dfrac{h_1}{r_1 - e_1} = \dfrac{v\Delta t_1\sin\gamma}{\gamma_1 - v\Delta t_1\cos\gamma} \\ \tan\phi_2 = \dfrac{h_2}{r_1 + e_2} = \dfrac{v\Delta t_2\sin\gamma}{\gamma_1 + v\Delta t_2\cos\gamma}\end{cases}$$

求得

$$\tan\gamma = \frac{(\Delta t_1 + \Delta t_2)\tan\phi_1\tan\phi_2}{\Delta t_2\tan\phi_1 - \Delta t_1\tan\phi_2}$$

若 $\Delta t_2 \tan\phi_1 - \Delta t_1 \tan\phi_2 \neq 0$，则 γ 有解，即可确定目标航向，航向角为

$$\theta = \beta_1 + \gamma$$

2. 利用 TOA 无源测距

设周期为 T 的脉冲序列，每隔 M 个脉冲到达时间测量为 $T_j(j=0,1,2,3,\cdots)$，MT_r 时间内目标运动距离为 d。当 T_r 已知时，4 次观测形成 ΔT 的数据服从如下关系：

$$\tau_j \overset{\text{def}}{=\!=} T_j - MT_r = \frac{\Delta r_j}{c}, \quad j=1,2,3$$

式中，c 为电磁传播速度，且

$$\Delta T_j = T_j - T_{j-1}, \quad \Delta r_j = r_j - r_{j-1}$$

设目标匀速运动，参考图 6.33，有 $h_1 = h_2 = d\sin\gamma, e_1 = e_2 = d\cos\gamma$，得

$$\begin{cases} (r_1 - e_1)^2 + h_1^2 = r_0^2 = (r_1 - d\cos\gamma)^2 + (d\sin\gamma)^2 \\ (r_1 + e_2)^2 + h_2^2 = r_2^2 = (r_1 + d\cos\gamma)^2 + (d\sin\gamma)^2 \end{cases}$$

又因为 r_1 和 r_2 分别为 $\triangle ACO$ 和 $\triangle BDO$ 中，AC 和 BD 边上的中线，所以由中线定理得

$$\left.\begin{aligned} 2r_1 = r_0^2 + r_2^2 - 2d^2 \\ 2r_2 = r_1^2 + r_3^2 - 2d^2 \end{aligned}\right\} \tag{6.5.15}$$

由于当 $j=1,2$ 时，有

$$\left.\begin{aligned} r_0 = (r_1 - c\tau_1)^2 = r_1^2 + c^2\tau_1 - 2c\tau_1 r_1 \\ r_2 = (r_1 + c\tau_2)^2 = r_1^2 + c^2\tau_2 + 2c\tau_2 r_1 \end{aligned}\right\} \tag{6.5.16}$$

所以把式(6.5.16)代入式(6.5.15)，得

$$2c(\tau_2 - \tau_1)r_1 + c^2(\tau_1^2 + \tau_2^2) - 2d^2 = 0 \tag{6.5.17}$$

同理，当 $j=2,3$ 时，有

$$2c(\tau_3 - \tau_2)r_2 + c^2(\tau_2^2 + \tau_3^2) - 2d^2 = 0 \tag{6.5.18}$$

又有关于 r_1 和 r_2 的关系为

$$r_2 - r_1 = c\tau_2 \tag{6.5.19}$$

由上面式子可解出 r_1, r_2 和 d^2，并可得到 r_3，表达式为

$$\begin{cases} r_1 = c\,\dfrac{(\tau_3^2 - \tau_1^2) + 2\tau_2\Delta\tau_3}{2(\Delta\tau_2 - \Delta\tau_3)} \\ r_2 = c\,\dfrac{(\tau_3^2 - \tau_1^2) + 2\tau_2\Delta\tau_2}{2(\Delta\tau_2 - \Delta\tau_3)} \\ r_3 = c\,\dfrac{(2\tau_2^2 - \tau_3^2 - \tau_1^2) + 2(2\tau_2\tau_3 - \tau_2\tau_1 - \tau_1\tau_3)}{2(\Delta\tau_2 - \Delta\tau_3)} \\ d^2 = c^2\,\dfrac{\Delta\tau_2(\tau_3^2 + \tau_2^2) - \Delta\tau_3(\tau_1^2 + \tau_2^2) + 2\tau_2\Delta\tau_2\Delta\tau_3}{2(\Delta\tau_2 - \Delta\tau_3)} \\ \Delta\tau_j \overset{\text{def}}{=\!=} \tau_j - \tau_{j-1} \end{cases}$$

至此，从 3 个 $\Delta\tau$ 数据解算出了距离 r 的大小。

3. 综合利用 DOA 和 TOA 测量获得定位解

当把 DOA 和 TOA 数据综合起来运用时，基于必需的最少观测数据，仍然可以获得距离的闭式解。仍采用图 6.31 中的记号。

由 $h_1 = h_2, e_1 = e_2$，可得

$$\begin{cases} r_0 \sin\phi_1 = r_2 \sin\phi_2 \\ r_0 \cos\phi_1 + r_2 \cos\phi_2 = 2r_1 \end{cases}$$

若脉冲周期 T_r 已知，则由上面两式消去 r_0，并代入测量方程 $\Delta T_2 = \frac{r_2 - r_1}{c} + MT_r$，可得

$$r_1 = \frac{\sin(\phi_1 + \phi_2)}{2\sin\phi_1 - \sin(\phi_1 + \phi_2)} c(\Delta T_2 - MT_r)$$

第7章 电子攻击

对雷达的电子攻击是指进攻性地使用电磁波、反辐射导弹和定向能等武器，以破坏敌方雷达工作效能或以摧毁敌方雷达为目的所开展的军事行动，它是雷达电子战的重要环节。

7.1 引 言

7.1.1 对雷达电子攻击的概念

对雷达的电子攻击过去通常是指对敌方雷达施放电子干扰，以破坏敌方各种雷达（如警戒、引导、炮瞄、制导、轰炸瞄准雷达等）的正常工作，导致敌指挥系统和武器系统失灵而丧失战斗力。从这个意义上来说，雷达干扰是一种重要的进攻性武器。但是由于对雷达施放电子干扰不会造成雷达实体的破坏，而只能利用电子设备或干扰器材改变雷达获取的信息量，从而破坏雷达的正常工作，使其不能探测和跟踪真正的目标，所以是一种“软杀伤”手段。

现代电子战中的电子攻击除了包括对敌方雷达的电子干扰之外，还特别强调了使用反辐射导弹和定向能武器等。由于使用这些武器能够从实体上破坏雷达，具有摧毁性，所以称其为“硬杀伤”武器。因此，现代电子战中的电子攻击既包括使用不具有摧毁性的软杀伤手段，也包括使用具有摧毁性的硬杀伤手段。为了达到最佳的电子攻击效果，将软杀伤与硬杀伤手段结合使用是电子战发展的必然趋势。

7.1.2 雷达干扰分类

雷达干扰是指一切破坏和扰乱敌方雷达监测己方目标信息的战术和技术措施的统称。对雷达来说，除带有目标信息的有用信号外，其他各种无用信号都是干扰。雷达干扰的基本原理图如图7.1所示。

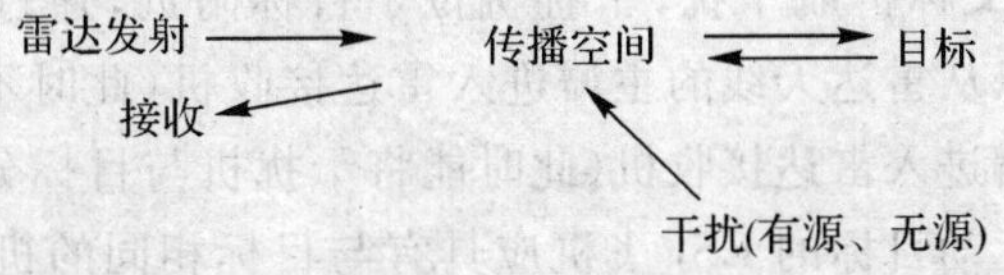

图7.1 雷达干扰的基本原理图

干扰的分类方法很多，可以按照干扰的来源、产生途径以及干扰的作用机理等对干扰信号进行分类。

(1) 按照干扰能量的来源分为有源干扰和无源干扰。

1) 有源干扰：由辐射电磁波的能源产生的干扰。

2) 无源干扰：利用目标物体对电磁波的散射、反射、折射或吸收产生的干扰。

(2) 按照干扰产生的途径分为有意干扰和无意干扰。

1) 有意干扰:人为有意识制造的干扰。

2) 无意干扰:因自然或其他因素无意识形成的干扰。

通常,将人为有意识施放的有源干扰称为积极干扰,将人为有意实施的无源干扰称为消极干扰。

(3) 按照干扰的作用机理分为遮盖性干扰和欺骗性干扰。

1) 遮盖性干扰:干扰机发射强干扰信号,进入雷达接收机,造成对回波信号有遮盖、压制作用的干扰背景,使雷达不能准确地检测目标信息。

2) 欺骗性干扰:干扰发射机发出与目标信号特征相同或相似的假信号,使得雷达接收机难以将干扰信号与目标回波区分开,使雷达不能正常检测目标。

(4) 按照雷达、目标、干扰机的空间位置关系分为远距离支援干扰、随队干扰、自卫干扰和近距离干扰(见图 7.2)。

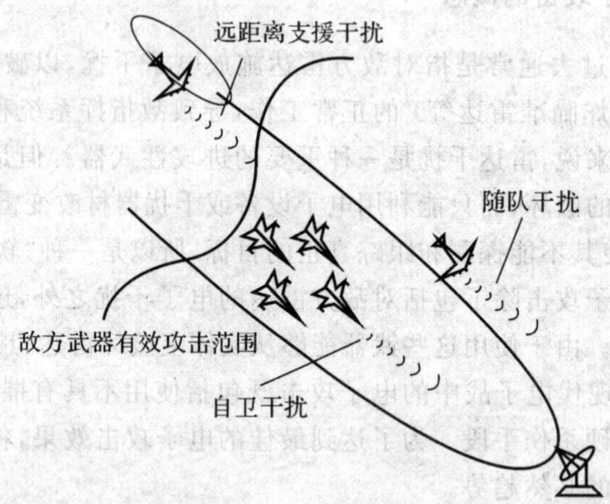

图 7.2　按雷达、目标、干扰机的空间位置关系对雷达干扰的分类

1) 远距离支援干扰(SOJ):干扰机远离雷达和目标,通过辐射强干扰信号掩护目标。当实施远距离支援式干扰时,干扰信号主要是从雷达天线的旁瓣进入雷达接收机,通常用于遮盖性干扰。

2) 随队干扰(ESJ):又称护航干扰,干扰机位于目标附近,通过辐射强干扰信号掩护目标。随队干扰信号既可以从雷达天线的主瓣进入雷达接收机(此时不能分辨干扰机与目标),也可以从雷达天线的旁瓣进入雷达接收机(此时能将干扰机与目标分辨开),一般用于对雷达形成遮盖性干扰。掩护运动目标的 ESJ 飞机应具有与目标相同的机动能力。在空袭作战中的 ESJ 飞机往往略领先于其他飞机,而且在一定的作战距离上同时还要施放无源干扰。出于安全方面的考虑,进入危险战区的 ESJ 任务通常由无人驾驶飞行器担当。

3) 自卫干扰(SSJ):干扰机位于目标上,干扰的目的是使自己免遭雷达威胁。自卫干扰信号从雷达天线的主瓣进入雷达接收机,除了对雷达实施遮盖性干扰外,更重要的是对雷达实施欺骗性干扰。SSJ 是现代作战飞机、舰艇、地面重要目标等必备的干扰手段。

4) 近距离干扰(SFJ):干扰机到雷达的距离领先于目标,通过辐射干扰信号掩护后续目标。由于距离领先,所以干扰机可获得宝贵的预先引导时间,使干扰信号频率对准雷达频率。

SFJ 主要用于对雷达进行遮盖性干扰。干扰机离雷达越近，进入雷达接收机的干扰能力就越强。出于安全性的考虑，SFJ 主要由投掷式干扰机和无人驾驶飞行器担任。

7.2　干扰方程及有效干扰空间

干扰方程是设计干扰机时进行初始计算以及选取整机参数的基础，同时也是使用干扰机时计算和确定干扰及有效干扰空间（即干扰机威力范围）的依据。由于干扰机的基本任务就是压制雷达、保卫目标，所以，干扰方程必然涉及干扰机、雷达和目标三个因素，干扰方程将干扰机、雷达和目标三者之间的空间能量关系联系在一起。

7.2.1　干扰方程

7.2.1.1　干扰方程的一般表达式

1. 基本能量关系

通常雷达探测和跟踪目标时，雷达天线的主瓣指向目标。由于干扰机和目标不一定在一起，故干扰信号通常从雷达天线旁瓣进入雷达。雷达、目标和干扰机的空间关系如图 7.3 所示。

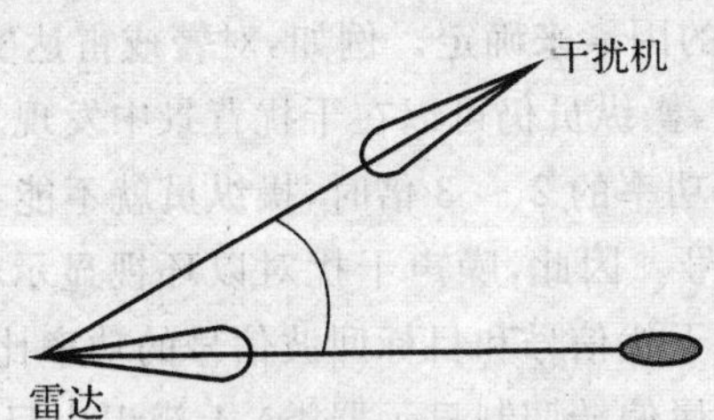

图 7.3　雷达、目标和干扰机的空间关系图

显然，雷达接收机将收到两个信号：目标的回波信号 P_{rs} 和干扰机辐射的干扰信号 P_{rj}。由雷达方程可得雷达收到的目标回波信号功率 P_{rs} 为

$$P_{rs}=\frac{P_t G_t \sigma A}{(4\pi R_t^2)^2}=\frac{P_t G_t^2 \sigma \lambda^2}{(4\pi)^3 R_t^4} \tag{7.2.1}$$

式中，P_t 为雷达的发射功率；G_t 为雷达天线增益；σ 为目标的雷达截面积；R_t 为目标与雷达的距离；A 为雷达天线的有效面积。

由二次雷达方程得到进入雷达接收机的干扰信号功率 P_{rj} 为

$$P_{rj}=\frac{P_j G_j}{4\pi R_j^2}A'\gamma_j$$

式中，A' 为雷达在干扰机方向上的有效面积，即 $A'=\frac{\lambda^2}{4\pi}G'_t$，得

$$P_{rj}=\frac{P_j G_j G'_t \lambda^2 \gamma_j}{(4\pi)^2 R_j^2} \tag{7.2.2}$$

式中，P_j 为干扰机的发射功率；G_j 为干扰机天线增益；R_j 为干扰机与雷达的距离；γ_j 为干扰信号对雷达天线的极化系数。

由式(7.2.1)和式(7.2.2)可以得到雷达接收机输入端的干扰信号功率和目标回波信号功率的比值为

$$\frac{P_{rj}}{P_{rs}}=\frac{P_jG_j}{P_tG_t}\frac{4\pi\gamma_j}{\sigma}\frac{G'_t}{G_t}\frac{R_t^4}{R_j^2} \tag{7.2.3}$$

仅仅知道进入雷达接收机的干扰信号和目标信号的功率比,还不能说明干扰是否有效,还必须用一个标准来衡量干扰效果的有效性,通常称其为压制系数。

2. 功率准则

功率准则是衡量干扰效果或抗干扰效果的一种方法。功率准则又称信息损失准则,一般用压制性系数 K_j 来表示,适用于对遮盖性(压制性)干扰效果的评定,表示对雷达实施有效干扰(搜索状态下指雷达发现概率 P_d 下降到10%以下)时,雷达接收机输入端或接收机线性输出端所需要的最小干扰信号与雷达回波信号功率之比,即

$$K_j=P_j/P_s\mid_{P_d=0.1} \tag{7.2.4}$$

式中,P_j,P_s 分别为受干扰雷达输入端或接收机线性输出端的干扰功率和目标回波信号功率。显然,K_j 是干扰信号调制样式、干扰信号质量、接收机响应特性、信号处理方式等的综合性函数。

压制系数虽然是一个常数,但必须根据干扰信号的调制样式和雷达型式(特别是雷达接收机和终端设备的型式)两方面的因素来确定。例如,对警戒雷达实施噪声干扰,当干扰功率和信号功率基本相等或略大些时,操纵员仍可以在干扰背景中发现目标信号;只有当接收机输入端干扰信号的功率是回波信号功率的2～3倍时,操纵员就不能在环视显示器(属亮度显示器类)的干扰背景中发现目标信号。因此,噪声干扰对以环视显示器为终端设备的雷达的压制系数 K_j 为2～3。而同样大的干扰信号和目标回波信号的功率比值还不足以使距离显示器失效,操纵员仍能在距离显示器(属偏转调制显示器类)上辨识出目标信号。当接收机输入端干扰和信号功率比达到8～9时,即使有经验的雷达操纵员也不能在噪声干扰背景中发现目标信号。因此,噪声干扰对于用距离显示器做终端的雷达,其压制系数 K_j 为8～9。对于自动工作的雷达系统,由于没有人的操纵,不能利用干扰和信号之间的细微差别来区别干扰目标,只能从信号和干扰在幅度、宽度等数量上的差别来区分干扰和信号,所以比较容易受干扰。对于这类系统,只要噪声干扰功率比目标回波信号功率大1.5倍,就可以使它失效,因此压制系数 K_j 为1.5～2。

总之,压制系数越小,说明干扰越容易,雷达的抗干扰性能越差;压制系数越大,说明干扰越困难,雷达的抗干扰性能越好。此外,压制系数还是用于比较各种干扰信号样式优劣的重要标准之一。

3. 干扰方程

利用压制系数可以推导出干扰方程。由式(7.2.3)可知,有效干扰必须满足:

$$\frac{P_{rj}}{P_{rs}}=\frac{P_jG_j}{P_tG_t}\frac{4\pi\gamma_j}{\sigma}\frac{G'_t}{G_t}\frac{R_t^4}{R_j^2}\geqslant K_j \tag{7.2.5}$$

或

$$P_jG_j\geqslant\frac{K_j}{\gamma_j}\frac{P_tG_t\sigma}{4\pi\left(\frac{G'_t}{G_t}\right)}\frac{R_j^2}{R_t^4} \tag{7.2.6}$$

通常将式(7.2.5)或式(7.2.6)称为干扰方程。

上述分析是针对干扰机带宽小于或等于雷达接收机带宽($\Delta f_j \leqslant \Delta f_r$)时的情况进行的，只适用于瞄准式干扰的情况。当干扰机带宽比雷达接收机带宽大很多时，干扰机产生的干扰功率无法全部进入雷达接收机。因此，干扰方程必须考虑带宽因素的影响。

$$\frac{P_j G_j}{P_t G_t} \frac{4\pi\gamma_j}{\sigma} \frac{G'_t}{G_t} \frac{R_t^4}{R_j^2} \frac{\Delta f_r}{\Delta f_j} \geqslant K_j \tag{7.2.7}$$

或

$$P_j G_j \geqslant \frac{K_j}{\gamma_j} \frac{P_t G_t \sigma}{4\pi\left(\frac{G'_t}{G_t}\right)} \frac{R_j^2}{R_t^4} \frac{\Delta f_j}{\Delta f_r} \tag{7.2.8}$$

式(7.2.7)和式(7.2.8)是一般形式的干扰方程，即干扰机不配置在目标上，而且干扰机的干扰带宽大于雷达接收机的带宽。干扰方程反映了与雷达相距 R_j 的干扰机在掩护与雷达相距 R_t 的目标时，干扰机功率和干扰天线增益所应满足的空间能量关系。

当干扰机配置在目标上(目标自卫)时，$R_j = R_t$，且 $G'_t = G_t$，因此一般形式的干扰方程式(7.2.7)或式(7.2.8)可以简化为

$$P_j G_j \geqslant \frac{K_j}{\gamma_j} \frac{P_t G_t \sigma}{4\pi R^2} \frac{\Delta f_j}{\Delta f_r} \tag{7.2.9}$$

或

$$R_0 = \sqrt{\frac{K_j \sigma}{4\pi\gamma_j} \frac{P_t G_t}{P_j G_j} \frac{\Delta f_j}{\Delta f_r}} \tag{7.2.10}$$

式中，R_0 为干扰机的最小有效干扰距离。

当 $\Delta f_j \leqslant \Delta f_r$ 时，式(7.2.7)和式(7.2.8)中的 $\frac{\Delta f_j}{\Delta f_r} = 1$。

7.2.1.2　干扰方程的讨论

从干扰方程可以看出：

(1) 干扰机功率 $P_j G_j$ 和雷达功率 $P_t G_t$ 成正比，即压制大功率雷达所需干扰功率大。对于雷达来说，增大 $P_t G_t$ 就可以提高其抗干扰能力；对于干扰来说，增大干扰功率 $P_j G_j$ 就可以提高对雷达压制的有效性。通常把 $P_t G_t$ 和 $P_j G_j$ 分别称为雷达和干扰机的有效辐射功率。

(2) 干扰有效辐射功率 $P_j G_j$ 与雷达天线的侧向增益比 G'_t/G_t 成反比。这说明雷达天线方向性越强，抗干扰性能越好，干扰起来就越困难，需要的干扰功率就越大。要进行旁瓣干扰，由于 G'_t/G_t 可达 $-30 \sim -50$ dB，那么干扰功率 $P_j G_j$ 就应增大 $10^3 \sim 10^6$ 倍才能进行有效干扰。所以从节省功率的角度看，干扰机配置在目标上最有利。

(3) $P_j G_j$ 与目标反射面积成正比，被掩护目标的有效反射面积越大，所需干扰功率 $P_j G_j$ 就越大。因此，掩护重型轰炸机($\sigma = 150$ m^2)比掩护轻型轰炸机($\sigma = 50$ m^2)所需干扰功率 $P_j G_j$ 要大3倍，而要掩护大型军舰($\sigma = 15\,000$ m^2)所需的干扰功率 $P_j G_j$ 比掩护重型轰炸机时大100倍。

(4) 有效干扰功率 $P_j G_j$ 和压制系数 K_j 及极化损失系数 γ_j 的关系。有效干扰功率和压制系数 K_j 的关系成正比，即 K_j 越大，所需 $P_j G_j$ 就越大。极化系数 γ_j 由干扰机天线的极化性质而定。通常干扰天线是圆极化的，当对各种线性极化雷达实施干扰时，极化损失系数 $\gamma_j = 0.5$。

7.2.2 有效干扰区和干扰扇面

7.2.2.1 有效干扰区

满足干扰方程的空间称为有效干扰区或压制区。

当干扰机配置在被保卫目标上时，干扰机最小有效干扰距离 R_0 用式(7.2.10)表示。在距离 R_0 上，进入雷达接收机的干扰信号功率与雷达接收到的目标回波信号功率之比 P_{rj}/P_{rs} 正好等于压制系数 K_j，即干扰机刚能压制住雷达，使雷达不能发现目标。

当雷达与目标的距离 $R_t > R_0$ 时，$\dfrac{P_{rj}}{P_{rs}} > K_j$，这时干扰压制住了目标回波信号，雷达不能发现目标，称为有效干扰区。当雷达与目标的距离 $R_t < R_0$ 时，$\dfrac{P_{rj}}{P_{rs}} < K_j$，这时干扰压制不了目标的回波信号，雷达在干扰中仍能够发现目标，称为(目标) 暴露区。

显然，由 $\dfrac{P_{rj}}{P_{rs}} = K_j$ 所得的 R_0，既是压制区的边界也是暴露区的边界。

对于干扰机来说，R_0 就是干扰机的最小有效干扰距离，常称为暴露半径。对于雷达来说，R_0 就是在压制性干扰的情况下雷达能够发现目标的最大距离，称为雷达的“烧穿距离”或“自卫距离”(有些书上，定义 $K_j = 1$ 时的距离为烧穿距离)。雷达常采用提高发射功率 P_t 或提高天线增益 G_t 的办法来增大自卫距离。

产生这一现象的物理实质是：随着雷达与目标的接近，目标回波信号 P_{rs} 按距离变化的四次方增长，而干扰信号功率 P_{rj} 则是按距离变化的二次方增长；当距离减小至 R_0 时，$\dfrac{P_{rj}}{P_{rs}} = K_j$；当距离再进一步减小时，虽然干扰信号仍在增强，但不如目标回波信号增加得快，使$\dfrac{P_{rj}}{P_{rs}} < K_j$，目标就暴露出来了，如图 7.4 所示。

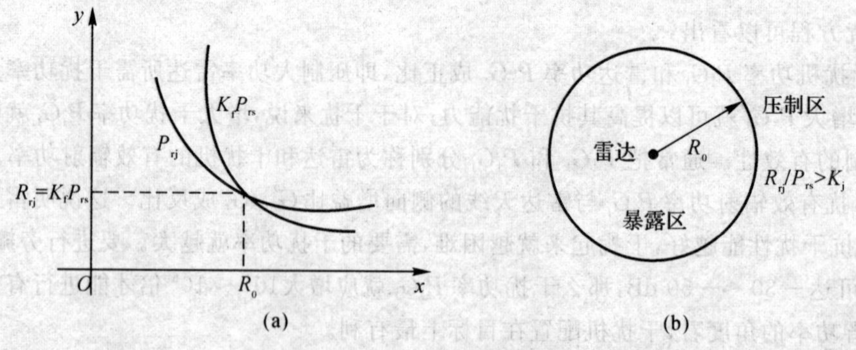

图 7.4 压制区与暴露区图示

当自卫干扰飞机离雷达的距离 $R_t > R_0$ 位于如图 7.5 所示中的 ①，② 两点时，雷达均处于压制区不能发现目标，但干扰效果不相同。在 ① 点，干扰机离雷达远，在显示器上打亮的干扰扇面窄；在 ② 点，干扰打亮的干扰扇面宽；当飞机离雷达的距离小于 R_0 位于图中 ③ 点时，虽然干扰扇面比在 ① 和 ② 两点时的宽，但目标回波信号很强，在干扰扇面中就能看到目标。

从干扰方程很容易看出：雷达功率 P_tG_t 越大，被保卫目标的 σ 越大，暴露半径就越大；要减小暴露区，只有提高干扰机的功率 P_jG_j，并正确选择干扰样式以降低 K_j。

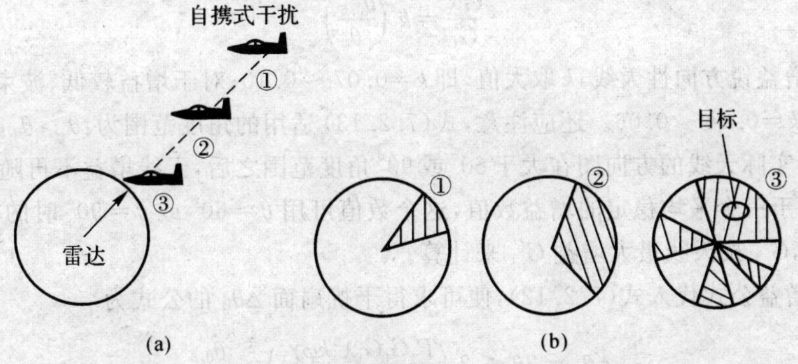

图 7.5　不同距离时的干扰扇面

(a) 干扰飞机距雷达的位置；(b) 不同距离时的显示器画面

7.2.2.2　干扰扇面

干扰信号在环视显示器荧光屏上打亮的扇形区称为干扰扇面。干扰机在保卫目标时，应使其干扰扇面足以掩盖住目标，使雷达不能发现和瞄准目标。

1. 干扰扇面

雷达环视显示器通常调整在接收机内部噪声电平刚刚不能打亮荧光屏，只有超过噪声电平的目标信号电压才能在荧光屏上形成亮点。干扰要打亮荧光屏，则进入雷达接收机的干扰电平必须大于接收机内部噪声电平一定倍数。干扰要打亮如图 7.6 所示的宽度为 $\Delta\theta_B$ 的干扰扇面，则必须保证干扰机功率在雷达天线方向图的 θ 角($\theta=\Delta\theta_B/2$) 方向上进入雷达接收机的干扰信号电平大于接收机内部噪声电平一定倍数。

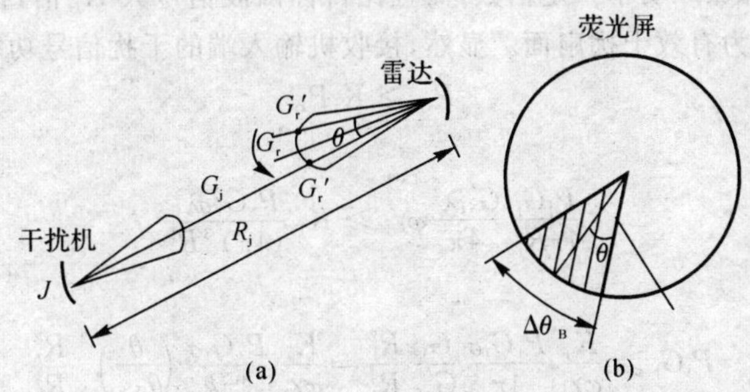

图 7.6　干扰扇面的形成

用 P_n 表示雷达接收机输入端的内部噪声电平，m 表示倍数，则进入雷达接收机输入端的干扰信号电平应为

$$P_{rj} \geqslant mP_n \tag{7.2.11}$$

根据图 7.6 的空间关系可以求得 P_{rj} 为

$$P_{rj}=\frac{P_jG_j}{4\pi R_j^2}\frac{G'_t\lambda^2}{4\pi}\varphi\gamma_j \geqslant mP_n \tag{7.2.12}$$

式中，φ 为雷达馈线损耗系数；G'_t 为偏离雷达主瓣最大方向 θ 角的天线增益。

如果有雷达天线的方向图曲线，可以根据 θ 值，在曲线图上求得 G'_t。为了得到计算干扰

参数的数学表达式，通常用 G'_t 与 θ 的经验公式，即

$$\frac{G'_t}{G_t}=k\left(\frac{\theta_{0.5}}{\theta}\right)^2 \tag{7.2.13}$$

对于高增益锐方向性天线，k 取大值，即 $k=0.07\sim0.10$；对于增益较低、波束较宽的天线，k 取小值，即 $k=0.04\sim0.06$。还应注意，式(7.2.13)适用的角度范围为：$\theta>\theta_{0.5}/2$ 且小于 $60°$ 或 $90°$。因为实际天线的方向图在大于 $60°$ 或 $90°$ 角度范围之后，天线增益不再随着 θ 的增大而减小，而是趋于一个平均稳定的增益数值，这个数值可用 $\theta=60°$ 或 $\theta=90°$ 时的 G'_t 来计算。$\theta\leqslant\theta_{0.5}/2$ 时，G'_t 按天线最大增益 G'_t 来计算。

将天线增益公式代入式(7.2.12)，便可求得干扰扇面 $\Delta\theta_B$ 的公式为

$$\Delta\theta_B=2\theta\leqslant2\left(\frac{P_jG_jG_t\lambda^2k\varphi\gamma_j}{mP_n}\right)^{\frac{1}{2}}\frac{\theta_{0.5}}{4\pi R_j} \tag{7.2.14}$$

干扰扇面是以干扰机方向为中心，两边各为 θ 角的辉亮扇面。可以看出，干扰扇面与 R_j 成反比，距离越近，干扰扇面 $\Delta\theta_B$ 越大；干扰扇面与 $\sqrt{P_jG_j}$ 成正比，P_jG_j 增加一倍，$\Delta\theta_B$ 增加 $\sqrt{2}$ 倍。

2.有效干扰扇面

上述干扰扇面只是说明干扰信号打亮的扇面有多大，并不能保证在干扰扇面中一定能压制住信号。因此，可能出现这种情况，即在干扰信号打亮的扇面内仍能看到目标的亮点，以致达不到压制目标的目的，如图 7.5 所示为当飞机飞至 ③ 点时的情况。

有效干扰扇面 $\Delta\theta_j$ 是指在最小干扰距离上干扰能压制信号的扇面，在此扇面内雷达完全不能发现目标。

有效干扰扇面比上述打亮显示器的干扰扇面对干扰功率的要求更高，即干扰信号功率不仅是大于接收机内部噪声功率一定倍数，而且比目标回波信号大 K_j 倍，在这样的扇面内完全不能发现目标，故称为有效干扰扇面。显然，接收机输入端的干扰信号功率应满足：

$$P_{rj}\geqslant K_jP_{rs}$$

即

$$\frac{P_jG_j}{4\pi R_j^2}\frac{G'_t\lambda^2}{4\pi}\varphi\gamma_j\geqslant K_j\frac{P_tG_t^2\sigma\lambda^2}{(4\pi)^3R_t^4} \tag{7.2.15}$$

或

$$P_jG_j\geqslant\frac{K_j}{\varphi\gamma_j}\frac{P_tG_t\sigma}{4\pi}\frac{G_t}{G'_t}\frac{R_j^2}{R_t^4}=\frac{K_j}{\varphi\gamma_j}\frac{P_tG_t\sigma}{4\pi k}\left(\frac{\theta}{\theta_{0.5}}\right)^2\frac{R_j^2}{R_t^4} \tag{7.2.16}$$

根据式(7.2.16)求出 θ，便可得到有效干扰扇面 $\Delta\theta_j$ 的计算式为

$$\Delta\theta_j=2\theta=2\left(\frac{P_jG_j}{P_tG_t\sigma}\frac{4\pi\varphi\gamma_jk}{K_j}\right)^{1/2}\frac{R_t^2}{R_j}\theta_{0.5} \tag{7.2.17}$$

可以看出，有效干扰扇面 $\Delta\theta_j$ 与很多因素有关，既与干扰参数 P_jG_j 和 K_j 有关，还与雷达参数 P_tG_t，$\theta_{0.5}$ 以及目标的有效反射面积 σ 有关，另外，$\Delta\theta_j$ 还与 R_j 和 R_t 有关。

比较式(7.2.17)和式(7.2.14)可知，由于雷达接收到的目标回波电平总是比接收机内部噪声电平高很多，所以满足有效干扰扇面要求所需的干扰功率 P_jG_j 要比能够打亮这样大的扇面所需的干扰功率大得多。换句话说，在干扰功率一定的情况下，干扰在荧光屏上打亮的干扰扇面 $\Delta\theta_B$ 比它能有效压制雷达信号的扇面 $\Delta\theta_j$（即有效干扰扇面）要大得多。通常所说的雷达

干扰扇面是指干扰实际打亮的扇面 $\Delta\theta_B$，而不是有效干扰扇面。

有效干扰扇面是根据被保卫目标的大小和干扰机的位置确定的。如图 7.7 所示为干扰机配置在被保卫目标上的情况。设目标是一座城市，目标半径为 r，干扰机配置在目标中心，为了可靠地压制雷达，使其在最小压制距离 R_{min} 上，天线最大方向对准目标边缘时，都不能发现目标，因此有效干扰扇面 $\Delta\theta_j$ 应为

$$\Delta\theta_j \geqslant 2\theta_j = 2\arcsin\frac{r}{R_{min}} \tag{7.2.18}$$

式中，$R_{min} \geqslant R_0$，即干扰机的最小有效干扰距离 R_0 应小于或等于战术要求的最小压制距离 R_{min}。

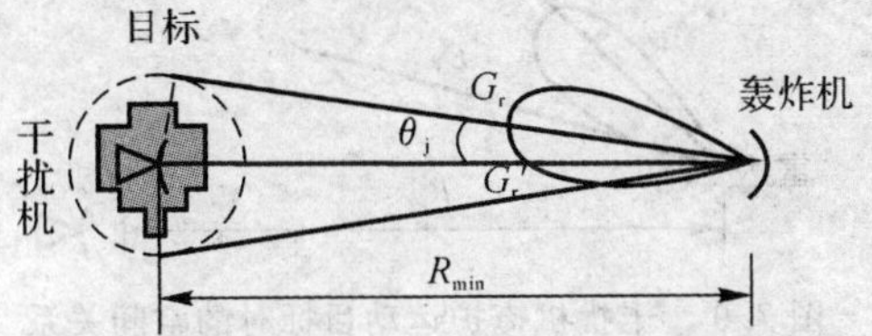

图 7.7　干扰机配置在目标上所要求的有效干扰扇面

当干扰机配置在被保卫目标之外时（见图 7.8），可以使雷达无法根据干扰机的方向（干扰扇面的中心线）来判断目标所在。这时有效干扰扇面应为

$$\Delta\theta_j \geqslant 2(\theta_1 + \theta_2) = 2\left(\arcsin\frac{r}{R_{min}} + \theta_2\right) \tag{7.2.19}$$

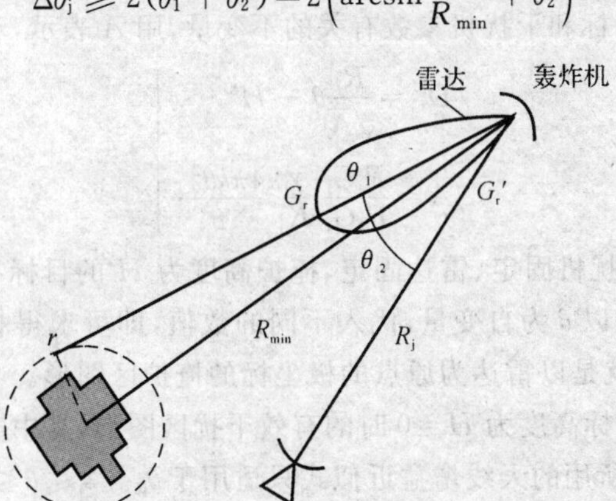

图 7.8　干扰机配置在目标之外所要求的有效干扰扇面

可以看出，干扰机配置在被保卫目标之外所要求的有效干扰扇面比干扰机配置在目标上的要大得多。有效干扰扇面越大，所需要的干扰机功率 P_jG_j 越大，甚至有时会超过一部干扰机所能达到的干扰功率。用两部或两部以上的干扰机配置在被保卫目标之外，共同形成一个有效干扰扇面，这样每部干扰机的功率不至太大，而且雷达也无法根据干扰扇面的中心线来判断目标和干扰机的方向。

7.2.3　干扰机掩护运动目标时的有效干扰区

机载干扰机实施随队干扰和远距离支援干扰都是属于掩护运动目标的情况，因此应用干

扰方程，即

$$P_{\mathrm{j}}G_{\mathrm{j}} \geqslant \frac{K_{\mathrm{j}}}{\gamma_{\mathrm{j}}}\,\frac{P_{\mathrm{t}}G_{\mathrm{t}}\sigma}{4\pi k}\left(\frac{\theta}{\theta_{0.5}}\right)^2 \frac{R_{\mathrm{j}}^2}{R_{\mathrm{t}}^4}\,\frac{\Delta f_{\mathrm{j}}}{\Delta f_{\mathrm{r}}} \tag{7.2.20}$$

如图 7.9 所示，在运动目标状态，只有 θ，R_{t} 和 R_{j} 为变量。为了便于讨论，先假定干扰机及雷达均是固定的，且被掩护的目标是一个运动的点目标，并令 $\Delta f_{\mathrm{r}}=\Delta f_{\mathrm{j}}$。

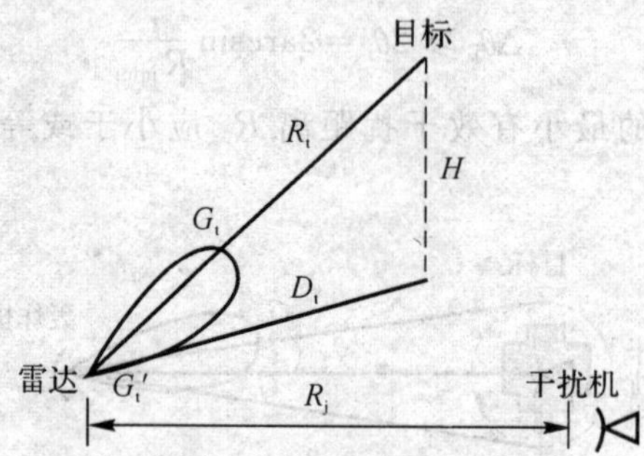

图 7.9　干扰机掩护运动目标时的空间关系

雷达天线指向目标，干扰机天线指向雷达，干扰信号偏离雷达主瓣方向的角度为 θ，目标高度为 H，距离雷达的水平距离为 D_{t}，将上述空间关系代入干扰方程，即得

$$P_{\mathrm{j}}G_{\mathrm{j}} \geqslant \frac{K_{\mathrm{j}}}{\gamma_{\mathrm{j}}}\,\frac{P_{\mathrm{t}}G_{\mathrm{t}}\sigma}{4\pi k\theta_{0.5}^2}\theta^2\,\frac{R_{\mathrm{j}}^2}{(D_{\mathrm{t}}^2+H^2)^2} \Rightarrow \frac{P_{\mathrm{j}}G_{\mathrm{j}}}{P_{\mathrm{t}}G_{\mathrm{t}}}\,\frac{\gamma_{\mathrm{j}}}{K_{\mathrm{j}}}\,\frac{4\pi k\theta_{0.5}^2}{\sigma} = \frac{R_{\mathrm{j}}^2}{(D_{\mathrm{t}}^2+H^2)^2}\theta^2 \tag{7.2.21}$$

其左边是一个与雷达、目标和干扰机参数有关的不变量，用 A 表示，于是式(7.2.21) 可写为

$$\left.\begin{aligned} D_{\mathrm{t}}^2 &= \frac{R_{\mathrm{j}}}{\sqrt{A}}\theta - H^2 \\ A &= \frac{P_{\mathrm{j}}G_{\mathrm{j}}}{P_{\mathrm{t}}G_{\mathrm{t}}}\,\frac{\gamma_{\mathrm{j}}}{K_{\mathrm{j}}}\,\frac{4\pi k\theta_{0.5}^2}{\sigma} \end{aligned}\right\} \tag{7.2.22}$$

式(7.2.22) 就是干扰机固定、雷达固定、掩护高度为 H 的目标有效干扰区边界的曲线方程式。根据这个方程式，以 θ 为自变量，代入不同的数值，即可求得相应方向上的最小有效干扰距离 D_{t}。画成图形，就是以雷达为原点的极坐标的掩护区图形。

如图 7.10 所示是目标高度为 $H=0$ 时的有效干扰区图形，其中实线是根据式(7.2.22) 画出的曲线。由于方程中所用的天线增益近似式只适用于 $\theta_{0.5}/2 \leqslant \theta \leqslant 60^\circ \sim 90^\circ$ 之间，而当 $\theta \leqslant \theta_{0.5}/2$ 时可认为 $G'_{\mathrm{t}}/G_{\mathrm{t}}=1$，此时的最小干扰距离可按下式计算：

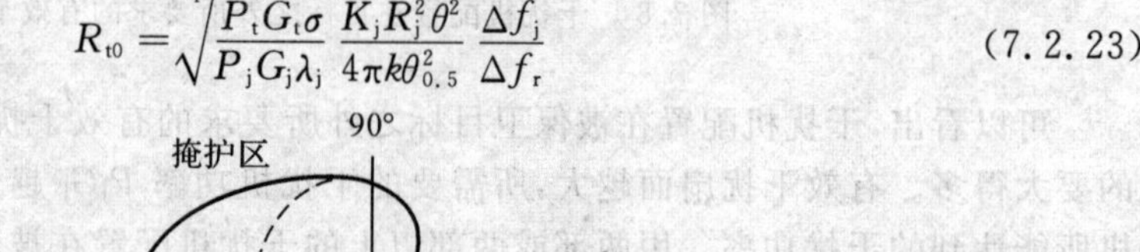

$$R_{\mathrm{t0}} = \sqrt[4]{\frac{P_{\mathrm{t}}G_{\mathrm{t}}\sigma}{P_{\mathrm{j}}G_{\mathrm{j}}\lambda_{\mathrm{j}}}\,\frac{K_{\mathrm{j}}R_{\mathrm{j}}^2\theta^2}{4\pi k\theta_{0.5}^2}\,\frac{\Delta f_{\mathrm{j}}}{\Delta f_{\mathrm{r}}}} \tag{7.2.23}$$

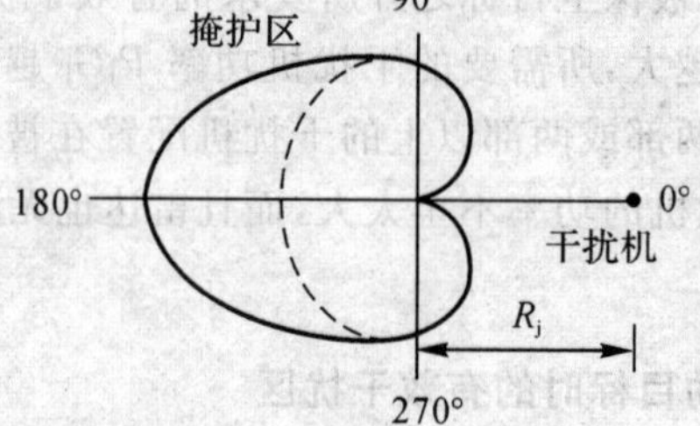

图 7.10　当 $H=0$ 时，干扰机对运动目标的掩护区

$\theta \geqslant 60° \sim 90°$之后天线的平均增益电平基本不变，不再随$\theta$的二次方增加而减少。因此，修正后的有效干扰区(掩护区)的曲线如图 7.10 中虚线所示。

由曲线可知，有效干扰区是以干扰机和雷达连线为轴、两边对称于此连线的一个心形曲线。修正后的最大暴露区在Ⅱ和Ⅲ象限为半圆、暴露半径近似等于$\theta \geqslant 60° \sim 90°$时的数值：

$$R_{\mathrm{t0max}} = \left(\frac{1}{\sqrt{2}} \sim \frac{1}{\sqrt{3}}\right) \frac{\sqrt{\pi R_{\mathrm{j}}}}{\sqrt[4]{\dfrac{P_{\mathrm{j}} G_{\mathrm{j}}}{P_{\mathrm{t}} G_{\mathrm{t}}} \dfrac{\gamma_{\mathrm{j}}}{K_{\mathrm{j}}} \dfrac{4\pi k_{0.5}^2}{\sigma}}} \tag{7.2.24}$$

最小暴露半径在$\theta = 0°$方向上，即干扰机所在方向上，其值为

$$R_{\mathrm{t0min}} = D_{\theta=0°} = \frac{\sqrt{R_{\mathrm{j}}}}{\sqrt[4]{\dfrac{P_{\mathrm{j}} G_{\mathrm{j}}}{P_{\mathrm{t}} G_{\mathrm{t}}} \dfrac{\gamma_{\mathrm{j}}}{K_{\mathrm{j}}} \dfrac{4\pi}{\sigma}}} \tag{7.2.25}$$

当目标高度不为零时($H \neq 0$)，由式(7.2.22)可知，掩护区的形状与$H=0$时基本相同，而且暴露区缩小了，掩护区扩大了。这是因为雷达至目标的距离增大而干扰机到雷达的距离没有变化而引起的。

干扰机处于运动状态时的有效干扰区，可以看成干扰机对以雷达为中心的径向移动和旋转运动两个因素的合成结果。其径向运动影响有效干扰区的增大或缩小，而旋转运动使有效干扰区随着干扰机和雷达的连线转动。但有效干扰区的基本形状都是以雷达为中心、以雷达和干扰机连线为轴对称的心形曲线。

7.3　对雷达的有源干扰

按照干扰信号的作用机理可将有源干扰分为遮盖性干扰和欺骗性干扰。

7.3.1　遮盖性干扰

7.3.1.1　概述

雷达是通过对回波信号的检测来发现目标并测量其参数信息的，而干扰的目的就是破坏或阻碍雷达对目标的发现和参数的测量。雷达获取目标信息的过程如图 7.11 所示。

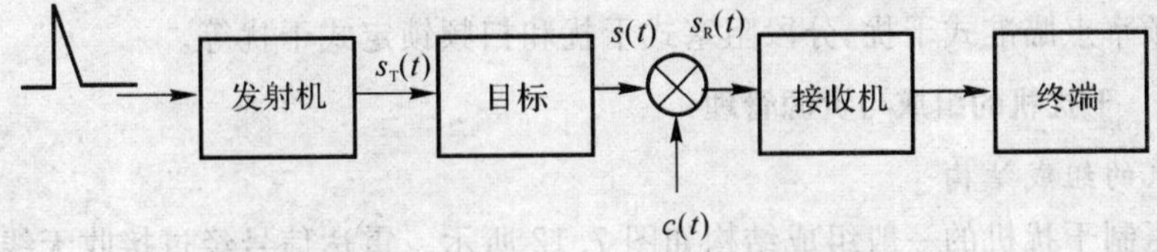

图 7.11　雷达获取目标信息的过程

首先，雷达向空间发射信号$s_{\mathrm{T}}(t)$，当在该空间存在目标时，该信号会受到目标距离、角度、速度和其他参数的调制，形成回波信号$s_{\mathrm{R}}(t)$。在接收机中，通过对接收信号的解调与分析，便可得到有关目标的距离、角度和速度等信息。如图 7.11 所示，增加的信号$c(t)$表示雷达接收信号中除目标回波以外不可避免存在的各种噪声(包括多径回波、天线噪声、宇宙射电等)和干扰，正是这些噪声和干扰的加入影响了雷达对目标的检测能力。可见，如果在$s_{\mathrm{T}}(t)$中，人为引

入噪声、干扰信号或是利用吸收材料等都可以阻碍雷达正常地检测目标的信息，达到干扰的目的。

1. 遮盖性干扰的作用

遮盖性干扰就是用噪声或类似噪声的干扰信号遮盖或淹没有用信号，阻碍雷达监测目标的信息。由于任何一部雷达都有外部噪声和内部噪声，所以雷达对目标的监测是基于一定的概率准则在噪声中进行的。一般来说，如果目标信号能量 S 与噪声能量 N 之比（信噪比 S/N）超过检测门限 D，则可以保证雷达以一定的虚警概率 P_{fa} 和检测概率 P_d 发现目标，简称发现目标，否则称为不发现目标。遮盖干扰使强干扰功率进入雷达接收机，降低雷达接收机的信噪比 S/N，使雷达难以检测目标。

2. 遮盖性干扰的分类

按照干扰信号中心频率 P_j 和频谱宽度 Δf_j 与雷达接收机中心频率 f_s 和带宽 Δf_r 的关系，遮盖性干扰可以分为瞄准式干扰、阻塞式干扰和扫频式干扰。

(1) 瞄准式干扰。瞄准式干扰一般满足：

$$\Delta f_j = (2 \sim 5)\Delta f_r, \quad f_j = f_s \tag{7.3.1}$$

采用瞄准式干扰首先必须测出雷达信号频率 f_s，然后调整干扰机频率 f_j，对准雷达频率，保证以较窄的 Δf_j 覆盖 Δf_r，这一过程称为频率引导。瞄准式干扰的主要优点是在 Δf_j 内干扰功率强，是遮盖干扰的首选方式；缺点是对频率引导的要求高，有时甚至难以实现。

(2) 阻塞式干扰。阻塞式干扰一般满足：

$$\Delta f_j > 5\Delta f_r, \quad f_s \in \left[f_j - \frac{\Delta f_j}{2}, f_j + \frac{\Delta f_j}{2}\right] \tag{7.3.2}$$

由于阻塞式干扰 Δf_j 相对较宽，故对频率引导精度的要求低，频率引导设备简单。此外，由于其 Δf_j 宽，所以便于同时干扰频率分集雷达、频率捷变雷达和多部工作在不同频率的雷达。但是阻塞式干扰在 Δf_r 内的干扰功率密度低，干扰强度弱。

(3) 扫频式干扰。扫频式干扰一般满足：

$$\Delta f_j = (2 \sim 5)\Delta f_r, \quad f_j = f_s(t),\ t \in [0, T] \tag{7.3.3}$$

即干扰的中心频率是以 T 为周期的连续时间函数。扫频式干扰可对雷达形成间断的周期性强干扰，扫频的范围较宽，也能够干扰频率分集雷达、频率速变雷达和多部不同工作频率的雷达。

应当指出，实际干扰机可以根据具体雷达的载频调制情况，对上述基本形式进行组合，对雷达施放多频率点瞄准式干扰、分段阻塞式干扰和扫频锁定式干扰等。

7.3.1.2 干扰机的组成与资源管理

1. 干扰机的组成结构

瞄准式压制干扰机的一般组成结构如图 7.12 所示。雷达信号经过接收天线，进入侦察接收机被放大，经过分析，找出要干扰的威胁雷达，并确定干扰参数。引导控制系统控制干扰信号产生器选定适当的干扰样式和干扰频率，同时也控制干扰发射机工作，产生带有噪声调制的大功率干扰信号，经发射天线辐射出去。由于干扰功率很大，发射的信号会经接收天线进入接收机，严重时将影响侦察引导，所以常常是干扰和侦察引导分时工作，在侦察的时候就关闭大功率发射机。

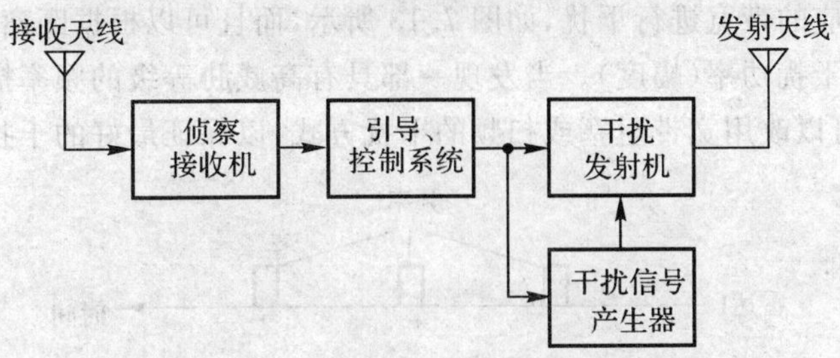

图7.12　瞄准式压制干扰机的组成结构

阻塞式干扰机可以没有侦察引导部分。但在条件许可的情况下，使用侦察系统来分析电磁威胁，做到有的放矢，实施有针对性的干扰还是必要的。

2.发射机功率放大器

压制干扰机的核心是大功率干扰发射机，发射机的关键器件是功率放大器。为了使干扰机能覆盖雷达的各个工作频段，要求放大器具有比雷达设备宽得多的工作带宽，这也是电子战设备的最显著特点。适合用于现代干扰机功率放大器的器件主要有行波管和场效应管。行波管利用强磁场来形成电子束，电子束与输入信号的行波相互作用，使信号功率得到放大。行波管输出功率高，工作频带宽，容易进行杂波频率调制，因此自20世纪70年代以来广泛地用于现代电子干扰系统之中。现在，一支行波管可以覆盖2～8 GHz或8～18 GHz的频率范围，产生1 kW以上的功率。行波管放大器是大功率干扰机不可替代的功率放大器件。但是它的体积和质量稍大，而且需要一个几百、上千伏的高电压电源，不利于在小型携载平台上使用。

场效应管放大器由砷化镓半导体材料制成，它不需要高压电源，而且由于是固态器件，所以体积小、质量轻、可靠性高，因此尽管目前价格还比较昂贵，但近年来已有大量应用。在目前的技术水平条件下，场效应管放大器在较低频段上可以获得较大功率，但在较高频段上，还难以做到几十瓦以上的输出功率，无法达到行波管的水平。但场效应管放大器的水平仍然在不断向前发展，因此将来一定会有更多的干扰机采用这种功率放大器件。

7.3.1.3　干扰机功率管理

由于战场上先进雷达的数目越来越多，电子战的威胁环境越来越复杂，使电子干扰的任务也越来越艰巨，所以如何最充分地利用干扰系统的有限资源，取得最佳的干扰效果，对于压制干扰就显得十分重要了。现在，由一种称为功率管理的技术通过一体化和自动化来达到干扰能力的最充分运用。称功率管理也许容易产生误解，确切地说，功率管理是对电子干扰资源的管理。

电子干扰的主要资源包括射频功率和可供选择的各种干扰样式。功率管理的原则应该是针对每一种威胁雷达，选择最有效的干扰样式，例如选择不同参数的调制。同时，对要干扰的每一部雷达，都能在需要遮盖回波的时刻利用最少的发射功率，产生足够的干扰，确保达到必需的干信比。这样，假定一部干扰机原来只能干扰一部雷达，现在就可以同时干扰战区内的多部雷达。为了做到资源管理，干扰系统必须配备侦察接收机和计算机处理系统，来判断当前的威胁，得出最佳的对策。

功率管理是在时间、频率、空间和幅度几个方面综合进行的。例如，当侦察到有几部不同工作频率的雷达需要干扰时，就在时间上分配好各个雷达的干扰时间窗，在频率上用瞄准式干扰对每部雷达用相应的带宽进行干扰，如图 7.13 所示，而且可以根据距离的远近不同，对每一部雷达使用不同的干扰功率(幅度)。当发现一部具有高威胁等级的频率捷变雷达或几部频率相近的雷达时，也可以改用宽带阻塞或扫频的干扰方式，以保证最好的干扰效果。

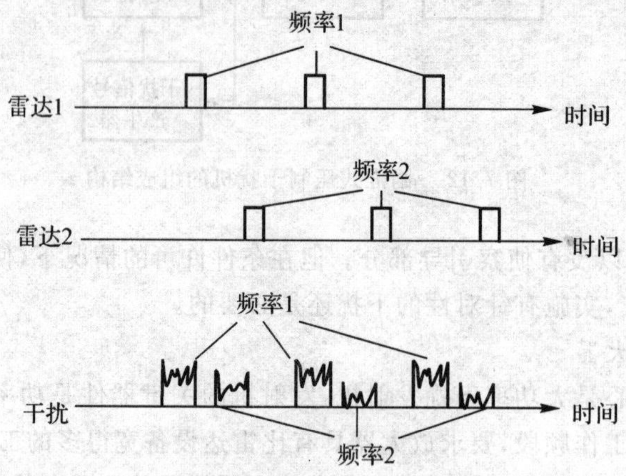

图 7.13　干扰机在时间、频率上的功率管理

在空域上实行功率管理是对不同方位上的雷达，使用对准该雷达的窄天线波束实施空间对准的干扰，如图 7.14 所示。发射天线的波束通常可以把在干扰方向上的能量增大 10 ～ 20 倍，这样就大大减轻了对发射机功率放大器的要求。正如在前一节例子里计算的，不采用定向天线完成旁瓣压制干扰需要的辐射功率为 2 000 W，当采用 20 倍增益的定向波束时，发射机的放大器只需要产生 100 W 的干扰功率就够了。实现波束在各雷达方向上快速转换主要是依靠多波束天线阵和相控阵天线技术。

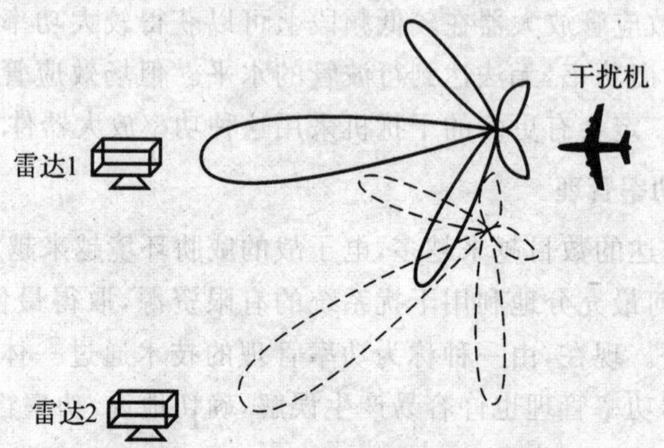

图 7.14　干扰机在空间上的功率管理

计算机技术、自动化技术以及电子技术的发展将使功率管理的水平越来越先进，因此未来的干扰系统将必定更充分地利用资源，起到更大的作用。

7.3.2　欺骗性干扰

欺骗性干扰是指使用假的目标和信息作用于雷达的目标监测和跟踪系统，使雷达不能正确地检测真正的目标，或者不能正确地测量真正目标的参数信息，从而达到迷惑和扰乱雷达对真正目标检测和跟踪的作用。

7.3.2.1 概述

1. 欺骗性干扰的作用

设雷达对各类目标的检测空间(也称目标检测的威力范围)为 V,对于具有四维(距离、方位、仰角和速度)检测能力的雷达,其典型的 V 为

$$V=\{(R_{\min},R_{\max}),(\alpha_{\min},\alpha_{\max}),(\beta_{\min},\beta_{\max}),(f_{\mathrm{dmin}},f_{\mathrm{dmax}}),(S_{\min},S_{\max})\} \tag{7.3.4}$$

式中,$R_{\min}$,$R_{\max}$,$\alpha_{\min}$,$\alpha_{\max}$,$\beta_{\min}$,$\beta_{\max}$,f_{dmin},f_{dmax},$S_{\min}$,$S_{\max}$ 分别表示雷达的最小和最大检测距离、最小和最大检测方位、最小和最大检测仰角、最小和最大检测的多普勒频率、最小可检测信号功率(灵敏度)和饱和输入信号功率。理想的点目标 T 仅为目标检测空间中的某一个确定点,即

$$T=\{R,\alpha,\beta,f_{\mathrm{d}},S_i\} \tag{7.3.5}$$

式中,R,α,β,f_{d},S_i 分别为目标所在的距离、方位、仰角、多普勒频率和回波功率。雷达能够区分 V 中两个不同点目标 T_1 和 T_2 的最小空间距离 ΔV,称为雷达的空间分辨率,即

$$\Delta V=\{\Delta R,\Delta\alpha,\Delta\beta,\Delta f_{\mathrm{d}},(S_{i\min},S_{i\max})\} \tag{7.3.6}$$

式中,ΔR,$\Delta\alpha$,$\Delta\beta$,Δf_{d} 分别称为雷达的距离分辨率、方位分辨率、仰角分辨率和多普勒频率。一般雷达在能量上没有分辨能力,因此,其能量分辨率就是能量的检测范围。

在一般条件下,欺骗干扰形成的假目标 T_{f} 也是 V 中的某一或某一群不同于真目标 T 的确定点的集合,即

$$\{T_{\mathrm{f}i}\}_{i=1}^{n},\quad T_{\mathrm{f}i}\in V,\quad T_{\mathrm{f}i}\neq T,\quad \forall i=1,2,\cdots,n \tag{7.3.7}$$

式中,$\forall i$ 表示对于所有的 i 都成立。由此可知,假目标也能被雷达监测,并达到以假乱真的干扰效果。特别要指出的是,许多遮盖性干扰的信号也可以形成 V 中的假目标,但这种假目标往往具有空间和时间上的不确定性,也就是说形成的假目标的空间位置和出现时间是随机的,这就使得假目标与空间和时间上确定的真目标相差甚远,难以被雷达当作目标进行检测和跟踪。显然,式(7.3.7)既是实现欺骗性干扰的基本条件,也是欺骗性干扰技术实现的关键点。

由于目标的距离、角度和速度信息是通过雷达接收到的回波信号与发射信号振幅、频率和相位调制的相关性表现出来的,而不同雷达获取目标距离、角度、速度信息的原理并不相同,并且发射信号的调制样式又与雷达对目标信息的检测原理密切相关。因此,实现欺骗性干扰必须准确地掌握雷达获取目标距离、角度和速度信息的原理和雷达发射信号调制中的一些关键参数。有针对性地合理设计干扰信号的调制方式和调制参数,才能达到预期的干扰效果。

2. 欺骗性干扰的分类

对欺骗性干扰的分类主要采用以下两种方法。

(1) 按照假目标 T_{f} 与真目标 T 在 V 中参数信息的差别分类,可将欺骗性干扰分为5种。

1) 距离欺骗干扰。距离欺骗干扰是指假目标的距离不同于真目标,且能量往往比真目标强,而其余参数则与真目标参数近似相等,即

$$R_{\mathrm{f}}\neq R,\quad \alpha_{\mathrm{f}}\approx\alpha,\quad \beta_{\mathrm{f}}\approx\beta,\quad f_{\mathrm{df}}\approx f_{\mathrm{d}},\quad S_{i\mathrm{f}}>S_i \tag{7.3.8}$$

式中,R_{f},α_{f},β_{f},f_{df},$S_{i\mathrm{f}}$ 分别为假目标 T_{f} 在 V 中的距离、方位、仰角、多普勒频率和信号功率。

2) 角度欺骗干扰。角度欺骗干扰是指假目标的方位或仰角不同于真目标,且能量强于真目标,而其余参数则与真目标参数近似相等,即

$$\alpha_{\mathrm{f}}\neq\alpha \quad \text{或} \quad \beta_{\mathrm{f}}\neq\beta,\quad R_{\mathrm{f}}\approx R,\quad f_{\mathrm{df}}\approx f_{\mathrm{d}},\quad S_{i\mathrm{f}}>S_i \tag{7.3.9}$$

3) 速度欺骗干扰。速度欺骗干扰是指假目标的多普勒频率不同于真目标,且能量强于真

目标,而其余参数则与真目标参数近似相等,即

$$f_{df} \neq f_d, \quad R_f \approx R, \quad \alpha_f \approx \alpha, \quad \beta_f \approx \beta, \quad S_{if} > S_i \tag{7.3.10}$$

4)AGC 欺骗干扰。AGC 欺骗干扰假目标的能量不同于真目标,而其余参数覆盖或与真目标参数近似相等,即

$$S_{if} \neq S_I \tag{7.3.11}$$

5) 多参数欺骗干扰。多参数欺骗干扰是指假目标在 V 中有两维或两维以上参数不同于真目标,以便进一步改善欺骗干扰的效果。AGC 欺骗干扰经常与其他干扰配合使用,此外还有距离-速度同步欺骗干扰等。

(2) 按照假目标 T_f 与真目标 T 在 V 中参数差别的大小和调制方式分类,可将欺骗性干扰分为 3 种。

1) 质心干扰。质心干扰是指真、假目标参数的差别小于雷达的空间分辨率,即

$$\| T_f - T \| \leqslant \Delta V \tag{7.3.12}$$

式中,$\| \ \|$ 为泛函数;ΔV 为雷达空间分辨率。

雷达不能将 T_f 与 T 区分为两个不同的目标,而将真、假目标作为同一个目标 T'_f 进行检测和跟踪。由于在许多情况下,雷达对 T'_f 的最终监测、跟踪往往是针对真、假目标参数的能量加权质心(重心)进行的,故称这种干扰为质心干扰。

$$T'_f = \frac{S_f T_f}{S_f + S} \tag{7.3.13}$$

2) 假目标干扰。假目标干扰是指真、假目标参数的差别大于雷达的空间分辨率,即

$$\| T_f - T \| > \Delta V \tag{7.3.14}$$

雷达能将 T_f 与 T 区分为两个不同的目标,但可能将假目标作为真目标进行监测和跟踪,从而造成虚警,也可能发现不了真目标而造成漏报。此外,大量的虚警还可能造成雷达监测、跟踪和其他信号处理电路超载。

3) 拖引干扰。拖引干扰是一种周期性地从质心干扰到假目标干扰的连续变化过程。典型的拖引干扰过程可以用下式表示:

$$\| T_f - T \| = \begin{cases} 0, & 0 \leqslant t < t_1 \\ 0 \rightarrow \delta V_{\max}, & t_1 \leqslant t < t_2 \\ T_f \text{ 消失}, & t_2 \leqslant t < T_j \end{cases} \tag{7.3.15}$$

当停拖时间为 $[0, t_1)$ 时,假目标与真目标出现的空间和时间近似重合,很容易被雷达监测和捕获。由于假目标的能量高于真目标,捕获后 AGC 电路将按照假目标信号的能量来调整接收机的增益,使增益降低,以便对其进行连续测量和跟踪。停拖时间段的长度应与雷达监测和捕获目标所需时间(包括雷达接收机 AGC 电路增益调整时间)相对应;在拖引时间段 $[t_1, t_2)$,假目标与真目标在预定的欺骗干扰参数(距离、角度或速度)上逐渐分离(拖引),且分离的速度 v' 在雷达跟踪正常运动目标的速度响应范围 $[v_{\min}, v_{\max}]$ 之内,直到真、假目标的参数差达到预定的程度 $\delta V_{\max}$,即

$$\| T_f - T \| = \delta V_{\max}, \quad \delta V_{\max} \gg \Delta V \tag{7.3.16}$$

由于拖引前假目标已经控制了接收机增益,而且假目标的能量高于真目标,所以雷达的跟踪系统很容易被假目标拖引开而抛弃真目标。拖引段的时间长度主要由最大误差 $\delta V_{\max}$ 和拖引速度 v' 所决定。在关闭时间段 $[t_2, T_j)$,欺骗式干扰机停止发射,使假目标 T_f 突然消失,造

成雷达跟踪信号突然中断。通常，雷达跟踪系统需要滞留和等待一段时间，AGC电路也需要重新调整雷达接收机的增益，提高增益。如果信号重新出现，则雷达可以继续进行跟踪。如果信号消失超过一定时间，雷达确认目标丢失后，才能重新进行目标信号的搜索、监测和捕获。关闭时间段的长度主要由雷达跟踪中断后的滞留和调整时间决定。

7.3.2.2　距离欺骗干扰

1. 距离欺骗干扰的对象

雷达距离欺骗干扰针对搜索雷达和跟踪制导雷达，其作用对象是雷达距离测量和自动距离跟踪系统。雷达常用的测距方法有脉冲测距法和连续波调频测距法。根据雷达的不同工作原理和不同工作阶段，应采用不同的干扰方法。

2. 距离欺骗干扰的产生和作用原理

(1) 假目标距离欺骗干扰。

1) 对脉冲雷达的假目标距离欺骗干扰。脉冲雷达测量距离是利用回波信号的时延特性实现的，距离假目标则利用这一特点完成欺骗任务。

真实目标回波到达雷达接收机的延迟时间为

$$t_r = \frac{2R_r}{c} \tag{7.3.17}$$

式中，t_r 为真目标回波延迟时间，s；R_r 为真目标到雷达的距离，m；c 为光速，m/s。

如果改变延迟时间，并且该延迟时间对应的距离与真实目标的距离差大于雷达距离分辨率，则可以产生距离假目标。

假目标产生的虚假距离可以用下式计算：

$$R_j = \frac{1}{2} t_j c \tag{7.3.18}$$

式中，t_j 为假目标延迟时间，s；R_j 为假目标到雷达的距离。

假目标距离 R_j 可以大于或小于真目标距离 R_r，当假目标距离小于真目标距离时，要求干扰机具有储频系统或载频信号生成系统。

对脉冲雷达的距离假目标干扰信号示意图如图7.15所示，图中实线为真目标回波信号，虚线为假目标信号。

假目标距离欺骗干扰中假目标产生固定的假距离，它不能遮盖住真目标。当假目标信号明显比目标回波信号强时，雷达首先发现假目标，因此，假目标距离欺骗干扰应用在雷达的搜索和截获阶段比较有效。为了有效遮蔽目标回波，通常同时产生多个假目标。

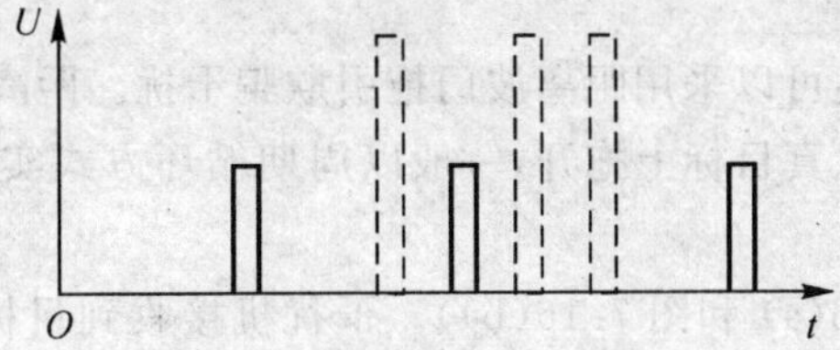

图7.15　对脉冲雷达的距离假目标干扰信号示意图

当雷达载频和脉冲重复频率固定时，每个雷达脉冲的到达时间和载频是可以预测的。如果干扰机具有储频系统或频率引导系统，干扰机利用存储或调谐的频率可以产生距离小于真实目标距离的假目标。如果雷达是频率捷变的，或采用重频抖动技术，干扰机只能在接收到雷达脉冲信号后才能发射干扰信号，因此只能产生大于真实目标距离的假目标。

假目标距离欺骗干扰可用于自卫干扰，也可用于远距离支援干扰。

2) 对连续波调频测距雷达的假目标距离欺骗干扰。连续波调频测距雷达的距离信息由收发信号的频差表示，因此假目标的产生是在接收到的雷达信号基础上再增加一个频移，使其产生虚假目标信息。实现的方法主要有移频转发方法和延迟转发方法。

根据连续波调频测距雷达的工作原理，真目标回波信号与当前发射信号的频差为 f_i，调频锯齿波的周期稳定在：

$$T=\frac{2R\Delta f_m}{cf_i} \tag{7.3.19}$$

式中，R 为真目标的距离，m；Δf_m 为调频带宽，Hz；c 为光速，m/s。

设 f_{cj} 为干扰机对收到雷达照射信号频率的移频值。$f_{cj}>0$，表示转发频率高于接收频率；$f_{cj}<0$，表示转发频率低于接收频率。此时，雷达接收到的信号频差为 (f_i+f_{cj})，当雷达捕获和跟踪此干扰信号时，设 R_j 为干扰机与雷达间的距离，则其调频锯齿波周期 T' 稳定在：

$$T'=\frac{2R_j\Delta f_m}{c(f_i+f_{cj})} \tag{7.3.20}$$

此时，雷达跟踪的假目标距离为

$$R_f=\frac{cT'f_i}{2\Delta f_m}=\frac{R_j f_i}{f_i+f_{cj}} \tag{7.3.21}$$

在自卫干扰条件下，$R_j=R$，假目标与真目标的相对距离误差为

$$\frac{\delta R}{R}=\frac{R_f-R}{R}=\frac{-f_{cj}}{f_i+f_{cj}} \tag{7.3.22}$$

式(7.3.22)表明，f_{cj} 的正负决定距离偏差的方向，$|f_{cj}|$ 的大小影响距离偏差的大小。

采用延迟转发方法时，是利用延迟引起的收发频差产生假目标。设延迟时间为 Δt_j，则其对应的假目标距离为

$$R_f=R_j+\frac{1}{2}c\Delta t_j \tag{7.3.23}$$

(2) 距离波门拖引欺骗干扰。当雷达对目标距离进行连续测量时，则形成了距离跟踪。根据雷达工作原理，实现距离跟踪必须产生一个时间位置可调的波门，称为距离波门，通过调整距离波门的位置使之在时间上与目标回波信号重合，然后读出波门的位置作为目标的距离数据。通过这种方法，雷达就只对距离波门内的回波和干扰信号作出响应，而将其他所有距离上的信号都抑制了。

对距离跟踪状态的雷达可以采用距离波门拖引欺骗干扰。距离波门拖引欺骗干扰是利用干扰信号将雷达距离波门从真目标上拖开，一般以周期循环方式实施，可分为捕获、拖引和停拖阶段(见图 7.16)。

1) 捕获阶段(见图 7.16(a) 和图 7.16(b))。干扰机接收到目标雷达信号后将其放大，其幅度一般应比回波信号幅度大 6 ~ 10 dB，并以最短的延时发射出去。该信号被雷达接收到后，其 AGC 电路根据干扰信号的幅度进行自动调整，从而压制了雷达回波信号，使雷达距离波门捕获该假目标信号。第一个假目标信号有延时，是因为干扰机对接收到的雷达信号有一个处理过程，延时的长短，取决于干扰机处理系统的工作速度，一般不超过几十纳秒。该延时越

短越好，力求能完全覆盖雷达回波信号，以使雷达距离波门不能区分目标回波和干扰信号。

2）拖引阶段（见图 7.16(c) 和图 7.16(d)）。逐步改变干扰信号的延时，当延时增大时，距离向增大方向变化，一般称为后拖干扰；当延时减小时，距离向减小方向变化，一般称为前拖干扰。前拖干扰要求干扰机必须具有储频系统或频率引导系统，它通过预测下一个雷达脉冲的到达时间来提前发射干扰脉冲，前拖干扰对频率捷变或采用重频抖动技术的雷达效果不好。拖引速度可以是均匀的，也可以是不均匀的，取决于干扰对象和干扰时机。拖引的终止位置应与雷达回波信号有几个波门的延时时间，这时，认为干扰信号消失后，雷达将丢失目标信号，其工作状态由跟踪状态转到搜索状态。

3）停拖阶段。停止发射干扰信号或只发射不移动脉冲干扰信号的阶段称为停拖阶段。停拖阶段的时间跟雷达从搜索状态重新转到跟踪状态的时间有关。传统雷达所需要的时间比较长，因此停拖阶段可以有几秒的时间。现代雷达采用相应抗干扰技术和信号处理技术后，重新转入跟踪原目标所需要的时间很短，因此，停拖阶段的时间也应该很短，甚至没有停拖阶段。

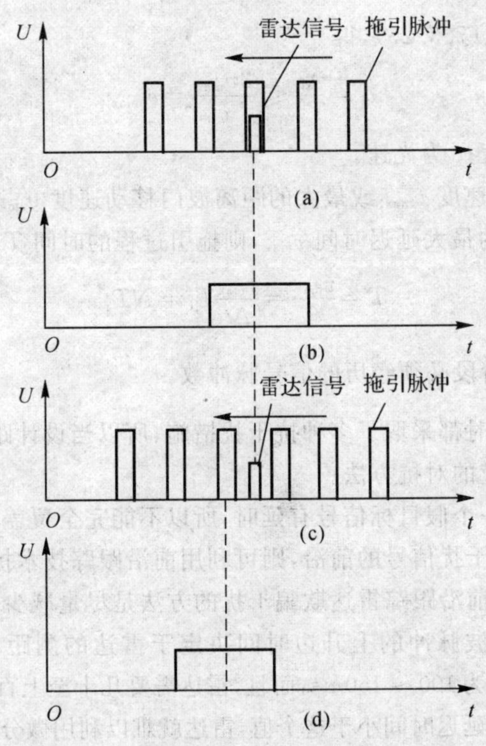

图 7.16　距离拖引欺骗干扰原理示意图

距离拖引欺骗干扰原理示意图如图 7.16 所示。雷达不断跟踪上目标，距离波门拖引干扰就循环实施。距离波门拖引干扰各阶段参数的选取有一定要求。干扰过程各阶段的时间，应当基于如下原则设计。

干扰信号捕获距离波门，是指雷达能稳定地跟踪在干扰信号上，其时间应大于或等于自动增益控制系统的调节时间。拖引的时间决定于最大延迟时间（距离波门偏离目标回波的最大时间差）的要求和允许的拖引速度。

设拖引速度是均匀的，即在每一个脉冲重复周期 T_r 内，干扰脉冲都比前一周期的脉冲延迟 $\Delta t(\Delta t = T_j - T_0)$，则干扰脉冲移动速度为

$$v_j = \frac{\Delta t}{T_r} \tag{7.3.24}$$

v_j 必须小于或等于跟踪系统的最大跟踪速度，即小于或等于最大波门移动速度 v'_{max}，否则雷达无法跟踪上假目标，即

$$v_j \leqslant v'_{max} \tag{7.3.25}$$

而 v'_{max} 决定于所能跟踪目标的最大飞行速度 v_{max}。当目标的最大飞行速度为 v_{max} 时，在一个脉冲重复周期 T_r 内移动的距离为

$$\Delta R = v_{max} T_r = \frac{1}{2} c \Delta t'$$

距离波门的最大移动速度为

$$v'_{max} = \frac{\Delta t'}{T_r} = \frac{2v_{max}}{c} \tag{7.3.26}$$

将式(7.3.26)代入式(7.3.25)，得

$$v_j = \frac{\Delta t}{T_r} \leqslant \frac{2v_{max}}{c} = v'_{max}$$

式中，v_{max} 为目标飞行速度；c 为光速。

在给定最大目标飞行速度 v_{max} 或最大的距离波门移动速度 v'_{max} 后，若能求出拖引过程结束时，距离波门相对回波的最大延迟时间 τ_{max}，则拖引过程的时间 T 便可由下式求得：

$$T = \frac{\tau_{max}}{v_j} = \frac{\tau_{max}}{\Delta t} T_r = NT_r$$

式中，$N = \frac{\tau_{max}}{\Delta t}$ 表示拖引阶段必须经历的信号脉冲数。

由于现代雷达在设计时都采取了多种抗干扰措施，所以当设计距离波门拖引干扰时，应充分考虑这些因素，采取相应的对抗方法。

对后拖干扰，由于第一个假目标信号有延时，所以不能完全覆盖雷达回波信号。如果雷达能分辨目标回波的前沿和干扰信号的前沿，则可利用前沿跟踪技术抗后拖干扰，但这会影响雷达的距离分辨率。对脉冲前沿跟踪雷达欺骗干扰的方法是尽量减少干扰脉冲相对于回波脉冲的延迟时间。由于雷达回波脉冲的上升边时间决定于雷达的测距精度，所以当测距精度为 20 ～ 30 m 时，上升边时间为 100 ～ 150 ns，而且，雷达需要几十至上百纳秒的能量积累才能满足测量要求，如果干扰脉冲的延迟时间小于这个值，雷达就难以利用微分脉冲前沿跟踪技术。

雷达抗前拖干扰的方法之一称为脉冲后沿跟踪。脉冲后沿跟踪式雷达对输入的回波脉冲微分，并跟踪其后沿。对具有后沿跟踪能力雷达欺骗干扰的方法是在接收雷达信号后，干扰机回答一组脉冲，当脉冲组的重复频率接近于但不等于雷达脉冲的重复频率时，只要适当选择脉冲组的延迟时间，这些脉冲组将在距离跟踪门内慢慢地移过回波脉冲。由于干扰脉冲先通过目标回波的后沿，所以雷达很难进行后沿跟踪。这种干扰也将破坏雷达丢失距离波门后的重新捕获。

雷达抗前拖干扰的另一种方法为重频捷变。如果重频变化范围较大，那么噪声或杂乱脉冲干扰是有效的干扰方法。因为脉间频率捷变雷达下一周期的工作频率已经改变了，在干扰

机没有接收到此雷达信号之前是无法确认的，迫使干扰机只能采用距离后拖干扰，雷达再采用前沿跟踪便可以抗干扰。但当重频变化量较小时，脉冲组干扰仍是有效的。

脉冲多普勒雷达先测量目标的速度，再测量目标距离。它测出目标速度后，可以预测目标的运动方向和下一时刻目标的距离。当干扰信号的运动方向突然改变，或距离变化比较突然时，雷达处理系统将判定此为干扰信号，它控制距离波门不随干扰信号移动，而是在预测距离上寻找目标。因此，干扰信号的拖引规律必须符合目标速度的变化规律。

随着数字技术的发展，现在多数雷达都具有记忆功能。当拖引干扰关闭时，雷达失去跟踪对象后，它并不转入盲目搜索状态，而是根据记忆和预测的信息，转向前一个目标的可能距离上进行小范围搜索，可以很快搜索到目标。对付的办法可以采用在停拖阶段发射多个距离假目标，使雷达自动跟踪系统可能错误搜索到假目标(见图 7.17)。也可以与无源干扰结合使用，在关闭阶段投放相应波长的箔条弹，使雷达收到两个回波信号，雷达跟踪箔条弹的概率为 50%。

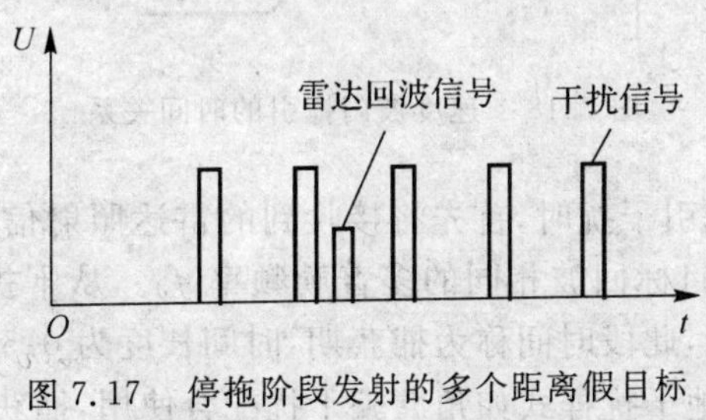

图 7.17　停拖阶段发射的多个距离假目标

抗距离拖引干扰可增加两个保护跟踪波门(四波门跟踪)，当雷达跟踪系统受到前拖和后拖干扰时，由于干扰信号很强，所以在保护跟踪波门中将敏感到强信号，控制跟踪波门，重新恢复对真实目标的跟踪。

当雷达在处理回波信号时，还可以对信号幅度的突然变化做出反应。当它接收到幅度突然变大的干扰信号时，它根据综合信息可能判断出这是干扰信号而控制距离波门不跟随其移动。因此，在干扰机中应对第一个干扰脉冲的幅度进行控制。

7.3.2.3　速度欺骗干扰

速度欺骗干扰是使被干扰辐射源的测速和速度跟踪系统产生错误跟踪或增大跟踪误差的一种干扰。

1.速度欺骗干扰的对象

速度欺骗干扰的对象是雷达速度测量和跟踪系统。

机载火控脉冲多普勒雷达设有多普勒滤波器组合速度跟踪波门。设置多普勒滤波器的目的是滤除强地物杂波和区分不同径向速度的目标。速度跟踪波门的用途则是把特定径向速度的目标与其他目标分离开。雷达通常在进行速度跟踪的基础上再进行距离跟踪，在实现了速度跟踪和距离跟踪之后再进行角度跟踪，控制武器对目标实施攻击。

2.速度欺骗干扰的作用原理

雷达对目标速度的测量是通过测量目标的多普勒频率完成的。通常利用速度波门实现对目标多普勒频率的跟踪。对雷达速度测量和跟踪系统的干扰主要是根据其工作特点设计的，主要的干扰样式为速度波门拖引干扰、假多普勒频率干扰、多普勒频率闪烁干扰、多普勒频率噪声干扰和距离-速度同步干扰。

由于飞机的多普勒频率最大只有几万赫，对雷达速度测量和跟踪系统的干扰需要很高的载频存储精度，对具有信号相干检测能力的雷达还要求干扰信号具有相干性。因此，当实施速度欺骗干扰时，通常是直接将接收到的雷达信号调制后转发出去，或利用储频精度高的数字射频存储器存储雷达信号载频。

速度波门拖引干扰是最常见的速度欺骗技术。速度波门拖引技术有前拖和后拖之分，分别指多普勒频移的逐渐增大和逐渐减小。速度波门拖引的时间关系如图 7.18 所示。

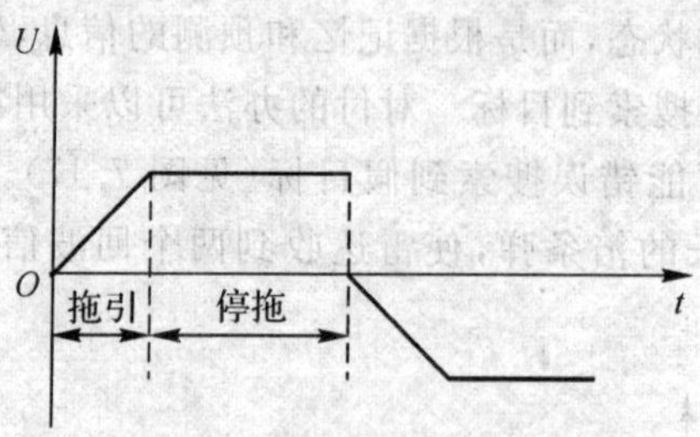

图 7.18　速度波门拖引的时间关系

干扰机实施速度波门拖引干扰时，首先将接收到的雷达照射信号放大后以最小的延迟时间转发回去，该信号具有与目标回波相同的多普勒频率 f_d。从干扰的角度说，就是干扰信号捕获了雷达的速度跟踪波门，此段时间称为捕获期，时间长度为 0.5 ～ 2 s(略大于速度跟踪电路的捕获时间)。如果与其他干扰样式如角欺骗干扰配合使用，捕获期可以按需要延长。然后逐渐增大或减小干扰信号的多普勒频率 f_{dj}，变化的速度 v_f(单位：Hz/s) 不大于雷达可跟踪目标的最大加速度 a，以免雷达跟不上，即

$$v_f \leqslant \frac{2a}{\lambda} \tag{7.3.27}$$

由于此时雷达的速度跟踪波门跟踪在干扰的多普勒频率 f_{dj} 上，所以当干扰信号的多普勒频率 f_{dj} 变化时，雷达的速度跟踪波门将随干扰的多普勒频率 f_{dj} 移动而逐渐被拖离开目标，此段时间称为拖引期，时间长度$(t_1 - t_2)$ 按照 f_{dj} 与 f_d 的最大频差 δf_{max} 计算：

$$t_1 - t_2 = \frac{\delta f_{max}}{v_f} \tag{7.3.28}$$

在 f_{dj} 与 f_d 的频差 $\delta f = f_{dj} - f_d$ 达到 δf_{max} 后，停止拖引。停止发射干扰信号或只发射频率不变化脉冲干扰信号的阶段称为停止拖引阶段。当停止发射干扰信号时，由于被跟踪的信号突然消失，雷达速度跟踪波门内既无干扰又无目标回波，且消失的时间大于速度跟踪电路的等待时间和 AGC 电路的恢复时间(0.5 ～ 2 s)，所以速度跟踪电路将重新转入搜索状态。在雷达速度跟踪波门重新捕获到目标后，新的一轮拖速过程又开始了，从而使得雷达速度波门无法对目标速度建立稳定的跟踪。现代雷达具有记忆功能后，重新转入跟踪原目标所需要的时间很短，因此，在停拖阶段还应该发射几个固定多普勒频率的信号，雷达在丢失信号后找不到真信号，或者缩短甚至取消停拖阶段。

在速度波门拖引干扰中，干扰信号多普勒频率 f_{dj} 的变化过程如下：

$$f_{dj}(t) = \begin{cases} f_d & 0 \leqslant t \leqslant t_1 \\ f_d + v_f(t - t_1) & t_1 < t < t_2 \\ \text{停拖} & t_2 \leqslant t \leqslant T_j \end{cases} \tag{7.3.29}$$

式中，v_f 的正负取决于拖引的方向(也是假目标加速度的方向)。

当单独的速度波门拖引不能起到有效的干扰作用时，通常将其作为组合干扰中的一种干扰样式，将雷达的速度跟踪波门从真目标上拖开，从而为角度干扰等提供一个较高的干信比。

抗速度拖引干扰的方法如下：

1) 雷达可采用距离-速度相关判断方式。根据目标的距离和速度，将距离变化率和多普勒频移进行相关比较，即可判断其假目标信息。

2) 可增加两个保护跟踪波门(四波门跟踪)。当雷达跟踪系统受到拖引干扰时，由于干扰信号很强，所以在保护跟踪波门中将敏感到强信号，控制跟踪波门，重新恢复对真实目标的跟踪。

3) 扩展速度波门带宽。使用扩展速度波门带宽技术，可以缩短雷达重新捕获目标转入跟踪的时间，待速度跟踪环重新截获跟踪上目标后，恢复正常的速度波门宽度。

4) 根据目标加速度判断。如果目标速度变化率超过设定的最大值，则表明探测的不是所需要的目标，而是干扰。

7.3.2.4　角度欺骗干扰

角度欺骗干扰是一种重要的欺骗干扰形式，它常与速度欺骗干扰和距离欺骗干扰同时使用。因为如果仅对距离通道进行干扰，雷达仍能得到精确的角度信息，这时即使雷达距离通道被干扰了，由于其天线仍是指向目标的，所以在距离欺骗干扰停止后，雷达能很快重新截获信息(毫秒量级)。同时加入角度欺骗干扰，将迫使雷达在距离和角度两个通道内同时对目标进行搜索，会大大增加发现和截获目标的时间。

但不同体质雷达的测角方法有很大的不同，角度欺骗干扰必须根据对象的不同采取对应的技术才可能有良好的效果。

雷达测量脉搏角度的方法主要依靠雷达收发天线对不同方向达到的电磁波的振幅或相位响应，并采用相应的算法解算出正确的角度信息。具体实现方法主要有圆锥扫描法、线性扫描法(顺序波瓣法)和单脉冲测量法。

圆锥扫描法是指雷达的天线波束方向不指向雷达的中心轴，而是围绕着中心轴作旋转运动，通过探测目标回波的最大值方向来确定目标方向。由于其波束最大增益方向以雷达中心轴为中心形成一个圆锥形，故称为圆锥扫描法(见图 7.19)。

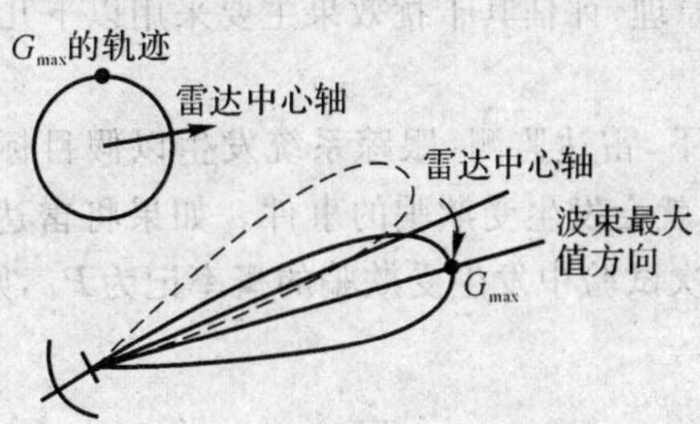

图 7.19　雷达天线的圆锥扫描原理示意图

雷达的发射波束和接收波束的扫描方式都为暴露式圆锥扫描法。暴露式圆锥扫描角度跟踪系统的特点是发射波束在扫描，因此被照射目标可以根据接收到的照射信号确定其扫描周期和误差信号包络，采用移相干扰与移相方波干扰。移相干扰是发射的干扰信号比接收到的雷达照射信号延迟一个相位 φ_j，使雷达接收到的信号最大值发生偏移，达到干扰效果。移相方波干扰的产生与原理如图 7.20 所示。

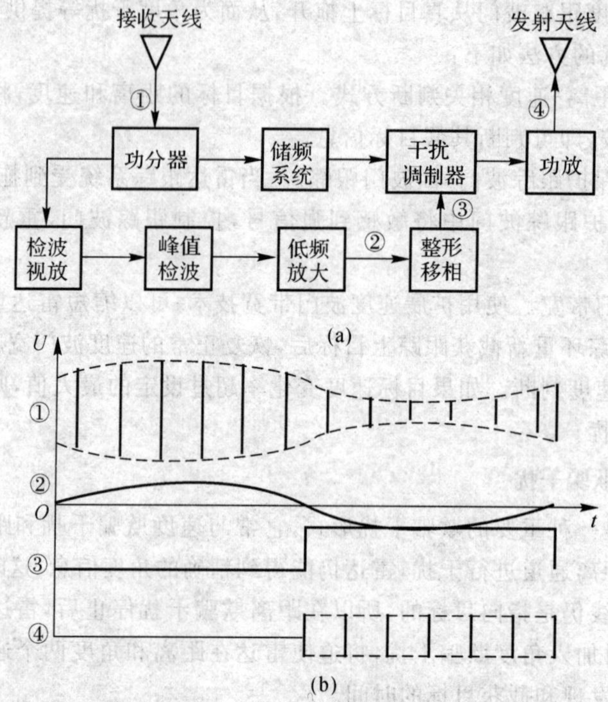

图 7.20　移相方波干扰的产生与原理

7.3.2.5　雷达有源欺骗性干扰的效果评估

欺骗性干扰一般不影响工作于搜索状态的雷达对目标的检测，对雷达的干扰效果是产生多个假目标，使雷达处理系统工作量增加，影响雷达正常工作，甚至使处理系统饱和或过载，造成雷达瘫痪。而对工作于跟踪状态的雷达，它将妨碍或阻止雷达对真目标的跟踪，使敌雷达不能跟踪在真目标上，或跟踪出现偏差，使其控制的攻击武器不能击中目标，或击中和杀伤概率下降。

根据欺骗性干扰的作用原理，评估其干扰效果主要采用以下几种参数。

1. 受欺骗概率 P_f

P_f 是在欺骗性干扰条件下，雷达监测、跟踪系统发生以假目标当作真目标的概率。只要有一个假目标被当作真目标，就会发生受欺骗的事件。如果将雷达对每个假目标的监测和识别作为独立试验序列，在第 i 次试验中发生受欺骗的概率记为 P_{fi}，则有 n 个假目标时的受欺骗概率 P_f 为

$$P_f = 1 - \prod_{i=1}^{n}(1 - P_{fi}) \tag{7.3.30}$$

2. 参数测量跟踪误差均值 δV、方差 σ_V^2

由于跟踪雷达的主要技术指标是跟踪误差，所以可以用干扰引起的跟踪误差大小来衡量干扰效果。

在随机过程中的参数测量误差往往是一个统计量，因此，通常用其统计参数来计算测量误

差。用 δV 表示雷达检测跟踪的实际参数与真目标的理想参数之间误差的均值，σ_V^2 是误差的方差。δV 可分为距离跟踪误差 δR、角度跟踪误差 $\delta\alpha$ 和 $\delta\beta$、速度跟踪误差 δf_d；σ_V^2 也可分为距离跟踪误差方差 σ_R^2、角度跟踪误差方差 σ_α^2 和 σ_β^2、速度跟踪误差方差 σ_{fd}^2 等，其中特别是误差均值 δV 对雷达的影响更为重要。

对欺骗性干扰效果的上述评估参数适用于各种用途的雷达。根据雷达在具体作战系统中的作用和功能，还可以将其换算成武器的杀伤概率、生存概率、突防概率等。

3. 攻击武器杀伤概率的降低程度 K_w

衡量干扰效果，可以分几个阶段进行，在雷达的搜索跟踪阶段，主要是衡量其对雷达的干扰效果，而在雷达控制的攻击武器发射后，更关心干扰是否能降低敌攻击武器的命中率和其对目标的杀伤概率。可以用干扰前后杀伤概率的下降程度来评估这一阶段的干扰效果。K_w 为杀伤概率下降比，即

$$K_w = W_{sr}/W_{sj} \tag{7.3.31}$$

式中，W_{sr}，W_{sj} 分别为干扰前后敌攻击武器的杀伤概率。

7.4　雷达无源干扰

7.4.1　雷达无源干扰概述

1. 雷达无源干扰的定义与分类

无源干扰是利用特制器材反射（散射）或吸收电磁波，以扰乱电磁波的传播，改变目标的反射特性或形成假目标、干扰屏幕，以掩护真目标的一种干扰，又称消极干扰。而雷达无源干扰是利用本身不发射电磁波的器材，反射（散射）或吸收电磁能量，破坏或削弱敌方雷达对目标的探测和跟踪能力的一种电子干扰。

无源干扰按其作用性质，分为压制性无源干扰和欺骗性无源干扰。按其干扰原理，分为反射型无源干扰和吸收型无源干扰。反射型无源干扰是采用散射或反射特性好的器材，大面积投放，形成假目标，对敌方雷达进行欺骗。吸收型无源干扰是采用电磁波吸收材料，把照射到目标上的电磁能量转换成其他形式的能量，从而把反射的电磁能量减至最小，导致敌方雷达对该目标的探测能力严重下降。常用的雷达无源干扰器材主要有箔条、角反射器、龙伯透镜反射器、假目标、电波吸收材料以及气旋体等。

2. 雷达无源干扰的发展与作用

雷达无源干扰的优点：器材制造简单，使用方便，易于大量生产和装备部队；无源干扰适应性强，具有同时干扰不同方向、不同频率、不同形式的多部雷达的能力，能够对付新频段、新体制雷达；不主动辐射电磁波，可避免反辐射武器的攻击，甚至能利用此特点对付反辐射武器。雷达无源干扰是最基本、最普遍应用的雷达电子对抗手段，在战争中曾发挥了重要作用。当今，世界上几乎所有作战飞机、舰艇都装备有雷达无源干扰设备。

雷达无源干扰的缺点：依靠敌方雷达的照射，比较被动；对速度参数的模拟不够真实，容易被具有速度鉴别能力的雷达识别。

将雷达有源干扰和雷达无源干扰结合起来，可构成复合干扰。它利用有源干扰辐射源辐射能量照射无源干扰器材形成反射体，用反射能量干扰敌方探测系统，该方式结合了有源、无

源干扰的优点，形成的欺骗参数更逼真。

常用的雷达无源干扰技术手段包括箔条、反射器、假目标、雷达诱饵和隐身技术。

7.4.2 箔条干扰

箔条是具有一定长度的金属（或介质表面涂镀金属薄层）细丝、箔片的总称。箔条干扰是由大量的、在空间任意分布的箔条对入射电磁波反射，或由箔条云对入射电磁波衰减而形成的干扰。

7.4.2.1 箔条简介

无源干扰技术中使用最早的和最广的是箔条干扰。早在第二次世界大战雷达出现的初期，箔条干扰就成为一种重要的干扰手段。在欧洲战场上，轰炸机群投掷了数万吨箔条，取得了非常显著的干扰效果。据估计它使近500架轰炸机免遭击落，从而保住了几千名飞行人员的生命。因此，战后几乎所有军用飞机都装备了箔条干扰。1973年第四次中东战争中的海战证明了箔条干扰在保卫舰船免遭飞航式反舰导弹袭击方面具有十分优越的性能，因此，世界各国的海军都装备了许多性能优良的箔条干扰系统。

箔条干扰依靠投放在空间的大量随机分布的金属反射体产生二次辐射对雷达造成干扰，它在雷达荧光屏上产生和噪声类似的杂乱回波，以遮盖目标的回波。因此，箔条干扰也称为杂乱反射体干扰。

箔条通常由金属箔切成的条、镀金属的介质（最常用的是镀铝、锌、银的玻璃丝或尼龙丝）或直接由金属丝等制成。

箔条中使用最多的是半波长的振子。半波长振子对电磁波谐振，反射波最强，材料最省。短的半波长箔条在空气中通常水平取向。考虑干扰各种极化的雷达，也同时使用长达数十米甚至数百米的干扰带和干扰绳。

7.4.2.2 箔条的特性

1. 箔条基本特性

箔条干扰要求的技术指标不仅有电性能指标，如箔条的有效反射面积、箔条包的有效反射面积、箔条的各种特性（频率特性、极化、频谱、衰减特性）及遮挡效应等，而且也有许多使用指标，如散开时间、下降速度、投放速度、结团和混合效应及体积、质量等。

箔条的性能指标，由于受许多因素（特别是受大气密度、湿度、气流等因素）的影响，所以设计时其性能参数通常要靠实验来确定。

2. 箔条的有效反射面积

为了求得大量箔条的平均有效反射面积，首先来研究单根箔条的有效反射面积。

(1) 单根箔条的有效反射面积。目标的有效反射面积是一个与入射波垂直的、其反射到接收点的能量与真实目标在该方向所反射的能量相等的理想导电平面的面积。目标有效反射面积σ的表达式为

$$\sigma = 4\pi R^2 \frac{S_2}{S_1} = 4\pi R^2 \frac{E_2^2}{E_1^2} \tag{7.4.1}$$

式中，R为目标至雷达的距离；S_1，E_1分别为雷达在目标处的功率密度和电场强度；S_2，E_2分别为目标反射的回波在接收点的功率密度及电场强度。

设箔条为半波长的理想导体，入射的电磁波的电场强度为E_1，与箔条的夹角为θ，如图

7.21 所示。

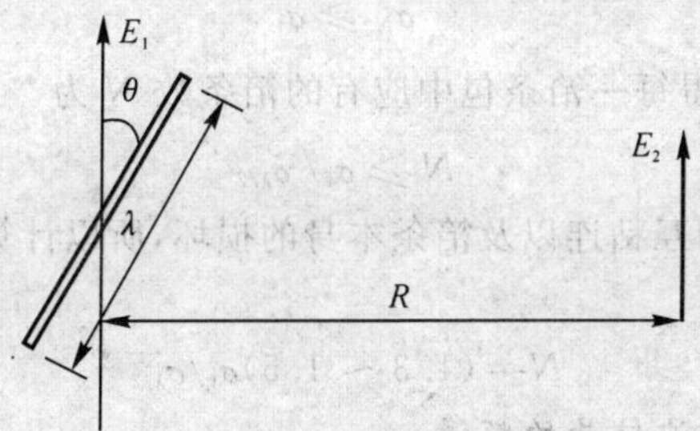

图 7.21　半波长箔条的有效面积

E_1 在箔条上感应产生电流，其幅度按正弦分布，最大值 I_0 在箔条的中心，数值为

$$I_0 = \frac{\lambda}{\pi}\frac{E_1}{R_\Sigma}\cos\theta \tag{7.4.2}$$

式中，R_Σ 为半波长的辐射电阻，$R_\Sigma = 73\ \Omega$；λ 为波长。

箔条上的这一电流所产生的电场，在距离 R 处的电场强度 E_2 为

$$E_2 = \frac{\sigma_0 I_0}{R}\cos\theta \tag{7.4.3}$$

将式(7.4.2) 和式(7.4.3) 代入式(7.4.1)，便可得到半波长箔条的有效反射面积为

$$\sigma_{\lambda/2} = 4\pi R^2\frac{E_2^2}{E_1^2} = 4\pi R^2\left(\frac{60\lambda}{\pi R R_\Sigma}\right)^2\cos^4\theta = 0.86\lambda^2\cos^4\theta \tag{7.4.4}$$

当入射波 E_1 与箔条平行时，即 $\theta = 0°$ 时，有效反射面积最大，即

$$(\sigma_{\lambda/2})_{\max} = 0.86\lambda^2 \tag{7.4.5}$$

(2) 单根箔条的平均有效反射面积。箔条在空间是按等概率随机分布的。因此，箔条的平均有效反射面积应是箔条有效反射面积的概率平均值。

设电磁波为水平极化波，箔条在三维空间作等概率分布，则箔条的平均有效反射面积就应将 $\sigma_{\lambda/2}$ 对空间的整个立体角求平均，即

$$\bar{\sigma}_{\lambda/2} = \int_\Omega \sigma_{\lambda/2}(\theta)W(\Omega)\mathrm{d}\Omega \tag{7.4.6}$$

式中，Ω 为立体角。

箔条在整个立体角作等概率分布，即 $W(\Omega) = \frac{\pi}{4}$。二维空间的积分单元为 $\mathrm{d}\Omega$，取球坐标系且取半径为 1，则有

$$\mathrm{d}\Omega = \mathrm{d}S = \sin\theta\mathrm{d}\theta\mathrm{d}\phi \tag{7.4.7}$$

因此，可得一根箔条的三维空间的平均有效反射面积为

$$\bar{\delta}_{\lambda/2} = \int_0^{2\pi}\mathrm{d}\phi\int_0^{\pi}(0.86\lambda^2)\cos^4\theta\frac{1}{4\pi}\sin\theta\mathrm{d}\theta = 0.86\frac{\lambda^2}{5} = 0.17\lambda^2 \tag{7.4.8}$$

N 条箔条总的有效反射面积 σ_N 可写为

$$\sigma_N = \sum_{i=1}^{N}(\bar{\sigma}_{\lambda/2})_i = N\bar{\sigma}_{\lambda/2} \tag{7.4.9}$$

(3) 箔条包的箔条数 N。当用箔条掩护目标时，要求在每个脉冲体积内至少投放一包箔条(脉冲体积是沿着天线波束方向由脉冲宽度的空间长度所截取的体积)。每一包箔条的总有

效反射面积 σ_N 应大于被掩护目标的有效反射面积 σ_t，即

$$\sigma_N \geqslant \sigma_t \tag{7.4.10}$$

而 $\sigma_N = N\bar{\sigma}_{\lambda/2}$，因此可以求得每一箔条包中应有的箔条数 N 为

$$N \geqslant \sigma_t / \bar{\sigma}_{\lambda/2} \tag{7.4.11}$$

由于箔条在投放后的相互粘连以及箔条本身的损坏，所以计算箔条数 N 时应考虑一定的余量，一般取

$$N = (1.3 \sim 1.5)\sigma_t / \bar{\sigma}_{\lambda/2} \tag{7.4.12}$$

3. 箔条的频率响应和回波信号的频谱

(1) 箔条的频率响应。为了得到大的有效反射面积，基本上都采用半波长谐振式箔条。将箔条带宽定义为其最大有效反射面积降为 1/2 时的频率范围。半波长箔条的谐振峰都很尖锐，适用的频段很窄，其带宽一般只有中心频率的 15% ～ 20%。

增大箔条带宽的途径，一是增大箔条的直径 d（或宽度 W），以使带宽有所增宽；二是采用长度不同的半波长箔条混合包装，以使箔条干扰能覆盖较宽的带宽。

半波长箔条的带宽与长度直径比（l/d）的关系如图 7.22 所示。

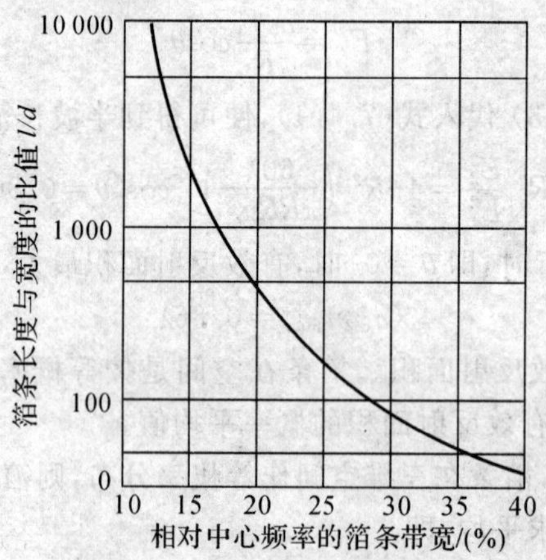

图 7.22　半波长箔条的带宽与长度直径比 l/d 的关系

从图 7.22 中可以看出，带宽随着 l/d 的减小而单调地增宽，当 l/d 为 5 000 时，带宽为 11.5%；当 l/d 为 500 时，带宽为 16.5%；当 l/d 减小为 100 时，带宽才达 26%。但增大箔条的直径（或宽度）会使箔条的质量和体积增大，导致箔条下降速度增大，单位质量和单位体积箔条有效反射面积减小等一系列弊病。因此，实际上都是采用很细的箔条，并利用多种长度不同的箔条混合以得到宽频带。同时由于采用了细箔条，所以其单位质量（或体积）的箔条数也可增多，有利于得到大的有效反射面积。

另外，可以利用箔条对其对应波长的二次谐波、甚至三次谐波也有良好反射的特性拓展箔条的适用范围。

(2) 箔条回波信号的频谱。箔条云的回波信号是大量箔条的反射信号之和，每个箔条回波的强度和相位是随机的、不断变化的，因此回波是随机起伏的。

箔条回波信号的频率取决于箔条云中心移动的平均速度和每个箔条随机运动的速度这两个因素。箔条云的中心相对于雷达的平均运动速度为

$$v_0 = \sqrt{v_F^2 + v_L^2} \tag{7.4.13}$$

式中，v_F 为风的平均速度；v_L 为箔条下降的平均速度。

箔条云的平均运动速度决定了箔条云回波信号功率谱的中心频率相对于雷达载波频率的多普勒频偏。箔条云中单个箔条的随机运动速度决定着功率谱的频率分布。良好天气条件下，箔条云内偶极子下降速度为0.3 m/s，在各种条件下其变化范围为0.3～1 m/s，在高湿度情况下下降速度最快。功率谱最大值的频率相对于雷达照射信号频率的频移 F_{od} 与箔条云中心的平均速度成正比，即

$$F_{od} = \frac{2v_0}{\lambda}\cos\alpha \tag{7.4.14}$$

式中，α 为平均速度与雷达径向的夹角。

箔条云回波信号功率谱的宽度是箔条云中各箔条受到各种影响而产生的速度所引起的多普勒频移。这些运动速度主要受各种大气气象参数的影响，但即使当风速很大时，箔条云回波信号的频谱也是相当窄的，其带宽只有几十赫。当箔条不断扩散时，箔条云所占据的空间很大，当其中一部分受到阵风或旋风、湍流的作用时，回波信号的频谱宽度将会变宽，但也只有几百赫。因此，箔条设计中应考虑箔条应具有什么样的结构形式才能增大它的随机运动速度，从而得到更宽的回波信号频谱。

4. 箔条干扰的极化特性

箔条投放在空中后，人们希望它能随机取向，使其平均有效反射面积与极化无关，对任何极化的雷达均能有效地干扰。

实际上，由于箔条的形状、材料、长短不同，箔条在大气中有其一定的运动特性。例如，均匀的短箔条（$l \leqslant 10$ cm），不论它有没有V形凹槽，都将趋于水平取向而且旋转地下降。这种箔条对水平极化雷达的回波强，而对垂直极化雷达则干扰效果很小。为了干扰垂直极化的雷达，可以将箔条的一端配重，这样可使箔条降落时垂直取向，但下降的速度变快。箔条由于外形及材料的不完全对称或者有截痕变形，所以其运动特性也趋于垂直取向，快速下降。

短箔条的这种快速、慢速的运动特性，使投放后的箔条云经过一段时间的降落后形成两层，水平取向的一层在上边，垂直取向的一层在下边，时间越长，两层分开越远。

长箔条（长于10 cm）在空中的运动规律可认为是完全随机的，它对各种极化都能干扰。短箔条在刚投放时，受飞机湍流的影响，可以达到极化完全随机，因此飞机自卫时投放的箔条能干扰各种极化的雷达。

箔条云的极化特性还与箔条云对雷达波束方向的仰角大小有关。当仰角为90°时，即使水平取向的箔条，它对水平极化和垂直极化的回波是差不多的。但当仰角较低时，水平极化的回波就远比垂直极化的回波强。

5. 箔条的空间特性

（1）箔条的遮挡效应。箔条的遮挡效应是指箔条云中一些箔条被另一些箔条所遮挡而不能充分发挥反射雷达信号的效能，即当箔条相当密集时，前面的箔条就阻碍了后面的箔条对雷达照射来的电磁波能量的充分接收，从而产生了遮挡效应。

这种遮挡现象，特别在飞机或舰船进行自卫而投放箔条的期间，是一种主要的影响。它影响了作为自卫用的箔条包的有效反射面积的正确估算。只是当箔条扩散开来，直到各箔条之间的距离为波长的10倍以上时，遮挡效应才变弱。

由于存在着遮挡效应，所以计算箔条云的有效反射面积的理论值就只能作为可能达到的上限值。而实际的箔条云，要根据箔条的密度，采用考虑了遮挡效应的计算方法。

一种根据电磁波吸收理论得出的估算遮挡效应的模型为

$$\sigma/A_a = 1 - e^{-N\sigma_0} \tag{7.4.15}$$

式中，A_a 为箔条云对雷达的投影面积；N 为箔条云投影面积内单位面积的箔条数；σ_0 为单根箔条在不考虑遮挡效应时的平均有效反射面积($\sigma_0 = 0.17\lambda^2$)。

因此，$N\sigma_0$ 就是箔条云单位面积可能达到的有效反射面积的理论上限值。

当 $N\sigma_0$ 很大，即箔条很密时，由式(7.4.15)有 $\sigma/A_a = 1$。这说明，箔条云的有效反射面积可能达到的最大值为 A_a，即为其投影面积。

当 $N\sigma_0$ 很小时，将 $e^{-N\sigma_0}$ 展开为级数，取一级近似，有 $\sigma/A_a = N\sigma_0$。说明当箔条密度很小时，不存在遮挡效应，箔条云的有效反射面积为 $\sigma = N\sigma_0 A_a$。

例如，对于 $\lambda = 10$ cm 的雷达，在 $N\sigma_0 = 2$ 时的密集情况下，箔条的浓度为

$$N = \frac{2}{\sigma_0} = \frac{2}{0.17\lambda^2} = \frac{2}{0.17 \times 10^{-2}} = 1\ 176\ 根\ /\text{m}^3$$

箔条云的相对有效反射面积，由式(7.4.15)计算得

$$\sigma/A_a = 1 - e^{-N\sigma_0} = 1 - e^{-2} = 1 - 0.135 = 0.865\ \text{m}^2/\text{m}^3$$

(2) 箔条云对电磁波的衰减。当电磁波通过箔条云时，由于箔条的反射而使它受到衰减，从而减小雷达的作用距离。电磁波通过厚度为 x 的箔条云时被衰减后的功率为

$$p = p_0 e^{-\bar{n}(0.17\lambda^2)x} \tag{7.4.16}$$

将式(7.4.16)变换为以 dB(分贝)表示衰减量的表示式，即

$$p = p_0 10^{0.1\beta x} \tag{7.4.17}$$

则箔条云对电磁波的衰减系数 $\beta = 0.43[\bar{n}(0.17\lambda^2)]$，单位为 dB/m。

当雷达电波为双程衰减时，两次衰减后的电磁波功率为

$$p = p_0 10^{-0.2\beta x} \tag{7.4.18}$$

当利用式(7.4.17)和式(7.4.18)计算时，x 的单位为 m(米)。

【例】 设在空中形成箔条云以掩护目标，如图 7.23 所示。如果它使雷达对目标的作用距离减小到远离的 1/10，试确定箔条云的“浓度”$\bar{n}$ 及箔条云厚度 x_0。

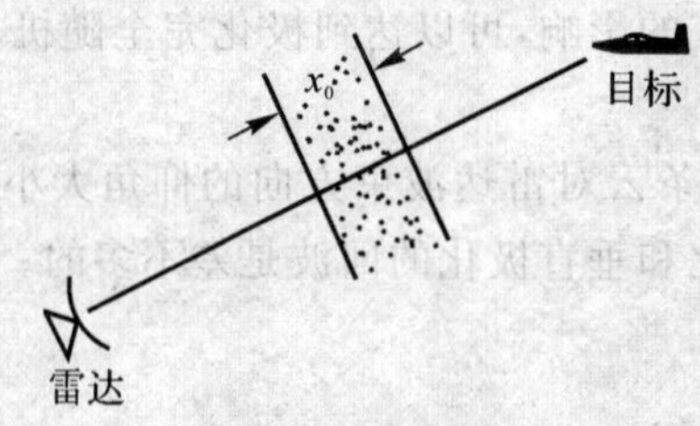

图 7.23 箔条云对雷达作用距离的影响

解 由于雷达作用距离和功率成四次方的关系，所以作用距离减小到原来的 1/10，相当于电波被箔条云衰减 40 dB。设 $x_0 = 1\ 000$ m，则箔条云的衰减系数 $\beta = 0.02$ dB/m，可求得箔条云的平均浓度 $\bar{n}$。

对于 $\lambda = 3$ cm 的雷达：

$$\bar{n}=\frac{\beta}{0.73\lambda^2}=\frac{0.02}{0.73\times 9\times 10^{-4}}\approx 30\ 根/\mathrm{m}^3 \tag{7.4.19}$$

对于 $\lambda=10$ cm 的雷达：

$$\bar{n}=\frac{0.02}{0.73\times 10^{-2}}=2.73\approx 3\ 根/\mathrm{m}^3 \tag{7.4.20}$$

7.4.3　反射器

金属反射器可以产生强烈的雷达回波，因此，可以用作对雷达的无源反射物。一个理想的导电金属甲板，当其尺寸远大于波长时，可以对法线入射的电波产生强烈的回波。其有效反射面积为

$$\delta_{\max}=4\pi\frac{A^2}{\lambda^2} \tag{7.4.21}$$

式中，A 为金属平板的面积。

如果不是从法线方向垂直入射，而是从其他方向入射，这时平板虽然也能很好地将电波反射出去，但电波反射到了其他方向，使其回波变得微弱，相应的有效反射面积就很小，不能满足对雷达干扰的要求。

因此，对反射器的主要要求是以小的尺寸和质量，获得尽可能大的有效反射面积，并要具有足够宽的方向图。下面以角反射器为例进行简单介绍。

1. 角反射器的分类

角反射器是利用 3 个互相垂直的金属平板制成的，如图 7.24 所示。根据它各个面的形状不同可分为三角形、圆形、方形 3 种角反射器。

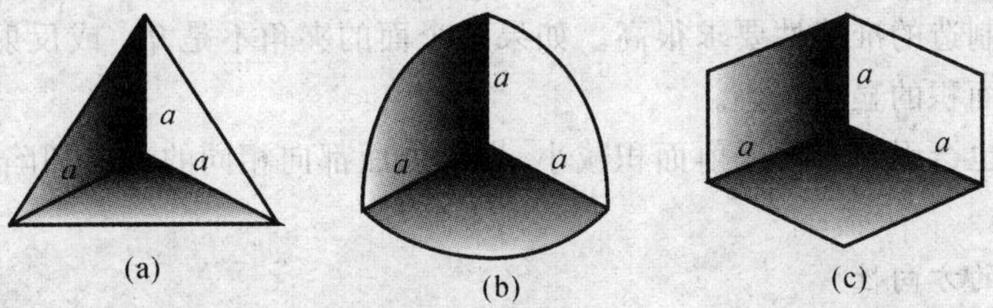

图 7.24　角反射器的类型

(a) 三角形；(b) 圆形；(c) 方形

2. 角反射器的有效反射面积

角反射器可以在较大的角度范围内，将入射的电波经过 3 次反射，按原入射方向反射回去，如图 7.25(a) 所示，因此具有很大的有效反射面积。角反射器的最大反射方向称为角反射器的中心轴，它与 3 个垂直轴的夹角相等，等于54°45′(或 54.75°)，如图 7.25(b) 所示。在中心轴方向的有效反射面积为最大，因此只用求得角反射器对于中心轴的等效平面面积，代入式(7.4.21)，便可求得它的最大有效反射面积的表达式，即

$$\delta_{\triangle\max}=\frac{4\pi}{3}\frac{a^4}{\lambda^2}=4.19\frac{a^4}{\lambda^2} \tag{7.4.22}$$

$$\delta_{\odot\max}=15.6\frac{a^4}{\lambda^2} \tag{7.4.23}$$

$$\delta_{\square\max}=12\pi\frac{a^4}{\lambda^2}=37.3\frac{a^4}{\lambda^2} \tag{7.4.24}$$

比较式(7.4.22)～式(7.4.24)，可以看出，在垂直轴 a 相等的情况下，三角形反射器的有效反射面积最小，圆形角反射器的反射面积次之，方形角反射器的反射面积最大，即为三角形角反射器的9倍。

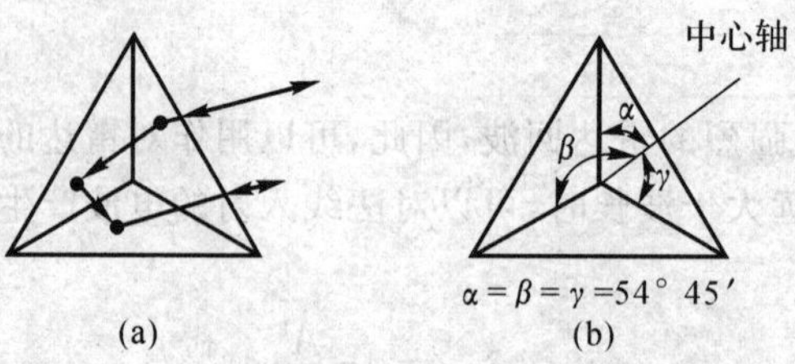

图 7.25　角反射器的最大反射方向

角反射器的有效反射面积与其垂直边长 a 的四次方成正比，增加 a 可以得到很大的有效反射面积。

角反射器的有效反射面积与波长 λ 的二次方成反比。同样尺寸的角反射器，对于不同波长的雷达，其有效反射面积亦不同。例如，设三角形反射器 $a=1$ m，则对于 $\lambda=3$ cm 的雷达有

$$\delta_{\triangle\max}=4.19\times\frac{1}{9\times10^{-4}}=4\ 656\ \text{m}^2$$

对于 $\lambda=10$ cm 的雷达有

$$\delta_{\triangle\max}=4.19\times\frac{1}{10^{-2}}=419\ \text{m}^2$$

角反射器对制造的准确性要求很高。如果3个面的夹角不是90°或反射面的凹凸不平都将引起有效反射面积的显著减小。

反射面不平也会引起有效反射面积减小，当3个面都向相同的方向凹陷时，其有效反射面积减小得更严重。

3. 角反射器的方向性

角反射器的方向性用其方向图宽度来表示，即其有效反射面积降为最大有效面积的1/2时的角度范围。角反射器的方向性，包括水平方向性和垂直方向性，它们在对雷达的干扰中都有重要意义。

角反射器的方向图越宽越好，以便在较宽的角度范围对雷达都有较强的回波。如图7.26所示为三角形角反射器水平方向图的实验曲线，它的3 dB宽度约为40°(理论结果为39°)；曲线两边的尖峰是当入射波平行于一个边时，由其余的两个面产生的反射波。

圆形角反射器和方形角反射器的方向图要比三角形的窄。圆形角反射器的方向图宽度约为30°；方形的最窄，约为25°。

角反射器的垂直方向性对于反雷达伪装具有重要意义。三角形反射器的垂直方向图如图7.27所示。图7.27中所标的是三角形角反射器的角度数值，中心轴为最大方向，其仰角为35°，垂直方向图的宽度为40°。圆形角反射器和方形角反射器的垂直方向图宽度都比三角形反射器的窄，但比起它们自己的水平方向图则略宽，分别为31°和29°。

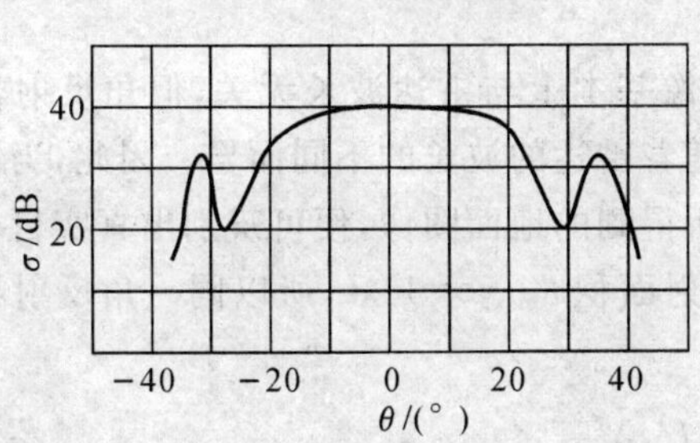

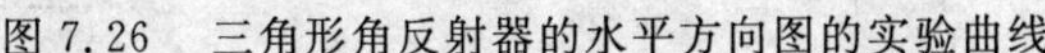

图 7.26　三角形角反射器的水平方向图的实验曲线

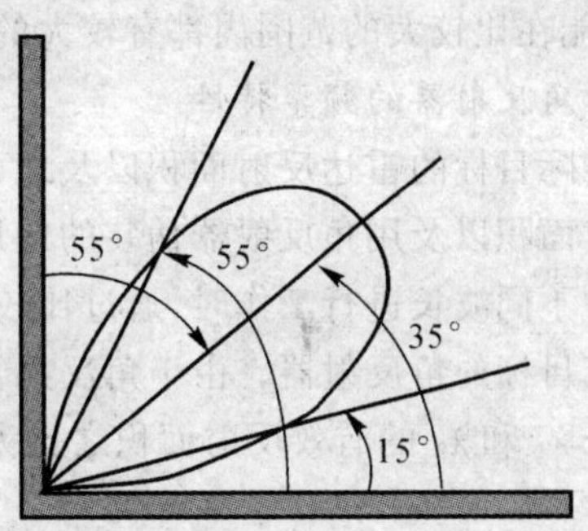

图 7.27　三角形反射器的垂直方向图

角反射器的低仰角反射太弱，这对反雷达伪装是不利的。因为来袭飞机由远及近，角反射器在远距离(低仰角)上反射太弱，所以达不到伪装地面目标的目的。因此，需要改善角反射器的低仰角性能。常用的方法有如下两种：

(1) 增大角反射器的底边面积，使低仰角入射的电磁波仍能得到反射，这样，便可改善低仰角性能。如图 7.28(a) 所示，其图下部的虚线部分为反射器的底边面积。通常，角反射器安装在地面上，可利用平坦的地面作为底边的一部分，如果能利用水平面则效果更好。利用增大底面积的方法只能得到几度的改善。

(2) 利用地面反射波和直射波的干涉作用。将角反射器架高，并将它倾斜一个 φ 角，如图 7.28(b) 所示，则投射到角反射器的电磁波有直射波 ① 和地面反射波 ②，经角反射器反射后，又将两个波沿原方向反射回去，其总的回波就是这两个回波的矢量和。由于两个回波存在着相位差，使有的方向的电磁波同相相加出现最大值，有的方向的电磁波反相相加出现最小值，所以合成的垂直方向图将呈现瓣状。

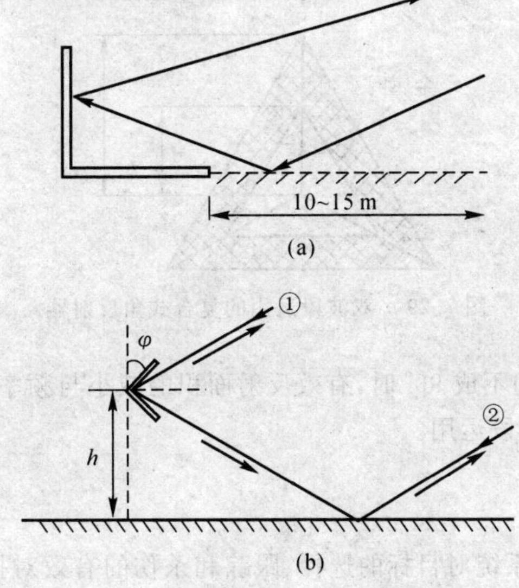

图 7.28　改善角反射器低仰角性能的方法

根据分析可知，当 $\varphi=35°$ 时，合成的垂直方向图主瓣的最大方向的仰角最低(小于 10°)，但缺点是方向图太窄；当 $\varphi=15°$ 时，垂直方向图主瓣的仰角虽稍大些(在 15° 附近)，但方向图较宽，能在比较大的范围内都有较大的反射面积。

4. 角反射器的频率特性

实际目标的雷达反射面积以及地面的雷达图像基本上与雷达波长无关，但角反射器的有效反射面积以及用角反射器伪装的地形地物，则随着雷达的波长的不同而异。因此，当雷达利用两种不同波长进行工作时，通过比较两种波长所得到的地面图像，便可辨别出真实目标和用以伪装目标的角反射器。由于角反射器的有效反射面积 $\sigma_{\max} \propto 1/\lambda^2$，所以同一角反射器对两个波长 λ_1 和 λ_2 的有效反射面积之比为

$$\frac{\delta_{\max}(\lambda_1)}{\delta_{\max}(\lambda_2)} = \left(\frac{\lambda_2}{\lambda_1}\right)^2 \tag{7.4.25}$$

或

$$\frac{\delta_{\max}(f_1)}{\delta_{\max}(f_2)} = \left(\frac{f_1}{f_2}\right)^2 \tag{7.4.26}$$

例如，轰炸瞄准雷达常常采用两个波段工作，当远距离时用 3 cm 波段，当在近距离时用 8 mm 波段，以便得到清晰的地面图像。设 $\lambda_1 = 3.2$ cm，$\lambda_2 = 8$ mm，波长相差 4 倍，则同一角反射器的有效反射面积相差 16 倍。

为了使角反射器对两个波段都呈现出相同的有效反射面积，可采用如下两种方法。

(1) 利用金属网和金属板做成复合式角反射器，如图 7.29 所示。复合式角反射器外部的金属网部分让波长短的 λ_1 电波穿透过去，不产生反射，而对波长长的 λ_2 电波又能全部反射，可根据所需的 σ 对 λ_1 求得 a_1，对 λ_2 求得 a_2，进而确定角反射器各部分的尺寸。这时，金属网的网眼直径 d 必须满足的条件是

$$\left(\frac{1}{6} \sim \frac{1}{8}\right)\lambda_2 > d > \left(\frac{1}{6} \sim \frac{1}{8}\right)\lambda_1 \tag{7.4.27}$$

显然，这种复合式角反射器只适用于波长 λ_1 和 λ_2 差别较大的两个波段。

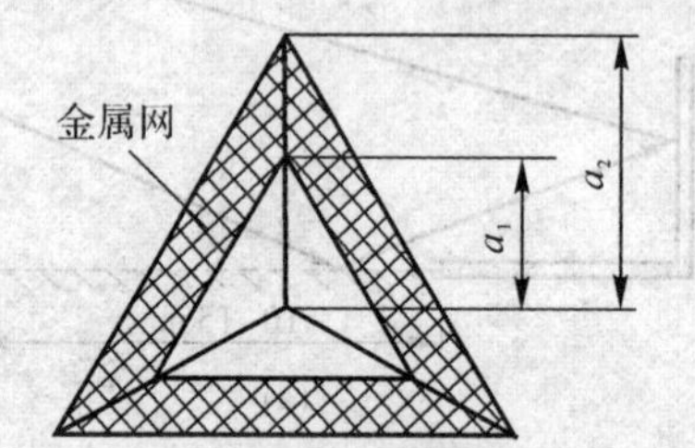

图 7.29 双波段运用的复合式角反射器

(2) 利用角反射器各边不成 90° 时，有效反射面积的减小与频率的关系，选择合适的偏差角，以实现角反射器的双波段运用。

7.4.4 雷达诱饵

雷达诱饵是破坏防空系统对目标的选择、跟踪和杀伤的有效对抗手段之一。它广泛用于飞机、战略武器的突防和飞机及舰船的自卫。雷达诱饵一般在目标受雷达或导弹跟踪时才发射或投放，它可分为 3 类：火箭式、拖曳式、投掷式雷达诱饵。下面主要介绍火箭式雷达诱饵的应用。

雷达诱饵用于使来袭导弹偏离其预定目标。它们在对抗采用单脉冲导引头的导弹时特别

有效。诱饵既可以是有源的也可以是无源的，但目前的趋势是采用有源诱饵。无源诱饵经常使用角反射器或龙伯透镜来加大其雷达横截面。在低频上，这些装置会变得很大，当要求增强低频时的雷达特征，就有必要使用有源转发器。

诱饵是一种特殊形式的平台外电子攻击系统，通过在敌方武器系统中建立假目标信息来提高舰船和飞机的生存概率。诱饵的一种工作模式是用大量假的诱饵目标来饱和敌方的防御系统，从而导致武器对这些假目标的跟踪，降低了其总的攻击效能。另一种工作模式是利用诱饵大的信号特征（包括雷达和红外信号特征），将武器吸引到诱饵上。

火箭式诱饵是一次性使用的，它模拟飞机，引诱敌武器攻击系统。火箭式诱饵自身带有发动机系统，可以自主飞行，携带无源反射器或有源干扰机，用于目标自卫，可以在更多的特征上模拟目标，达到欺骗干扰的目的。为了破坏雷达对目标的跟踪，它应具有大的雷达反射面积或干扰功率，以便将雷达的跟踪吸引到诱饵上来。

为了有效地掩护目标，在发射诱饵的同时，目标应进行速度和方向上的机动。火箭式诱饵的初速度决定于雷达（或寻的导弹制导系统）的跟踪支路的动态特性，在诱饵刚被发射出的瞬间，其初速度必须保证把跟踪支路的选通门引诱到诱饵上。这一初速度的选择，应根据诱饵和被掩护的目标在角度、距离和速度上都应在导弹或雷达的分辨单元之内这一要求。

下面求火箭式雷达诱饵干扰半主动寻的防空导弹制导系统的功率关系（干扰方程）。

设诱饵（D）、雷达及防空导弹的空间关系如图7.30所示。目标和初发射出的诱饵均处在照射雷达的波束宽度之内，它们到雷达的距离可认为相同，并且也都同时处于防空导弹寻的系统的天线波束宽度之内，而且张角都不大。这时，导弹的导引头接收的目标雷达信号功率为

$$P_{r,s} = \frac{P_t G_t \sigma_T}{4\pi R_S^2 4\pi R_T^2} A_r \tag{7.4.28}$$

式中，P_t，G_t 为照射雷达的发射功率及天线增益；σ_T 为目标的有效反射面积；R_S，R_T 分别为目标至雷达的距离及目标至导弹的距离；A_r 为导弹导引头接收天线的有效面积。

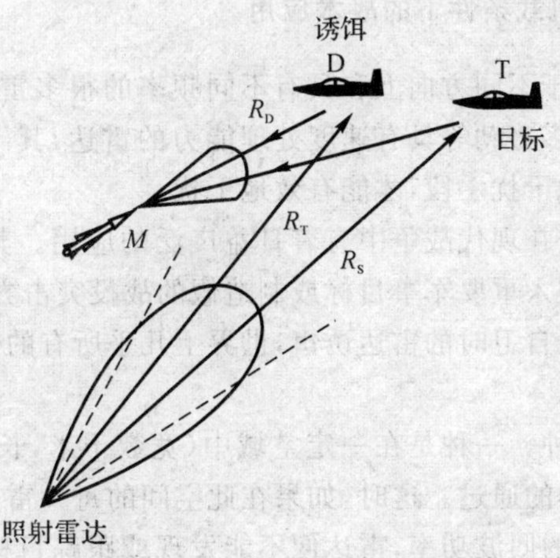

图7.30　火箭式雷达诱饵干扰半主动寻的导弹的空间关系图

导弹导引头接收到诱饵的干扰信号功率为

$$P_{r,j} = \frac{P_j G_j \gamma_j \Delta f_r}{4\pi R_D^2 \Delta f_j} A_r \tag{7.4.29}$$

式中，P_j，G_j 分别为干扰发射机的功率及干扰天线的增益（为了简化分析，设诱饵天线增益各处相等）；γ_j 为极化系数（干扰信号极化和导引头接收天线极化不同而引起的功率损失）；R_D 为诱饵至导弹的距离；Δf_r，Δf_j 分别为导引头接收机的通频带宽度和干扰信号的频谱宽度。

为了将导弹引向诱饵，诱饵的干扰信号功率应大于或等于目标信号功率的 K_j 倍（例如，$K_j=2$ 或 3)，即应有

$$P_{r,j} \geqslant K_j P_{r,s} \tag{7.4.30}$$

将式(7.4.28) 及式(7.4.29) 代入式(7.4.30)，可得诱饵干扰机应满足的功率要求为

$$P_j G_j \geqslant \frac{K_j}{\gamma_j} \frac{P_t G_t \sigma_T}{4\pi} \frac{R_D^2}{R_S^2 R_T^2} \frac{\Delta f_j}{\Delta f_r} \tag{7.4.31}$$

如果诱饵上采用转发式回答干扰机，还应求出干扰机的功率放大倍数 K_P。

诱饵上回答式干扰机的接收端收到的照射雷达信号功率为

$$P_r = \frac{P_t G_t \gamma_r}{4\pi R_S^2} A_{rD} = \frac{P_t G_t G_r \lambda^2 \gamma_r}{(4\pi)^2 R_S^2} \tag{7.4.32}$$

式中，A_{rD}，G_r 分别为回答式干扰接收天线的有效接收面积和增益系数；γ_r 为接收天线的极化系数。

因此，可求得回答式干扰机的功率放大倍数。考虑到转发的干扰信号与导弹上接收机是匹配的，即 $\Delta f_j \approx \Delta f_r$，可得

$$K_P = \frac{P_j}{P_r} = \frac{K_j}{\gamma_j \gamma_r} \frac{\sigma_T}{G_j G_r \lambda^2} \frac{R_D^2}{R_T^2} \tag{7.4.33}$$

如果诱饵为无源的，则诱饵的反射信号功率应大于或等于目标的反射信号功率的 K_j 倍。由于 $P_r \propto \sigma$，可得诱饵的有效反射面积为

$$\sigma_D \geqslant K_j \sigma_T \tag{7.4.34}$$

为了得到大的有效反射面积，诱饵上应装有角反射器或龙伯透镜反射器等无源反射器。

7.4.5 箔条干扰在机载条件下的战术应用

箔条干扰能同时对处于不同方向上和具有不同频率的很多雷达进行有效的干扰，但对于连续波、动目标显示、脉冲多普勒等具有速度处理能力的雷达，其干扰效果将降低。对付这类雷达，需要同时配合上其他干扰手段，才能有效地干扰。

箔条的优越性能，使它在现代战争中有着日益广泛的应用。其主要用于在突击方向上形成干扰走廊，以掩护机群进入重要军事目标或制造假的战役突击方向；用于洲际导弹再入大气层时形成假目标；用于飞机自卫时的雷达诱饵，世界上几乎所有的作战飞机和越来越多的运输机都安装了箔条投放装置。

箔条的基本用途有两种。一种是在一定空域中（宽数千米，长数十千米）大量投掷，形成干扰走廊，以掩护战斗机群的通过。这时，如果在此空间的每一雷达单元（脉冲体积）中，箔条产生的回波功率超过飞机的回波功率，雷达便不能发现或跟踪目标。这种应用由于动目标检测雷达的普及已越来越少了。另一种是飞机或舰船自卫时投放的箔条，这种箔条要快速散开，形成比目标自身的回波强得多的回波，使雷达的跟踪转移到箔条云上而不能跟踪目标。实际应用时，不论大规模投放或自卫时投放，通常都是做成箔条包由专门的投放器来投放。

1. 箔条用于支援掩护机群

对于大气中布撒的箔条走廊的一个关键因素是初步确定要干扰的雷达的立体分辨单元。

一种适合的箔条走廊布撒方法是在径向即距离方向上以分隔最小的雷达立体分辨单元的距离逐一投放箔条弹。这保证了沿着箔条布撒飞机的航路上每个雷达分辨单元都含有一个最初投放的初始箔条包。

第二个问题是在每次发射中要投放多少箔条。一般来讲，箔条的有效反射面积应当是要保护的最大目标的有效反射面积的两倍以上。同时，箔条在突防飞机进入受保护的走廊前必须有足够的时间散开。设计用于走廊保护的敷铝玻璃丝箔条可能要用约 100 s 的时间才能达到其最大值，而对于 25 mm×25 mm 的铝箔箔条其相应的值是 40 s。只要箔条云中的箔条单元位于立体雷达分辨单元中，走廊的保护作用就是有效的。在典型情况下，在一个雷达立体分辨单元中敷铝玻璃丝箔条的有效雷达横截面将在 250 s 内下降到其最大值的 50%。上面给出的箔条 RCS 只适用于水平极化值，对于垂直极化箔条情况，铝箔条 RCS 值从其最大值降到 90% 要花去 80 s，而敷铝玻璃丝箔条其 RCS 从最大值降到 50% 就要花去 280 s。

箔条下落时还将明显出现另一个现象，尤其是玻璃丝箔条，即会逐步分离成两团箔条云，一团主要是水平极化的，另一团是垂直极化的。这是因为垂直取向的偶极子比水平取向的偶极子下降要快，造成水平极化层的箔条云位于垂直极化箔条云之上。解决这个问题的方法是使箔条偶极子的一端比另一端重，这样使箔条以缓慢的螺旋方式下降，就近似于 45° 极化。

2. 箔条用于飞机自卫

箔条用于保护飞机是利用箔条对雷达信号的强烈反射，将雷达对飞机的跟踪吸引到对箔条气团的跟踪。因此，箔条必须在宽频段上具有比被保护飞机大 2 ～ 3 倍以上的有效反射面积，还必须有合适的投掷速度（即每投放一包箔条的间隔时间），应保证在雷达的分辨单元内至少有一包箔条，如图 7.31 所示。

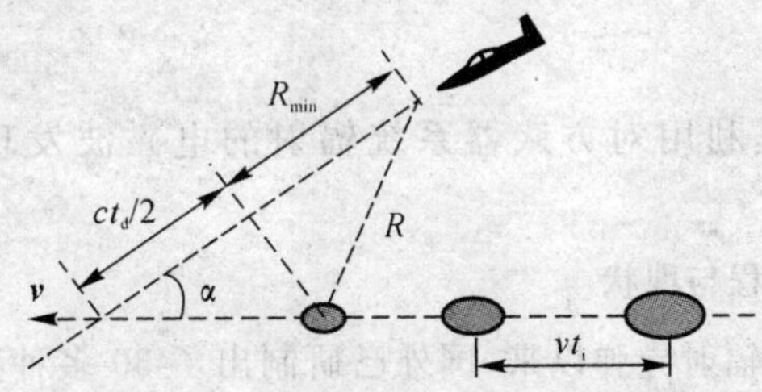

图 7.31　箔条诱饵的投放时间要求

自动跟踪系统的距离分辨单元取决于其距离选通脉冲（波门）的宽度 t_d，因此箔条包的投放时间间隔为

$$t_i \leqslant \frac{ct_d}{2v\cos\alpha} \tag{7.4.35}$$

式中，c 为光速；v 为飞机的速度；α 为雷达跟踪方向和电机轴的夹角。

箔条间隔小于雷达角度分辨率的投放时间间隔应为

$$t_d \leqslant \frac{R_{min}\Delta\theta}{v\sin\alpha} \tag{7.4.36}$$

式中，R_{min} 为对雷达压制的最小距离；$\Delta\theta$ 为雷达角跟踪波束宽度。

可以看出，对于高速飞机和高分辨性能的雷达，要求投放速度很快，每秒钟需投放数包箔条。箔条散开时间的长短，在很大程度上决定着保护飞机的效果。箔条的散开时间是指箔条从投放至达到额定的有效反射面积的时间。

箔条投放后,其有效反射面积的变化可用以下经验公式近似:

$$\delta=\delta_{\max}[1-\exp(-t/\tau)] \tag{7.4.37}$$

式中,δ 为 t 时刻的箔条有效反射面积;$\delta_{\max}$ 为箔条最大有效反射面积;τ 为时间常数。

良好天气下,箔条云内偶极子下降速度为 0.3 m/s,在各种条件下其变化范围为 0.3 m/s,在高湿度情况下下降速度最快。

充分散开的另一重要因素是箔条不应相互粘连或出现所谓鸟窝状连接。如何减小在高速气流中箔条的粘连是现代箔条生产中的关键工艺和技术。

飞机在准确知道已受到火控雷达的跟踪时,只要采用连续点投箔条,同时进行方向上的机动,可有效地干扰雷达。这种比飞机反射强得多的箔条带使侧向跟踪的角系统不能瞄准飞机。这种箔条带对于干扰由后半球攻击的歼击机雷达的距离跟踪更为有利,这时距离波门将首先锁定到离它较近的箔条反射的信号上。

7.5 对雷达的杀伤性压制

对军用监视和跟踪雷达的电子攻击行动除了电子压制技术外,通常还包括杀伤行动,其主要目的是对辐射源进行实体摧毁,而这类辐射源通常是敌方防御系统的组成部分之一。对防御系统进行杀伤性压制的最重要手段是使用反辐射导弹(ARM)。对防御系统进行杀伤性压制的另一种重要手段是使用定向能武器(DEW),由于其能以光速进行攻击,所以在军事界备受瞩目。

7.5.1 反辐射导弹

反辐射导弹(ARM)是利用对方武器系统辐射的电磁波发现、跟踪并摧毁辐射源的导弹。

7.5.1.1 ARM发展过程与现状

自 1961 年开始研制反辐射导弹以来,国外已研制出了 30 多种型号的反辐射导弹。绝大多数已装备部队,并用于局部战争。目前,ARM 已发展到第三代。第一代于 20 世纪 60 年代装备部队,代表产品包括美国的“百舌鸟”、苏联的“AS—5”及英法联合研制的“玛特尔”。由于导引头覆盖频域比较窄、灵敏度低、测角精度低、命中率低、可靠性差且只能对付特定的目标,所以早已被淘汰。第二代产品于 20 世纪 70 年代装备部队,以美国的“标准”、苏联的“AS—5”(“鲑鱼”) 为代表。虽然第二代 ARM 克服了第一代的主要缺点,具有较宽覆盖频域和较高的灵敏度,射程比较远而且有一定的记忆(即对抗目标雷达关机) 功能,可以攻击多种地(舰)防空雷达,但结构十分复杂、体积大、比较重,因此只能装备大型机种,而且飞机的装载数量也受到限制,已于20世纪70年代末停止生产。第三代 ARM 于20世纪80年代装备部队,第三代 ARM 基本上可分为三大类。

1. 第一类 ARM

第一类为中近程(指导弹作用距离为 30 ～ 70 km)ARM,以美国的“哈姆”(HARM),英国的“阿拉姆”(ALARM) 为代表,其主要特点如下:

(1) 装有新型超宽频带导引头。可攻击的雷达频率覆盖范围达 0.8 ～ 20 GHz,覆盖了绝大多数防空雷达的工作频率。

(2) 高灵敏度的导引头。导引头的灵敏度比较高(−70 dBmW)，而且具有大动态范围、快速自动增益控制。因此，既能截获跟踪从雷达天线主波瓣方向辐射的信号，也能截获跟踪从雷达天线副波瓣和背波瓣方向辐射的信号；既能截获跟踪脉冲雷达信号，也能截获跟踪连续波雷达信号；既能截获跟踪波束相对稳定的导弹与高炮制导雷达信号，又能截获跟踪波束环扫或扇扫的警戒雷达、引导雷达、空中交通管制雷达和气象雷达信号。

(3) 导引头内设置信号分选与选择装置。采用门阵列(FPGA) 高速数字处理器和相应的软件，实现了在复杂电磁环境中的信号预分选与单一目标的选择。

(4) 采用微处理机控制。在导弹上装有含已知雷达信号特性的预编程序数据库，具有自主截获跟踪目标的能力。一旦在战斗中发现有新的雷达目标出现，只须修改软件就可使用。还有弹道控制软件与相应的接口控制电路，这样导弹载机不必对准目标就可发射导弹去攻击各个方向的目标，即使偏差 180°，也能靠导引头转动 180° 而自动截获跟踪目标。从而实现自卫、随机、预编程 3 种工作方式和导弹“发射后不管” 的功能，提高了 ARM 的攻击能力和发射载机本身的生存能力。

(5) 采用无烟火箭发动机。降低了导弹的红外特征，不易遭受红外制导的地空和空空导弹的拦截。

(6) 高弹速。导弹马赫数达到 3，增强了突防能力。

2. 第二类 ARM

第二类为远程 ARM(指导弹作用距离在 100 km 以上)，以苏联的“AS－12” 为代表，其突出特点：

(1) 作用距离远且弹速高。导弹采用冲压式发动机，飞行速度在马赫数 3 以上，而且作用距离远(150 km 以上)。

(2) 宽频带导引头灵敏度高且测角精度高。导引头的灵敏度为－90～－100 dBmW，测角精度均方根值在 0.5° 以内。这类导弹攻击目标针对性很强，命中率高。

3. 第三类 ARM

第三类为无人驾驶反辐射飞行器，是中近程 ARM 的补充，以美国的“默虹”、以色列的“哈比” 为代表，其特点除速度低于中近程 ARM 外，其他性能与中近程 ARM 相近。

7.5.1.2　ARM 在战争中的作用

ARM 在战争中的作用就是压制或摧毁敌方武器系统中的雷达，使防空武器系统失去攻击的能力，取得制空权，以便充分发挥己方的空中优势。ARM 在战争中的主要作用有以下几点。

1. 清理突防走廊

战时防空(地空) 导弹采取多层次的纵深梯次配置，可首先用 ARM 摧毁敌方各层次防空体系中的雷达，使防空体系失去攻击能力，为己方攻击机扫清空中通道，开辟空中走廊。

2. 防空压制

地空导弹(或高炮) 对飞机威胁最大，首先用 ARM 攻击摧毁敌方武器系统中的雷达，使敌方失去攻击能力，从而使己方后续的空中优势得以发挥。

3. 空中自卫

攻击性的飞机携带 ARM，当受到敌方有威胁雷达等跟踪时发射，摧毁敌方威胁武器系统中的雷达。

4. 为突防飞机指示目标

攻击机装载带有烟雾战斗部的 ARM，首先将这种 ARM 射向敌方雷达阵地，指示攻击机根据爆炸的烟雾对目标进行攻击。

5. 摧毁干扰源

利用 ARM 摧毁敌方干扰源，使己方电子设备免受干扰。

7.5.1.3 ARM 的基本工作原理

ARM 与其他导弹的主要区别在于其引导系统不同，其他部分基本相同。ARM 的导引系统实际上是一部无源雷达(Passive Radar)，也称为被动雷达导引头(PRS，Passive Radar Seeker)。ARM 是由被动雷达导引头以敌方雷达或辐射源辐射的电磁波信号为制导信息进行导引、跟踪直至命中、摧毁目标雷达或辐射源。

美国海军和海军陆战队联合发展的新一代机载反辐射导弹，用来取代现役 AGM－88 高速反辐射导弹，如图 7.32 所示。

图 7.32 AGM－88E 先进反辐射导弹(AARGM)

1. 被动雷达导引头

PRS 是反辐射导弹最关键的部件，用于截获敌方目标雷达信号并实时监测出导弹与目标的角信息，输送给控制系统，导引导弹实时跟踪直到命中目标雷达。

PRS 主要由天线、接收系统(RX)、信号处理电路、指令计算机、惯性平台、自动驾驶仪和导弹弹体组成。通常 PRS 采用单脉冲测角，也可采用比相测角体制。

天线通常采用平面螺旋天线(和模(Σ)，差模(Δ))。这种天线的方向图与频率无关，且利用一副天线就能产生全部所需测向信息，因此最能充分利用导弹前端有限的空间。此外，接收机处理所测得的单脉冲测向信息只需要两个通道。由微波天线和相应的波束形成器形成上、下、左、右四波束，且与 ARM 的舵面配置方向成 45° 角。

接收系统(RX) 的作用是将天线送来的上、下、左、右四路信号进行带通滤波、对数放大和低通滤波，再经过和-差处理，形成高低角和方位角误差信号。同时，还将接收到目标雷达信号的射频、幅度(PW) 以及到达时间输出。

接收系统输出的信号再送到信号处理部分进行去交错(信号分选)、角度测量和角度旋转，再经制导计算机进行卡尔曼滤波和指令计算，输出导弹的控制信号送到导弹的自动驾驶仪，控制ARM导弹跟踪目标雷达。

2.控制系统

控制系统根据控制指令修正导弹弹道，通过气动舵机控制导弹，使之对准目标雷达正确跟踪直至命中。控制系统包括燃气舵机、调节器和作为航面的弹翼。调节器可调节控制系统，得到自控段的弹道，并不断测出偏差并以此修正弹道，在一定的角度范围内不断改变导弹的弹道方向。在导引头截获跟踪目标后，所测得的方位和俯仰两个平面的角度偏差信号控制燃气舵机操纵弹翼，保证导弹实时跟踪目标。在跟踪状态下，导引头两平面的角偏差信号为零。ARM攻击目标雷达时的弹道示意图如图7.33所示。控制系统内还包括电源（电源由普通的能量转换供给，如化学电池、热电池或涡轮发电机），导弹发射前由载机供电，发射后由导弹自身供电。

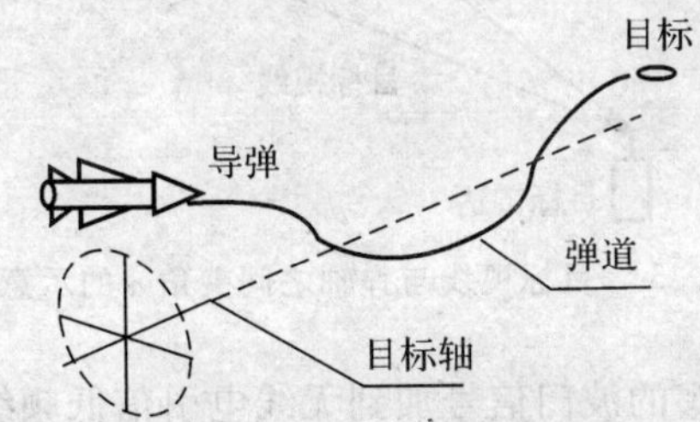

图7.33　ARM攻击目标雷达时的弹道示意图

3.战斗部

反辐射导弹有两种战斗部，即磷质战斗部和杀伤战斗部，使用较多的是杀伤战斗部。

(1)磷质战斗部里面装满白磷、弹片等，爆炸时白磷燃烧形成一团很大的白色烟，温度极高，但弹片数不多。这种弹头主要是为了形成烟雾，当天气条件不好时为轰炸机指示目标，同时也能利用爆炸的碎片和高温破坏一部分目标。

(2)杀伤战斗部采用烈性炸药以及破片外壳的结构，在尽可能大的空间内产生气体冲击及破片杀伤作用。烈性炸药的高速爆炸产生很强的冲击波，使足够数量的破片以很快的速度飞溅。这样，有穿甲能力的破片能在杀伤范围内毁伤目标雷达。

4.引信

引信用于引导战斗部爆炸，可以分为触发引信和非触发引信。通常采用非触发引信引爆，触发式引信靠导弹与目标或地面物体直接碰撞，产生巨大冲击力引爆导弹。非触发引信亦称无线电引信，采用了无线电测距原理。当导弹与目标之间的距离处于最佳值时，引爆导弹的战斗部。非触发引信包括无线电比相引信、无线电多普勒引信、激光引信和电磁引信等。反辐射导弹无线电比相引信组成框图如图7.34所示，主要由高频、低频线路及保险执行机构组成。

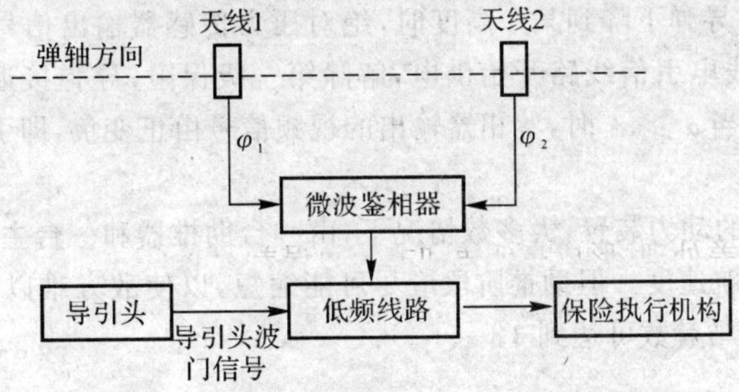

图7.34　反辐射导弹无线电比相引信组成框图

天线 1 和天线 2 沿弹轴方向前、后配置，由于天线 1 和天线 2 相对于目标雷达的位置不同，所以两天线收到的目标雷达信号间存在着相位差。在导弹接近目标过程中，由于导弹的位置不断地改变，所以目标视线与弹轴之间的夹角 α 不断地改变，如图 7.35 所示，因此天线 1 和天线 2 收到的信号相位差是 α 的函数。

天线 1 和天线 2 收到的信号经过微波鉴相器鉴相后输出一串脉冲作为引信的触发信号。当 $\alpha<\alpha_0$（α_0 为起爆角）时该脉冲串的极性为负，当 $\alpha>\alpha_0$ 时该脉冲串的极性为正，当 $\alpha=\alpha_0$ 时，该脉冲串极性发生翻转产生引爆信号，启动保险执行机构，使导弹战斗部爆炸。

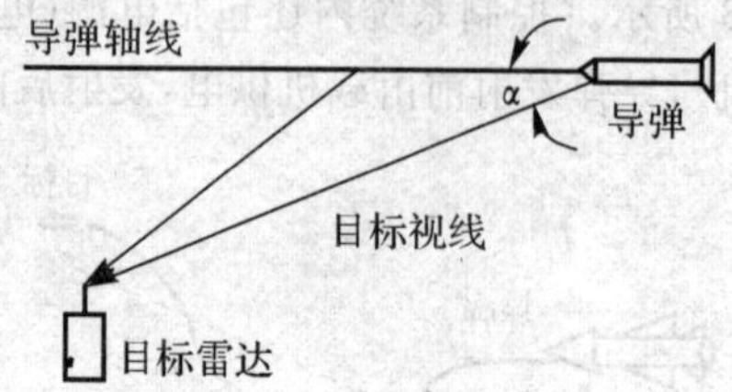

图 7.35　目标视线与弹轴之间夹角 α 的示意图

导引头保险机构中，导引头的波门信号加到无线电引信低频线路用来限制起爆，即当导引头收到目标雷达信号时，触发产生波门信号，使引信低频线路处于闭锁状态，导弹不引爆，即用导引头波门信号作防止引信过早引爆的保险信号。当导弹接近目标时，弹轴与目标视线的夹角 α 随之加大，当 α 大于导引头天线 1/2 波束宽度（$\theta_0/2$）时，导引头丢失目标，波门消失，引信的低频线路随即转入待爆状态。

导弹引信保险有三级机械保险和三级电保险。导引头保险机构的方框图如图 7.36 所示。

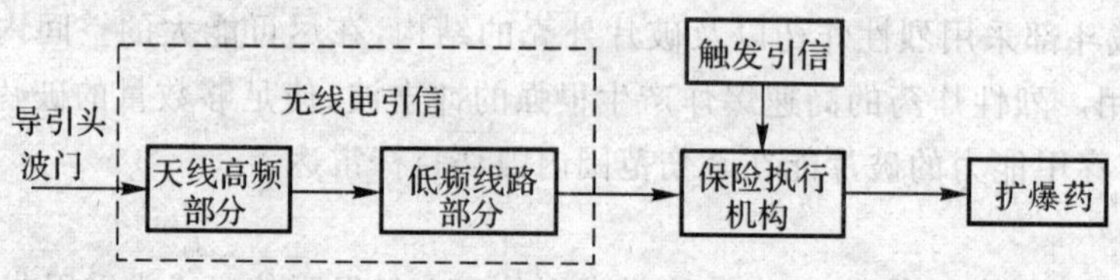

图 7.36　导引头保险机构的方框图

(1) 三级机械保险：按下发射按钮时，由弹上供电，弹上机械装置自动解除第一级保险；发动机点火导弹加速飞行，过载大于 $7.8g$ 时，弹上机械装置自动解除第二级保险；当发动机熄火，导弹减速飞行，过载小于 $6.4g$ 时，弹上机械装置自动解除第三级保险。

(2) 三级电保险：导弹下降到某一高度时，绝对压力传感器输出信号，导弹由自由飞行转入控制飞行，这时无线电引信线路开始供电，解除第一级保险；导弹接近目标，波门信号消失时，解除第二级保险；当 $\alpha\geqslant\alpha_0$ 时，鉴相器输出的视频信号由正变负，即引爆导弹。

5. 发动机

发动机是 ARM 的动力装置，大多数情况下，由一台助推器和一台主发动机组成。助推器使导弹尽快加速到巡航速度。但助推阶段应尽可能缩短，以使敌方难以识别导弹的发射。目前，ARM 的攻击速度马赫数可达到 3。

7.5.1.4　ARM 的战斗使用方式

战略情报侦察是 ARM 战斗使用的基础，只有清楚敌方雷达及战场配置雷达的技术参数，并且储存在 ARM 计算机的数据库中，才能有效使用 ARM 智能化战斗使用方式。由于 ARM 大量采用了数字信号处理技术、计算机技术并设置了数据库，所以 ARM 战斗使用方式很多。

1. ARM 攻击目标的方式

测定出目标雷达位置和性能参数并装到 ARM 计算机中后，即可引导 ARM 导弹发射。ARM 的攻击方式主要有两种：中高空攻击方式和低空攻击方式。

(1) 中高空攻击方式。载机在中、高空平直或小机动飞行，以自身为诱饵，诱使敌方雷达照射跟踪，满足发射 ARM 的有利条件。ARM 发射后，载机仍按原航线继续飞行一段，以便使 ARM 导引头稳定可靠地跟踪目标雷达。显然，这种攻击方式命中率很高，但同时载机被对方防空雷达击落的危险性也相当大。因此，目前大多数载机不再采用沿原航线继续飞行一段的方式，而采用计算机控制实现“发射后不管”。这种方式也称为直接瞄准式，如图 7.37 所示。

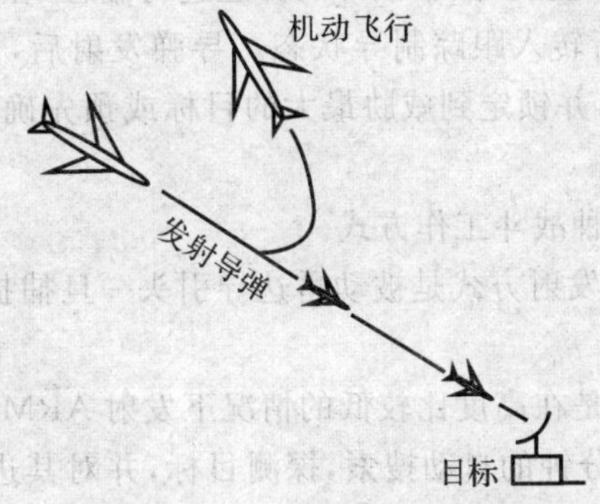

图 7.37　直接瞄准发射示意图

(2) 低空攻击方式。载机远在目标雷达作用距离之外，由低空发射 ARM，导弹按既定的制导程序水平低空飞行一段后爬高，进入敌方目标雷达波束即转入自动寻的，采用这种方式可以保证载机的安全。这种方式也称为间接瞄准发射攻击方式，如图 7.38 所示。

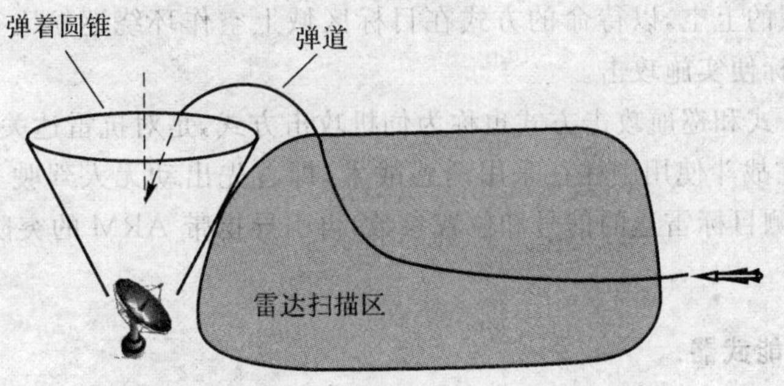

图 7.38　间接瞄准发射攻击方式

2. ARM 战斗工作方式

不同的 ARM 有不同的工作方式，下面主要介绍 3 种 ARM 的工作方式。

(1)“哈姆”ARM 有自卫、随机、预先编程 3 种工作方式。

1) 自卫工作方式，是一种最基本的使用方式。它用于对付正在对载机(或载体)照射的陆机或舰载雷达。这种方式先用机载预警系统探测威胁雷达信号，再由机载火控计算机对这些威胁信号及时进行分类、识别、评定威胁等级，选出要攻击的重点威胁目标，向导弹发出数字指令。驾驶员可以随时发射导弹，即使目标雷达在 ARM 导引头天线的视角之外，这时导弹按预定程序飞行，直至导引头截获到所要攻击的目标进入自行导引。

2) 随机工作方式。这种方式用于对付未预料的时间内或地点上突然出现的目标。这种工作方式用 ARM 的被动雷达导引头作为传感器，对目标进行探测、识别、评定威胁等级，选定攻击目标。随机工作方式又分为两种：一是在载机飞行过程中，被动雷达导引头处于工作状态，即对目标进行探测、判别、评定和选择或者用存储于档案中的各种威胁数据对目标进行搜索，实现对目标的选择，并将威胁数据显示给机组人员，使之向威胁最大的目标雷达发射导弹。二是向敌方防区概略瞄准发射，攻击随机目标。导弹发射后，导引头自动探测、判别、评定、选择攻击目标后自行引导。

3) 预先编程方式。根据先验参数和预计的弹道进行编程，在远距离上将 ARM 发射出去，ARM 在接近目标过程中自行转入跟踪制导状态。导弹发射后，载机不再发出指令，ARM 导引头有序地搜索和识别目标，并锁定到威胁最大的目标或预先确定的目标上。如果目标不辐射电磁波信号，导弹就自毁。

(2)“阿拉姆”ARM 的两种战斗工作方式。

1) 直接发射方式。直接发射方式是被动雷达导引头一旦捕捉到目标，就立即发射导弹攻击目标。

2) 伞投方式。伞投方式是在高度比较低的情况下发射 ARM。发射后爬升到 12 000 m 高空，然后打开降落伞，开始几分钟的自动搜索，探测目标，并对其进行分类与识别，然后瞄准主要威胁或预定的某个目标。一旦被动雷达导引头选定了所要攻击的目标，就立即甩掉降落伞自行攻击目标。

(3)“默虹”ARM 巡航攻击方式。“默虹”ARM 采用巡航的攻击方式，也可将其称为反辐射无人驾驶飞行器。ARM 发射后，如果目标雷达关机，则 ARM 在目标雷达上空转入巡航状态，等待目标雷达再次开机。一旦雷达开机，就立即转入攻击状态。或者预先将 ARM 发射到所要攻击目标区域的上空，以待命的方式在目标区域上空作环绕巡航飞行，自动搜索探测目标，一旦捕捉到目标便实施攻击。

上述的伞投方式和巡航攻击方式也称为伺机攻击方式，是对抗雷达关机的有效措施。

此外，ARM 在战斗使用中往往采用诱惑战术，即首先出动无人驾驶飞机，诱惑敌方雷达开机，由侦察机探测目标雷达的信号和位置参数，再引导携带 ARM 的突防飞机发射 ARM 摧毁目标雷达。

7.5.2 定向能武器

定向能武器是利用沿一定方向发射与传播的高能射束攻击目标的一种新原理武器，主要有激光武器、高功率微波武器与粒子束武器。由于定向能武器具有以近光速传输、反应灵活、能量高度集中等现有武器系统无法比拟的特点，所以受到了世界各国的高度重视。以美国为代表的西方军事强国，在经费投入、发展规划和技术能力方面均处于领先地位。目前，研制技术比较成熟并且发展较快的是高能激光武器与高功率微波武器。

7.5.2.1　高能激光武器

高能激光武器(又称激光武器或激光炮)是利用高能激光束摧毁飞机、导弹、卫星等目标或使之失效的定向能武器。目前,高能激光武器仍处于研制发展之中,还有许多技术问题或工程问题需要解决,离实战要求还有一段距离。尽管如此,从长远看,高能激光武器仍将是一种很有发展前途的定向能武器。

1.高能激光武器的组成

高能激光武器主要由高能激光器、光束控制与发射系统、精密瞄准跟踪系统、搜索捕获跟踪系统、指挥控制系统等组成,如图7.39所示。高能激光武器的核心用于产生高能激光束。作战要求高能激光器的平均功率至少为20 kW或脉冲能量达30 kJ以上。各国研究的高能激光器主要有二氧化碳、化学、准分子、自由电子、核激励、χ射线和γ射线激光器等。光束控制与发射系统的作用是将激光器产生的激光束定向发射出去,并通过自适应补偿矫正或消除大气效应对激光束的影响,保证高质量的激光束聚焦到目标上,达到最佳的破坏效果,其主要部件是反射率很高并能耐受高能激光辐射的大型反射镜。搜索捕获跟踪系统用于对目标进行捕获和粗跟踪并受指挥控制系统的控制。精密瞄准跟踪系统用来精确跟踪目标,引导光束瞄准射击,并判定毁伤效果。高能激光武器是靠激光束直接击中目标并停留一定时间而造成破坏的,因此对瞄准跟踪的速度和精度要求很高。为此,国内外已在研制红外、电视和激光雷达等高精度的光学瞄准跟踪设备。

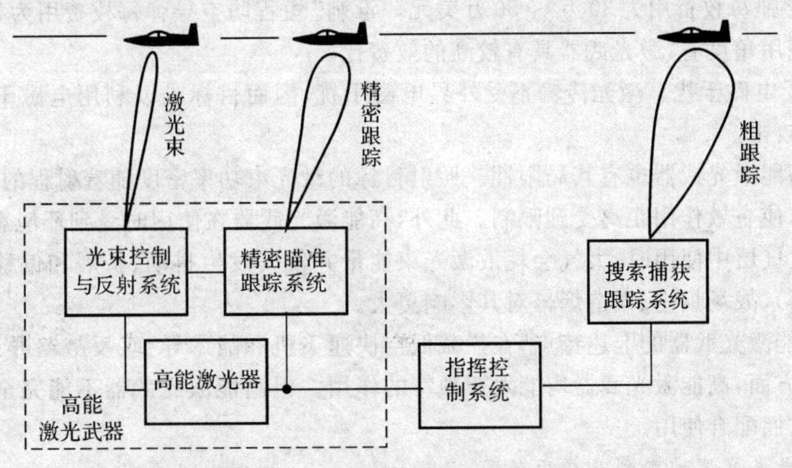

图7.39　高能激光武器系统示意图

2.高能激光武器的杀伤破坏效应

当不同功率密度、不同输出波形、不同波长的激光作用于不同的目标材料(简称靶材)时,会产生不同的杀伤破坏效应。激光武器的杀伤破坏效应主要概括为3种:烧蚀效应、激波效应和辐射效应。

(1) 烧蚀效应。当激光照射靶材时,部分能量被靶材吸收转化为热能,使靶材表面气化,蒸气高速向外膨胀的同时将一部分液滴甚至固态颗粒带出,从而使靶材表面形成凹坑或穿孔,这是激光对目标的基本破坏形式。如果激光参数选择得合适,还能使靶材深部的温度高于表面温度,靶材内部过热的温度将产生高压引发热爆炸,从而使穿孔的效率更高。

(2) 激波效应。当靶材蒸气在极短时间内向外喷射时给靶材以反冲作用,相当于一冲激载荷作用到靶材表面，于是在固态材料中形成激波。激波传播到靶材表面产生反射后，可能将靶材拉断而发生层裂破坏，而裂片飞出时具有一定的动能，也有一定的杀伤破坏能力。

(3) 辐射效应。靶材表面因气化而形成等离子体云，等离子体一方面对激光起屏蔽作用，另一方面又能够辐射紫外线甚至X射线，损伤内部的电子元部件。实验发现，这种紫外线或X射线的破坏作用有可能比激光直接照射更为有效。

3. 高能激光武器的特点

与常规武器相比，高能激光武器具有以下特点：

(1) 速度快。激光束以光速(3×10^5 km/s) 射向目标，因此一般不需要考虑激光束的提前量。

(2) 机动灵活。发射激光束时几乎没有后坐力，因而易于迅速地变换射击方向并且高频度设计，在短时间内拦截多个不同方向的来袭目标。

(3) 精度高。可以将聚焦的狭窄激光束精确地瞄准某一方向，选择出攻击目标群中的某一个目标甚至击中目标的某一脆弱部位。

(4) 无污染。激光武器属于非核杀伤武器，不像核武器除了有冲击波、热辐射等严重的破坏效果外还存在长期放射性污染，形成大规模污染。激光器无论对地面、对空间都无放射性污染。

(5) 效果比高。百万瓦级氟化氘激光武器每发射一次费用约为1 000～2 000美元，而“爱国者”防空导弹每枚费用为30万～50万美元，“毒刺”短程防空导弹每枚费用为2万美元。因此，从作战使用角度看，激光武器具有较高的效费比。

(6) 不受电磁干扰。激光传输不受外界电磁干扰，因而目标难以利用电磁干扰手段躲避激光武器的攻击。

但是，高能激光武器也有其局限性。照射目标的激光束功率密度随着射程的增大而降低，毁伤力减弱，使有效作用距离受到限制。此外，高能激光武器在使用时受到环境影响较大。例如，在稠密大气层中使用时，大气会耗散激光束能量并使其发生抖动、扩展和偏移。恶劣天气(雨、雪、雾等)、战场烟尘、人造烟幕对其影响更大。

鉴于高能激光武器的上述特点，在拦截低空快速飞机和战术导弹、反战略导弹、反卫星及光电对抗等方面，高能激光武器均能发挥独特的作用。但高能激光武器不能完全取代现有武器，而应与它们配合使用。

4. 高能激光武器的类型及应用范围

高能激光武器的分类方法主要有以下两种。

(1) 高能激光武器按用途可分为战术激光武器与战略激光武器。

1) 战术激光武器。战术激光武器一般部署在地面上(地基、车载、舰载或飞机上)，主要用于近程战斗，例如用于对付战术导弹、低空飞机、坦克等战术目标，其打击距离在几千米至20 km之间，在地面防空、舰载防空、反导弹系统和大型轰炸机自卫等方面均能发挥作用。

2) 战略激光武器。战略激光武器一般具有天基部件(部署在距地面1 000 km以上的太空)，主要用于远程战斗，其打击距离近则数百千米，远达数千千米。其主要任务：破坏在空间轨道上运行的卫星；反洲际弹道导弹；可引发中子弹或导弹。

(2) 高能激光武器系统按所在位置和作战使用方式可分为5类：天基激光武器、地基激光武器、机载激光武器、舰载激光武器和车载激光武器。

1）天基激光武器。天基激光武器用于空间防御和攻击，即把激光武器装在卫星、宇宙飞船、空间站等飞行器上，用来击毁敌方各种军用卫星、导弹以及其他武器。这种激光武器，可以迎面截击，也可以从侧面或尾部追击。

2）地基激光武器。地基激光武器用于地面防御和攻击，即把激光武器设置在地面上，截击敌方来袭的弹头、航天武器或者入侵的飞机，也可以用来攻击敌人一些重要的地面目标。

3）机载激光武器。机载激光武器用于空中防御和攻击，即把激光武器装在飞机上，用来击毁敌机或从敌机上发射的导弹，也可攻击地面或海上的目标。

4）舰载激光武器。舰载激光武器用于海上防御和攻击，就是把激光武器装在各种军用舰船上，用来摧毁来袭的飞机或接近海面的巡航导弹、反舰导弹，也可以攻击敌人的舰船。

5）车载激光武器。车载激光武器就是把激光武器装在坦克和各种特种车辆上，用来攻击敌人的坦克群或者火炮阵地，具有速度快、命中率高、破坏力大等优点。

当前研制的激光武器系统主要用于导弹防御、地基反卫星、飞机与舰船自卫和战术防空。采用的主要是化学激光器，今后的用途将进一步扩大到空间控制、全球精确打击等方面，并发展二极管泵浦固体激光器、相干二极管激光器阵列和自由电子激光器技术。

7.5.2.2　高功率微波武器

高功率微波武器又称射频武器，是利用定向发射的高功率微波束毁坏敌方电子设备和杀伤敌方人员的一种定向能武器。这种武器的辐射频率一般在 1 ～ 30 GHz，功率在 1 000 MW 以上。其特征是将高功率微波源产生的微波经高增益定向天线发射出去，形成高功率、能量集中且具有方向性的微波射束，使之成为一种杀伤破坏型武器。它通过毁坏敌方的电子元器件、干扰敌方的电子设备来瓦解敌方武器系统的作战能力，破坏敌方的通信、指挥与控制系统，并能造成人员的伤亡。其主要作战对象为雷达、预警飞机、通信电子设备、军用计算机、战术导弹和隐形飞机等。

高功率微波武器与激光等定向能武器一样，都是以光速或接近光速传输的，但它与激光武器又有着明显的差异。激光武器对目标的杀伤破坏一般具有硬破坏性质，它是将激光束聚焦得很细并进行精确瞄准直接打在目标上才能破坏摧毁目标。高功率微波武器则不同，以干扰或烧毁敌方武器系统的电子元器件、电子控制及计算机系统等方式使它们不能正常工作。造成这种破坏效应所需的能量比激光武器要小好几个数量级。另外，由于微波射束的波斑远比激光射束的光斑大，所以打击的范围大，从而对跟踪、瞄准的精度要求比较低，既有利于对近距离快速目标实施攻击，也有助于降低费用，便于实现。

1. 高能微波武器类型

高能微波武器主要分为单脉冲式微波弹和多脉冲重复发射装置两种类型。

(1) 单脉冲式微波弹又可分为常规炸药激励和核爆激励两种。目前主要研究的是常规炸药激励，它可以通过在炸弹或导弹战斗部上加装电磁脉冲发生器和辐射天线的方式来构成高功率微波弹。单脉冲式微波弹利用炸药爆炸压缩磁通量的方法把炸药能量转换成电磁能，再由微波器件把电子束能量转换为高能微波脉冲能量由天线发射出去。

(2) 多脉冲重复发射装置由能源系统、重复频率加速器、高效微波器件和定向能发射系统构成。多脉冲重复发射装置使用普通电源，可以进行再瞄准，甚至可以多次打击同一目标。

2. 高功率微波武器的杀伤机理

高功率微波武器是利用高功率微波在与物体或系统相互作用的过程中产生的电、热和生物效应对目标造成杀伤破坏的。

(1) 高功率微波的电效应是指高功率微波在射向目标时会在目标结构的金属表面或金属导线上感应出电流或电压，这种感应电压或电流会对目标的电子元器件产生多种效应，例如造成电路中器件状态的反转、器件性能下降、半导体结的击穿等。

(2) 高功率微波的热效应是指高功率微波对目标加热导致温度升高而引起的效应，例如烧毁电路器件和半导体结，以及使半导体结出现二次击穿等。

高功率微波武器通过高功率微波的电效应和热效应可以干扰或破坏各种武器装备或军事设施中的电子装置或电子系统，例如干扰和破坏雷达、战术导弹(特别是反辐射导弹)、预警飞机、C^3I系统、通信台站等电子系统，特别是对其中的计算机能造成严重的干扰或破坏，此外还可以引爆地雷等。

(3) 高功率微波的生物效应是指高功率微波照射到人体和其他动物后所产生的效应，可以分为非热效应和热效应两类。非热效应是指当较弱的微波能量照射到人体和其他动物后引起的一系列反常症状，如使人出现神经紊乱、行为失控、烦躁不安、心肺功能衰竭，甚至双目失明等。试验证明，当受到功率密度为10～50 mW/cm^2微波的照射时，人将发生痉挛或失去知觉；当功率密度为100 mW/cm^2时，人的心肺功能会衰竭。热效应是指有较高的微波能量照射所引起的任何动物被烧伤甚至被烧死的现象。当微波的功率密度为500 mW/cm^2时，人体会产生明显的感应加热，从而烧伤皮肤；当微波功率密度为20 W/cm^2时，2 s即可造成人体的三度烧伤；当微波功率密度达到80 W/cm^2时，1 s即可将人烧死。

3. 高功率微波武器原理

高功率微波武器一般由能源、高功率微波发生器、大型天线和其他配套设备组成。其工作原理可用框图7.40表示：初级能源(电能或化学能)经过能量转换装置(强流加速器或爆炸磁压缩换能器等)转变为高功率强流脉冲相对论电子束。在特殊设计的高功率微波器件内，与电磁场相互作用，将能量交给场，产生高功率的电磁波。这种电磁波经低衰减定向发射装置变成高功率微波束发射，到达目标表面经过“前门”(如天线、传感器等)或“后门”(如小孔、缝隙等)耦合到目标的内部，干扰或烧坏电子传感器，或使其控制线路失效(如烧坏保险丝)，或毁坏其结构(如使目标物内弹药过早爆炸)。

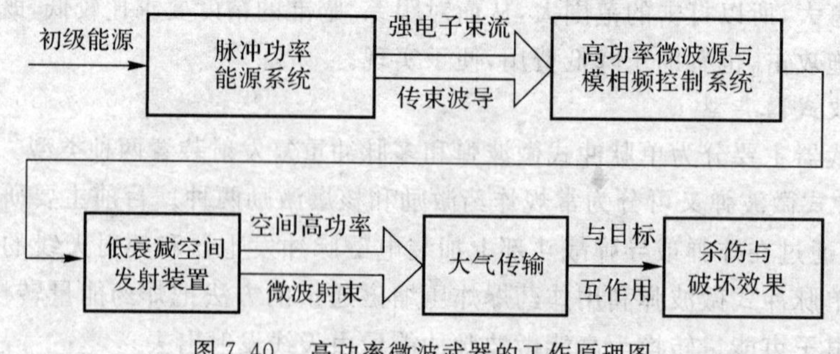

图7.40 高功率微波武器的工作原理图

(1) 脉冲功率源。脉冲功率源是一种将电能或化学能转换成高功率电能脉冲，并再转换为强流电子束流的能量转换装置。其主要由高脉冲重复频率储能系统和脉冲形成网络(例如电感储能系统和电容储能系统)及强流加速器或爆炸磁压缩换能器等组成。通过能量储存设备向脉冲形成网络放电，将能量压缩成功率很高的窄脉冲（例如从1 TM提高到1 000 TM），然后将高功率电能脉冲输送到强流脉冲型加速器加速转换成强流电子束流。除了采用强流脉冲加速器之外，也可使用射频加速器或感应加速器。

(2) 高功率微波源。高功率微波源是高功率微波武器的关键组件，其作用是通过电磁波和电子束流的特殊相互作用（波-粒相互作用）将强流电子束流的能量转换成高功率微波辐射能量。目前，正在研制的高功率微波源主要有相对论磁控管、相对论回波管、相对论调速管、虚阴极微波振荡器、自由电子激光器等。

(3) 定向辐射天线。定向辐射天线是将高功率微波源产生的高功率微波定向发射出去的装置。作为高功率微波源和自由空间的界面，定向辐射天线与常规天线不同，具有两个基本特征：一是高功率，二是窄脉冲。这种天线应符合下列要求：很强的方向性，很大的功率容量，带宽较宽，适当的旁瓣电平和波束快速扫描能力，同时质量、尺寸能满足机动性要求。

高能微波武器系统涉及的关键技术主要有如下几项：脉冲功率源技术、高功率脉冲开关技术、高功率微波技术、天线技术、超宽带和超短脉冲技术等。

7.6　对雷达的隐身技术

目前，雷达是发现及跟踪飞行目标的重要传感器，在现代战争中发挥着重要作用，因此，隐身飞机首先必须对雷达隐身。用于降低飞机雷达截面积的雷达隐身技术，不仅直接提高了飞机的生存率，而且还为战术规避、电子对抗技术的应用创造了有利条件。

雷达隐身技术在近几年的多次局部战争中充分发挥了有效的突防攻击作用。例如，在1991年初42天的海湾战争中，美国出动了30架由洛克·希德公司制造的F－117A隐身/攻击型战斗机。由于该战斗机大量使用了多面体外形隐身技术和雷达吸波材料等有效隐身手段，其雷达截面比常规战斗机减小了约23 dB，使常规雷达作用距离缩减了73%，所以极好地躲避了伊拉克雷达的探测和导弹的攻击。战争伊始，美军就使用F－117A隐身飞机投下激光制导炸弹准确地命中了伊拉克的通信中心大楼，摧毁了伊军的指挥系统。在以后一个多月的“沙漠风暴”行动中，F－117A隐身飞机频繁出击达上千架次，且绝大多数是在无护航的情况下独立完成作战使命的，取得了十分卓越的战绩，而自身却无一受损。F－117A执行了危险性最大的战略性攻击任务，是攻击巴格达市区及近郊核研究所等严密设防的80多个重点军事目标的唯一机种，执行了这次战争中总攻击任务的40%，命中率高达80%～85%，攻击精度高达1 m量级。

显然，隐身飞机的出现，对各种防空探测系统和防空武器系统提出了严峻的挑战，迫使对方采用各种新技术和措施对付隐身目标。

7.6.1　隐身技术发展水平

度量飞行器隐身水平的主要物理量是目标的雷达截面积及其频带宽度。目标的雷达截面积是目标对照射电磁波散射能力的量度，常用缩写符号RCS表示，单位为m^2。雷达截面积已被入射波功率密度归一化，因此与照射功率、飞行器离雷达距离远近无关，只与目标表面导电特性、结构、形体与姿态角等有关。各类目标的RCS值可用专用测试设备测得，也可用数学方法进行估算。

目前，隐身飞行器的大致水平：在鼻锥方向±45°范围内，后向雷达截面积比同类型常规飞行器小20～30 dB(即降低2～3个数量级)，其隐身的频段为微波波段。表7.1列出了几种隐身飞机和隐身导弹的雷达截面积(RCS)值，还列出了同类非隐身常规飞行器的RCS作为对比。由表7.1可见，B－2，F－117A等隐身飞机与常规飞机相比RCS缩减了20～30 dB。一架翼展为52 cm的B－2飞机，RCS竟与一只海鸥相当；一枚长6 m、直径为0.6 m巡航导弹的RCS竟与一只蜂王相当。

表7.1　典型隐身飞行器的隐身水平

隐身飞行器		非隐身飞行器		隐身水平/dB
名称	RCS/m^2	名称	RCS/m^2	
B－2轰炸机	0.10	B－52	10.0	20
F－117A强击机	0.02	F－4	6	25
YF－22战斗机	0.05	MIG－21	4	19
AGM－129A巡航导弹	0.005	AGM－86B	1	23
AGM－136A巡航导弹	0.005	AGM－78	0.5	20
F－16战斗机	0.2～0.5	F－15	4	9～13

7.6.2　隐身目标探测空域的缩减

由于雷达作用距离与RCS四次方根成正比，所以隐身飞机RCS的缩减使得雷达作用距离将随之缩减。

典型防空导弹有效作战空域的两维剖面图如图7.41所示。

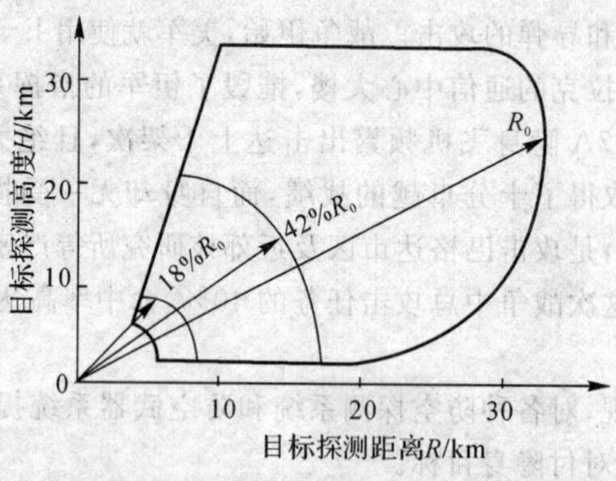

图7.41　隐身目标对探测区域缩减示意图

图7.41给出了隐身目标对探测距离缩减的情况。若隐身效果为－15 dB(即RCS减缩为3.16%)，则探测距离减小为原距离的42%；若隐身效果为－30 dB(即RCS减缩为0.1%)，则探测距离减小为原距离的18%。由此可知，隐身目标对探测距离的缩减是非常显著的。因此，防空武器系统必须考虑来袭隐身目标的影响，否则，RCS的缩减将会使防空体系失效。

在隐身飞机与随行干扰配合使用的情况下,探测系统的探测空域将进一步缩减。

7.6.3　对雷达隐身的技术途径

目前,实现对雷达隐身主要有3个技术途径:外形隐身、材料隐身和阻抗加载。

7.6.3.1　外形隐身

外形隐身指的是进行外形设计,在气动力允许的条件下改变飞机的外形,通过对飞行器的形状、轮廓、边缘与表面的设计,使其在主要威胁方向(通常指后向)的照射角度范围内RCS显著降低。由于大多数雷达发射天线与接收天线同处一地(或靠得很近),所以缩减后向散射就是降低了目标的雷达截面积。外形隐身技术通常是通过将目标形成的反射回波从一个视线角转向另一个视线角来缩减后向散射的,因此往往在一个角度范围内获得RCS的缩减,而在另一个角度空域内的RCS却增大。

常用的外形隐身技术可以归纳为:采用斜置外形,将散射方向图主瓣及若干副瓣移出重点角度范围;用弱散射部件占位或遮挡强散射部件;消除或减弱角反射器效应,避开耦合波峰;将全方位分散的波峰统筹安排在非重点方位角范围内;尽量消除表面台阶及缝隙,将舱门、舱口对缝斜置或锯齿化。

7.6.3.2　材料隐身

材料隐身技术是指利用材料对电磁波的通透性能、吸收性能及反射性能达到降低目标的RCS目的。目前,常用于缩减RCS的材料主要有透波材料、吸波材料、镶入式吸波结构、屏蔽格栅和金属镀膜等。

1.透波材料

利用玻璃钢、凯福勒复合材料制成的透波结构,能使入射电磁波的80%～95%透过(单程透过率),故剩下的后向回波很小。但是,这种透波结构部件的内部不能安装大量金属设备或金属元件。这是因为入射电磁波穿过这种透波结构材料做成的透波外壳后,照射到这些金属设备或元件上,仍会产生很强的散射回波,其强度甚至会远远超过容纳这些设备或元件的流线型金属外壳在同样入射条件下直接产生的散射回波。因此,对于透波结构材料内部必须保留的极少量的金属设备或元件(例如,透波结构立尾内部的金属接头),可在其表面涂以涂敷型吸波材料或用碳耗能泡沫吸波材料屏蔽。用这种方法设计的立尾,其RCS峰值可较全金属立尾降低90%～96%。

2.吸波材料

吸波材料可分为涂敷型吸波材料及结构型吸波材料。涂敷型吸波材料不参加结构承力,是喷于或贴于金属表面或碳纤维复合材料表面的一种涂料或膜层。结构型吸波材料是参与结构承力的、有吸收能力的复合材料。目前,有实用价值的涂敷型吸波材料是以铁氧体或羰基铁等磁性化合物为吸收剂、以天然橡胶或人造橡胶为基材制成的磁耗型涂料或膜层,这类材料也称磁性材料。这类材料不仅可用来抑制镜面回波,也可抑制行波、爬行波及边缘绕射回波。其吸收效果与入射波频率及涂层厚度有密切关系。以目前国内外可提供的产品为例,厚度为1.5～2 mm的涂层在8～12 GHz之间,在选定的两个频率上的峰值吸收率为98%～99.4%。在两个峰值之外,吸收率为90%～97%。另有一种薄型产品,是厚度为0.5～1.5 mm的薄膜,可在10～12 GHz获得97%的吸收率,当频率降到6 GHz或升到16 GHz时,吸收率降到75%。

涂敷型吸波材料的优点是,不须改变飞机的外形就可实现RCS的缩减,其主要缺点之一是使飞机的质量增加。若将其有效的入射波频率扩展到S波段及L波段(目前预警雷达用得最多的频段),则其厚度之大及单位面积质量之大是飞机设计者无法接受的。至于对米波雷达隐身,现在的涂敷型吸波材料更是无能为力。

将吸收剂加入复合材料之中,制成既有电磁波吸收能力又有承载能力的材料,称为结构型吸波材料。与涂敷型吸波材料相比,结构型吸波材料可省去涂敷型基材的质量,并避免在已完善的气动外形之外增加一层多余的厚度。

3. 镶入式吸波结构

利用透波材料制作承力结构并在结构内部镶入不参加承力的、含有碳等耗能物质的泡沫型吸波材料,可以构成一种有效吸收电磁波的特殊结构,称为镶入式吸波结构。镶入式吸波结构与结构型吸波材料构成的吸波结构相比,不同之处在于前者不参加承力而后者参加承力。镶入式吸波结构的优点之一是碳耗能泡沫型吸波材料的密度只有0.06～0.08 g/m^3,而且成形方便。镶入式吸波结构的另一优点是,可明显降低管壁因高速气流冲击引起的谐振噪声。

4. 屏蔽格栅

如果雷达波入射到进气道的唇口及管道内部,那么,唇口及管道内的压气机(或风扇)会产生很强的散射回波。将具有反射性或吸收性格栅罩装在进气口外,可以有效减弱上述散射回波。

反射性格栅是用金属材料制成的网状格栅,可将入射电磁波的绝大部分能量反射到雷达接收不到的方向上,只允许少量能量透过。根据所对抗的雷达波长,合理设计格栅网眼参数,既可获得可观的屏蔽效果,又可使进气道的进气压力损失减少。

5. 金属镀膜

常规座舱罩是透波的,可使电磁波穿过并射到座舱内的金属结构、设备、驾驶员身体等散射体上。由这些散射体产生的后向回波再次穿过座舱罩被雷达接收。若给座舱罩镀上一层金属薄膜,在透光率允许的条件下增强其反射率,同时改变座舱罩的外形,使反射波的绝大部分偏移到雷达接收不到的方向上,可使座舱(包括罩)的RCS显著降低。目前,F－117A,F－22A,B－2,B－1B,F－16S等均采用了这种技术。在这些飞机的座舱罩上,有的采用铟和锡的氧化物,有的采用黄金作为镀膜材料。不论采用何种材料,均满足透光率不低于70%、电磁反射率不低于90%的基本要求。

7.6.3.3 阻抗加载

阻抗加载可以分为无源阻抗加载和有源阻抗加载。

(1)无源阻抗加载是指采用在飞行器(飞机或导弹)的表面开槽、接谐振腔或加周期结构无源阵列等方法改变飞行器表面电流分布,从而缩减重点方向角度范围内的散射。

(2)有源阻抗加载是指在飞行器中增添自动转发器将接收信号放大、变换后再发射回去,且发回的辐射信号与飞行器本体的反射信号大小相等、相位相反,起到相互抵消的作用。一般情况下,飞行器上的敏感器要准确测定照射波的方向和自身电流分布比较困难,且这些参数随入射波频率、极化和入射角改变。

7.6.4 几种典型的隐身飞机

7.6.4.1　隐身飞机 F－117A

由美国洛克希德·马丁公司研制的 F－117A 是世界上第一架按照隐身要求设计的飞机(见图 7.42)。1978 年开始研制,1981 年首次飞行,总计生产 59 架,1990 年全部交付美国空军,其作战使命主要是夜间对地攻击。F－117A 虽然以“F”命名,但实际空战能力很差,因为该机无机载雷达,机动性还不如第三代战斗机。F－117A 曾参加过多次战争,在 1991 年海湾战争中,F－117A 曾创造过出击 1 296 架次而无一被击落的纪录。但在 1999 年北约对南斯拉夫联盟发动的空袭期间,F－117A 被南斯拉夫联盟防空部队击落一架、击伤一架。

图 7.42　F－117

1. 低雷达截面积外形设计特点

(1)F－117A 在外形布局上最显著的特点是机头退缩到与机翼的前缘平齐,在俯视图上呈箭形状态。这样的外形布局,当飞机受到前下方雷达照射时,可使座舱及发动机进气口得到机翼的遮挡;当飞机受到侧向雷达照射时,可使机身得到机翼提供的有效“占位作用”,从而显著降低侧向雷达截面积。

(2)用 V 形尾翼代替了直立式立尾及水平尾翼。当飞机受到侧向照射时,避免直立式立尾直接产生的以激励位于平尾之间的角反射器效应产生的特强回波。

(3)在外形上,机身由许多平面构成多面体,就连机翼及尾翼的翼型也不符合高亚音速飞行的气动要求,其轮廓是由几条折线构成的多边形。这样,一方面利用平面形成的回波波峰比曲面形成的回波波峰所占角度范围窄得多的特点,利用倾斜的表面将回波波峰偏转到雷达接收不到的方向上;另一方面众多平面相交形成的棱边均构成飞机新的散射源,当受到与棱边垂直或接近垂直入射波照射时,会产生较强的回波。因此,F－117A 表面大量地使用了吸波材料,这种多面体的外形使飞机在气动力上及质量上付出了沉重的代价。

(4)飞机喷气口向上倾斜,适宜高空突防。

(5)所有活动舱盖或舱门的前后边缘与舱口之间的缝隙均制成锯齿形,抑制了由横向缝隙引起的行波回波。

(6)取消了外挂物及外露挂架,将全部可投放或可发射武器及其挂架均安置在专门的武器舱内。

2.低雷达截面积材料技术的应用

飞机的蒙皮为铝合金,但在飞机表面完整地覆盖多种涂敷型吸波材料(属羰基铁型)。经过十余年使用的考验,暴露出这种吸波材料的缺点:容易因腐蚀、老化而降低其吸收性能,因此飞机必须保存在一定温度、一定湿度、不受日晒雨淋的活动机库中;修复及更换局部受损表面费时费工。

座舱罩外形为与机身一致的多面体形状,5 块平板形挡风玻璃镀有屏蔽雷达波的镀膜。

斜置的进气口,罩以屏蔽格栅。格栅网眼尺寸为 1.9 cm×3.8 cm,能屏蔽 10 cm 以上波长的入射波。将进气口面积增大到同类发动机所需面积的 4 倍,以弥补进气压力的损失。

红外探测器的窗口罩以屏蔽网,不让雷达波通过,但不妨碍红外线及激光的通过。

F－117A 头向的雷达截面积约为 0.02 m^2。

3.低红外辐射措施

喷口宽高比约为 12 的二元喷管可有效地传散燃气温度,并通过旁路引入喷灌将冷空气与燃气掺混,进一步降低燃气温度(该机喷口处喷焰温度成功地降低到了 66℃);向后上方延伸的喷口下唇边,对发动机的炽热部件涡轮提供了遮挡;喷口内壁覆有吸热瓦。

4.电磁辐射的处理

取消了一般作战飞机头部的雷达,可伸缩的通信天线只在短时间内使用。

5.F－117A 飞机的性能及有关数据

F－117A 飞机的性能及有关数据见表 7.2。

表 7.2 F－117A 飞机的性能及有关数据

最大速度/($km \cdot h^{-1}$)	1 040	实用升限/m	13 716
作战半径/km	1 056	极限过载/g	6
发动机 2 台	F－4040－GE－F1D	发动机推力/kN	2×53.3
推重比	0.45	最大起飞质量/kg	23 800
空重/kg	13 600	武器载重/kg	1 816
机长/m	20.09	翼展/m	13.21
机高/m	3.78	翼面积/m^2	105
展弦比	1.66	机翼上反角/(°)	0
机翼前缘后掠角/(°)	66.5	V 形尾翼外倾角/(°)	40
V 形尾翼前缘后掠角/(°)	63	V 形尾翼后缘后掠角/(°)	49
武器(1 816 kg)	2 枚 908 kg 级 BLU－109B 低空激光制导炸弹;GBU－10 激光制导滑翔炸弹及 AIM－9“响尾蛇”红外导弹		

7.6.4.2　B－2隐形轰炸机

B－2隐形轰炸机是冷战时期的产物，由美国诺思罗普公司为美国空军研制（见图7.43）。1979年，美国空军根据战略上的考虑，要求研制一种高空突防隐形战略隐身机来对付苏联20世纪90年代可能部署的防空系统。1981年开始制造原型机，1989年原型机试飞。后来对计划作了修改，使B－2轰炸机兼有高低空突防能力，能执行核打击以及常规轰炸的双重任务。

改进型轰炸机B－2A采用翼身融合、无尾翼的飞翼构形，机翼前缘交接于机头处，机翼后缘呈锯齿形。机身机翼大量采用石墨/碳纤维复合材料、蜂窝状结构，表面有吸波涂层，发动机的喷口置于机翼上方。这种独特的外形设计和材料，能有效地躲避雷达的探测，达到良好的隐形效果。B－2A隐形轰炸机有3种作战任务：一是不被发现地深入敌方腹地，高精度地投放炸弹或发射导弹，使武器系统具有最高效率；二是探测、发现并摧毁移动目标；三是建立威慑力量。

图7.43　B－2A

B－2A的隐身性能首先来自它的外形。B－2A的整体外形光滑圆顺，毫无“褶皱”，不易反射雷达波。驾驶舱呈圆弧状，照射到这里的雷达波会绕舱体外形“爬行”，而不会被反射回去。密封式玻璃舱罩呈一个斜面，而且所有玻璃在制造时掺有金属粉末，使雷达波无法穿透舱体，造成漫反射。机翼后掠33°，使从上到下方向入射的雷达波无法反射或折射回雷达所在方向。机翼前缘的包覆物后部，有不规则的蜂巢式空穴，可以吸收雷达波。机翼后半部两个W形，可使来自飞机后方的探测雷达波无法反射回去。而且B－2A无垂直尾翼，这就大大减少了飞机整体的雷达反射截面。机体下方没有设置武器舱或武器挂架，连发动机舱和起落架舱也全部埋入到了平滑的机翼之下，从而避免了雷达波的反射。B－2A飞机的整个机身，除主梁和发动机机舱使用的是钛复合材料外，其他部分均由碳纤维和石墨等复合材料构成，不易反射雷达波。并且，这些不同的复合材料部件不是靠铆钉拼合，而是经高压压铸而成的。另外，机翼的前缘还全部包覆上了一层特制的吸波材料（RAM）。位于机翼前部、内装雷达扫描天线阵列的两个方形突出部件，也采用了特殊的吸波材料。此外，B－2A的整个机体都喷涂上了特制的吸波油漆，这在很大程度上降低了敌方探测雷达的回波。

为了隐身的需要，B－2A飞机的发动机进气口被放置到了机翼的上方，呈S状，可让入射进来的探测雷达波经多次折射后，自然衰减，无法反射回去。发动机的喷嘴则深置于机翼之内，也呈蜂巢状，使雷达波能进不能出。此外，发动机构件内还装有气流混合器，它能将流经机翼表面的冷空气导入发动机中，持续降低发动机室外层的温度。喷嘴部分呈宽扁状，使人在飞机的后方无法看到喷口。特别是由于采用了喷口温度调节技术，喷嘴部分的红外暴露信号大为减少，飞机的隐身性能大为增强。

B－2A 隐形轰炸机上有许多先进的机载电子系统，如侦测、导航、瞄准、电子对抗等系统，它们各司其职，功能不凡。

7.6.4.3 F－22 战斗机

F－22 战斗机（“猛禽”）是由美国洛克希德·马丁、波音和通用动力公司联合设计的新一代重型隐形战斗机，也是专家们所指的“第四代战斗机”（见图 7.44）。它将成为 21 世纪的主战机种，主要任务为取得和保持战区制空权，将是 F－15 的后继型号。

F－22 是美国于 21 世纪初期的主力重型战斗机，它是目前最昂贵的战斗机。它配备了可以不发射电磁波，用敌机雷达波探测敌机的无源相控阵雷达和探测范围极远的有源相控阵雷达，AIM－9X(Aerial Intercept Missile－9X)（“响尾蛇”）近程格斗空对空导弹、AIM－120C (AMRAAM Advanced Medium - Range Air - to - Air Missile)选进中距空对空导弹、推重比接近 10 的 F－119 涡扇引擎、先进身性（低可探测性）等。

图 7.44　F－22

F－22 在平面内为带高位梯形机翼的带尾翼的综合气动力系统，包括彼此隔开很宽和带方向舵并朝外倾斜的垂直尾翼，并且水平安定面直接靠近机翼布置。按照技术标准（小反射外形、用吸收无线电波的材料、用无线电电子对抗器材和小辐射的机载无线电电子设备装备战斗机，其设计最小有交错射面为 0.005～0.01 m^2），在机体上广泛使用热塑性（12％）和热固性（10％）的碳纤维聚酯复合材料（KM）。在大批生产的飞机上使用复合材料（KM）的比例（按质量）将达 35％。两侧翼下菱形截面发动机进气道为不可调节的进气道，为敷设发动机压气机冷壁进气道呈S形通道。发动机二维喷管有固定的侧壁和调节喷管横截面积及按俯仰角±20°偏转推力向量而设计的可动上调节板和下调节板。为提高隐蔽性，设计有雷达站被动工作状态，它保证雷达站以主动状态工作时使信号更不容易被截获。飞行员座舱内的自动仪表设备包括4台液晶显示器和广角仪表起飞着陆系统。

F－22的航空电子系统采用"宝石柱"计划取得了系统构形研究成果和许多新技术。这种可重构的系统构形，用外场可更换模件(LRM)取代了外场可更换部件(LRU)。各模件分别承担整个航电系统的一部分工作，各模件承担的工作与飞机执行任务时的飞行阶段密切相关。而且当某个模件发生故障时，可使用其他正常模件来承担这一阶段最重要的功能，从而提高了系统工作的可靠性。

F－22作为世界上第一款投入服役的第四代战斗机，在航空史上具有划时代的意义，一问世就受到了全世界广泛的关注，众多航空爱好者、五角大楼和美国空军也对此寄予了厚望。美军希望它能彻底压倒苏联/俄罗斯的苏－27、米格－29以及它们的改进型系列的战斗机，保持住美国21世纪初期(大约头23年)的空中优势。与此同时，F－22也成为了第四代战斗机的范本，其主要性能(全面隐形、超音速巡航、超机动性、超视距打击能力、装矢量推力发动机、简易维护、短距起降、高度信息化等)也成了公认的第四代战斗机衡量标准。从而又成为各国(俄罗斯、日本、印度等)竞相模仿、争取超越的对象。不少人认为伴随着F－22的加入现役，标志着当今世界正开始进入"隐形空军时代"。

7.6.4.4　F－35联合打击战斗机

美国的F－35(Lightning)绰号是"闪电2"(见图7.45)。众多高新技术在F－35上汇聚，将使F－35挂上"世界最先进"的光环。F－35的电光瞄准系统(EOTS)是一个高性能的、轻型多功能系统。它包括一个第三代凝视型前视红外(FLIR)。这个FLIR可以在更远的防区外距离上对目标进行精确的探测和识别。EOTS还具有高分辨率成像、自动跟踪、红外搜索和跟踪、激光指示、测距和激光点跟踪功能。

图7.45　F－35

F－35战斗机研制的航空电子系统被称为"多功能综合射频系统"(MIFRS)。该系统集雷达、通信、导航和射频电子战功能于一身，共享天线和处理器等硬件，使JSF飞机成为美国

21世纪真正具有全频谱自卫能力的、全天候隐身攻击平台。MIRFS系统工作于8～12 GHz频段，采用有源阵列低雷达截面积的天线。能完成空对空搜索与跟踪、空对地攻击作战、合成孔径雷达测绘、单脉冲地面测绘、电子干扰、空中交通管制及一些通信功能。高增益ESM系统可把航空电子设备的成本减少30%，质量减少50%。

F－35的电子战综合系统包括了机载AN/APG－81有源电扫相控阵雷达（AESA），通信、导航、识别系统（CNI）和光电分布式孔径系统（EODAS）。F－35的电子战系统拥有大量专用天线，当然机载有源相控阵雷达也可为电子战系统服务，例如AESA可执行电子战支援和信号收集、分析的任务。由于AESA能够提供非常强的定向射频（DRF）输出能力，所以F－35可利用其综合电子战系统中的雷达告警接收机（RWR）与APG－81相配合工作，雷达告警接收机能为APG－81雷达提供敌机精确的目标方位指示，在此指示下，APG－81雷达可以不采用大空域扫描方式，而采用2°×2°（方位角×俯仰角）的针状窄波束对所指示的方向进行精确扫描，在减小被截获概率的同时提高搜索效率。即F－35的电扫相控阵雷达完全在电子战系统的控制之下对敌机进行定向扫描，从而大大提高了F－35的战场生存能力。

和老而旧的联合式电子战系统（FEWS）相比，综合电子战系统（IEWS）的体积更小，质量更轻，对电力系统的要求更低，并且成本低廉，IEWS可大幅度增强现代战斗机的战场生存能力。综合电子战系统通过和机载AESA雷达系统交联，既提高了雷达的工作效能，又缩短了综合电子战系统的反应时间。艾利克·布朗杨说："F－35的机载综合电子战系统和相控阵雷达系统的结合非常完美！"

F－35的机载综合电子战系统的综合化水平是世界上所有战斗机中最高的，通过F－35的综合核心处理器（ICP），其综合电子战系统不仅和APG－81雷达相交联，还和其他的机载任务传感器相连通。当电子战系统的综合化程度达到了这个水平的时候，其机载光电分布式孔径系统（EODAS）传感器也可支持电子战系统的对抗措施。虽然基于射频（RF）信号的电子战系统和基于红外（IR）信号的分布式孔径系统是在不同的电磁波频率范围内分开运作的，但是，通过功能强大的机载综合核心处理器，它们也可以交联在一起进行工作。以前，在老旧的战斗机上，电子战系统的传感器和红外光电侦测系统的传感器是互相独立工作的，飞行员要分别操作电子战系统和光电侦测系统的传感器来探测到威胁目标，并在座舱内不同的显示器上读取不同传感器探测到的不同信息，其工作量过大。而F－35上的高度综合化的电子战系统可以将各种不同的传感器交联起来，并自动对比各种传感器探测到的威胁目标，经过信息过滤后，自动将最佳结果显示给飞行员，这极大地减轻了飞行员的工作负担。如此高的自动化水平使飞行员更为高效地掌握战场态势，从而大大缩短了飞行员实施电子对抗措施的决策和反应时间。

第8章 电子防护

8.1 雷达面临的电子战威胁

雷达提供了对战场环境的监视以及对武器系统的控制能力，是最重要的军用电子设备之一。自从第二次世界大战开始大量使用雷达参与军事行动以来，就伴随产生了对雷达的电子干扰，并且从来没有停止过。20世纪70年代以后，导弹武器被广泛用于海、陆、空的各种战术行动中，导弹的高精确度打击能力迫使各国把装备研究的力量大量投入到怎样防御导弹上来。为导弹提供精确打击能力的关键设备是各种雷达，例如直接与导弹相关的制导雷达、导弹寻的器雷达以及提供预警、目标指示的各种雷达，因此对雷达实施电子攻击成了防御导弹攻击的重要环节。此后接连出现了一系列新的电子攻击装备和措施。越南战场、中东战争及海湾战争等一系列的战争实例证明，它们成了雷达的克星，以至于许多军事和技术专家对于雷达在今后的电子战进攻面前怎样保持作战能力十分担忧。

当前，电子战对雷达的威胁归纳起来主要来自电子干扰、电子侦察、反辐射武器摧毁和目标隐身4个方面，称为对雷达的四大威胁。

(1)电子干扰对雷达造成的危害是显而易见的。噪声压制干扰使警戒引导雷达的荧光屏上白茫茫一片，无法发现目标，或者欺骗干扰造成大批的假目标，使操作员得出错误的判断，失去了监视环境和预警的作用。对于配备于火控和制导系统上的跟踪雷达，除了噪声干扰之外，还会面临各种形式的欺骗干扰，使跟踪系统偏离真实目标，最终大大降低了武器的命中率。

现代压制干扰由于采用了先进的大功率技术和功率管理技术，使得对于一部雷达的有效辐射功率增大，可以从雷达的旁瓣实施有效干扰，增大了雷达受干扰的观测区域和时间。数字技术和计算机技术的发展使得干扰机生成的假目标信号更逼真，欺骗更难于被识破。

(2)电子侦察是对雷达的间接威胁。虽然侦察不能影响到雷达的工作，但是侦察提供的雷达信息是实施电子干扰的基础。侦察手段已经能够远在雷达的威力范围之外十分准确地获得工作频率、脉冲重复周期等雷达参数，而且可以准确地判断雷达的威胁程度。由于侦察是不辐射电磁波的，它使得雷达始终处于被监视的被动境地。

(3)自反辐射导弹问世以来，雷达遇到的威胁就更为严重，不仅有软杀伤，而且包括了硬杀伤。反辐射武器的作用不仅在于摧毁雷达，还在于它对雷达构成的威慑，使得雷达操作手面临被杀伤的心理压力。一部无法在执行任务过程中正常开机工作的雷达，其作用也就丧失了。

(4)目标隐身是近年来雷达遇到的最大困难之一。目前，主要是在目标外形和材料方面采取措施来实现隐身。

8.2 雷达抗干扰技术

现代军用雷达无一例外地都采用了许许多多的抗干扰技术。这些抗干扰技术遍布于雷达的天线、发射机、接收机、信号处理机等各个部分，如果按照属于雷达各个组成部分的顺序排列各个抗干扰技术，可以列出长长的一张表单。雷达抗干扰技术始终是附属于雷达的，没有独立存在的一个专门装备，因此抗干扰技术包含在雷达系统设计之中，成为雷达技术的一部分。

有两种抗干扰技术，一种是专门从对付敌方电子干扰的角度考虑而设计的；另一种则是为了提高雷达性能，或为了实现某种功能而采用的技术，它不是专为抗干扰而设计的，但客观上却能起到抗干扰的作用。

本节主要讨论那些作用重大的抗干扰技术。这些技术的出现，迫使干扰的一方或改进干扰技术，或改变干扰策略，不得不付出更多的代价。

8.2.1 搜索雷达抗干扰技术

对于搜索雷达来说，电子干扰的威胁主要来自噪声压制干扰、不同方位距离的多假目标欺骗和箔条干扰等。

雷达对于噪声干扰，基本是双方能量的较量。雷达可以在频域和空域上集中信号能量，而迫使干扰分散能量，形成信号对干扰的能量优势。

1.频域抗干扰

(1)跳频。在频域上采取的最简单抗干扰方法是跳频工作。雷达一般都有若干个工作频率点可供使用，当在一个频率上受到干扰时，就转换到另一个备用频率上工作，这就有可能跳出干扰的频率范围。为了快速跳到“干净”的频率点上，许多雷达还装有频谱分析设备，引导雷达跳到干扰小的工作频率上。

(2)频率捷变。跳频一般不可能在很短的时间内完成，因此很难逃过快速频率瞄准的干扰。一种称为频率捷变的技术可以在每个脉冲都改变工作频率，使干扰机无法跟踪和预测下一个脉冲的频率。采用动目标显示或进行多普勒处理的雷达，需要在3～4个或8～16个脉冲内不改变频率，那么频率捷变就以一组脉冲为单位来改变。要实施瞄准式干扰，总要先截获到雷达信号，然后才能根据信号的频率进行干扰，也就是干扰总要落后于雷达信号。如图8.1所示，频率捷变迫使干扰方采用宽带阻塞式干扰，从而把功率平均在整个频率捷变的范围上，大大分散了干扰功率。例如，据称拦截导弹非常有效的“爱国者”地对空导弹系统，它的制导雷达采用频率捷变技术，工作频率可以在500 MHz带宽内的一百多个频率点上随机跳变。如果用瞄准式干扰，所用干扰带宽为10 MHz，那么，采用500 MHz宽带阻塞干扰时，同样的干扰发射机功率，平摊在50倍于瞄准干扰的带宽内，因此单位带宽的干扰功率降低，使雷达接收带宽内的有用干扰功率只有原来的1/50，大大降低了干扰的效果。

频率捷变不仅具有抗噪声干扰的优点，而且对抗欺骗干扰也很有效。由于干扰机不能预测下一个脉冲的频率，所以在距离波门拖引时，就不能运用向近距离拖动的措施。因此，荧光屏上欺骗假目标只能出现在比干扰机远的距离上，无法完全掩盖干扰机目标。

频率捷变不仅具有抗干扰的作用，它还可以减小目标回波的起伏和闪烁，减小地杂波、气象杂波等对雷达的影响，因而可以增大雷达的作用距离。因此，频率捷变几乎成为现代雷达不可缺少的一项技术。

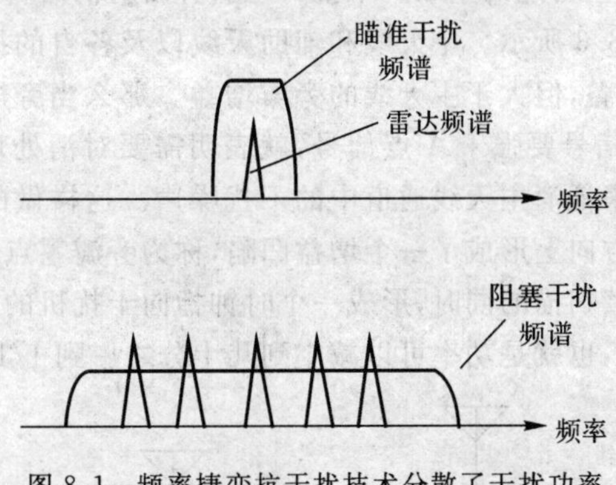

图 8.1　频率捷变抗干扰技术分散了干扰功率

2. 空域抗干扰

(1)俯仰多波束。在空域上，如果干扰从天线主瓣进入雷达，那么由于雷达回波信号要经过双程传播，而干扰只经过单程传播的损失，干扰处于优势的一方，因此雷达应该尽量减少主瓣干扰的机会。为达到这个目的，现代搜索雷达不仅是在方位上形成窄波束，具有分辨能力，而且在俯仰上也形成多波束。俯仰上的波束有同时存在的，也有通过顺序扫描交替产生的，这就是所说的三坐标雷达。如图 8.2 所示，如果在俯仰面上只有一个波束，那么处在同一方位上的干扰机就掩护了所有仰角上的目标。然而，采用多波束之后，干扰只使它所在的那个俯仰波束受到影响，而对其他俯仰波束内的目标检测仅相当于旁瓣干扰，影响大大降低。有的雷达在不同的俯仰波束采用不同的频率，这样综合利用空域和频域的反干扰，效果就更好了。大型相控阵天线可以形成笔状的波束，在方位和俯仰角上快速扫描。干扰机只有和目标保持在同一方位、俯仰角上，处于同一波束内，才能实现主瓣干扰。

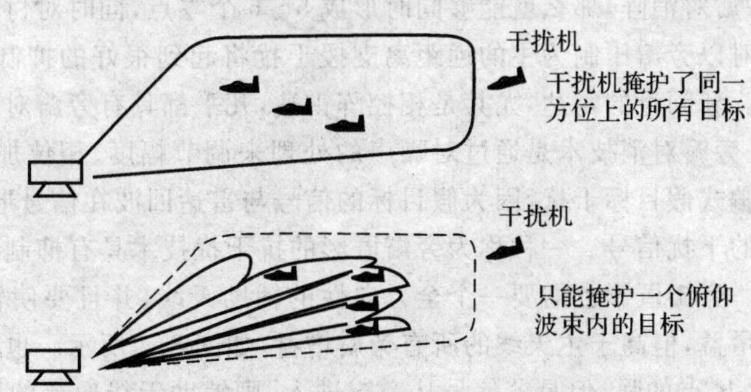

图 8.2　俯仰多波束在空域上具有抗干扰作用

(2)超低旁瓣。现代雷达也颇为注意天线旁瓣的设计。先进的天线技术可以实现比主瓣峰值低 40～50 dB 的超低旁瓣。这意味着同样的干扰，对准旁瓣比对准主瓣，进入接收机的干扰功率要低到 1/10 000 到 1/100 000。那么，实施旁瓣干扰，就要在功率上付出极大的代价。一般雷达天线做不到低旁瓣的主要原因是在制造和安装天线的过程中，总存在一些机械尺寸误差。巨大天线中的这些误差影响了天线的方向特性。超低旁瓣天线的设计和制造，必须使用先进工艺，严格控制天线各部分的误差不超过规定的限度。

(3)旁瓣对消。现在服役的许多雷达，旁瓣远没有达到那么低，只比主瓣低 20～30 dB。

旁瓣对消技术可以改善这些雷达的空域抗干扰特性。旁瓣对消需要在主天线旁边增加一个辅助的全方向性天线，如图 8.3 所示。主天线和辅助天线以及各自的接收机通道使得辅助天线的增益小于主天线主瓣增益，但大于主天线的旁瓣增益。那么当旁瓣方向出现连续噪声干扰时，辅助天线通道的 B 点信号要强于 A 点信号，就表明需要对消处理。对消器自动调整辅助通道信号的幅度和相位，来抵消主天线通道中的干扰噪声。这样做的结果相当于调整了天线旁瓣的形状，在干扰机的方向上形成了一个增益凹陷，称为旁瓣零点。采用自适应的信号处理技术，可以在雷达天线连续扫描的同时，形成一个时钟指向干扰机的零点。旁瓣对消可以将干扰衰减十几到二十几分贝，也就是功率可以减小到几十分之一到 1/100。

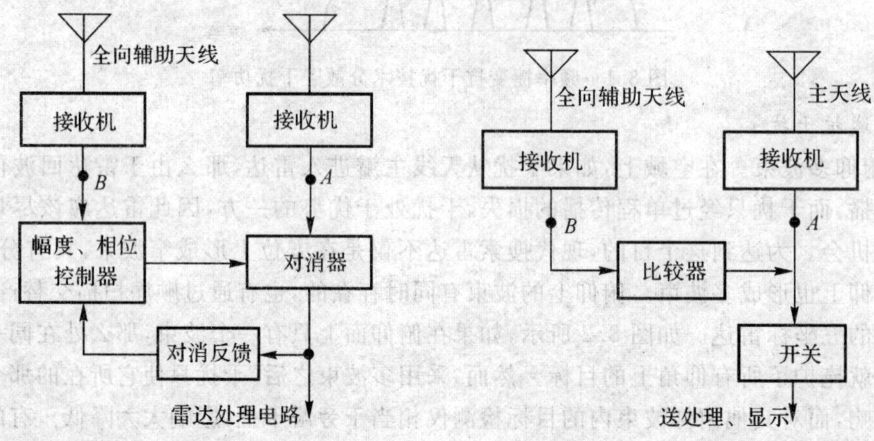

图 8.3　旁瓣对消原理与作用　　　　图 8.4　旁瓣匿影原理与作用

遗憾的是只有一个辅助天线的系统只能对消一个方向的干扰。在先进的相控阵雷达中，能够组成 5～6 个旁瓣对消阵，那么就能够同时形成 5～6 个零点，同时对付几个干扰源。

旁瓣对消技术对以旁瓣压制为主的远距离支援干扰将起到很好的抑制作用，因此是非常重要的抗干扰手段。新问世的雷达，尤其是相控阵雷达，几乎都具有旁瓣对消能力。

(4)旁瓣匿影。旁瓣对消技术是通过对噪声的处理来调节幅度、相位加权网络的，这种方法不能用于抑制欺骗式假目标干扰，因为假目标的信号与雷达回波在信号形式上相同，区别不出哪个是需要对消的干扰信号。一种称为旁瓣匿影的抗干扰技术具有抑制从旁瓣进入的方位假目标欺骗的能力。旁瓣匿影也需要一个全方向性的辅助天线，并且要使辅助天线的总增益低于主天线的主瓣增益，但高于主天线的所有旁瓣增益，如图 8.4 所示。也就是当信号从主瓣进入，A 点的信号比 B 点的强，但是若信号从旁瓣进入，则辅助天线通道的增益高于主天线的旁瓣增益，于是 B 点的信号比 A 点的强。主、辅天线的信号，也就是 A 和 B 两点处的信号被送到一个比较器中，当 A 信号大于 B 信号时，比较器使开关接通信号通路，相反，当 A 信号小于 B 信号时，比较器使开关切断通路。于是，当主天线对准目标时，主天线主瓣增益总是大于辅助天线通道增益，使 A 信号比 B 信号大，信号得以从主天线通道经过开关送到后续处理电路，显示出目标。若有旁瓣干扰，那么由于辅助天线通道增益大于主天线旁瓣增益，所以 B 信号大于 A 信号，开关切断了信号通道，干扰不能通过，不被显示出来。

3. 能域抗干扰

从能量上考虑，增大雷达的平均发射功率，可以提高雷达的作用距离，在与噪声干扰的能量对抗中，也是有利于雷达的。雷达的脉冲压缩技术，在脉冲内对信号进行了频率或相位调制，在雷达接收机中把分布在较宽脉宽上的能量集中起来，形成很窄、幅度提高了的脉冲，这种技术可以利用有限峰值功率的发射机获得更远的发现距离。如图 8.5 所示，对于噪声干扰和不能完全复制脉冲压缩波形的欺骗干扰，由于它们的信号调制形式和雷达预定的形式不同，不能获得脉冲压缩带来的增益，所以使干信比下降，起到了抗干扰的作用。

脉冲压缩是现代雷达广泛采用的一种技术，压缩比可以达到从十几到上百。因此，为了干扰具有脉冲压缩波形的雷达，干扰机需要考虑增加十几、几十倍的辐射功率。

除此之外，雷达的恒虚警电路可以保证不因过多的干扰超过检测门限而使计算机饱和；动目标显示和多普勒处理技术可以抑制箔条的干扰；宽限窄电路抑制宽带调频干扰；等等。许多雷达技术都影响着干扰的效果，对这些问题的讨论可以在专门讨论雷达技术的著作中找到。

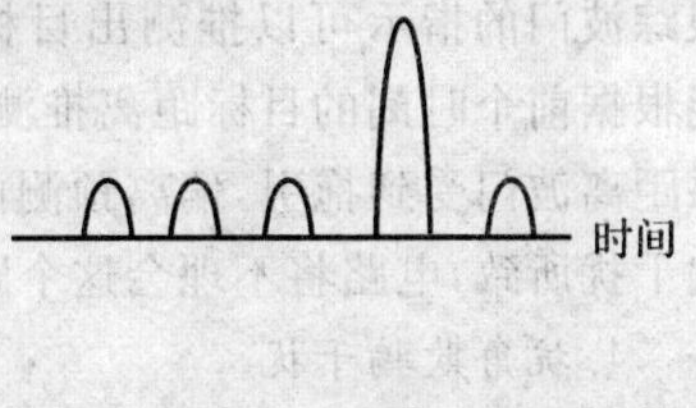

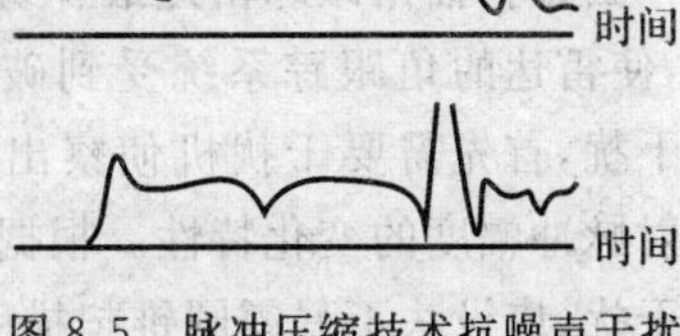

图 8.5　脉冲压缩技术抗噪声干扰

8.2.2　跟踪雷达抗干扰技术

搜索雷达采用的很多抗干扰措施，在跟踪雷达里同样也能够采用，例如频率捷变、旁瓣匿影和脉冲压缩等。这里仅仅讨论几种主要针对跟踪雷达的抗干扰技术。

1. 抗距离波门拖引

针对跟踪雷达的干扰主要是欺骗干扰，距离波门拖引是其中最常遇到的一种。反距离波门拖引的一种方法是在跟踪电路中采用前沿距离跟踪器。因为距离波门拖引主要由自卫干扰产生，在自卫干扰情况下干扰机和目标处于同一位置上，由于目标回波是雷达信号照射到目标上立即反射回去的，而干扰信号的产生总需要经过干扰机耗费时间，最少也要有十几纳秒的延迟，所以干扰总是落后于目标回波信号。如图 8.6 所示，如果波门仅仅跟踪在回波脉冲的前沿，而不是脉冲的中心，那么滞后的干扰脉冲就不可能拖走波门。前沿跟踪技术和频率捷变或脉冲重复周期捷变相结合，使干扰机无法预测下一脉冲出现的时刻和频率，因而无法实施向近距离拖动波门，使前沿不受到干扰，这样距离波门就保持在脉冲的前沿而不被拖动了。

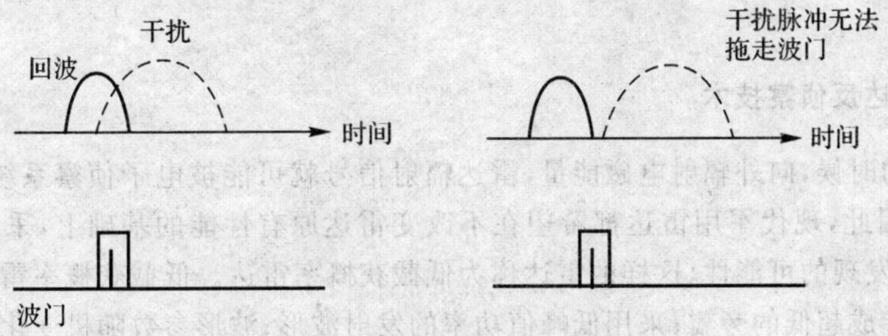

图 8.6　脉冲前沿跟踪抗距离波门拖引

2. 抗速度波门拖引

多普勒跟踪雷达会受到速度波门拖引干扰。多普勒跟踪雷达利用位于目标多普勒频率处的滤波器把目标回波套住，而把地杂波统统滤除掉，保证了对目标的跟踪。可以随目标运动而调整频率位置的滤波器就是雷达的速度波门。

抗速度波门拖引的一种方法是建立速度保护波门，就是在多普勒频率滤波器波门相邻的上、下频率上各设置一个滤波器，称为速度保护波门。如图 8.7 所示，当速度波门拖引开始时，一旦干扰的频率与目标的多普勒频率分离，那么在保护波门里就检测到干扰信号，而在原速度波门里仍然有目标信号。因此，当保护波门和跟踪波门同时检测到信号，就说明受到了速度波门拖引，于是发出警告，启动相应的处理电路排除干扰，使波门仍然跟踪原目标信号。

3. *距离、速度双重跟踪*

在具有多普勒处理能力的雷达中，可以把距离跟踪和速度跟踪关联起来，实现双重跟踪。雷达从速度跟踪波门的指示可以推测出目标距离的变化，因而也能根据前个时刻的目标距离推测目标现在的距离。如果距离波门受到拖引，偏离预测的距离，就能判断是欺骗干扰所致，电路将不理会这个距离的变化。

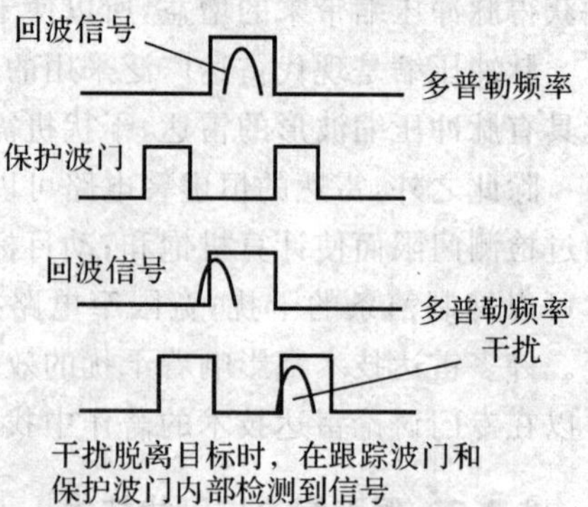

图 8.7　保护波门抗速度波门拖引

4. *抗角欺骗干扰*

圆锥扫描角跟踪雷达最容易受到倒相方波调制干扰，使雷达的角跟踪系统受到破坏。实施倒相方波调制干扰，首先需要干扰机侦察出圆锥扫描产生的雷达发射脉冲幅度的变化特性。根据调制的起伏时间，发射相反幅度变化的脉冲。因此要避免这种干扰，应设法不暴露圆锥扫描引起的脉冲幅度调制。隐蔽锥扫雷达把天线的发射和接收分开，发射天线做成轴对称的，因此发射出去的脉冲就不会受到幅度调制，使干扰无法发现锥扫的特性。但是，在接收过程中，使用一个偏离轴线放置的接收馈源，馈源的旋转使接收到的脉冲幅度调制，实现角跟踪，同时又不暴露圆锥扫描。

单脉冲雷达能够利用一次测量确定目标的角度，因此，各种幅度调制对单脉冲雷达都没有角欺骗作用。只要干扰源和目标在一个方向上，就很难对单脉冲雷达产生影响。能够对单脉冲雷达构成威胁的主要是两点源干扰，包括闪烁干扰，因此单脉冲雷达被认为是具有很好的抗角度干扰能力的一种雷达体制。

8.3　雷达反侦察与抗摧毁技术

8.3.1　雷达反侦察技术

雷达工作的时候，向外辐射电磁能量，雷达辐射信号就可能被电子侦察系统截获到，从而暴露了雷达。因此，现代军用雷达都希望在不改变雷达原有性能的基础上，采取一些专门技术，减少雷达被发现的可能性，这样的雷达称为低截获概率雷达。低截获概率雷达采取的技术包括把天线设计成超低的旁瓣；采用低峰值功率的发射波形；波形参数随机变化等。

1. *超低旁瓣天线*

超低的天线旁瓣是目前雷达天线技术追求的目标之一。旁瓣是由于天线发射能量在观测方向之外的其他方向上“泄漏”造成的。如果旁瓣泄漏比较大，侦察系统就可以在雷达主波束没有指向自己的情况下，截获到雷达的信号。那么对于搜索雷达来说，无论天线在旋转过程中指向哪里，侦察系统几乎总能发现雷达。

现代雷达经过对天线的精心设计和精密的加工安装，可以达到－40～－50 dB 的旁瓣电平，也就是天线的旁瓣功率比主瓣功率低 1/10 000 到 1/100 000，这就是所说的超低旁瓣。由于旁瓣功率很低，无法被侦察接收机侦察到。这使侦察系统只能在雷达主波束对准自己的时候，才能截获到雷达的信号。搜索雷达在旋转过程中，大部分时候都是旁瓣对着侦察系统，因此很少有机会被电子侦察设备发现。

2. 低峰值功率的发射波形

低的峰值发射功率也是低截获概率雷达要求的条件之一。由于雷达发现距离的远近取决于雷达发射电磁信号的功率大小，所以想通过降低发射功率来防止被侦察是不可能的。只要在总功率保持不变的条件下，降低脉冲的峰值功率，才有可能不降低发现距离且又能防止被侦察。为了做到这一点，如图 8.8 所示，雷达采用比较宽的脉冲，这样把发射总功率平均到较长的时间上，而且在脉冲内加有频率或相位调制，这样在接收机里通过匹配的接收，把回波信号功率在一个时刻集中起来，又恢复出窄的回波脉冲。这样丝毫不会降低雷达的发现距离，也不影响距离分辨率，但峰值功率却下降了。侦察系统事先无法知道雷达信号的调制样式，不能实现匹配的接收，因此只利用了很短时间段内的雷达信号功率，其信号功率利用率比雷达低得多，发现距离必然大打折扣。

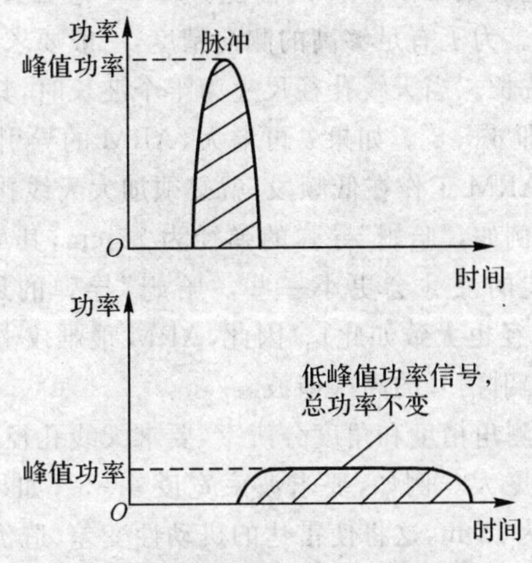

图 8.8　总功率不变的低峰值功率信号

3. 波形参数随机变化

低截获概率雷达还采用随机改变波形参数的方法阻碍侦察对雷达信号的截获和识别。从交叠的雷达脉冲列中分选出某一部雷达的脉冲，关键是利用同一部雷达工作参数的规律性。例如，工作频率相同、脉冲间有相同的时间间隔，如果这些规律不存在，分选就失去了依据。例如，采用频率捷变技术，雷达的工作频率每隔几个脉冲或每隔 1 个脉冲就随机改变一次，使侦察系统难以截获。即使截获到信号，也难以从许多雷达信号中分选出这一部雷达的信号。可以改变的雷达波形参数还有脉冲重复周期。有的雷达脉冲重复周期是随机改变的，脉冲之间的时间间隔时大时小，称为脉冲重复周期抖动，它同样起到扰乱敌侦察系统信号分选的作用。如果侦察系统的信号分选没有成功，就不能确定存在着这部雷达，也不能得出它的工作参数，并识别这部雷达。

8.3.2　抗反辐射导弹技术

目前，反辐射导弹(ARM)以其摧毁性的“硬”杀伤手段，对军用雷达构成了严重的威胁，造成雷达等辐射源的永久性破坏。因此，在 ARM 威胁日益严重的情况下，能够有效地对抗反辐射导弹(AARM)的攻击,不仅关系到雷达站作战效能正常发挥,而且关系到提高雷达的生存力。

雷达反摧毁技术主要分为三大类,第一类是使反辐射导弹的导引头难于截获和跟踪目标雷达;第二类是干扰反辐射导弹导引头的跟踪并使反辐射导弹不能命中目标雷达;第三类是及时发现并拦截摧毁反辐射导弹。

8.3.2.1 抗反辐射导弹的总体设计

雷达总体设计中,应把提高雷达抗反辐射导弹能力作为主要技术设计内容。雷达总体抗反辐射导弹设计包括工作频段选择、低截获概率技术和双(多)基地雷达体制选用以及提高雷达机动能力设计等方面。

1. 选择雷达工作频段

选择 30～1 000 MHz(即 VHF 和 UHF)频段或毫米波频段的雷达(辐射器)具有良好的抗反辐射导弹性能。

(1)选用低频段提高雷达抗反辐射导弹的性能。ARM 导引头通常用 4 个宽频带接收天线单元组成单脉冲测向系统。为了有足够高的测向精度,一般要求天线孔径尺寸大于 3～4 个工作波长,至少要大于半个波长。当天线孔径尺寸为半个波长时,其波瓣宽度 θ 约为 80°,而测向精度为 θ 的 1/15～1/10,即 6°～8°。如果 θ 再增大,ARM 的导引精度就会低到难以命中目标雷达的程度。显然,要让 ARM 工作在低频段,就必须加大天线孔径尺寸。然而,ARM 的弹径限制住了其天线的尺寸。例如,“哈姆”导弹的弹径为 25 cm,其最低工作频率为 1.2 GHz。如果进一步考虑到实际安装的尺寸会更小一些,“哈姆”导弹的最低工作频率(据报道)为 2 GHz(其他型号 ARM 的弹径也大致如此)。因此,ARM 很难攻击低频段(低于 1 GHz)工作雷达,除非利用低频段雷达辐射信号的高次谐波。

雷达为了获得足够高的测角精度和角度分辨率,要求天线孔径与波长之比足够高,采用低频段会使雷达天线尺寸非常庞大。例如,要求波束宽度 $\theta=3°$,如果雷达的工作频率 $f=600$ MHz,那么天线孔径尺寸约为 12 m,这将使雷达的机动性变差、造价提高。随着数字波束形成技术和高分辨率空间谱估计技术的发展,在天线物理尺寸不大的情况下,使雷达具有足够高的测角精度和角分辨率的技术问题可逐步得到解决。

此外,即使 ARM 能在低频段工作,但由于地面镜面反射对低频段辐射信号形成比较强的多路径效应,使得能在此频段工作的 ARM 的瞄视误差较大,ARM 的测向瞄视中心也会偏离雷达天线,不会有良好的对雷达攻击性能。

雷达工作于米波段或分米波段时,一方面具有良好的 AARM 性能,另一方面还具有较好的探测隐身目标(飞机)能力。

(2)毫米波段的选用。目前广泛装备的 ARM,最高工作频率一般低于 20 GHz(仅达 Ku 频段)。因此,工作于毫米波段的雷达具有 AARM 的能力。毫米波雷达由于具有天线孔径小、波束窄、空间选择能力强、测角精度高、提取目标速度信息能力强、体积小、质量轻、机动性好等特点,使毫米波雷达不仅具有良好的抗反辐射导弹性能,还具有较好的抗有源干扰能力,并具有很强的探测来袭的 ARM 的能力。

虽然新型 ARM 工作频率提高到了 40 GHz,但由于毫米波雷达具有了窄波束、超低副瓣天线、对 ARM 自卫告警能力强以及机动性好等优点,仍是雷达 AARM 设计值得选用的工作频段。

然而,毫米波辐射信号传播衰减大,只适用于作用距离不远的跟踪、照射雷达。

2. 雷达反 ARM 技术措施

在 ARM 发射攻击雷达之前，一般要由载机的侦察系统或 ARM 接收机本身对将攻击雷达的信号进行侦察(即搜索、截获、威胁判断、锁定跟踪)。与此同时，受攻击的雷达或专用于 ARM 告警的雷达也在对 ARM 载机和 ARM 进行探测。若雷达能在 ARM 侦察到雷达信号之前或在 ARM 刚发射时探测到 ARM 载机，则能赢得较长的预警时间，或者发射防空导弹摧毁 ARM 载机，或者及早采取其他有效的措施对付 ARM。

针对 ARM 侦察、接收和处理信号方面的弱点，雷达在频域、时域和空域采取有效的对抗措施，可使 ARM 难以截获和锁定跟踪雷达的辐射信号(反侦察)。雷达低截获概率技术的采用，既使雷达具有良好的主动探测 ARM 能力，又使雷达信号隐蔽，具有反侦察能力。

雷达抗反辐射导弹的有效技术措施主要有 4 项技术。

(1)采用大时宽带宽乘积的信号。大时宽带宽乘积信号(脉冲压缩雷达信号)，能在雷达发射脉冲功率不变的条件下，大大地增加作用距离，同时保持雷达的高距离分辨率。现代雷达的压缩比(时宽带宽积)能做到大于 30 dB，如此高的压缩比是在雷达对自身发射的信号匹配接收情况下获得的。而 ARM 在侦察接收时，无法预知雷达复杂的信号形式，只能进行非匹配接收(采用幅度检测与非相参积累方式)，信号处理作用远远小于匹配接收方式，使得 ARM 侦察接收雷达信号距离减小，有可能在 ARM 侦察机截获雷达信号之前，雷达就已探测到 ARM 载机。雷达为了防止 ARM 侦察机对其信号进行匹配接收，必须使信号结构不为 ARM 侦察系统预先获知，因此，信号形式必须复杂多变，最好采用伪随机编码信号。

(2)在空域进行低截获概率设计。采用窄波束、超低旁瓣天线，并且天线波束随机扫描，能够提高雷达 AARM 的能力。

天线波束越窄，扫描搜索时停留在 ARM 载机上的时间越短，加上波束随机扫描，使 ARM 载机或 ARM 本身接收系统侦收和处理信号就越困难。地面制导雷达波束应避免长期停留照射目标飞机，防止目标飞机上的 ARM 迎着主波束进行远距离攻击。

现装备的许多雷达，旁瓣电平比主瓣仅低 20～30 dB，而现代 ARM 接收机的灵敏度足够高，使得 ARM 能沿旁瓣(包括背瓣)对雷达进行有效的攻击。将雷达相对旁瓣电平降至 －40～－50 dB(达到低和超低旁瓣电平)，可使 ARM 难以在规定的距离截获或跟踪锁定旁瓣辐射的信号，大大提高雷达抗反辐射的导弹能力。

(3)雷达诸参数捷变。ARM 侦察接收系统通常利用雷达载频、重复频率、脉冲宽度等信号参数来分选、识别、判定待攻击的雷达信号。若上述各参数随机变化，即载频捷变，重复频率随机抖动，脉宽不断变化，则 ARM 接收系统就难以找出雷达信号特征，很难在复杂、密集的信号环境中侦察并锁定跟踪这样的雷达信号。

(4)雷达发射信号时间可控制和发射功率管理。让雷达间歇发射，发射停止时间甚至大于工作时间几倍，即便 ARM 接收机从雷达旁瓣侦察、接收信号也时隐时现，使 ARM 难以截获和跟踪雷达信号。

根据需要设定雷达发射机功率，在满足探测和跟踪目标要求的条件下，应尽量压低发射功率，实行空间能量匹配，从而避免 ARM 侦察接收系统过早截获到雷达信号。

让搜索雷达在最易受 ARM 攻击方向上不发射信号，形成几个“寂静扇区”，也是一种利用发射控制能力对付 ARM 的措施。

当发现 ARM 来袭时，立即关闭雷达发射机，改由光学设备对目标进行探测与跟踪。同时，雷达利用其他雷达送来的目标信息（如友邻低频段边搜索边跟踪雷达传来目标坐标信号）对目标进行静默跟踪。一旦目标飞临该雷达最有利工作空域，突然开机捕获跟踪目标并迅速发射导弹攻击目标，在目标机发射 ARM 之前将其击落。

3.提高雷达的机动能力

提高雷达的机动能力，也是一项 AARM 措施。ARM 攻击的雷达目标，常常以自身电子情报(ELINT)或电子侦察活动提供的雷达部署情报为依据。如果防空导弹制导站雷达设置点固定不变或长期不动，其受到 ARM 攻击的危险就很大。因此，雷达应能在短时间拆卸、转移和架设，具有良好的机动性。

4.采用双(多)基地雷达体制

把雷达发射系统与接收系统分开放置，两者相隔一定距离协同工作，就构成了双(多)基地雷达。

把发射系统放置于掩体内，或放置在 ARM 最大攻击距离之外的地方，将一部或多部具有高角分辨率接收天线的接收机设置在前沿（构成双或多基地雷达）。因为接收机不辐射电磁波，对 ARM 来说工作是寂静的，因而它不受 ARM 攻击。此外，如果把发射系统置于在高空巡航的大型预警飞机或卫星上，也可免受一般 ARM 的攻击。

虽然双(多)基地雷达在收、发系统间配合（如通信联络、收发天线协同扫描、高精度时间同步等）方面存在着技术困难，但随着技术的发展，这些困难将得到较好地解决。而且，双(多)基地雷达在探测隐身飞机方面也有较强的能力。

8.3.2.2 对 ARM 的探测、告警和诱偏

1.探测和告警

对攻击飞行中的 ARM 进行探测和告警，是采用各种技术和战术措施抗击 ARM 的前提。与常规飞机相比，ARM 具有雷达截面积比较小、朝向雷达飞行的径向速度高（通常马赫数大于 2），且总在载机前方（靠近目标雷达）等特点，因此，在目标雷达上看到的 ARM 反射回波的多普勒频率较高、迅速接近雷达、信号弱而稳定且在载机回波之前。ARM 探测装备的设计，充分利用了 ARM 回波的这些特征。ARM 探测、告警装置可分为两类，一类是在原有雷达上加装探测、告警支路，另一类则是设计专用 ARM 告警雷达。

(1)在原有雷达上加装 ARM 来袭监视支路。利用 ARM 回波信号多普勒频率较高，一个目标信号分离成两个，且其中一个迅速接近雷达的特点，在雷达上加装 ARM 回波信号识别电路。

当雷达跟踪或边搜索边跟踪某目标时，一旦发现该目标回波分离成两个信号，且其中之一具有较高的多普勒频率时，信号识别电路即发出告警信号，令发射机关闭高压，或启动对应的手段抗击 ARM。对 ARM 监视、告警的电路既可装在制导雷达上供自卫用，也可装在搜索雷达上，使其在搜索和跟踪过程中发现 ARM，并向友邻雷达发出 ARM 袭击的告警信号。

(2)专用的 ARM 告警雷达。雷达自身的 ARM 监视支路只能监视主瓣方向来袭的 ARM，难以监视旁瓣方向来袭的 ARM，且对于无多目标跟踪能力的雷达，如果监视了 ARM 就要丢掉跟踪的目标，搜索雷达难于监视顶空 ARM 的袭击。因此，对 ARM 告警的最佳方案是使用专用的 ARM 告警雷达。

ARM 专用告警雷达应采用低频段、毫米波段或低截获概率技术，避免自身受到 ARM 的攻击。作为告警雷达，对其定位等精度要求不高，只要求比较粗略地指示出 ARM 的方向和距

离，但要求有全向（半球空间）指示和跟踪能力，以便指挥 ARM 诱偏系统工作或引导火力拦截系统攻击 ARM。

2. 对 ARM 的诱偏

在雷达附近设置对 ARM 有源诱偏装置，是一项有效对抗反辐射导弹的措施。

ARM 主要是依据要攻击雷达信号的特征（如载频、重复频率、脉宽等）锁定跟踪目标的，若有源诱饵辐射的信号特征与雷达的信号特征相同，其有效辐射功率足够大，在远区与雷达同处一个 ARM 天线角分辨单元之内，就有可能把 ARM 诱偏到两者的"质心"，甚至是远离雷达和诱饵的其他地方，以保护制导雷达。

通常，ARM 从雷达旁瓣方向进行攻击，因而诱饵的有效辐射功率（ERP）应比旁瓣有效辐射功率略高一些。

ARM 导引头通常设计成锁定在雷达探测脉冲前沿、后沿或中间脉冲取样上，一旦获得探测信号，ARM 的导引头产生制导命令，引导 ARM 自动瞄准辐射源。假如只有一个雷达在以探测脉冲形式辐射 RF 信号，那么导引头就对探测脉冲串中各相继脉冲的前沿、后沿或中间脉冲进行取样，以便产生制导指令，使 ARM 瞄准雷达。

为了提高雷达受 ARM 攻击时的生存能力，希望将诱饵安置在所要保护的雷达附近，距离雷达数百米远，诱饵之间距离取决于战术应用，使攻击中的 ARM 制导系统瞄准到位置与雷达分开的视在源上。来自诱饵的射频信号产生合成的覆盖脉冲遮盖住雷达天线旁瓣产生的探测脉冲（在功率幅度和时间宽度上均遮盖）。如此，来袭 ARM 的制导系统就不能用探测脉冲的前沿、后沿或中间脉冲取样得到制导指令。同时，几个诱饵脉冲遮盖探测脉冲的位置随机"闪烁"变换，从而使 ARM 制导系统接收信号方向"闪烁"。由于这种"闪烁"，引起 ARM 的瞄准点偏离，所以也就阻止了 ARM 去瞄准雷达或任何一个诱饵。

三点诱饵系统布置在雷达附近的不同位置上，每个诱饵通过数据链与雷达相连。雷达是传统的脉冲雷达，它辐射具有预定频率的探测脉冲，照射到来袭的 ARM 上。雷达中有一个同步器控制发射机产生探测脉冲，经天线辐射出去。同步器还产生供各诱饵用的控制信号，以便按如图 8.9 所示程序产生诱饵脉冲（具有预定频率）。

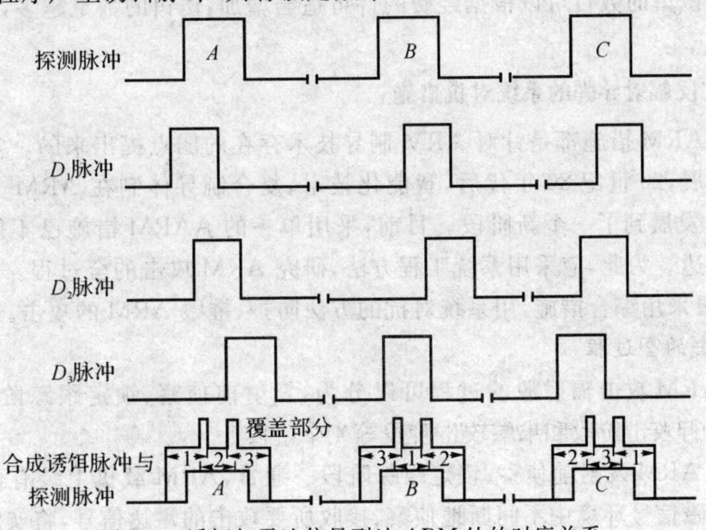

图 8.9 诱饵与雷达信号到达 ARM 处的时序关系

雷达中的同步器用来提供触发脉冲馈给发射机和各个诱饵站。触发脉冲的位置在图 8.9 中所示的 4 个波形的前沿位置。为了使 ARM 无法攻击某一个诱饵，3 个诱饵的时序设计成交替变化的时序见表 8.1。

表 8.1　3 个诱饵的时序表

探测脉冲	预触发脉冲	中间触发脉冲	后触发脉冲
A	01	02	03
B	03	01	02
C	02	03	01

“预触发脉冲”指的是在探测脉冲之前出现的触发脉冲；“中间触发脉冲”是指在探测脉冲发射期间出现的触发脉冲；“后触发脉冲”则是指恰好在探测脉冲后沿之前出现的触发脉冲。

如图 8.9 所示最下面的波形显示出了到达 ARM 处 3 个合成覆盖脉冲和探测脉冲的关系。观察波形可得出如下结论：①每个合成覆盖脉冲均遮盖了相应的探测脉冲；②合成覆盖脉冲的幅度通常总是大于相应的探测脉冲；③每个合成覆盖脉冲均不同于另外两个合成诱饵脉冲，即具有交替性。

可以看到，到达 ARM 处的各个探测脉冲和相应的诱饵脉冲之间的传播延时之差取决于 ARM 相对于雷达和各诱饵的仰角和方位角。然而，即使不同触发脉冲的出现时间是未加调整的，只要各诱饵(1 站，2 站，3 站)与雷达距离较近，且诱饵脉宽足够，该船舶时间差的任何可能的变化都将小于各个探测脉冲与任何一个诱饵脉冲之间的重叠时间。因此，不管 ARM 从什么方向飞临雷达，所有由 ARM 导引头接收的探测脉冲都会被合成脉冲所遮盖。而且，不管 ARM 制导系统是跟踪接收到的脉冲串的前沿还是后沿，ARM 制导系统处理的只是脉冲 D_1，D_2，D_3。换句话说，不论 ARM 导引头使用的是前沿跟踪器还是后沿跟踪器还是中间脉冲取样器，所得到的制导指令都将把 ARM 引向某个与雷达相距一定距离的地方。而且，该弹着点也不会在诱饵站处，因为在导弹攻击的末段，其制导系统的动态响应范围会被超出。

诱饵系统中诱饵的数目可以根据经费的许可适当增加，诱饵的数量越多，对抗 ARM 的效果会越好。

8.3.2.3　抗反辐射导弹的系统对抗措施

以上各项 AARM 措施都是针对 ARM 制导技术存在的弱点提出来的。实际上，ARM 技术正在不断地发展，20 世纪 80 年代后，智能化技术、复合制导体制在 ARM 上得到了广泛应用，ARM 技术已发展到了一个新阶段。目前，采用单一的 AARM 措施已不能十分可靠地保护昂贵的制导雷达。为此，应采用系统工程方法，研究 ARM 攻击的全过程。针对 ARM 攻击前、后各阶段分层采用综合措施，用系统对抗的方法防护、摧毁 ARM 的攻击。

1. ARM 攻击的全过程

如前所述，ARM 攻击辐射源的过程可以分为：发射前侦察、锁定跟踪阶段，点火发射阶段，ARM 高速飞行攻击阶段和末端攻击阶段等 4 个阶段。

第一阶段是 ARM 发射前侦察、锁定跟踪阶段。通常，ARM 载机上装有侦察、告警系统，用于在复杂的电磁信号环境中不间断地侦察、接收所要攻击的雷达信号，将实时收到的信号与数据库储存的威胁信号数据进行对比、判断，选定出需要攻击的对象并测定其方位，把 ARM

接收系统的跟踪环路锁定在待攻击的雷达参数上。若载机无专用雷达信号侦察设备，则由ARM接收机自己完成上述工作。

第二阶段是ARM点火发射阶段，即ARM对雷达攻击的开始阶段。其特点是ARM与载机分离，加速向雷达接近。

第三阶段是ARM高速直线飞行攻击阶段。其特点是ARM速度很高，而且现代ARM还能在雷达关机的条件下进行记忆跟踪。

第四阶段是开启ARM引信，对雷达发起最后攻击的阶段。

2.对付ARM的系统对抗措施

依据ARM各阶段的特点，分别采取相应的系统对抗措施。

(1)在ARM侦察阶段。导弹武器系统采取的主要措施是提高各辐射源的隐蔽性，使ARM无法对辐射源信号进行锁定和跟踪，具体措施如下：

1)雷达制导站采用低截获概率技术；

2)雷达发射控制，隐蔽跟踪，随时应急开关发射机，有意断续开机等；

3)雷达同时辐射多个假工作频率，形成使对方难以准确判断的密集信号环境；

4)雷达组网，统一控制开启关闭时间，信息资源共享，形成密集和闪烁变化的电磁环境；

5)应用双(多)基地雷达体制，让高性能的接收系统不受ARM攻击且有效地工作；

6)对电站等热辐射源进行隐蔽、冷却或用其他措施防护，防止红外寻的ARM攻击；

7)防止敌方预先侦知雷达所在地和信号形式。

(2)ARM点火攻击阶段。ARM的点火攻击阶段同时也是导弹武器系统对ARM进行探测、告警和采取反击措施的准备阶段。武器系统在此阶段采取的对抗措施如下：

1)雷达上增设对高速飞行ARM来袭的监视支路，获得预警时间；

2)配置专用探测ARM的脉冲多普勒(PD)雷达，监视和测定ARM，发出告警，为武器系统抗击ARM提供预警，并能对“硬”杀伤武器进行引导。

3)充分利用雷达网内其他雷达以及C^3I系统提供的ARM告警信息。

(3)在武器系统发现ARM来袭后的防护阶段。武器系统发现ARM来袭后便进入防护ARM的第三阶段，其主要战术、技术措施如下：

1)雷达紧急关机，用其他探测和跟踪手段(例如光学系统)继续对目标进行探测或跟踪；

2)开启ARM诱偏系统，把ARM诱偏到远离雷达的安全地方；

3)多部雷达组网工作，它们具有精确的定时发射脉冲和相同的载频，其发射脉冲码组(脉冲内调制)具有正交性，各雷达的发射脉冲具有较大重叠，造成ARM选定跟踪困难，或使方位跟踪有大范围的角度起伏；

4)减小雷达本身热辐射、工作频带外的辐射和寄生辐射，防止ARM对这些辐射源实施跟踪；

5)用防空导弹拦截ARM。

(4)在ARM临近制导雷达的最后攻击阶段。这一阶段雷达受到威胁的程度最高，所采取的措施主要是干扰ARM的引信和直接毁伤ARM。具体措施如下：

1)干扰ARM引信，使其早爆或不爆；

2)施放大功率干扰，使导引头前端承受破坏性过载，造成电子元件失效，使ARM导引系统受到破坏；

3)利用激光束和高能粒子束武器摧毁 ARM;

4)利用密集阵火炮,在 ARM 来袭方向上形成火力墙;

5)投放箔条、烟雾等介质,破坏 ARM 的无线电引信、激光引信和复合制导方式(激光、红外和电视等),用曳光弹作红外诱饵。

ARM 的系统对抗过程和相应的措施见表 8.2。

表 8.2 ARM 的系统对抗过程和相应措施

ARM 攻击阶段	对雷达侦察、锁定跟踪	点火、加速	高速直飞	末端攻击
AARM 阶段	反侦察	探测、告警、防御准备	防御、反击	拦截杀伤
AARM 措施	(1)低概率截获技术; (2)低频段(米波、分米波)和毫米波段采用; (3)雷达组网,隐蔽跟踪; (4)双(多)基地雷达体制; (5)光电探测与跟踪; (6)提高机动性	(1)雷达附加告警支路; (2)ARMPD 雷达(专门用于探测 ARM 的脉冲多普勒雷达); (3)雷达组网后 ARM 信息利用,或 C^3I 系统其他信息	(1)紧急关机; (2)诱偏系统开启; (3)雷达组网,同步工作; (4)反导导弹(防空导弹); (5)减小雷达站热辐射和寄生辐射,带外辐射	(1)对引信干扰; (2)大功率干扰; (3)密集火炮阵; (4)激光与高能粒子束武器; (5)烟雾、箔条和曳光弹

8.4 雷达反隐身技术

隐身飞机 F－117A 在海湾战争中大批首次投入实战,使得目标隐身不再是神话,因此对雷达提出反隐身的要求已经成为必须考虑的问题。人们正在研究许多种雷达反隐身技术,但归纳起来,实现反隐身的途径大致分为两类:一类是设法使目标隐身采取的措施不能奏效;另一类是设法提高雷达探测微小目标的能力。由于隐身技术是有局限性的,只在一定的条件下目标才具有隐身的效果,因此目前反隐身技术主要采用第一类途径,让雷达在隐身无效的条件下探测目标。

1. 低频率雷达

低工作频率的雷达,具有很好的反隐身效果,这是因为无论是外形隐身还是材料隐身的效果都和雷达的频率有关。当雷达工作波长可以和目标反射面的大小相比拟时,波长越长,也就是频率越低,物体的反射越强。例如对于针状的物体,像隐身飞机的机头形状,雷达用 500 MHz 频率比用 3 000 MHz,探测距离可以提高 2.5 倍。如果用 150 MHz,也就是波长 2 m,那么探测距离将提高 4.5 倍。因此,采用米波段的低频率雷达可以降低目标外形隐身的效果。

低频率雷达还能抵制材料隐身。隐身目标的吸收涂层在低频率段的吸波效率将下降,另外涂层的厚度与波长有关,需要 1/4～1/10 波长。那么为了对米波雷达隐身,涂层的厚度需要达到数十厘米,这对于飞机显然是不现实的。因此,米波雷达是现在公认的反隐身装备之一,俄罗斯就在它的防御系统中部署了许多米波远距离警戒雷达。

目前正在发展中的超视距雷达也具有良好的反隐身性能。超视距雷达使用的工作波长有几米到几十米，与无线电广播的频段相当。之所以称为超视距雷达是因为它的探测距离非常远，可以达到地平线以远的区域。一种超视距雷达利用天波传输，就像短波广播。它向空中发射短波，通过电离层的反射返回地面，照射到遥远的地域上，目标的反射回波也经过相同的路径经电离层反射回雷达接收机。由于它的工作频率很低，所以可以探测到远距离的隐身目标，主要用于远程预警的任务。

2. *双、多基地雷达*

采用双基地雷达，也可以起到反隐身的作用。一般隐身目标在外形设计上总是把雷达波正面的反射减到最小，而把电磁波反射到其他的方向上去。如图8.10所示，因为双基地雷达的发射和接收不在一个方向上，形成了一个反射夹角，所以接收站收到的反射信号可能要大于正面的反射，在侧翼的某些方向上，接收到的反射可能很强，因此可以探测到隐身目标。如果有多个接收站与发射站配合，组成多基地雷达，对隐身目标的探测将更有利。

把双基地雷达的发射站放在飞机上，成为机载双基地雷达系统，这样可以从隐身飞机的上方探测，而隐身飞机背部的反射总是比较强的，因此容易发现隐身目标。有的研究计划还设想建立天基雷达，把雷达的发射站放在卫星上，利用太阳能工作，由地面或机载的接收站接收反射信号，可以隐蔽地监视隐身目标。

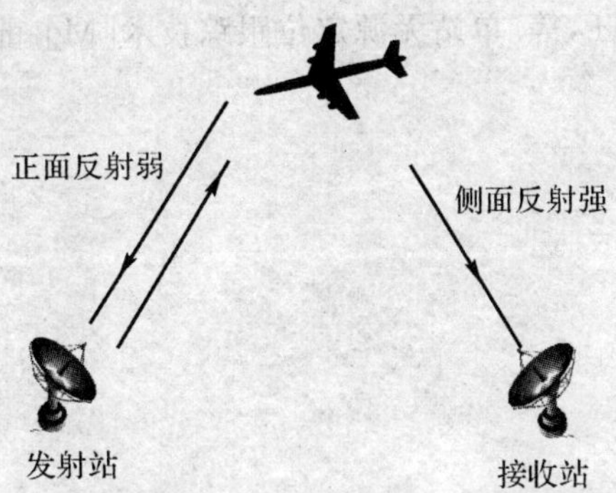

图8.10　双基地雷达反隐身机理

3. *其他方法*

从雷达增强探测弱回波目标能力的角度出发，加大发射功率当然有用，但简单这样做是不经济的，因此现在雷达设计师们正在研究充分利用目标各种特性，并且能够把目标回波能量积累起来的各种目标检测新方法。

目前，反隐身技术的水平无法抗衡隐身技术带来的威胁，雷达面临的反隐身问题还没有很好的解决办法。但是综合运用各种探测手段，构成多种传感器组成的探测系统，除了包括各种增强了探测能力的雷达之外，系统中使用无源射频探测器截获隐身目标发出的通信联络信号、导航和敌我识别信号、雷达电磁辐射信号等，使用红外探测器发现目标的热辐射，还有光学探测器、声学探测器等。这些探测器分布在空中、前沿各处，从它们获得的信息中综合提取出识别隐身目标的有用信息来。这是目前解决反隐身问题的一条途径。

参考文献

[1] George W Sitmson. 机载雷达导论[M]. 2 版. 吴汉平，等，译. 北京：电子工业出版社，2005.
[2] Ian Moir，Allan Seabridge. 军用航空电子系统[M]. 吴汉平，等，译. 北京：电子工业出版社，2008.
[3] 周一宇，徐晖，安玮. 电子战原理与技术[M]. 北京：国防工业出版社，1999.
[4] 丁鹭飞，耿富录. 雷达原理[M]. 西安：西安电子科技大学出版社，2002.
[5] 赵国庆. 雷达对抗原理[M]. 西安：西安电子科技大学出版社，2005.
[6] 张永顺，童宁宁，赵国庆. 雷达电子战原理[M]. 北京：国防工业出版社，2006.
[7] 刁鸣. 雷达对抗技术[M]. 哈尔滨：哈尔滨工程大学出版社，2007.
[8] 王星. 航空电子对抗原理[M]. 北京：国防工业出版社，2008.
[9] 孙仲康，郭福成，冯道旺，等. 单站无源定位跟踪技术[M]. 北京：国防工业出版社，2008.